複素関数論講義

野村隆昭 著

共立出版

まえがき

　本書は，拙著『微分積分学講義』に引き続き，意欲的な読者に複素関数論のおもしろさ・楽しさを伝えたいとの思いで書いた．方針もまったく同様で，教科書としても機能するように基礎的な部分を一通りカバーする形をとりつつ，興味深い例や応用を盛り込んだ．読者としては，数学科の学生をはじめ，複素関数論を必要とする分野へ進もうとする学生，将来，数学の研究・教育・応用等に関わることを目指す学生等を想定している．

　実変数のときと形式的には同じ微分可能性の定義から，驚くほどの良い性質が導かれるのが複素関数論の世界である．その体系の美しさに誰もが感動を覚える．本書では，関数が正則であることの定義としては，領域の各点で微分可能であることのみを要求し，導関数が連続であることまでは仮定しない．したがって，複素関数論入門における主題の一つである Cauchy の積分定理の証明は，Green の定理に依拠するものではなく，位相的なものを出発点とする．それは Goursat によるものであり，そのアイデアを敷衍した Pringsheim による三角形閉路でまず示すものである．そして，凸領域・星形領域における定理へと進む．正則関数の基本的な諸性質は星形領域における Cauchy の積分定理から得られる．これらの諸性質は，回転数を用いる一般形の Cauchy の積分定理の証明に適用される．Liouville の定理も使うこの明快な証明は，1971 年に出版された J. Dixon のわずか 2 ページの論文によるものである．その論文にある一文 "It is reasonable to argue that the concept of homotopy in connection with Cauchy's theorem is as extraneous as the notion of Jordan curve." は大変興味深い．

さて，本書の特徴の一つに，例題や演習問題には，じっくり考えるタイプのものや解いていて興味が湧くものを比較的多く採録し，解答・解説を詳しく述べたことがある．中には難しい問題や計算量の多い問題もあるが，そのような問題は解けなくても悲観する必要は決してない．解答・解説を読んで分析することで得られることも多いはずである．また，複素関数論による代数学の基本定理の証明については，類書に見られる代表的なものの他に，American Mathematical Monthly で発表されたものをいくつか選んで演習問題として取り入れた．一方で，本書における議論の基礎となる複素数の級数や2重級数，そして位相に関する基本的な諸概念や定理等は，それぞれ一つの章を設けて述べた．これは読者が他書を参照する手間を少しでも省きたかったからである．

　複素関数論を講義していると，意外と少なからぬ初学者が苦戦しているように見受けられる．複素数の扱いに慣れていないことも一因ではあるが，コンパクト性や連結性をはじめとする位相的議論，関数の列や級数の一様収束を本格的に扱うこともあると思われる．したがって，極限と積分の順序交換等，解析学として避けることができない操作と論証については，ていねいに述べることに努めた．しかしながら，関数項級数の項別微分や積分記号下の微分の可能性を保証する定理については，本書の対象とする2年生後半から3年生前半の学生諸君はなかなかうまく使いこなせないようである．このような観点から，本書では，ベキ級数の項別微分や Cauchy 型積分の積分記号下における微分では，直接の証明を与えた．

　本書においても，九州大学マス・フォア・インダストリ研究所の落合啓之氏からは，広範囲に及ぶ多種多様のコメントをいただいた．多忙な中，本書に対して時間を割いてくださった落合氏に，この場を借りて心からお礼を申し上げたい．

　最後になるが，共立出版の寿日出男氏と日比野元氏には，今回も終始お世話になった．本書を書き終えた今，あらためて感謝の意を表したい．

2016 年 7 月
野 村 隆 昭

目　　次

まえがき ... *iii*

記号と番号付けについて ... *ix*

第1章　序 ... *1*
   1.1　複素数 ... *1*
   1.2　複素数平面 ... *4*
   1.3　極形式 ... *6*
   1.4　複素数平面の幾何 ... *11*
   1.5　向き付けられた角度 ... *13*

第2章　複素数の数列と無限級数 ... *15*
   2.1　複素数列 ... *15*
   2.2　複素数の無限級数 ... *21*
   2.3　2重級数 ... *28*

第3章　複素数平面の位相 ... *34*
   3.1　複素数平面の点集合 ... *34*
   3.2　コンパクト集合 ... *37*

3.3	連続関数	*41*
3.4	連結集合	*46*
3.5	集合間の距離	*49*

第4章　ベキ級数　*50*

4.1	収束半径	*50*
4.2	ベキ級数の微積分	*56*
4.3	ベキ級数の解析性	*61*
4.4	ベキ級数の演算	*63*

第5章　解析的関数の例　*66*

5.1	指数関数と三角関数	*66*
5.2	双曲線関数	*70*
5.3	その他の三角関数と双曲線関数	*72*
5.4	対数関数	*73*
5.5	累乗関数	*76*
5.6	Bernoulli 数の行列式表示と $\tan z$ のベキ級数表示	*78*
5.7	微分方程式のベキ級数解	*80*

第6章　正則関数　*81*

6.1	Cauchy–Riemann の関係式	*81*
6.2	調和関数	*86*

第7章　Cauchy の積分定理（その1）　*88*

7.1	複素数平面上の曲線	*88*
7.2	複素線積分	*90*
7.3	星形領域における Cauchy の積分定理	*98*

7.4　一様収束と積分 *105*

第 8 章　正則関数の性質　*107*

8.1　Cauchy の積分公式（その 1） *107*
8.2　正則関数のベキ級数展開 *112*
8.3　一致の定理 *117*
8.4　Liouville の定理とその周辺 *121*
8.5　最大絶対値の原理と Morera の定理 *124*

第 9 章　Cauchy の積分定理（その 2）　*128*

9.1　回転数 *128*
9.2　Cauchy の積分公式（その 2） *131*
9.3　単連結領域における Cauchy の積分定理 *134*

第 10 章　孤立特異点　*139*

10.1　定義と分類 *139*
10.2　留数定理 *147*
10.3　実積分の計算 *152*
10.4　級数の和への留数定理の応用 *164*

第 11 章　有理型関数　*167*

11.1　無限遠点の導入 *167*
11.2　孤立特異点としての無限遠点 *170*
11.3　有理関数 *173*
11.4　1 次分数変換（その 1） *177*
11.5　偏角の原理とその帰結 *181*
11.6　有理型関数の無限分数展開 *189*

第12章　等角写像　193

- 12.1 正則関数と等角写像 193
- 12.2 1次分数変換（その2） 196
- 12.3 等角写像としての初等関数 205
- 12.4 Joukowski 変換と三角関数 206
- 12.5 単位円の内部全体への等角写像 209

第13章　初等 Riemann 面　211

- 13.1 $z^{1/2}$ の Riemann 面 211
- 13.2 $z^{1/m}$ の Riemann 面 213
- 13.3 $\log z$ の Riemann 面 214
- 13.4 代数的分岐点の例 215
- 13.5 逆三角関数の Riemann 面 216

第14章　整関数の無限積分解　219

- 14.1 無限積の収束 219
- 14.2 $\sin \pi z$ の無限積分解 222
- 14.3 ガンマ関数の逆数の無限積分解 223

問題の解答・解説　226

参考文献　272

索　引　274

記号と番号付けについて

- 次の集合を表す記号は断りなしに用いる．
  $\mathbb{R}$：実数全体，　$\mathbb{Z}$：整数全体，　$\mathbb{N}$：自然数（すなわち正の整数）全体．
  また，本文の第 1 ページにおいて導入される複素数全体の集合を表す $\mathbb{C}$ も，導入以降は断りなしに用いる．
- 空集合は $\varnothing$ で表し，集合 A の補集合は A^c で表す．また，$a \in A$ は a が A の元であることを表し，$a \notin A$ は a が A の元ではないこと，すなわち A^c の元であることを表す．
- 二つの集合 A, B に対して，
  $A \cup B$：A と B の和集合．
  $A \cap B$：A と B の共通部分．
  $A \setminus B$：A に含まれるが B には含まれない元の集合．
  $A \subset B$：A は B の部分集合．
- 集合 $A \subset \mathbb{R}$ の上限 $\sup A$，実数列 $\{a_n\}$ の上限 $\sup a_n$，変数 x が集合 X を動くときの実数値関数 $f(x)$ の上限 $\sup_{x \in X} f(x)$ については既知とする．下限 $\inf A$, $\inf a_n$, $\inf_{x \in X} f(x)$ についても同様である．拙著 [7] 等の微積分の本を参照のこと．
- 整数 m, n を自然数 p ($\geqq 2$) で割ったときの余りが等しい，すなわち，$m - n$ が p の倍数であるとき，合同式を用いて，$m \equiv n \pmod{p}$ と表す．さらに本書では，実数 a, b に対して整数 n が存在して $a - b = 2n\pi$ となるとき，$a \equiv b \pmod{2\pi}$ と表すことも多い．
- 本書では，全称記号 $\forall$ を講義風に次のように用いる．たとえば，『すべての正数 ε に対して $\varepsilon + 1 > 0$ である．』と書くかわりに，『$\forall \varepsilon > 0$ に対して $\varepsilon + 1 > 0$ である．』と書いたり，もっと短く『$\varepsilon + 1 > 0$ $(\forall \varepsilon > 0)$．』

と書いたりする．同様に，『実数 x が存在して $x^3+1=0$ となる．』という文を，存在記号 $\exists$ を用いて『$\exists x \in \mathbb{R}$ s.t. $x^3+1=0.$』と表すこともある．これは，英語の『There exists a real number x such that $x^3+1=0.$』を略して書いたものである．

- $f(z) := z^2+z+1$ のように左横にコロンを付けた等号は，右辺によって左辺を定義するときに使う．この例では，関数 $f(z)$ を z^2+z+1 で定義していることを示している．

- 本書では，用語の定義等において，文章で書くよりは視覚的効果があって良いと思われる場合，講義風に記号 $\overset{\text{def}}{\iff}$ を用いているところがある．二重の両側矢印の上にある def は定義を意味する英語 definition を略したものである．

- 同様に，『必要かつ十分である』と文章で書くかわりに，記号 $\iff$ を用いて定理等を記述しているところもある．

- Landau の記号である小文字の o は自由に使う．たとえば，自然数 m に対して，$z \to 0$ のとき $f(z) = g(z) + o(z^m)$ とは，$\lim_{z \to 0} \dfrac{f(z)-g(z)}{z^m} = 0$ が成り立つことである．また，$\lim_{z \to 0} f(z) = 0$ のとき，$f(z) = o(1)$ と表す．数列 $\{a_n\}$ についても同様に，たとえば，$n \to \infty$ のとき $a_n = o(\frac{1}{n})$ とは，$\lim_{n \to \infty} \dfrac{a_n}{(1/n)} = 0$ であることを表す．詳しくは，拙著 [7] 等を参照してほしい．

- 式の番号は，定理等の証明の中や，例題・問題の解答の中でのみ引用されるもの，それ以外でもその式の引用が近い場所に限られるものについては，①，②，... 等の丸囲みの番号を用いている．別の章等，離れた場所での引用がある場合，式番号は $(m.n)$ と表記している．第 m 章にあって，n 番目の番号付きの式であることを意味する．

- 前著 [7] と同じく，本書でも，定義，定理，命題，補題，系，例，注意，例題，問題について，検索を容易にするために，番号は一つの系統で付けた．さらに，例題と問題は背景に網かけをして読者の便宜をはかった．

第1章

序

1.1 複素数

複素数とその四則演算については高校で学習していることもあるので,ここではざっと復習[1]しておくだけにしよう.

複素数とは, $i^2 = -1$ をみたす i と, 実数の組 (x, y) を用いて, $z = x + iy$ と書かれる数 z のことである.この i のことを**虚数単位**と呼ぶ.複素数の全体を $\mathbb{C}$ で表す.複素数 $z = x + iy$ に対して, x を z の**実部** (real part), y を z の**虚部** (imaginary part)[2] といい, それぞれ $x = \mathrm{Re}\, z$, および $y = \mathrm{Im}\, z$ で表す.実数は虚部が 0 の複素数であり, 実数 x に対して, $x + i0$ のことを単に x と書く.同様に, 実部が 0 の複素数 $0 + iy$ を単に iy と表して**純虚数**と呼ぶ.y が 2 などの具体的な数値であるときは, $2i$ というように書く.本書では 0 も純虚数とする.したがって, 0 は実数でありかつ純虚数でもあり, $i\mathbb{R}$ は純虚数の全体を表す.2 個の複素数 $z_1 = x_1 + iy_1$ と $z_2 = x_2 + iy_2$ の和, 差, 積は次のように定義される.

$$z_1 \pm z_2 := (x_1 \pm x_2) + i(y_1 \pm y_2) \quad \text{(複号同順)}, \tag{1.1}$$
$$z_1 z_2 := (x_1 x_2 - y_1 y_2) + i(x_1 y_2 + x_2 y_1). \tag{1.2}$$

---

[1] 複素数(虚数)がはっきりと認知されたのは, 3 次方程式の根の公式を解釈する必要性からである.それまでは, 2 次方程式 $x^2 + 1 = 0$ は『解けない』ということで済まされてきたのである.この辺りの歴史的事情は大変興味深いのであるが, 本書では紙幅の関係もあって省略する.文献 [18] の第 3 章参照.

[2] いちいち面倒なので, 今後は $z = x + iy$ と書いたときは, とくに断らない限り, $x, y \in \mathbb{R}$ とする.また, $z = x + iy$ の虚部としては, iy を採用する流儀もあるが, 本書では y のこととする.

和と積に関して，次の交換法則，結合法則，分配法則が成り立つ．

$$z_1 + z_2 = z_2 + z_1, \qquad z_1 z_2 = z_2 z_1 \qquad \text{(交換法則)}$$
$$(z_1 + z_2) + z_3 = z_1 + (z_2 + z_3), \quad (z_1 z_2) z_3 = z_1 (z_2 z_3) \qquad \text{(結合法則)}$$
$$z_1(z_2 + z_3) = z_1 z_2 + z_1 z_3, \qquad (z_1 + z_2) z_3 = z_1 z_3 + z_2 z_3 \qquad \text{(分配法則)}$$

とくに，積の定義は $i^2 = -1$ と整合的で，複素数の積の計算においては，i を文字として扱い，i^2 に出会うたびに -1 に置き換えればよいことも高校で学習している．

0 でない複素数に逆数があることは，式 (1.2) において $z_1 \neq 0, z_1 z_2 = 1$ として，実際に z_2 を z_1 で表してみることでわかる．すなわち，x_2, y_2 に関する次の連立 1 次方程式を解けばよい．

$$\begin{cases} x_1 x_2 - y_1 y_2 = 1 \\ y_1 x_2 + x_1 y_2 = 0 \end{cases}$$

$z_1 \neq 0$ であることから，係数行列式 $x_1^2 + y_1^2 \neq 0$ であり，

$$x_2 = \frac{x_1}{x_1^2 + y_1^2}, \qquad y_2 = -\frac{y_1}{x_1^2 + y_1^2}$$

を得る．したがって，$x + iy \neq 0$ のとき，$\dfrac{1}{x+iy} = \dfrac{x-iy}{x^2+y^2}$ である．

問題 1.1 $s := i^1 + i^2 + \cdots + i^{1234}$，および $p := i^1 i^2 \cdots i^{1234}$ を求めよ．

複素数 $z = x + iy$ に対して，$\overline{z} := x - iy$ を z の**共役複素数**という．定義からただちに，$\operatorname{Re} \overline{z} = \operatorname{Re} z$, $\operatorname{Im} \overline{z} = -\operatorname{Im} z$ であり，さらに，

$$\operatorname{Re} z = \frac{z + \overline{z}}{2}, \qquad \operatorname{Im} z = \frac{z - \overline{z}}{2i}.$$

また，$z \in \mathbb{R} \iff \operatorname{Im} z = 0$，および，$z \in i\mathbb{R} \iff \operatorname{Re} z = 0$ であるから，

$$z \in \mathbb{R} \iff z = \overline{z}, \qquad z \in i\mathbb{R} \iff z = -\overline{z}. \quad \cdots\cdots \text{①}$$

①で述べた同値性は今後引用なしで用いる．また，もう一つの $w \in \mathbb{C}$ に対して，次の各式が成り立つことも容易に確かめることができる．

$$\overline{z \pm w} = \overline{z} \pm \overline{w}, \qquad \overline{zw} = \overline{z}\,\overline{w}.$$

次に，$|z| := \sqrt{x^2 + y^2}$ とおいて，$|z|$ を複素数 z の**絶対値**と呼ぶ．定義より

明らかに，$z = 0 \iff |z| = 0$ である．また，次の不等式や等式も定義からすぐにわかる．

$$|\operatorname{Re} z| \leqq |z|, \quad |\operatorname{Im} z| \leqq |z|, \quad |\overline{z}| = |z|, \quad z\overline{z} = |z|^2. \tag{1.3}$$

式 (1.3) の右端の等式を用いて次の展開式を得る[3]．

$$|z + w|^2 = (z + w)(\overline{z} + \overline{w}) = |z|^2 + 2\operatorname{Re}(z\overline{w}) + |w|^2. \tag{1.4}$$

積の絶対値に関しては，$|zw|^2 = (zw)\overline{(zw)} = z\overline{z}w\overline{w} = |z|^2|w|^2$ が成り立つので，$|zw| = |z||w|$ を得る．

さて，$z = x + iy \neq 0$ のとき，先に求めた逆数は $\dfrac{1}{z} = \dfrac{\overline{z}}{|z|^2}$ と表されることに注意しよう．そして次の等式が成り立つことも，すぐにわかる．

$$\overline{\left(\frac{1}{z}\right)} = \frac{1}{\overline{z}}, \qquad \left|\frac{1}{z}\right| = \frac{1}{|z|}.$$

例題 1.2 $\operatorname{Re} \dfrac{1}{z} > 1 \iff \left|z - \dfrac{1}{2}\right| < \dfrac{1}{2}$ を示せ．

解説 複素数を扱う計算では，共役複素数や絶対値をうまく使って計算できるようになろう．$z = x + iy$ とおくのは，どうしてもうまくいかない場合の最終手段である．

解 $\operatorname{Re} \dfrac{1}{z} = \operatorname{Re} \dfrac{\overline{z}}{|z|^2} = \dfrac{1}{|z|^2} \operatorname{Re} z$ であるから，

$$\operatorname{Re} \frac{1}{z} > 1 \iff |z|^2 - \operatorname{Re} z < 0 \iff \left|z - \frac{1}{2}\right|^2 < \frac{1}{4} \quad (\text{式 (1.4) より}).$$

最後の式は明らかに $\left|z - \dfrac{1}{2}\right| < \dfrac{1}{2}$ と同値である． $\square$

問題 1.3 $z \in \mathbb{C} \setminus \mathbb{R}$ とする．このとき，$z + \dfrac{1}{z} \in \mathbb{R} \iff |z| = 1$ を示せ．

例題 1.4 $c > 0$ とする．複素数 z, w に対して次の不等式を示せ．
$$|z + w|^2 \leqq (1 + c)|z|^2 + \left(1 + \frac{1}{c}\right)|w|^2.$$

---

[3] この展開を間違う人が意外に多い．今後繰り返し現れるので，間違いなく使えるようになっておくこと．

解 式 (1.4) を用いて問題の不等式の左辺を展開して右辺から引くことで,

$$問題の不等式 \iff c|z|^2 + \frac{1}{c}|w|^2 - 2\,\mathrm{Re}(z\overline{w}) \geqq 0.$$

右側の不等式が成り立つことは，再び式 (1.4) を用いて，その左辺が $c\left|z - \dfrac{w}{c}\right|^2$ と書き直せることからわかる． □

1.2 複素数平面

座標平面上の点 $\mathrm{P}(x, y)$ が複素数 $x + iy$ を表していると見ることにより，複素数を視覚化できる．このときに，この座標平面を**複素数平面**，あるいは数学者 Gauß に敬意を表して，**ガウス平面**ともいう．本書では複素数平面[4]と呼ぶことにする．そして，『複素数平面上の点 z』という言い方をする．また，元の x 軸を**実軸**，そして y 軸を**虚軸**と呼び直す．このとき，$|z|$ は線分 $\mathrm{O}z$ の長さに等しく，2点 $z, \overline{z}$ は実軸に関して対称な位置にある．

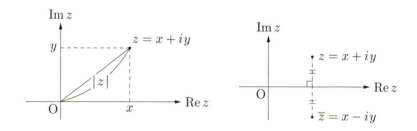

複素数平面では，和と差を視覚化できる．実際に，式 (1.1) により，和と差はそれぞれベクトルとしての和と差と同じであることがわかる．とくに，次ページ上部の右図より，$|z_1 - z_2|$ は複素数平面上での 2 点 z_1, z_2 の間の距離に等しい．したがって，$r > 0$ のとき，集合 $\{z \in \mathbb{C}\,;\,|z - c| = r\}$ は，中心が c で，半径が r の**円**を表す．以下では，円 $|z - c| = r$ という書き方を

---

[4] 高校の指導要領ではそうなっていて，学生諸君にはなじみがあってよいのだが，数学の専門書では複素平面と呼んでいることが多い．実は筆者もずっと複素平面と呼んできた．しかし，文献 [13, p. 99] にあるように，$\mathbb{R}$ を実数直線と呼ぶなら，$\mathbb{C}$ を複素数平面と呼ぶ方が確かに一貫している．複素平面と言うなら，実直線と言うべきだが，実直な線とは何ぞや，ともなりかねない．なお，複素数平面という用語は指導要領での導入以前からあって，たとえば，文献 [10] などで用いられている．文献 [2] の第 2 章の最初の脚注でも，複素数平面と呼ぶ理由が述べられている．

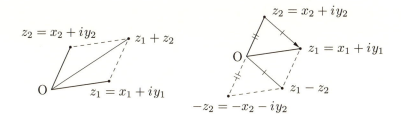

する．また，集合 $\{z \in \mathbb{C} \,;\, |z-c| < r\}$ はその円の内部，不等号を $>$ にすれば外部を表す．

異なる複素数 α, β に対して，$|z-\alpha| = |z-\beta|$ をみたす $z \in \mathbb{C}$ の全体は，α と β を結ぶ線分の垂直 2 等分線をなすことも，条件の幾何学的解釈により明らかであろう．**三角不等式**

$$|z_1 \pm z_2| \leqq |z_1| + |z_2|, \qquad ||z_1| - |z_2|| \leqq |z_1 - z_2|$$

も視覚化すれば，三角形の形成条件となる（下図参照）．
帰納法を使うと，

$$|z_1 + z_2 + \cdots + z_n|$$
$$\leqq |z_1| + |z_2| + \cdots + |z_n|$$

がわかる．本書では，この不等式も三角不等式と呼んで使っていく．

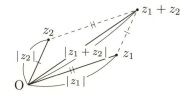

> **例題 1.5** $|z| = |w| = 1$ のとき，次の不等式が成り立つことを示せ．
> $$|z+1| + |w+1| + |zw+1| \geqq 2.$$

解 三角不等式より，

$$|z+1| + |w+1| + |zw+1|$$
$$\geqq |z+1| + |w+1-(zw+1)| = |z+1| + |w||1-z|$$
$$= |z+1| + |1-z| \geqq |z+1+(1-z)| = 2. \qquad \square$$

> **問題 1.6** 複素数 α, β, γ に対して，次の不等式が成り立つことを示せ．
> $$|\alpha| + |\beta| + |\gamma| \leqq |\alpha+\beta-\gamma| + |\alpha-\beta+\gamma| + |-\alpha+\beta+\gamma|.$$

1.3 極形式

平面の極座標に対応する複素数の表示を考えよう．すなわち，$z = x + iy \in \mathbb{C}$ のとき，極座標を用いて x, y を $x = r\cos\theta$, $y = r\sin\theta$ と表すと，

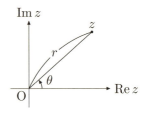

$$z = r(\cos\theta + i\sin\theta)$$

となる．この表示式を複素数 z の**極形式**と呼ぶ[5]．ここで，$r = |z|$ は原点 O と点 z の間の距離に等しい．そして，θ を z の**偏角** (argument) といい，記号で **arg** z と表す．偏角について，次の注意をしておこう．

$\begin{cases} (1)\ z = 0 \text{ に対しては偏角は定めない．} \\ (2)\ z \neq 0 \text{ に対して，} \theta = \arg z \text{ は } 2\pi \text{ の整数倍の差を除いて確定する．} \\ \quad \bullet\ -\pi < \theta \leqq \pi \text{ をみたすようにとるとき，} \mathbf{Arg}\, z \text{ と表す}[6]. \\ \quad \bullet\ \mathrm{Arg}\, z \text{ を } z \text{ の偏角の**主値**という．} \end{cases}$

実変数 t の逆正接関数の主値を $\mathrm{Arctan}\, t$ と表す．$|\mathrm{Arctan}\, t| < \dfrac{\pi}{2}$ であるから，$\mathrm{Re}\, z > 0$ ならば，$\mathrm{Arg}\, z = \mathrm{Arctan}\, \dfrac{\mathrm{Im}\, z}{\mathrm{Re}\, z}$ である．

例 1.7 $1 + \sqrt{3}\,i = 2\left(\dfrac{1}{2} + \dfrac{\sqrt{3}}{2}i\right) = 2\left(\cos\dfrac{\pi}{3} + i\sin\dfrac{\pi}{3}\right) \quad \left(= 2e^{\pi i/3}\right)$.

問題 1.8 $-\pi < \theta < \pi$ のとき，次の各複素数の極形式を求めよ．偏角は主値をとること．
(1) $-\cos\theta - i\sin\theta$ \hspace{2em} (2) $-\sin\theta - i\cos\theta$

問題 1.9 $0 \leqq \alpha < \dfrac{\pi}{2}$ とする．$|\mathrm{Arg}\, z| \leqq \alpha$ ならば，$|z| \leqq \dfrac{\mathrm{Re}\, z}{\cos\alpha}$ であることを示せ．

問題 1.10 複素数 z, w が $(1 + |z|^2)w = (1 + |w|^2)z$ をみたすならば，$z = w$ または $z\overline{w} = 1$ が成り立つことを示せ．

複素数の積と商は，極形式とよくなじむ．すなわち，

$$z_1 = r_1(\cos\theta_1 + i\sin\theta_1), \qquad z_2 = r_2(\cos\theta_2 + i\sin\theta_2)$$

---

[5] 複素変数の指数関数 e^z を学習した後は，$z = re^{i\theta}$ という書き方になる．68 ページ参照．
[6] 正の実軸が範囲の境界にならないようにしている．

のとき，三角関数の加法公式を用いると[7]，
$$z_1 z_2 = r_1 r_2 \{ (\cos\theta_1 \cos\theta_2 - \sin\theta_1 \sin\theta_2) \\ + i(\sin\theta_1 \cos\theta_2 + \cos\theta_1 \sin\theta_2) \}$$
$$= r_1 r_2 \{ \cos(\theta_1 + \theta_2) + i\sin(\theta_1 + \theta_2) \}. \tag{1.5}$$
ゆえに，$|z_1 z_2| = |z_1||z_2|$ であり，かつ
$$\arg(z_1 z_2) \equiv \arg z_1 + \arg z_2 \pmod{2\pi}.$$
したがって，複素数 z_1 に複素数 z_2 をかけるということは，ベクトル $\overrightarrow{Oz_1}$ を r_2 倍し，さらに θ_2 だけ回転して $\overrightarrow{Oz_2}$ を得ることを意味する．とくに，複素数を i 倍することは，原点を中心として $\frac{\pi}{2}$ だけの回転ということになる．また，
$$\frac{1}{z_2} = \frac{1}{r_2} \frac{1}{\cos\theta_2 + i\sin\theta_2} = \frac{1}{r_2}\bigl(\cos(-\theta_2) + i\sin(-\theta_2)\bigr)$$
であるから，
$$\frac{z_1}{z_2} = \frac{r_1}{r_2} \bigl(\cos(\theta_1 - \theta_2) + i\sin(\theta_1 - \theta_2)\bigr). \tag{1.6}$$
式 (1.5) と式 (1.6)，および帰納法を用いて示される
$$(\cos\theta + i\sin\theta)^n = \cos n\theta + i\sin n\theta \qquad (n \in \mathbb{Z}) \tag{1.7}$$
を de Moivre（ド・モアヴル）の公式という．

問題 1.11 $z = \dfrac{(1-i)^{10}(\sqrt{3}+i)^{15}}{(-1-\sqrt{3}i)^{20}}$ を計算せよ．

問題 1.12 $|z| \leqq 1$ のとき，$|(1+i)z^2 + iz|$ の最大値を求めよ．

例題 1.13 $(5+i)^4(1-i)$ の極形式を利用して，次式を示せ．
$$4\operatorname{Arctan}\frac{1}{5} - \operatorname{Arctan}\frac{1}{239} = \frac{\pi}{4}.$$

解 $\theta := \operatorname{Arg}(5+i) = \operatorname{Arctan}\frac{1}{5}$ とおくと，$5+i = \sqrt{26}(\cos\theta + i\sin\theta)$ であって，$0 < \theta < \frac{\pi}{6}$ である．そして $1-i = \sqrt{2}\left(\cos\frac{\pi}{4} - i\sin\frac{\pi}{4}\right)$ ゆえ，
$$(5+i)^4(1-i) = 26^2\sqrt{2}\left(\cos\left(4\theta - \frac{\pi}{4}\right) + i\sin\left(4\theta - \frac{\pi}{4}\right)\right).$$

---
[7] e^z を学習した後では，指数法則から導ける．式 (5.6) の導出参照．

ここで，$-\frac{\pi}{4} < 4\theta - \frac{\pi}{4} < \frac{5}{12}\pi$ であるから，
$$\operatorname{Arg}(5+i)^4(1-i) = 4\theta - \frac{\pi}{4} = 4\operatorname{Arctan}\frac{1}{5} - \frac{\pi}{4}. \quad \cdots\cdots \text{①}$$
一方，$(5+i)^2 = 24 + 10i = 2(12+5i)$ より，$(5+i)^4 = 4(119+120i)$ となる．ゆえに $(5+i)^4(1-i) = 4(239+i)$ であるから，
$$\operatorname{Arg}(5+i)^4(1-i) = \operatorname{Arctan}\frac{1}{239}.$$
これと①を比べて，証明すべき等式を得る． □

問題 1.14 $(2+i)^7 = -278 - 29i$ を知って，$7\operatorname{Arctan}\frac{1}{2} - \operatorname{Arctan}\frac{29}{278} = \pi$ を示せ．

問題 1.15 $(\sin\theta + i\cos\theta)^n = \sin n\theta + i\cos n\theta$ がすべての $\theta \in \mathbb{R}$ に対して成立する整数 n は，$n \equiv 1 \pmod{4}$，かつそのときに限ることを示せ．

1.2 節ですでに述べたように，$r > 0$ とするとき，式 $|z-c| = r$ は中心が c で半径が r の円を表す．円の内部 $|z-c| < r$ で，たとえば，$-\frac{\pi}{6} < \operatorname{Arg}(z-c) < \frac{\pi}{4}$ という条件を付加すれば，右図のような扇形の内部を表す．

例題 1.16 $0 < \alpha < \frac{\pi}{2}$ とする．
(1) 集合 $\mathscr{D} := \{z \in \mathbb{C} \,;\, |z-1| < \cos\alpha,\, |\operatorname{Arg}(1-z)| < \alpha\}$ を図示せよ．
(2) $z \in \mathscr{D}$ のとき，$|z| < 1$ かつ $\dfrac{|1-z|}{1-|z|} < \dfrac{2}{\cos\alpha}$ であることを示せ．

解 (1) $r := |z-1|$，$\theta := \operatorname{Arg}(1-z)$ とおくと，
$$z \in \mathscr{D} \iff r < \cos\alpha \text{ かつ } |\theta| < \alpha.$$
そして $1 - z = r(\cos\theta + i\sin\theta)$ より，
$$z - 1 = r(\cos(\theta - \pi) + i\sin(\theta - \pi)).$$
ここで，$-\pi - \alpha < \theta - \pi < -\pi + \alpha$ であるから，$\mathscr{D}$ は右図の網かけ部分である．ただし，境界は含まない．

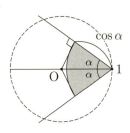

(2) $z \in \mathscr{D}$ とする．(1) の解より $|z| < 1$ であり，(1) の解における記号を用いると，$z = (1 - r\cos\theta) - ir\sin\theta$ となるから，

$$|z|^2 = (1 - r\cos\theta)^2 + r^2\sin^2\theta = 1 + r^2 - 2r\cos\theta. \quad \cdots\cdots \text{①}$$

ここで $|\theta| < \alpha$ より，$\cos\theta > \cos\alpha$ である．また，

$$-r + 2\cos\theta > -\cos\alpha + 2\cos\alpha = \cos\alpha$$

ゆえ，①と $|z| < 1$ より，次の評価を得る．

$$\frac{|1-z|}{1-|z|} = \frac{|1-z|(1+|z|)}{1-|z|^2} = \frac{r(1+|z|)}{r(-r+2\cos\theta)} < \frac{2}{\cos\alpha}. \qquad \square$$

> **問題 1.17** 次の (1), (2) の集合 $\mathscr{D}$ をそれぞれ複素数平面に図示せよ．
> (1) $\mathscr{D} := \left\{ z \in \mathbb{C} \;;\; \left|\mathrm{Arg}\, \dfrac{z-1}{z-i}\right| < \pi \right\}$ (2) $\mathscr{D} := \left\{ z \in \mathbb{C} \;;\; 0 < \mathrm{Arg}\, \dfrac{z+i}{z-i} < \dfrac{\pi}{4} \right\}$

【コメント】 後述の問題 1.31, 問題 11.38, 問題 12.29 も参照のこと．

複素数 $z \neq 0$ が与えられたとき，$w^n = z$ をみたす異なる $w \in \mathbb{C}$ はちょうど n 個存在する．この事情を極形式を使って見てみよう．$z = r(\cos\theta + i\sin\theta)$ とおく．そして $w = \rho(\cos\varphi + i\sin\varphi)$ とおくと，$w^n = \rho^n(\cos n\varphi + i\sin n\varphi)$ となるから，$z = w^n \iff \begin{cases} r = \rho^n \\ \cos\theta = \cos n\varphi, \quad \sin\theta = \sin n\varphi \end{cases}$

$r > 0$ かつ $\rho > 0$ より $\rho = \sqrt[n]{r}$ である．そして $n\varphi = \theta + 2k\pi \; (k \in \mathbb{Z})$ より，

$$\varphi = \frac{\theta}{n} + \frac{2k}{n}\pi.$$

$k = 0, 1, \ldots, n-1$ に対しては異なる w の値が得られ，それ以外の $k \in \mathbb{Z}$ に対しては，すでに得られた値に等しくなるので次の定理を得る．

> **定理 1.18 (n 乗根)** $z = r(\cos\theta + i\sin\theta) \neq 0$ のとき，$w^n = z$ となる異なる w はちょうど n 個存在して，次で与えられる．
>
> $$\sqrt[n]{r}\left(\cos\frac{\theta + 2k\pi}{n} + i\sin\frac{\theta + 2k\pi}{n}\right) \qquad (k = 0, 1, \ldots, n-1).$$

$\omega := \cos\frac{2\pi}{n} + i\sin\frac{2\pi}{n}$ とおくと，定理 1.18 より，1 の n 乗根は $1, \omega, \ldots, \omega^{n-1}$ で与えられる．これらは単位円 $|z|=1$ 上にあって，$n \geqq 3$ のときは正 n 角形の頂点をなしていることがわかる．たとえば，1 の 5 個の 5 乗根は，右図のような正五角形の頂点になっている．

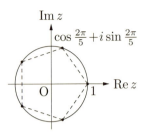

問題 1.19 -4 の 4 乗根をすべて複素数平面上に図示せよ．

問題 1.20 $n \geqq 3$ とし，$\omega := \cos\frac{2\pi}{n} + i\sin\frac{2\pi}{n}$ とおく．$k = 0, 1, \ldots, n-1$ に対して，P_k は複素数平面上の点 ω^k を表すとする．
(1) 線分 $P_0 P_k$ の長さを ℓ_k とおくとき，$\prod_{k=1}^{n-1} \ell_k = n$ であることを示せ．
(2) (1) を用いて，等式 $\prod_{k=1}^{n-1} \sin\frac{k\pi}{n} = \frac{n}{2^{n-1}}$ を示せ．

さて，$z = r(\cos\theta + i\sin\theta)$ に対して，$w := \sqrt{r}\left(\cos\frac{\theta}{2} + i\sin\frac{\theta}{2}\right)$ とおくと，$w^2 = z$ をみたすので，z の平方根は $\pm w$ である．$\cos\left(\frac{\theta}{2} + \pi\right) = -\cos\frac{\theta}{2}$, $\sin\left(\frac{\theta}{2} + \pi\right) = -\sin\frac{\theta}{2}$ であるから，このことは，定理 1.18 で $n=2$ とすることと，もちろん整合的である．

応用として，複素数係数の 2 次方程式を解いてみよう．

例題 1.21 2 次方程式 $2z^2 + 2(1+4i)z - 5 + 10i = 0$ を解け．

解説 中学や高校で学習した実数係数の 2 次方程式の根（解）の公式は，判別式 D に対して，$\sqrt{D}$ についての特別な約束があった．すなわち，$D > 0$ のときは $\sqrt{D}$ は D の正の平方根を表し，$D < 0$ のときは $|D| > 0$ の正の平方根 $\sqrt{|D|}$ を用いて，$\sqrt{D}$ を $i\sqrt{|D|}$ に置き換えるのであった．この問題では D は複素数になるので，根の公式の導出法に立ち戻って考えてみよう．

解 与えられた方程式を書き直すと，
$$\left(z + \frac{1+4i}{2}\right)^2 = \frac{-5-12i}{4}$$
となる．そこでまず，$\alpha := -5 - 12i$ の平方根を求めよう．$|\alpha| = 13$ であるから，$\cos\theta = -\frac{5}{13}$, $\sin\theta = -\frac{12}{13}$ とおくと，$\alpha = 13(\cos\theta + i\sin\theta)$ と表

される．ただし，ここでは $-\pi < \theta < -\frac{\pi}{2}$ をみたすようにとる[8]．したがって，$-\frac{\pi}{2} < \frac{\theta}{2} < -\frac{\pi}{4}$ ゆえ，$\cos\frac{\theta}{2} > 0$ かつ $\sin\frac{\theta}{2} < 0$ であるから，

$$\cos\frac{\theta}{2} = \sqrt{\frac{1+\cos\theta}{2}} = \frac{2}{\sqrt{13}}, \quad \sin\frac{\theta}{2} = -\sqrt{\frac{1-\cos\theta}{2}} = -\frac{3}{\sqrt{13}}.$$

ゆえに，α の平方根は $\pm\sqrt{13}\left(\cos\frac{\theta}{2} + i\sin\frac{\theta}{2}\right) = \pm(2-3i)$．よって，求める解は $z = \dfrac{-1-4i \pm (2-3i)}{2}$ となり，$z = \dfrac{\mathbf{1-7i}}{\mathbf{2}}, \dfrac{\mathbf{-3-i}}{\mathbf{2}}$ である．□

注意 1.22 α の平方根を求めるために，$(u+iv)^2 = -5-12i$ $(u,v \in \mathbb{R})$ とおいて得られる u,v についての連立方程式を解いてもよい．

> **問題 1.23** 2次方程式 $z^2 - (5+i)z + 8 + 4i = 0$ を解け．

1.4 複素数平面の幾何

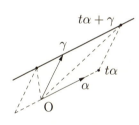

複素数平面上の直線は，直線のベクトル方程式と同様に，複素数 $\alpha \neq 0$ と γ を用いて，

$$z = t\alpha + \gamma \quad (t \in \mathbb{R}) \quad \cdots\cdots \text{①}$$

と書ける．パラメータ t を消去すると，①は

$$\mathrm{Im}\left(\frac{z-\gamma}{\alpha}\right) = 0 \quad (1.8)$$

と表せる．これはまた $\dfrac{z-\gamma}{\alpha} = \dfrac{\overline{z}-\overline{\gamma}}{\overline{\alpha}}$ と同値であるから，分母を払って整理すると，$\overline{\alpha}z - \alpha\overline{z} - 2i\,\mathrm{Im}(\overline{\alpha}\gamma) = 0$ となる．ここで，$\beta := i\alpha \neq 0$，$c := -2\,\mathrm{Im}(\overline{\alpha}\gamma) \in \mathbb{R}$ とおくと，$\overline{\beta}z + \beta\overline{z} + c = 0$ を得る．

以上と後述の問題 1.25 と合わせて，次の補題の $a=0$ の場合が示せている．

> **命題 1.24** 複素数平面上の円または直線 $\iff$ 次式をみたす点 z の全体．
> $$az\overline{z} + \overline{\beta}z + \beta\overline{z} + c = 0 \quad (a,c \in \mathbb{R},\ \beta \in \mathbb{C},\ |\beta|^2 - ac > 0).$$

---

[8] ここで $\pi < \theta < \frac{3}{2}\pi$ と選ぶと，次で $\cos\frac{\theta}{2}$ も $\sin\frac{\theta}{2}$ も符号が変わるが，得られる 2 個の α の平方根は同じである（当然だが）．このことは，後述するように，複素変数では $z^{1/2}$ が多価関数であることを映し出している（13.1 節参照）．

証明 $a \neq 0$ のときは，命題中の式を a で割ると $|z|^2 + \dfrac{2}{a}\operatorname{Re}(\overline{\beta}z) = -\dfrac{c}{a}$ となるので，式 (1.4) より，$\left|z + \dfrac{\beta}{a}\right|^2 = \dfrac{|\beta|^2 - ac}{a^2}$ を得る．これは，中心が $-\dfrac{\beta}{a}$, 半径が $\dfrac{\sqrt{|\beta|^2 - ac}}{|a|}$ の円を表している．逆に，円を表す式 $|z - z_0| = r$ の両辺を平方すると，式 (1.4) より $z\overline{z} - \overline{z_0}z - z_0\overline{z} + |z_0|^2 - r^2 = 0$ を得る．これは命題中の式の形をしている． □

問題 1.25 方程式 $\overline{\beta}z + \beta\overline{z} + c = 0$ ($\beta \neq 0, c \in \mathbb{R}$) をみたす z は，
(1) $c = 0$ なら直線 $z = i\beta t$ ($t \in \mathbb{R}$) 上を，
(2) $c \neq 0$ なら，原点 O と $-(\overline{\beta})^{-1}c$ を結ぶ線分の垂直 2 等分線上を動くことを示せ．

問題 1.26 複素数 $\alpha \neq \beta$, および $k \neq 1, k > 0$ は定数とする．方程式 $|z - \alpha| = k|z - \beta|$ をみたす点 z の全体は円をなすことを示し，その中心と半径を求めよ．この円を，2 定点 α, β に対する **Apollonius の円**(アポロニウス)と呼ぶ．

例題 1.27 複素数平面上に n 個の点 $z_1, \ldots, z_n$ がある．原点を通る一つの直線 ℓ が定める半平面の片側（ただし ℓ 上は除く）にこの n 個の点があるとき，次の二つの式が成り立つことを示せ．
$$z_1 + z_2 + \cdots + z_n \neq 0, \qquad \frac{1}{z_1} + \frac{1}{z_2} + \cdots + \frac{1}{z_n} \neq 0.$$

解説 絶対値 1 の複素数を $z_1, \ldots, z_n$ に一斉にかけても，0 に等しくないという二つの式の結論は変わらない．回転や平行移動を適宜施して，一般の状況を特別の状況に帰着させることは，今後も出会うであろう．

解 直線 ℓ と n 個の点を原点を中心に同時に回転させても位置関係が変わらないことを利用することで，ℓ を虚軸に一致させ，なおかつ $\operatorname{Re} z_1 > 0, \ldots, \operatorname{Re} z_n > 0$ とした状況で考えてよい．このとき，
$$\operatorname{Re}(z_1 + \cdots + z_n) = \operatorname{Re} z_1 + \cdots + \operatorname{Re} z_n > 0,$$
$$\operatorname{Re}\left(\frac{1}{z_1} + \cdots + \frac{1}{z_n}\right) = \frac{\operatorname{Re} z_1}{|z_1|^2} + \cdots + \frac{\operatorname{Re} z_n}{|z_n|^2} > 0. \qquad \square$$

1.5 向き付けられた角度

複素数平面上に異なる 2 点

$$z_1 = r_1(\cos\theta_1 + i\sin\theta_1) \neq 0, \quad z_2 = r_2(\cos\theta_2 + i\sin\theta_2) \neq 0$$

があるとする．式 (1.6) により，

$$\angle z_2 \mathrm{O} z_1 := \arg \frac{z_1}{z_2} \ \left(\equiv \theta_1 - \theta_2 \ (\mathrm{mod}\, 2\pi)\right)$$

と定めるのは自然であろう（z_1 と z_2 の順序に注意：下図参照）．

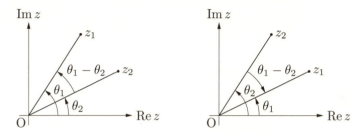

したがって，$\angle z_2 \mathrm{O} z_1$ は 2π の整数倍の差を除いて確定する．$\arg \frac{z_1}{z_2}$ を区間 $(-\pi, \pi]$ でとるか，または区間 $[0, 2\pi)$ でとるかを，その場その場で決めることとする．複素数平面を用いて初等幾何学の問題を考察するなら，向きを考えず $\left|\arg \frac{z_1}{z_2}\right|$ を考えて $\overrightarrow{\mathrm{O}z_1}$ と $\overrightarrow{\mathrm{O}z_2}$ のなす角とし，その範囲を $[0, \pi]$ とする方がよいこともあるし，複素関数論の考察をするときは，$(-\pi, \pi]$ で考えることが多いが，いつでもそうする方がよいとは限らない．

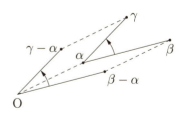

異なる 3 点 α, β, γ に対しては，α が原点に一致するように全体を平行移動して，3 点を O, $\beta - \alpha$, $\gamma - \alpha$ として，

$$\angle \beta \alpha \gamma := \arg \frac{\gamma - \alpha}{\beta - \alpha} \tag{1.9}$$

と定義する．

例 1.28 異なる 3 点 $\alpha, \beta, \gamma \in \mathbb{C}$ が同一直線上にある $\iff \dfrac{\gamma - \alpha}{\beta - \alpha} \in \mathbb{R}$.
なぜなら，この 3 点が同一直線上にあることと，$\angle \beta \alpha \gamma \equiv 0 \ (\mathrm{mod}\, \pi)$ とが同値となるからである．後者は $\dfrac{\gamma - \alpha}{\beta - \alpha} \in \mathbb{R}$ と同値である（式 (1.8) も参照）．

> **例題 1.29** 次を証明せよ．
> 異なる 4 点 $z_1, z_2, z_3, z_4 \in \mathbb{C}$ が同一円周上または同一直線上にある
> $$\iff \alpha := \frac{z_1 - z_3}{z_2 - z_3} \cdot \frac{z_2 - z_4}{z_1 - z_4} \text{ とおくとき，} \alpha \in \mathbb{R}.$$

証明 まず，4 点のうちのどの 3 点も同一直線上にない場合を考える．定義より，$\operatorname{Arg}\alpha \equiv \angle z_2 z_3 z_1 - \angle z_2 z_4 z_1 \pmod{2\pi}$ であるから，

(1) $\operatorname{Arg}\alpha = 0 \iff \angle z_2 z_3 z_1 \equiv \angle z_2 z_4 z_1 \pmod{2\pi}$,
(2) $\operatorname{Arg}\alpha = \pi \iff \angle z_2 z_3 z_1 + \angle z_1 z_4 z_2 \equiv \pi \pmod{2\pi}$.

(1) は，z_1, z_2 を通る直線 ℓ に関して 2 点 z_3, z_4 が同じ側にあって，これら 4 点が同一円周上にある条件であり（円周角の相等），(2) は，2 点 z_3, z_4 が直線 ℓ に関して反対側にあり，これら 4 点を頂点とする四角形が円に内接する条件である．

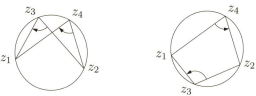

4 点のうちのある 3 点が直線 ℓ_1 上にあるときは，問題文にある最初の条件は残りの点も ℓ_1 上にあることゆえ，明らかに $\alpha \in \mathbb{R}$ と同値である． □

注意 1.30 例題 1.29 の α は後述の定義 11.40 における複比である．

> **問題 1.31** 問題 1.17 を，向き付けられた角度を考えることで解け．

> **問題 1.32** 複素数平面上の異なる 3 点 z_1, z_2, z_3 は $\operatorname{Im}\dfrac{z_1 - z_3}{z_2 - z_3} \neq 0$ をみたしているとする（例 1.28 参照）．このとき，この 3 点を通る円の中心と半径を求めよ．

> **問題 1.33** 複素数 z は実数ではないとする．4 個の複素数 z, z^2, z^3, z^4 がすべて異なり，かつこの順に（時計回りまたは反時計回りで）同一円周上にあるような z をすべて求めよ．

【コメント】 円の中心が原点であると初めから決めてかからないこと．

第2章

複素数の数列と無限級数

　微積分では，扱う数列や級数はすべて一般項が実数であった．本書では，一般項が複素数のものを扱う．実質的には何も変わりはないが，ここでまとめておこう．実数列の場合は，たとえば拙著 [7] 等を適宜参照のこと．

2.1 複素数列

複素数列 $\{z_n\}$ の収束の定義から始めよう．

> **定義 2.1** 複素数列 $\{z_n\}$ が**極限値** $\alpha \in \mathbb{C}$ に**収束**する，すなわち $n \to \infty$ のとき $z_n \to \alpha$（あるいは $\lim_{n\to\infty} z_n = \alpha$） $\stackrel{\text{def}}{\iff} \lim_{n\to\infty} |z_n - \alpha| = 0$.

　したがって，$z_n \to \alpha$ とは，複素数平面上の点列 $\{z_n\}$ が点 α に近づくことである．また，ε–N 論法で書くと，

$$\forall \varepsilon > 0, \ \exists N \ \text{s.t.} \ n > N \ \text{ならば} \ |z_n - \alpha| < \varepsilon.$$

例 2.2 $z_n = \dfrac{i^n}{n} \ (n = 1, 2, \ldots)$ とすると，$n \to \infty$ のとき $|z_n| = \dfrac{1}{n} \to 0$ ゆえ，$\lim_{n\to\infty} z_n = 0$ である．ここでは，$\{\operatorname{Arg} z_n\}$ は収束しないことに注意しておこう．

　さて，複素数列 $\{z_n\}$ に対して $z_n = x_n + i y_n$ とおき，$\alpha = a + ib \, (a, b \in \mathbb{R})$

とすると，$|z_n - \alpha| = \sqrt{(x_n - a)^2 + (y_n - b)^2}$ であるから，

$$\left.\begin{array}{r}|x_n - a| \\ |y_n - b|\end{array}\right\} \leqq |z_n - \alpha| \leqq |x_n - a| + |y_n - b|. \tag{2.1}$$

ゆえに，次のことがわかる．$n \to \infty$ のとき，

$$z_n \to \alpha \iff \operatorname{Re} z_n \to \operatorname{Re} \alpha \text{ かつ } \operatorname{Im} z_n \to \operatorname{Im} \alpha. \tag{2.2}$$

複素数列が有界であるということの定義もしておこう．

定義 2.3 $\{z_n\}$ が**有界** $\overset{\mathrm{def}}{\iff} \exists M > 0$ s.t. $|z_n| \leqq M \ (n = 1, 2, \dots)$.

収束する数列が有界であることを示すのは難しくないので，読者に委ねる（実数列のときと同様に考えるか，あるいは実部と虚部に分ける）．

例 2.4 $z_n = (1+i)^n \ (n = 1, 2, \dots)$ のとき，$|z_n| = 2^{n/2} \to +\infty \ (n \to \infty)$ となり有界ではないので，$\{z_n\}$ は収束しない．

次の定理の証明も読者に委ねよう．ε–N 論法で実数列のときと同様にできるし，実部と虚部に分けて実数列の場合に帰着して議論してもよい．

命題 2.5 $\lim_{n\to\infty} z_n = \alpha$, $\lim_{n\to\infty} w_n = \beta$ とする．
(1) $\lim_{n\to\infty} (z_n \pm w_n) = \alpha \pm \beta$.
(2) $\lim_{n\to\infty} z_n w_n = \alpha \beta$.
(3) $\beta \neq 0$ ならば，十分大きな番号 n に対して $w_n \neq 0$ であって，$\lim_{n\to\infty} \dfrac{z_n}{w_n} = \dfrac{\alpha}{\beta}$.

さらに，三角不等式より次のこともわかる．

$$\lim_{n\to\infty} z_n = \alpha \text{ ならば，} \lim_{n\to\infty} |z_n| = |\alpha|.$$

例題 2.6 $z \in \mathbb{C}$ とし，$z_n = 1 + \dfrac{z}{n} \ (n = 1, 2, \dots)$ とおく．$\lim_{n\to\infty} |z_n|^n$ と $\lim_{n\to\infty} n \operatorname{Arg} z_n$ を求めよ．

解 $z = x + iy$ とおくと,
$$|z_n|^2 = \left(1 + \frac{x}{n}\right)^2 + \frac{y^2}{n^2} = 1 + \frac{2x}{n} + \frac{|z|^2}{n^2}$$
である．また，番号 n が十分大きければ，$\mathrm{Re}\, z_n = 1 + \frac{x}{n} > 0$ ゆえ,
$$\mathrm{Arg}\, z_n = \mathrm{Arctan}\, \frac{\frac{y}{n}}{1 + \frac{x}{n}} = \mathrm{Arctan}\, \frac{y}{n+x}.$$
したがって，$\log(1+t) = t + o(t)\ (t \to 0)$ より,
$$|z_n|^n = \left(1 + \frac{2x}{n} + \frac{|z|^2}{n^2}\right)^{n/2} = \exp\left\{\frac{n}{2}\log\left(1 + \frac{2x}{n} + \frac{|z|^2}{n^2}\right)\right\}$$
$$= \exp\left\{\frac{n}{2}\left(\frac{2x}{n} + o\left(\frac{1}{n}\right)\right)\right\} = \exp(x + o(1))$$
$$\to e^x = e^{\mathrm{Re}\, z} \qquad (n \to \infty).$$
そしてまた $f(t) = \mathrm{Arctan}\, t\ (t \in \mathbb{R})$ とおくと，$f(0) = 0$ であって,
$$n\,\mathrm{Arg}\, z_n = n\,\mathrm{Arctan}\,\frac{y}{n+x} = \frac{ny}{n+x} \cdot \frac{f\left(\frac{y}{n+x}\right)}{\frac{y}{n+x}}$$
$$\to y f'(0) = \mathrm{Im}\, z \qquad (n \to \infty). \qquad \square$$

問題 2.7 複素数 α に対して，**二項係数** $\binom{\alpha}{n}$ を次式で定義する．
$$\binom{\alpha}{0} = 1, \qquad \binom{\alpha}{n} := \frac{\alpha(\alpha-1)\cdots(\alpha-n+1)}{n!} \quad (n = 1, 2, \ldots).$$
このとき，数列 $\left\{n\binom{i}{n}\right\}$ は有界であることを示せ．

【ヒント】 $k \geqq 2$ のとき，$\frac{k^2+1}{k^2} < \frac{k^2}{k^2-1}$ に注意．

定義 2.8（Cauchy 列） 複素数列 $\{z_n\}$ が **Cauchy 列**
$\stackrel{\mathrm{def}}{\iff} \forall \varepsilon > 0,\ \exists N\ \text{s.t.}\ m, n > N \implies |z_m - z_n| < \varepsilon.$

収束する複素数列 $\{z_n\}$ が Cauchy 列であることは，三角不等式からすぐにわかる．すなわち，極限値が α なら,
$$|z_m - z_n| \leqq |z_m - \alpha| + |\alpha - z_n|.$$
ポイントは逆が成り立つことである．

定理 2.9 (ℂ の完備性)　$\{z_n\}$ が収束 $\iff$ $\{z_n\}$ は Cauchy 列.

$\impliedby$ の証明は，まず Cauchy 列が有界であることを示し，次の Bolzano–Weierstrass の定理を適用するのが標準である[1]．たとえば拙著 [7] 等を参照のこと．定理 2.9 の利点は，数列の収束を論じる際に，あらかじめその極限値の候補をみつける必要がないということである．とくに，級数を扱うときに Cauchy 列の有用性が発揮される．

定理 2.10 (Bolzano–Weierstrass の定理)
有界な複素数列 $\{z_n\}$ は必ず収束する部分列を持つ．

証明　$x_n := \operatorname{Re} z_n$, $y_n := \operatorname{Im} z_n$ とすると，実数列 $\{x_n\}$ と $\{y_n\}$ は有界である．実数列に対する Bolzano–Weierstrass の定理より，$x_{n_k} \to a$ となる部分列 $\{x_{n_k}\}$ を $\{x_n\}$ から抜き出せる．$\{y_n\}$ の方は，まず $\{x_{n_k}\}$ に合わせて $\{y_{n_k}\}$ を抜き出しておき，そこからさらに $y_{n_{k_j}} \to b$ となる部分列を抜き出せば，$z_{n_{k_j}} \to \alpha := a + ib$ となっている． □

> **問題 2.11**　$\{z_n\}$ は複素数列であって，複素数 α ($|\alpha| > 1$) と狭義単調増加な関数 $f : \mathbb{N} \to \mathbb{N}$ が存在して，$\lim_{n \to \infty} \left(z_n - \dfrac{1}{\alpha} z_{f(n)} \right) = 0$ が成り立っていると仮定する．
>
> (1)　複素数 l が $\{z_n\}$ のある部分列の極限値になっているとする．このとき，任意の $m \in \mathbb{N}$ に対して，$\alpha^m l$ も $\{z_n\}$ のある部分列の極限になっていることを示せ．
> (2)　$\{z_n\}$ が有界なら $\lim_{n \to \infty} z_n = 0$ であることを示せ．
>
> **【ヒント】** (2) 結論を否定して，定理 2.10 と (1) を使う．

実数列の上極限と下極限について解説しておこう[2]．まず，実数列 $\{a_n\}$ は上に有界であるとして話を進める．すなわち，$\exists M$ s.t. $a_n \leqq M$ ($\forall n$) と仮定する．このとき，$b_m := \sup_{n \geqq m} a_n$ ($m = 1, 2, \dots$) で定義される数列 $\{b_m\}$ を新たに考える．m が大きくなるとともに，上限を考える範囲がだんだん小さくなるので，$\{b_m\}$ は単調減少数列である．したがって，$-\infty$ を許せば，$\{b_m\}$ は

---
[1] 実数列 $\{\operatorname{Re} z_n\}$ と $\{\operatorname{Im} z_n\}$ がともに Cauchy 列になることから，$\mathbb{R}$ の完備性に帰着してもよい．
[2] 近年では，微積分の講義でスキップされることが多いようなので，この節にまとめておくことにする．なお，複素数列の上極限と下極限は考えない．

つねに極限値 α を持つ．この極限値 α を，元の数列 $\{a_n\}$ の**上極限**と呼んで，$\alpha = \limsup\limits_{n\to\infty} a_n$ と表す．$\{a_n\}$ が上に有界でないときは，$\limsup\limits_{n\to\infty} a_n = +\infty$ と定義する[3]．

下極限 $\liminf\limits_{n\to\infty} a_n$ についても同様に定義する[4]．

定義 2.12 実数列 $\{a_n\}$ に対して，
$$\limsup_{n\to\infty} a_n := \lim_{m\to\infty}\left(\sup_{n\geq m} a_n\right), \quad \liminf_{n\to\infty} a_n := \lim_{m\to\infty}\left(\inf_{n\geq m} a_n\right).$$

さて $\alpha := \limsup\limits_{n\to\infty} a_n$ とし，α は有限値と仮定する．この状況を ε–N 論法で記述しておこう．$\forall \varepsilon > 0$ が与えられたとする．上述の数列 $\{b_m\}$ の極限値が α であるから，
$$\exists N \text{ s.t. } \alpha - \varepsilon < b_m < \alpha + \varepsilon \quad (\forall m > N). \quad \cdots\cdots \text{①}$$
b_m は $n \geq m$ の範囲での a_n の上限ゆえ，①より

(**上極限の性質 1**) $\exists N$ s.t. $\forall n > N$ に対して $a_n < \alpha + \varepsilon$,

(**上極限の性質 2**) 無数の番号 n に対して $\alpha - \varepsilon < a_n$.

逆に，この二つの性質を持つ α は $\{a_n\}$ から一意的に定まり，$\{a_n\}$ の上極限の特徴付けになっている．

問題 2.13 $\alpha = \pm\infty$ のときに，上記上極限の性質を修正せよ．

次の命題は有用である．上極限について述べるが，下極限でも同様である．

命題 2.14 実数列 $\{a_n\}$ は有界とする．
(1) $\alpha := \limsup\limits_{n\to\infty} a_n$ に収束する $\{a_n\}$ の部分列が存在する．
(2) $\{a_n\}$ のある部分列が β に収束すれば，$\beta \leq \limsup\limits_{n\to\infty} a_n$ である．

解説 したがって，部分列の極限値となり得るもので，最大のものが上極限であり，最小のものが下極限である．具体的に与えられた数列では，このことで上極限と下極限がわかることが多い．

---

[3] b_m がつねに $+\infty$ だから，と考えてもよいだろう．
[4] 上極限を $\overline{\lim}$，下極限を $\underline{\lim}$ で表す流儀もあるが，上極限は上限の極限であり，下極限は下限の極限であるというように，$\limsup$, $\liminf$ の方が定義に直結した記号という点でよいように思う．

証明 (1) 上極限の性質1と2により, $\alpha - 1 < a_{n_1} < \alpha + 1$ をみたす番号 n_1 を1個とる. さて, a_{n_k} が $\alpha - k^{-1} < a_{n_k} < \alpha + k^{-1}$ をみたすように定まったと仮定すると, 上極限の性質1と2により,
$$\exists n_{k+1} > n_k \text{ s.t. } \alpha - (k+1)^{-1} < a_{n_{k+1}} < \alpha + (k+1)^{-1}.$$
以上より, $|a_{n_k} - \alpha| \leqq k^{-1}$ $(\forall k)$ となる部分列 $\{a_{n_k}\}$ を帰納的に定義できる. このとき, 明らかに $a_{n_k} \to \alpha$ $(k \to \infty)$ である.

(2) 部分列 $\{a_{n'_l}\}$ が β に収束したとする. このとき, $n'_l \geqq l$ に注意すると, $\sup_{l \geqq m} a_{n'_l} \leqq \sup_{l \geqq m} a_l$ である. 両辺の $m \to \infty$ のときの極限を考えることにより, $\beta \leqq \limsup_{n \to \infty} a_n$ を得る. □

問題 2.15 $a_n := (-1)^n + \dfrac{1}{n}$ $(n = 1, 2, \ldots)$ のとき, 数列 $\{a_n\}$ の上極限と下極限を求めよ.

定理 2.16 有界な実数列 $\{a_n\}$ が収束する $\iff \limsup_{n \to \infty} a_n = \liminf_{n \to \infty} a_n$.

証明 $\alpha := \limsup_{n \to \infty} a_n$ とおき, $\beta := \liminf_{n \to \infty} a_n$ とおく. このとき $\beta \leqq \alpha$. また α に収束する部分列を $\{a_{n_k}\}$, β に収束する部分列を $\{a_{n'_l}\}$ とする.
[$\Longrightarrow$] 仮定より, 部分列 $\{a_{n_k}\}$ と $\{a_{n'_l}\}$ は同じ極限値に収束する.
[$\Longleftarrow$] 仮定は $\alpha = \beta$. 上極限の性質1と, それに対応する下極限の性質より, 十分大きな番号に対して, $\alpha - \varepsilon < a_n < \alpha + \varepsilon$ となる. □

上極限と下極限の基本的な性質を問題としてまとめておこう.

問題 2.17 有界な実数列 $\{a_n\}$, $\{b_n\}$ について, 以下を示せ. ただし, (3) と (4) においては, $a_n \geqq 0$ $(\forall n)$, $b_n \geqq 0$ $(\forall n)$ とする.
(1) $\limsup_{n \to \infty}(a_n + b_n) \leqq \limsup_{n \to \infty} a_n + \limsup_{n \to \infty} b_n$.
(2) $\liminf_{n \to \infty}(a_n + b_n) \geqq \liminf_{n \to \infty} a_n + \liminf_{n \to \infty} b_n$.
(3) $\limsup_{n \to \infty}(a_n b_n) \leqq \left(\limsup_{n \to \infty} a_n\right)\left(\limsup_{n \to \infty} b_n\right)$.
(4) $\liminf_{n \to \infty}(a_n b_n) \geqq \left(\liminf_{n \to \infty} a_n\right)\left(\liminf_{n \to \infty} b_n\right)$.
(1)～(4) において, 等号ではない例をそれぞれ挙げよ.

例題 2.18 $0 \leqq a_n \leqq 1\ (\forall n)$ とする.
$$\alpha := \liminf_{n\to\infty}(1-a_n)^n \geqq 0, \quad \beta := \limsup_{n\to\infty} na_n \leqq +\infty$$
とおくとき，次の (1), (2) を示せ.
(1) $\alpha > 0 \iff \beta < +\infty$.　　(2) (1) の一方が成り立つとき, $\alpha = e^{-\beta}$.

解　(1) [$\Longrightarrow$] $\alpha > 0$ とし, $\forall \varepsilon > 0$（ただし $\varepsilon < \alpha$）が与えられたとする．このとき, $\exists N$ s.t. $n > N \Longrightarrow (1-a_n)^n > \alpha - \varepsilon$. これより $a_n < 1-(\alpha-\varepsilon)^{\frac{1}{n}}$ を得るから,
$$na_n < n\bigl(1-(\alpha-\varepsilon)^{\frac{1}{n}}\bigr) = \frac{1-\exp\bigl(\frac{1}{n}\log(\alpha-\varepsilon)\bigr)}{\frac{1}{n}} \quad (\forall n > N).$$
右端の項は, $n \to \infty$ のとき $-\log(\alpha-\varepsilon)$ に収束するので, $\{na_n\}$ は有界となり, 左端と右端で上極限を考えて, $\beta \leqq \log \frac{1}{\alpha-\varepsilon} < +\infty$ を得る.
[$\Longleftarrow$] $\beta < +\infty$ とし, $\forall \varepsilon > 0$ が与えられたと仮定する．このとき, $\exists N$ s.t. $n > N \Longrightarrow na_n < \beta + \varepsilon$. これより $1-a_n > 1-\frac{1}{n}(\beta+\varepsilon)$ を得るので, 必要なら, この右辺がつねに正になるよう N を取り直して,
$$n > N \Longrightarrow (1-a_n)^n > \left(1-\frac{\beta+\varepsilon}{n}\right)^n = \bigl\{(1-\delta)^{1/\delta}\bigr\}^{\beta+\varepsilon}.$$
ただし, $\delta := \frac{1}{n}(\beta+\varepsilon)$ とおいた. $n \to \infty$ のとき $\delta \to 0$ であり, 右端の項 $\to e^{-(\beta+\varepsilon)}$ となるから, $\alpha \geqq e^{-(\beta+\varepsilon)} > 0$ である.
(2) (1) の前半から $\beta \leqq \log \frac{1}{\alpha-\varepsilon}$ であり, 後半から $\alpha \geqq e^{-\beta+\varepsilon}$ である. $\varepsilon > 0$ はいくらでも小さくとれるので, 結局 $\alpha = e^{-\beta}$ である. □

2.2　複素数の無限級数

一般項 z_n が複素数である**無限級数**（以下略して級数という）$\sum_{n=1}^{\infty} z_n$ を考えよう[5]．第 n 項までの和を S_n で表す．すなわち,
$$S_n := z_1 + \cdots + z_n \quad (n = 1, 2, \dots). \tag{2.3}$$

---
[5] 第 4 章で導入するベキ級数を考えるときは, 項が $n = 0$ から番号付けされている（例 2.24 も参照）.

定義 2.19 級数 $\sum_{n=1}^{\infty} z_n$ が**収束**して**和** S を持つ $\overset{\text{def}}{\iff}$ 式 (2.3)で定まる部分和からなる数列 $\{S_n\}$ が極限値 S に収束する.
このとき, $\sum_{n=1}^{\infty} z_n = S$ と表す.

級数が収束しないとき, その級数は**発散**するという.

注意 2.20 記号 $\sum_{n=1}^{\infty} z_n$ には, 文脈によって次の2通りの意味があることに注意.
(1) 単に書いただけの形式的な級数,
(2) 収束する場合, それが表す級数の和.

注意 2.21 級数 $\sum_{n=1}^{\infty} z_n$ が収束して和が S なら, $a_n = S_n - S_{n-1}$ ($n \geq 2$) において $n \to \infty$ とすることで, $a_n \to S - S = 0$ を得る. 一般項が0に収束しても級数が発散する例は, 後述の例 2.23 にある.

さて, 式 (2.2)を第 n 項までの和 S_n に適用すると, 次がわかる.

$$\sum_{n=1}^{\infty} z_n \text{ が収束} \iff \sum_{n=1}^{\infty} \operatorname{Re} z_n \text{ と } \sum_{n=1}^{\infty} \operatorname{Im} z_n \text{ がともに収束.} \quad (2.4)$$

さらに, $p < q$ のとき, $S_q - S_p = z_{p+1} + \cdots + z_q$ に注意すると, 定理2.9を数列 $\{S_n\}$ に適用して次の定理を得る.

定理 2.22 (Cauchy の判定条件) 級数 $\sum_{n=1}^{\infty} z_n$ が収束する
$\iff \forall \varepsilon > 0,\ \exists N$ s.t. $N < p < q \implies |z_{p+1} + \cdots + z_q| < \varepsilon.$

例 2.23 $\sum_{n=1}^{\infty} \dfrac{1}{n}$ は発散する. 実際に $S_n := \sum_{k=1}^{n} \dfrac{1}{k}$ ($n = 1, 2, \ldots$) とおくと,

$$S_{2n} - S_n = \frac{1}{n+1} + \cdots + \frac{1}{2n} \geq \frac{n}{2n} = \frac{1}{2}$$

となるから, $\{S_n\}$ は Cauchy 列ではない. **調和級数**と呼ばれるこの級数は, 一般項が0に収束するが, 級数自体は発散する例になっている. より一般に, $p > 0$ のとき,

$$\text{級数 } \sum_{n=1}^{\infty} \frac{1}{n^p} \text{ は, } p > 1 \text{ のときに収束し, } p \leq 1 \text{ のときに発散する.} \quad (2.5)$$

単調減少関数 $\frac{1}{x^p}$ の定積分と比べる方法がわかりやすい．忘れた人は，拙著 [7] 等を参照してほしい．

例 2.24 (等比級数) $|z| < 1$ のとき，$\sum_{n=0}^{\infty} z^n = \frac{1}{1-z}$． …… ①

実際に $S_n = 1 + z + \cdots + z^n$ とおくと，$S_n = \frac{1-z^{n+1}}{1-z}$ であり，$n \to \infty$ のとき $|z^{n+1}| = |z|^{n+1} \to 0$ であるから，$S_n \to \frac{1}{1-z}$ となる．また $|z| \geqq 1$ なら，一般項が 0 に収束しないから，①の左辺の等比級数は発散する．このように，議論は実数の等比級数の場合と同様である．しかし，実部と虚部を分けると自明ではない公式が現れる．すなわち，$z = r(\cos\theta + i\sin\theta)$ とおくと，de Moivre の公式より，$z^n = r^n(\cos n\theta + i\sin n\theta)$ である．一方，

$$\frac{1}{1-z} = \frac{1}{(1-r\cos\theta)-ir\sin\theta} = \frac{1-r\cos\theta+ir\sin\theta}{1-2r\cos\theta+r^2}.$$

ゆえに，①の両辺の実部と虚部を見ると，次の公式を得ていることになる．$|r|<1$ のとき，

$$\sum_{n=0}^{\infty} r^n \cos n\theta = \frac{1-r\cos\theta}{1-2r\cos\theta+r^2}, \quad \sum_{n=0}^{\infty} r^n \sin n\theta = \frac{r\sin\theta}{1-2r\cos\theta+r^2}.$$

問題 2.25 級数 $\sum_{n=0}^{\infty} \left(\frac{z-i}{z+1}\right)^n$ が収束する $z \in \mathbb{C}$ の範囲を，複素数平面に図示せよ．

次の定理の証明は省略してもよいだろう．ただし，各公式は左辺も収束して右辺に等しいと読むこと．

定理 2.26 級数 $\sum_{n=1}^{\infty} z_n$ と $\sum_{n=1}^{\infty} w_n$ はともに収束していると仮定する．
(1) $\sum_{n=1}^{\infty} (z_n \pm w_n) = \sum_{n=1}^{\infty} z_n \pm \sum_{n=1}^{\infty} w_n$ (複号同順)．
(2) $\alpha \in \mathbb{C}$ のとき，$\sum_{n=1}^{\infty} (\alpha z_n) = \alpha \sum_{n=1}^{\infty} z_n$．

$a_n \geqq 0 \ (\forall n)$ である級数 $\sum_{n=1}^{\infty} a_n$ を **正項級数** と呼ぶ．

定義 2.27 級数 $\sum_{n=0}^{\infty} z_n$ が**絶対収束**する[6] (absolutely convergent)
$\overset{\text{def}}{\iff}$ 各項に絶対値を付けて得られる正項級数 $\sum_{n=0}^{\infty} |z_n|$ が収束.

命題 2.28 絶対収束する級数は収束する.

証明 定理 2.22 と $|z_{p+1} + \cdots + z_q| \leqq |z_{p+1}| + \cdots + |z_q|$ による. □

例 2.29 命題 2.28 の逆は成立しない. 例としては $\sum_{n=1}^{\infty} \dfrac{(-1)^{n-1}}{n}$ がある (絶対収束しないことは例 2.23 参照). ここでは, その和が $\log 2$ であることを次のようにして示そう[7]. 各 $n \in \mathbb{N}$ について, $\dfrac{1}{n} = \int_0^1 x^{n-1} \, dx$ ゆえ,

$$\sum_{n=1}^{N} \frac{(-1)^{n-1}}{n} = \sum_{n=1}^{N} \int_0^1 (-x)^{n-1} \, dx = \int_0^1 \frac{1 - (-x)^N}{1+x} \, dx.$$

$\int_0^1 \dfrac{dx}{1+x} = \log 2$ を移項して考えると,

$$\left| \sum_{n=1}^{N} \frac{(-1)^{n-1}}{n} - \log 2 \right| = \int_0^1 \frac{x^N}{1+x} \, dx \leqq \int_0^1 x^N \, dx = \frac{1}{N+1}.$$

ゆえに, 級数 $\sum_{n=1}^{\infty} \dfrac{(-1)^{n-1}}{n}$ は収束して, 和は $\log 2$ に等しい. □

ここで, 正項級数についてまとめておこう. 以下, 定理 2.34 が終わるまで, $\sum_{n=1}^{\infty} a_n$ は正項級数とする. このとき, 第 n 項までの部分和

$$S_n := a_1 + \cdots + a_n \quad (n = 1, 2, \ldots) \tag{2.6}$$

からなる数列 $\{S_n\}$ は明らかに単調増加であるから, 次の定理を得る.

---

[6] 日本語としては少々紛らわしい言葉使いである. 英語では副詞+形容詞であることに注意. この定義の段階では, 一旦は『絶対収束的』, あるいは日本語としてよりましな『絶対値収束』と言う方がよいと思うが, 伝統に従うことにした. 口語で使われる『絶対』という言葉の語感が, 次の命題 2.28 を禅問答のようにしかねない. とくに, 『絶対に収束する』という言い方は数学用語としてはよくないと思う.

[7] 収束だけなら, 一般項の絶対値が単調に減少して 0 に収束することからわかる (交代級数に関する基本定理: 解析概論 [11] 等参照).

2.2 複素数の無限級数

定理 2.30 正項級数 $\sum_{n=1}^{\infty} a_n$ が収束 $\iff$ $\{S_n\}$ が有界.

定理 2.31 (比較定理) $\sum_{n=1}^{\infty} a_n$ と $\sum_{n=1}^{\infty} b_n$ は正項級数であって,

$$\exists K > 0,\ \exists N \text{ s.t. } a_n \leqq Kb_n \quad (\forall n \geqq N)$$

となっていると仮定する.
(1) $\sum_{n=1}^{\infty} b_n$ が収束 $\implies$ $\sum_{n=1}^{\infty} a_n$ も収束.
(2) $\sum_{n=1}^{\infty} a_n$ が発散 $\implies$ $\sum_{n=1}^{\infty} b_n$ も発散.

証明 有限個の項を修正しても級数の収束・発散は変わらないから, $a_n \leqq Kb_n$ ($\forall n$) と仮定してよい. $S_n := a_1 + \cdots + a_n$, $T_n := b_1 + \cdots + b_n$ とおくと, 明らかに $S_n \leqq KT_n$ ($\forall n = 1, 2, \ldots$) が成り立つ.
(1) $\sum_{n=1}^{\infty} b_n$ が収束 $\implies$ $\{T_n\}$ は有界 $\implies$ $\{S_n\}$ も有界 $\implies$ $\sum_{n=1}^{\infty} a_n$ も収束.
(2) (1) の対偶である. □

問題 2.32 a_n がそれぞれ次式で与えられる正項級数 $\sum_{n=1}^{\infty} a_n$ の収束・発散を判定せよ.
(1) $a_n := \dfrac{n+1}{n^3 - n + 2}$ (2) $a_n := \dfrac{1}{\log(n+1)}$

後述する2重級数の和への橋渡しとして, 次の命題を示しておこう.

命題 2.33 正項級数 $\sum_{n=1}^{\infty} a_n$ の有限項の和で表される数の集合を A とする.

$$A := \{ a_{n_1} + \cdots + a_{n_k}\ ;\ k \in \mathbb{N},\ n_1 < \cdots < n_k \}. \tag{2.7}$$

このとき, $\sum_{n=1}^{\infty} a_n$ が収束 $\iff$ A は有界.
そして, $\sum_{n=1}^{\infty} a_n = \sup A$ が成り立つ.

証明 第 n 項までの部分和を S_n とする（式 (2.6)参照）.

[$\Longrightarrow$] $S := \sum_{n=1}^{\infty} a_n$ とする. 任意の $n_1 < \cdots < n_k$ について, $a_{n_1} + \cdots + a_{n_k} \leqq S_{n_k} \leqq S$ ゆえ, 集合 A は有界であって, $\sup A \leqq S$ である.

[$\Longleftarrow$] 各 $S_n \in A$ も $\sup A$ の形成に参加しているから, $S_n \leqq \sup A$ $(\forall n)$. ゆえに $\{S_n\}$ は有界ゆえ, $S = \sum_{n=1}^{\infty} a_n$ は収束して, $S \leqq \sup A$ となる. □

さて, 一般に級数 $\sum_{n=1}^{\infty} z_n$ があったとき, その**級数の項の順序を変更する**とは, 全単射 $\varphi : \mathbb{N} \to \mathbb{N}$ を持ってきて, $\sum_{n=1}^{\infty} z_{\varphi(n)}$ を考えることである. 項の順序を任意に変更するとは, 任意の全単射 $\varphi : \mathbb{N} \to \mathbb{N}$ を考えることに対応する.

定理 2.34 正項級数 $\sum_{n=1}^{\infty} a_n$ が収束して和 S を持つならば, 任意に項の順序を変更しても, 得られる級数の和は S のままである.

証明 項の順序をどのように変更しても, 式 (2.7)で与えられる集合 A が不変であることによる. □

正項級数から離れて, 一般の級数に戻ろう. まず, 複素数 z に対して, 式 (1.3)と $|z| \leqq |\mathrm{Re}\, z| + |\mathrm{Im}\, z|$ が成り立つことより, 次のことがわかる.

$$\sum_{n=1}^{\infty} z_n \text{ が絶対収束} \iff \sum_{n=1}^{\infty} \mathrm{Re}\, z_n \text{ も } \sum_{n=1}^{\infty} \mathrm{Im}\, z_n \text{ も絶対収束.} \tag{2.8}$$

定理 2.34 は絶対収束する級数に拡張される.

定理 2.35 級数 $S := \sum_{n=1}^{\infty} z_n$ が絶対収束すると仮定する. このとき, 項の順序を任意に変更して得られる級数も絶対収束して, 和は S である.

証明 式 (2.8)より, 実数の級数 $\sum_{n=1}^{\infty} a_n$ で証明すれば十分である. 各 $n = 1, 2, \ldots$ に対して,

$$a_n^+ := \frac{1}{2}(|a_n| + a_n) \geq 0, \qquad a_n^- := \frac{1}{2}(|a_n| - a_n) \geq 0$$

とおく．明らかに $a_n^\pm \leqq |a_n|$ ゆえ，$\sum_{n=1}^\infty a_n^+$ も $\sum_{n=1}^\infty a_n^-$ も収束する正項級数である．$a_n = a_n^+ - a_n^-$ であるから，絶対収束する実数の級数は，収束する正項級数の差で書けることがわかった．収束する正項級数については，定理 2.34 より，項の順序を変更しても級数の和は変わらないので，絶対収束する級数についても，項の順序の変更は級数の和に影響を与えない． □

正項級数 $\sum_{n=1}^\infty a_n$ が，複素数を一般項とする級数 $\sum_{n=1}^\infty z_n$ の**優級数**であるとは，$|z_n| \leqq a_n \ (\forall n)$ が成り立つことである．比較定理から次の定理を得る．

> **定理 2.36** 級数 $\sum_{n=1}^\infty z_n$ が収束する優級数を持てば絶対収束する（したがって収束する）．

例題 2.37 $\sum_{n=1}^\infty \sin\bigl(\pi(2+\sqrt{3})^n\bigr)$ は絶対収束することを示せ．

解 二項展開することにより，$(2+\sqrt{3})^n + (2-\sqrt{3})^n \in \mathbb{Z}$ がわかるので，
$$\bigl|\sin\bigl(\pi(2+\sqrt{3})^n\bigr)\bigr| = \sin\bigl(\pi(2-\sqrt{3})^n\bigr) < \pi(2-\sqrt{3})^n.$$
$0 < 2-\sqrt{3} < 1$ より，与えられた級数は，収束する優級数 $\pi\sum_{n=1}^\infty (2-\sqrt{3})^n$ を持つので，絶対収束する． □

問題 2.38 $0 < \alpha < \dfrac{\pi}{2}$ とする．$|\operatorname{Arg} z_n| \leqq \alpha \ (n=1,2,\ldots)$ が成り立っているとき，$\sum_{n=1}^\infty z_n$ の収束から $\sum_{n=1}^\infty |z_n|$ の収束が導かれることを示せ．

例題 2.39 級数 $\sum_{n=1}^\infty \dfrac{z^n}{1-z^n}$ は，$|z| < 1$ なら絶対収束，$|z| > 1$ なら発散することを示せ．

解 $|z| < 1$ のとき，$\left|\dfrac{z^n}{1-z^n}\right| \leqq \dfrac{|z|^n}{1-|z|^n} \leqq \dfrac{|z|^n}{1-|z|}$ より，与えられた級数は絶対収束する．$|z| > 1$ のとき，$\dfrac{z^n}{1-z^n} = \dfrac{1}{z^{-n}-1} \to -1 \ (n\to\infty)$ より，一般項が 0 に収束しないので，級数は発散する． □

問題 2.40 $|z| \neq 1$ のとき，級数 $\sum_{n=0}^{\infty} \dfrac{z^n}{1+z^{2n}}$ は絶対収束することを示せ．

【ヒント】 $|z| > 1$ のときは，級数の一般項が代入 $z \to \dfrac{1}{z}$ で不変であることに注意する．

問題 2.41 $\{z_n\}, \{w_n\}$ を複素数列とし，$n \geqq 1$ に対して，$S_n := z_1 + \cdots + z_n$ とおく．また，$S_0 = 0$ とする．

(1) $m < n$ のとき，次式を示せ（**Abel の変形法**）．
$$z_m w_m + \cdots + z_n w_n = \sum_{k=m}^{n-1} S_k(w_k - w_{k+1}) - S_{m-1} w_m + S_n w_n.$$

(2) $\{w_n\}$ は正の実数からなる単調減少数列で，$\lim_{n \to \infty} w_n = 0$ をみたすとする．また，$\{S_n\}$ は有界であるとする．このとき，級数 $\sum_{n=1}^{\infty} z_n w_n$ は収束することを示せ．さらに，その和を T とし，$M := \sup_n |S_n|$ とするとき，$|T| \leqq M w_1$ であることを示せ．

2.3 2 重級数

微積分において，2 個の実数を変数とする関数を座標平面 $\mathbb{R}^2$ 上の関数と考えたように，2 個の自然数 p, q で添数付けされた 2 重数列 $\{z_{pq}\}$ を，$\mathbb{R}^2$ において x, y 座標がともに自然数である点の集合 $\mathbb{N}^2$ で定義された関数と見ることにしよう[8]．そうすると，**2 重級数**とは $\sum_{(p,q) \in \mathbb{N}^2} z_{pq}$ ということになる．記号 $\sum$ を含むこの式は，注意 2.20 (1) で述べたように，今この時点ではまさしく書いただけのものであり，その数学的な意味付けをこれから行う．

級数は積分の特別な場合[9]という認識のもとで，重積分と並行に話を進めよう．まず**正項 2 重級数**から始める．すなわち，級数
$$\sum_{(p,q) \in \mathbb{N}^2} a_{pq}, \qquad \text{ただし } a_{pq} \geqq 0 \quad (\forall (p,q) \in \mathbb{N}^2) \tag{2.9}$$
をまず考える．F が $\mathbb{N}^2$ の有限部分集合であれば，$\sum_{(p,q) \in F} a_{pq}$ は有限項の和であるから，その意味については何も問題が生じない．命題 2.33 を踏まえて，広義重積分のときと同様に，次の定義を採用する．

---

[8] 数を並べたものという高校での数列の定義だと，行列風に並べる必要がある．したがって，k 重数列だと k 次元行列になる．

[9] Lebesgue 積分論では，級数をそのような視点で扱う．

2.3 2重級数

定義 2.42 正項2重級数 (2.9) に対して，次の集合 A を考える．
$$A := \left\{ \sum_{(p,q) \in F} a_{pq} \,;\, F \text{ は } \mathbb{N}^2 \text{ の有限部分集合} \right\}. \tag{2.10}$$
A が有界であるとき，級数 (2.9) は**収束**するといい，$\sup A$ を級数 (2.9) の**和**という．A が有界でないとき，級数 (2.9) は**発散**するという．

広義重積分のときと同様にして，近似増加列を考える．

定義 2.43 次の (1) と (2) をみたす $\mathbb{N}^2$ の有限部分集合の列 $\{E_n\}$ を，$\mathbb{N}^2$ の**近似増加列**という．
(1) $E_1 \subset E_2 \subset \cdots \subset E_n \subset \cdots \subset \mathbb{N}^2$, (2) $\bigcup_{n=1}^{\infty} E_n = \mathbb{N}^2$.

注意 2.44 条件 (1) のもとで，(2) は次の (3) と同値である．
(3) $\mathbb{N}^2$ に含まれる任意の有限部分集合 F に対して，$\exists n \in \mathbb{N}$ s.t. $F \subset E_n$.

さて，$\{E_n\}$ を $\mathbb{N}^2$ の近似増加列とし，$S_n := \sum_{(p,q) \in E_n} a_{pq}$ とおく．このとき，数列 $\{S_n\}$ は単調増加であって，$+\infty$ を許せば，$\lim_{n \to \infty} S_n$ はいつでも存在する．次の二つの定理の証明は演習としよう．拙著 [7] 等を参考にしてほしい．

定理 2.45 $\mathbb{N}^2$ の近似増加列 $\{E_n\}$ が存在して，$S := \lim_{n \to \infty} S_n$ が有限であれば，級数 (2.9) は収束して和は S である．また $S = +\infty$ ならば，級数 (2.9) は発散する．

定理 2.46 正項2重級数 (2.9) が収束して和 S を持つなら，$\mathbb{N}^2$ の任意の近似増加列 $\{E_n\}$ に対して，$\lim_{n \to \infty} \sum_{(p,q) \in E_n} a_{pq} = S$ である．

問題 2.47 定理 2.45 と定理 2.46 の証明を与えよ．

したがって，正項2重級数が与えられたとき，まず都合の良い近似増加列と定理 2.45 により級数の収束を判定し，収束するのであれば，定理 2.46 が

適用できるということになる.よく用いられる $\mathbb{N}^2$ の近似増加列としては,次の $\{E_n\}$ と $\{F_n\}$ がある.

$$E_n = \{(p,q) \in \mathbb{N}^2 \,;\, p \leqq n,\, q \leqq n\},$$
$$F_n = \{(p,q) \in \mathbb{N}^2 \,;\, p + q \leqq n\}. \tag{2.11}$$

例題 2.48 $\alpha > 0$ とする.次を示せ.

正項2重級数 $\displaystyle\sum_{(p,q)\in\mathbb{N}^2} \frac{1}{(p^2+q^2)^\alpha}$ が収束する $\iff \alpha > 1$.

解 $\mathbb{N}^2$ の近似増加列として,式 (2.11) の第1式で定義される $\{E_n\}$ をとって,$S_n := \displaystyle\sum_{(p,q)\in E_n} \frac{1}{(p^2+q^2)^\alpha}$ とおく.各 $k = 1, \ldots, n$ に対して,E_n に属する (p,q) で,$\max(p,q) = k$ となる[10]ものの個数は $2k-1$ である.また,そのような (p,q) に対しては,$k^2 \leqq p^2 + q^2 \leqq 2k^2$ が成り立つから,

$$\sum_{k=1}^{n} \frac{2k-1}{(2k^2)^\alpha} \leqq S_n \leqq \sum_{k=1}^{n} \frac{2k-1}{k^{2\alpha}}. \quad \cdots\cdots \text{①}$$

ここで,$k \leqq 2k - 1 < 2k$ $(k = 1, 2, \ldots)$ に注意して,①の左端の項を下から,右端の項を上から評価することにより,次の不等式を得る.

$$\frac{1}{2^\alpha} \sum_{k=1}^{n} \frac{1}{k^{2\alpha-1}} \leqq S_n \leqq 2 \sum_{k=1}^{n} \frac{1}{k^{2\alpha-1}}.$$

ゆえに,$\{S_n\}$ が収束することと,$\displaystyle\sum_{k=1}^{\infty} \frac{1}{k^{2\alpha-1}}$ が収束することとは同値である.式 (2.5) より,後者の条件は $2\alpha - 1 > 1$,すなわち,$\alpha > 1$ である.□

さて,累次積分に相当するものを考察しよう.正項2重級数 (2.9) に対して,次の2種類の『累次級数』を考えることができる.

$$T := \sum_{q=1}^{\infty}\left(\sum_{p=1}^{\infty} a_{pq}\right), \quad U := \sum_{p=1}^{\infty}\left(\sum_{q=1}^{\infty} a_{pq}\right), \tag{2.12}$$

$+\infty$ を許せば,T も U も存在する.

---

[10] $\max(p,q)$ は,p, q の小さくない方を表す.

定理 2.49 次の (1), (2) が成り立つ.
(1) 正項 2 重級数 (2.9) が収束して和が S ならば，式 (2.12) の 2 個の累次級数も収束して，$T = U = S$ である.
(2) 式 (2.12) のどちらかの累次級数が収束すれば，もう一方の累次級数と 2 重級数 (2.9) が収束して，和はすべて等しい.

証明 以下，自然数 P, Q に対して，

$$T_{PQ} := \sum_{q=1}^{Q}\left(\sum_{p=1}^{P} a_{pq}\right), \quad U_{PQ} := \sum_{p=1}^{P}\left(\sum_{q=1}^{Q} a_{pq}\right)$$

とおく．明らかに，$T_{PQ} = U_{PQ}$．集合 A を式 (2.10) で定義されるものとする.
(1) T_{PQ} も $S = \sup A$ の形成に参加しているから，$T_{PQ} \leqq S$．ここで，S は P と Q には関係しないので，式 (2.12) の左側の累次級数は収束して，$T \leqq S$ が成り立つ．一方，$\{E_n\}$ を $\mathbb{N}^2$ の任意の近似増加列とし，各 n について，

$$P_n := \max\{p \in \mathbb{N} \,;\, (p,q) \in E_n\}, \quad Q_n := \max\{q \in \mathbb{N} \,;\, (p,q) \in E_n\}$$

とおくと，

$$\sum_{(p,q) \in E_n} a_{pq} \leqq T_{P_n Q_n} \leqq T. \quad \cdots\cdots \text{①}$$

これより $S \leqq T$ を得る．先の $T \leqq S$ と合わせて，$T = S$ が成り立つ．同様にして，$U = S$ を得る.
(2) 式 (2.12) の左側の累次級数が収束して，和が T であると仮定する．このとき①が成り立つので，2 重級数 (2.9) は収束する．和を S とすると $S \leqq T$ が成り立つ．以下 (1) の前半を繰り返して，$T \leqq S$ を得るので $S = T$ である．そして (1) を U に対して繰り返して，$U = S$ を得る． □

重積分のときと同様に，複素数を一般項とする 2 重級数の収束に対しては，絶対収束であることを要求する．念のため，定義を書いておこう.

定義 2.50 複素数からなる 2 重級数 $\sum_{(p,q)\in\mathbb{N}^2} z_{pq}$ が **絶対収束** する
$\stackrel{\text{def}}{\iff}$ 正項 2 重級数 $\sum_{(p,q)\in\mathbb{N}^2} |z_{pq}|$ が収束する.

2重級数 $\sum_{(p,q)\in\mathbb{N}^2} z_{pq}$ は絶対収束するとしよう．定理 2.35 の証明とまったく同様の議論で，z_{pq} の実部からなる級数 $\sum_{(p,q)\in\mathbb{N}^2} x_{pq}$ も，虚部からなる級数 $\sum_{(p,q)\in\mathbb{N}^2} y_{pq}$ も絶対収束する．そして，それらは収束する正項級数の差で書けている．このことから，ただちに次の二つの定理を得る．

定理 2.51 2重級数 $S := \sum_{(p,q)\in\mathbb{N}^2} z_{pq}$ は絶対収束すると仮定する．
(1) $\mathbb{N}^2$ の任意の近似増加列 $\{E_n\}$ に対して，$\lim_{n\to\infty} \sum_{(p,q)\in E_n} z_{pq} = S$ である．
(2) 式 (2.12) で $a_{pq} := |z_{pq}|$ とした2個の累次級数が収束し（このとき次の累次級数①は**絶対収束**するという），かつ累次級数①が収束して，和は S に等しい．

$$\sum_{q=1}^\infty \Bigl(\sum_{p=1}^\infty z_{pq}\Bigr),\quad \sum_{p=1}^\infty \Bigl(\sum_{q=1}^\infty z_{pq}\Bigr). \quad\cdots\cdots ①$$

定理 2.52 2重級数 $\sum_{(p,q)\in\mathbb{N}^2} z_{pq}$ に対して，累次級数のどちらかが絶対収束するならば，元の2重級数は絶対収束して，定理 2.51 が成立する．

絶対収束しない2重級数の和の曖昧性については，広義積分のときと同様である．問題として挙げておこう．

問題 2.53 $a_{pq} := \dfrac{(-1)^{p+q}}{p+q}$ $(p,q = 1,2,\ldots)$ とおいて，2重級数 $\sum_{(p,q)\in\mathbb{N}^2} a_{pq}$ を考え，$S_{mn} := \sum_{p=1}^m \sum_{q=1}^n a_{pq}$ とおく．
(1) $S_{mn} = \displaystyle\int_0^1 \frac{x(1-(-x)^m)(1-(-x)^n)}{(1+x)^2}\,dx$ であることを示せ（例 2.29 参照）．
(2) $\displaystyle\lim_{n\to\infty}\bigl(\lim_{m\to\infty} S_{mn}\bigr) = \lim_{m\to\infty}\bigl(\lim_{n\to\infty} S_{mn}\bigr) = \log 2 - \dfrac{1}{2}$ であることを示せ．
(3) 式 (2.11) で定義される $\{F_n\}$ をとって，$T_n := \sum_{(p,q)\in F_n} a_{pq}$ とおくとき，数列 $\{T_n\}$ は収束しないことを示せ．

2重級数の応用として，二つの絶対収束級数 $\sum_{n=1}^\infty z_n$ と $\sum_{n=1}^\infty w_n$ の積を考察

しよう. $\mathbb{N}^2$ の任意の有限部分集合 F に対して,
$$\sum_{(p,q)\in F}|z_p w_q| \leqq \Big(\sum_{p=1}^{\infty}|z_p|\Big)\Big(\sum_{q=1}^{\infty}|w_q|\Big) < +\infty.$$
ゆえに, 2 重級数 $\sum_{(p,q)\in\mathbb{N}^2} z_p w_q$ は絶対収束する. したがって, 定理 2.51 により, $\mathbb{N}^2$ の任意の近似増加列 $\{D_n\}$ に対して,
$$\sum_{(p,q)\in\mathbb{N}^2} z_p w_q = \lim_{n\to\infty} \sum_{(p,q)\in D_n} z_p w_q.$$
ここで, 式 (2.11) の二つの近似増加列 $\{E_n\}, \{F_n\}$ を用いると,
$$\sum_{(p,q)\in E_n} z_p w_q = \Big(\sum_{p=1}^{n} z_p\Big)\Big(\sum_{q=1}^{n} w_q\Big),$$
$$\sum_{(p,q)\in F_n} z_p w_q = \sum_{m=2}^{n}\Big(\sum_{p=1}^{m-1} z_{m-p} w_p\Big) = \sum_{m=1}^{n-1}\Big(\sum_{p=1}^{m} z_{m+1-p} w_p\Big)$$
となる. よって, 次の定理を得る.

定理 2.54 $\sum_{n=1}^{\infty} z_n$ と $\sum_{n=1}^{\infty} w_n$ の両方が絶対収束すると仮定する. このとき, $\sum_{m=1}^{\infty}\Big(\sum_{p=1}^{m}|z_{m+1-p} w_p|\Big)$ も収束して,
$$\Big(\sum_{m=1}^{\infty} z_m\Big)\Big(\sum_{n=1}^{\infty} w_n\Big) = \sum_{m=1}^{\infty}\Big(\sum_{p=1}^{m} z_{m+1-p} w_p\Big).$$

注意 2.55 ベキ級数は $n=0$ から始まるので, ベキ級数の積に応用するときのために, $n=0$ からの級数の積の公式を書き留めておこう. 要は, 左辺を $m+n$ が一定の項でまとめ直すだけのことである.
$$\Big(\sum_{m=0}^{\infty} z_m\Big)\Big(\sum_{n=0}^{\infty} w_n\Big) = \sum_{m=0}^{\infty}\Big(\sum_{p=0}^{m} z_{m-p} w_p\Big).$$

問題 2.56 収束する正項級数 $S := \sum_{n=1}^{\infty} \frac{1}{n^2}$ を考える. $S^2 = \sum_{n=1}^{\infty} \frac{d(n)}{n^2}$ であることを示せ. ただし, $d(n)$ は自然数 n の (正の) 約数の個数を表す. すなわち, $d(1) = 1$, $d(2) = d(3) = 2$, $d(4) = 3$, … である.

【コメント】 後述の定理 10.63 より $S = \dfrac{\pi^2}{6}$ であるから, $\sum_{n=1}^{\infty} \dfrac{d(n)}{n^2} = \dfrac{\pi^4}{36}$ となる.

第3章

複素数平面の位相

　複素数平面 $\mathbb{C}$ の位相について，本書で必要になる範囲でまとめておこう．複素数による表示になるだけで，扱いは $\mathbb{R}^2$ におけるものと変わらない．過度な一般論を展開することは避けて，距離空間の具体例である複素数平面の位相的な性質を学ぶことが，より抽象的な位相空間論の学習の動機付けになることを期待している．

3.1　複素数平面の点集合

　今後本書でよく使う記号を導入しよう．各 $c \in \mathbb{C}$ と $r > 0$ に対して，
- $D(c,r) := \{z \in \mathbb{C} \, ; \, |z - c| < r\}$ を，中心が c で半径 r の**開円板**と呼ぶ．
- $\overline{D}(c,r) := \{z \in \mathbb{C} \, ; \, |z - c| \leqq r\}$ を，中心が c で半径 r の**閉円板**と呼ぶ．

部分集合 $A \subset \mathbb{C}$ と $z \in \mathbb{C}$ に対して，次の用語を定義をする．
- z が A の**内点** $\overset{\text{def}}{\iff} \exists \delta > 0$ s.t. $D(z, \delta) \subset A$.
- z が A の**外点** $\overset{\text{def}}{\iff} z$ は A の補集合 A^c の内点．
- z が A の**境界点** $\overset{\text{def}}{\iff} z$ は A の内点でも外点でもない．

集合 A の内点の全体を $\text{Int}(A)$ で表して，A の**内部**と呼ぶ．また，A の境界点の全体を ∂A で表して，A の**境界**と呼ぶ．定義からただちに

$$z \in \partial A \iff \forall \varepsilon > 0 \text{ に対して，} A \cap D(z, \varepsilon) \neq \emptyset \text{ かつ } A^c \cap D(z, \varepsilon) \neq \emptyset.$$

3.1 複素数平面の点集合

定義 3.1 部分集合 $A \subset \mathbb{C}$ が**開集合** $\overset{\text{def}}{\Longleftrightarrow}$ $A = \text{Int}(A)$.

明らかに $\text{Int}(\mathbb{C}) = \mathbb{C}$ であるから，全体集合 $\mathbb{C}$ は開集合である．空集合 $\varnothing$ については，$\varnothing^c = \mathbb{C}$ より，$\mathbb{C}$ の点はすべて $\varnothing$ の外点．よって，$\text{Int}(\varnothing) = \varnothing$ となり，$\varnothing$ も開集合である．また，$A \neq \varnothing$ が開集合であるとは，次の性質を持つことである．

$$\forall z \in A, \ \exists \delta > 0 \ \text{s.t.} \ D(z, \delta) \subset A.$$

例 3.2 開円板は開集合である．また，円の外部 $|z - c| > r$ も開集合である．開円板のときは中に，円の外部のときは外に小さい円を描くことで証明ができる．詳細は読者に委ねる．

定義 3.3 部分集合 $A \subset \mathbb{C}$ が**閉集合** $\overset{\text{def}}{\Longleftrightarrow}$ 補集合 A^c が開集合．

とくに，$\mathbb{C}$ も $\varnothing$ も閉集合である．

開集合と閉集合の基本的な性質を述べるために，λ を添字とする集合の族 $\{A_\lambda\}_{\lambda \in \Lambda}$（$\Lambda$ は添字の集合）を考える．
(1) 少くとも一つの $\lambda \in \Lambda$ に対して，$z \in A_\lambda$ となる元 z の全体を $\bigcup_{\lambda \in \Lambda} A_\lambda$,
(2) すべての $\lambda \in \Lambda$ に対して，$z \in A_\lambda$ となる元 z の全体を $\bigcap_{\lambda \in \Lambda} A_\lambda$
で表して，それぞれ A_λ ($\lambda \in \Lambda$) の**和集合**，および**共通部分**と呼ぶ．次の De Morgan の法則が成立する．

$$\left(\bigcup_{\lambda \in \Lambda} A_\lambda\right)^c = \bigcap_{\lambda \in \Lambda} (A_\lambda)^c, \quad \left(\bigcap_{\lambda \in \Lambda} A_\lambda\right)^c = \bigcup_{\lambda \in \Lambda} (A_\lambda)^c. \tag{3.1}$$

問題 3.4 すべての A_λ ($\lambda \in \Lambda$) が開集合であるとする．
(1) $\bigcup_{\lambda \in \Lambda} A_\lambda$ も開集合であることを示せ．
(2) Λ が有限集合なら，$A := \bigcap_{\lambda \in \Lambda} A_\lambda$ は開集合であるが，Λ が無限集合なら，A は必ずしも開集合とは限らないことを示せ．

問題 3.5 すべての A_λ $(\lambda \in \Lambda)$ が閉集合であるとする.
(1) $\bigcap_{\lambda \in \Lambda} A_\lambda$ も閉集合であることを示せ.
(2) Λ が有限集合なら,$A := \bigcup_{\lambda \in \Lambda} A_\lambda$ は閉集合であるが,Λ が無限集合なら,A は必ずしも閉集合とは限らないことを示せ.

さて,部分集合 $A \subset \mathbb{C}$ に対して,A を含む閉集合は必ず一つは存在する.すなわち,$\mathbb{C}$ がある.したがって,A を含むすべての閉集合の共通部分を考えることができる.この集合を A の**閉包** (**closure**) と呼び,本書では $\mathrm{Cl}(A)$ で表す[1].すなわち,
$$\mathrm{Cl}(A) := \bigcap_{\substack{F \supset A \\ F \text{ は閉集合}}} F.$$
定義より明らかに,$A \subset \mathrm{Cl}(A)$ である.また問題 3.5 により,$\mathrm{Cl}(A)$ は A を含む最小の閉集合であることがわかる.これより,
$$A \text{ は閉集合} \iff A = \mathrm{Cl}(A).$$

命題 3.6 $A \subset \mathbb{C}$ かつ $A \neq \varnothing$ とし,$z \in \mathbb{C}$ とする.このとき,
$$z \in \mathrm{Cl}(A) \iff \forall \varepsilon > 0 \text{ に対して,} D(z, \varepsilon) \cap A \neq \varnothing.$$

証明 $[\Longrightarrow]$ 結論を否定して,『$\exists \varepsilon > 0 \text{ s.t. } D(z, \varepsilon) \cap A = \varnothing$』と仮定する.このとき,$A \subset D(z, \varepsilon)^c$ である.したがって,$D(z, \varepsilon)^c$ は A を含む閉集合になるが,z を含まないので,$z \in \mathrm{Cl}(A)$ ではあり得ない.
$[\Longleftarrow]$ 同様に結論を否定して,$z \notin \mathrm{Cl}(A)$ とする.このとき,ある閉集合 $F \supset A$ に対して,$z \notin F$.すなわち,$z \in F^c$ である.ここで,F^c は開集合ゆえ,$\exists \varepsilon > 0 \text{ s.t. } D(z, \varepsilon) \subset F^c \subset A^c$.ゆえに,$D(z, \varepsilon) \cap A = \varnothing$ である. □

命題 3.6 において,$D(z, n^{-1}) \cap A$ $(n = 1, 2, \ldots)$ を考えて,次の系を得る.

系 3.7 命題 3.6 と同じ条件下で,$z \in \mathrm{Cl}(A)$ であるための必要十分条件は,$a_n \in A$ $(n = 1, 2, \ldots)$ である点列 $\{a_n\}$ がとれて,$\lim_{n \to \infty} a_n = z$ となることである.

---

[1] 集合 A の閉包を $\overline{A}$ で表すことも多いが,本書では複素共役と混同するので,$\mathrm{Cl}(A)$ と表すことにした.

定義 3.8 部分集合 $A \subset \mathbb{C}$ を考え，$z \in \mathbb{C}$ とする．
(1) z が A の**集積点** $\overset{\text{def}}{\iff} D(z,\varepsilon) \cap (A \setminus \{z\}) \neq \varnothing$ $(\forall \varepsilon > 0)$．
(2) z が A の**孤立点** $\overset{\text{def}}{\iff} z \in A$，かつ $\exists \varepsilon_0 > 0$ s.t. $D(z,\varepsilon_0) \cap A = \{z\}$．

さて，$z \in \mathrm{Cl}(A)$ が A の集積点でなかったら，
$$\exists \varepsilon_0 > 0 \text{ s.t. } D(z,\varepsilon_0) \subset (A \setminus \{z\})^c = A^c \cup \{z\}.$$
これと命題 3.6 から，$D(z,\varepsilon_0) \cap A = \{z\}$ となり，次の命題が成り立つ．

命題 3.9 部分集合 $A \subset \mathbb{C}$ の閉包 $\mathrm{Cl}(A)$ について，次が成立する．
$$\mathrm{Cl}(A) = \{z \in \mathbb{C}\,;\, z \text{ は } A \text{ の集積点}\} \cup \{z \in \mathbb{C}\,;\, z \text{ は } A \text{ の孤立点}\}.$$

系 3.7 と同様に，集積点について，次の命題が成り立つ．

命題 3.10 $A \subset \mathbb{C}$ かつ $A \neq \varnothing$ とし，$z \in \mathbb{C}$ とする．このとき，z が A の集積点であるための必要十分条件は，$a_n \in A$ かつ $a_n \neq z$ $(n = 1, 2, \ldots)$ である点列 $\{a_n\}$ がとれて，$\lim_{n \to \infty} a_n = z$ となることである．

証明 点 z が A の集積点であると仮定する．このとき，各 $n = 1, 2, \ldots$ について $a_n \in D(z, n^{-1}) \cap (A \setminus \{z\})$ をとると，$n \to \infty$ のとき，$a_n \to z$ である．逆に，$\{a_n\}$ が命題にいう列であれば，$\forall \varepsilon > 0$ に対して，n を十分大きくとると，$a_n \in D(z,\varepsilon) \cap (A \setminus \{z\})$ ゆえ，z は A の集積点である． □

問題 3.11 次の (1) と (2) を示せ．
(1) $\mathrm{Cl}(A) = A \cup \partial A$ (2) $\mathrm{Int}(A) = A \setminus \partial A$

問題 3.12 $\mathrm{Cl}(D(c,r)) = \overline{D}(c,r)$ であることを示せ．

3.2 コンパクト集合

用語の定義から入ろう．$\mathbb{C}$ の開集合の族 $\{U_\lambda\}_{\lambda \in \Lambda}$ が，部分集合 $A \subset \mathbb{C}$ の**開被覆**であるとは，$A \subset \bigcup_{\lambda \in \Lambda} U_\lambda$ が成り立つことをいう．

定義 3.13 部分集合 $A \subset \mathbb{C}$ が**コンパクト**であるとは，A の任意の開被覆から**有限被覆**が取り出せることである．すなわち，A の任意の開被覆 $\{U_\lambda\}_{\lambda \in \Lambda}$ に対して，有限個の $\lambda_1, \ldots, \lambda_n \in \Lambda$ を取り出すことができて，$A \subset U_{\lambda_1} \cup \cdots \cup U_{\lambda_n}$ となっていることである．

解説 定義において，開被覆がどんな風に与えられても，というところがポイントであり，単に，開集合の有限被覆があるということではない点を強調しておこう．

定義 3.14 部分集合 $A \subset \mathbb{C}$ に対して，$\mathbb{C}$ の部分集合の族 $\{F_\lambda\}_{\lambda \in \Lambda}$ が A と**有限交叉性**を持つとは，Λ に属する任意の有限個の元 $\lambda_1, \ldots, \lambda_n$ に対して，$A \cap F_{\lambda_1} \cap \cdots \cap F_{\lambda_n} \neq \emptyset$ が成り立つことである．

定理 3.15 部分集合 $A \subset \mathbb{C}$ に対して，次の (1) と (2) は同値である．
(1) A はコンパクトである．
(2) $\mathbb{C}$ の閉集合からなる族 $\{F_\lambda\}_{\lambda \in \Lambda}$ が A と有限交叉性を持つなら，$A \cap \left(\bigcap_{\lambda \in \Lambda} F_\lambda \right) \neq \emptyset$ となる．

証明 [(1) $\Rightarrow$ (2)] 結論を否定して $A \cap \left(\bigcap_{\lambda \in \Lambda} F_\lambda \right) = \emptyset$ とすると，$\{(F_\lambda)^c\}_{\lambda \in \Lambda}$ は A の開被覆になる．A はコンパクトゆえ，$\lambda_1, \ldots, \lambda_n \in \Lambda$ が存在して，$A \subset (F_{\lambda_1})^c \cup \cdots \cup (F_{\lambda_n})^c$．補集合を考えると，$F_0 := F_{\lambda_1} \cap \cdots \cap F_{\lambda_n} \subset A^c$ となるので，$F_0 \cap A = \emptyset$．よって，$\{F_\lambda\}_{\lambda \in \Lambda}$ は A と有限交叉性を持たない．
[(2) $\Rightarrow$ (1)] $\{U_\lambda\}_{\lambda \in \Lambda}$ を A の開被覆とすると，$\{(U_\lambda)^c\}$ は $\mathbb{C}$ の閉集合からなる族で，$A \cap \left(\bigcap_{\lambda \in \Lambda} (U_\lambda)^c \right) = \emptyset$ である．ゆえに，$\{(U_\lambda)^c\}$ は A と有限交叉性を持たないので，$\lambda_1, \ldots, \lambda_n \in \Lambda$ が存在して，$A \cap (U_{\lambda_1})^c \cap \cdots \cap (U_{\lambda_n})^c = \emptyset$．よって，$A \subset U_{\lambda_1} \cup \cdots \cup U_{\lambda_n}$ を得る． $\square$

さて，$\mathbb{C}$ におけるコンパクト集合は，次の定理 3.16 のように記述できる．ここで，部分集合 $A \subset \mathbb{C}$ が**有界**であるとは，$R > 0$ が存在して，$A \subset D(0, R)$ となることである．

3.2 コンパクト集合

定理 3.16 部分集合 $A \subset \mathbb{C}$ がコンパクト $\iff$ A は有界閉集合.

証明 [$\Longrightarrow$] 明らかに，開円板の族による A の開被覆 $A \subset \bigcup_{n=1}^{\infty} D(0,n)$ がある．A はコンパクトと仮定しているので，$\exists n_1 < n_2 < \cdots < n_k$ s.t.
$$A \subset D(0,n_1) \cup \cdots \cup D(0,n_k) = D(0,n_k).$$
よって，A は有界である．次に，A^c が開集合であることを示そう．そうすると，A は閉集合である．さて，任意に $z_0 \in A^c$ をとる．各 $a \in A$ に対して，$\delta_a := \frac{1}{2}|z_0 - a| > 0$ に注意して，A の開被覆 $\{D(a,\delta_a)\}_{a \in A}$ を考える．A はコンパクトであるから，
$$\exists a_1, \ldots, a_n \in A \text{ s.t. } A \subset D(a_1, \delta_{a_1}) \cup \cdots \cup D(a_n, \delta_{a_n}). \quad \cdots\cdots \text{ ①}$$
ここで $\delta_0 := \min(\delta_1, \ldots, \delta_n) > 0$ とおくと，$D(z_0, \delta_0) \subset A^c$ となる．なぜなら，任意の $z \in D(z_0, \delta_0)$ と任意の $k = 1, \ldots, n$ に対して，
$$|z - a_k| \geqq |z_0 - a_k| - |z_0 - z| > 2\delta_{a_k} - \delta_0 \geqq \delta_{a_k}.$$
よって，$D(a_k, \delta_{a_k}) \cap D(z_0, \delta_0) = \varnothing \ (\forall k)$ ゆえ，① より $A \cap D(z_0, \delta_0) = \varnothing$．ゆえに $D(z_0, \delta_0) \subset A^c$ となり，A^c は開集合である．

逆向きの主張 [$\Longleftarrow$] を示すために，補題を二つ用意する．

補題 3.17 $E \subset \mathbb{C}$ は有界集合とする．このとき，$\forall \varepsilon > 0$ に対して，半径が ε の有限個の開円板 $D_1, \ldots, D_n$ が存在して，$E \subset D_1 \cup \cdots \cup D_n$.

証明で使う記号を用意しておこう．各 $r > 0$ に対して，
$$S_r := \{ z \in \mathbb{C} \,;\, |\mathrm{Re}\, z| < r,\ |\mathrm{Im}\, z| < r \}.$$

証明 E は有界ゆえ，$\exists R > 0$ s.t. $E \subset D(0,R)$. したがって，$E \subset S_R$ となる．与えられた $\varepsilon > 0$ に対して，$\frac{2}{m}R < \varepsilon$ をみたす $m \in \mathbb{N}$ をとり，$R_0 := \frac{1}{2}m\varepsilon > R$ とする．この m によって S_{R_0} の各辺を m 等分して，1 辺の長さが $\frac{2}{m}R_0$ の m^2 個の小正方形を得る．この各小正方形と中心を共有し，直径が $\frac{4}{m}R_0 \left(> \frac{2\sqrt{2}}{m}R_0 \right)$ の小円を描いていけば，補題が主張する状況を得る． $\square$

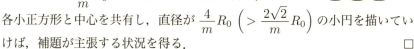

> **補題 3.18** $\{U_\lambda\}_{\lambda \in \Lambda}$ を有界閉集合 $A \subset \mathbb{C}$ の開被覆とする．このとき，次の性質を持つ $\delta > 0$ が存在する．
>
> A と共通部分を持つ半径が δ の任意の開円板 D に対して，
> $\lambda \in \Lambda$ が存在して，$D \subset U_\lambda$ となる．

証明 結論を否定すると，$\forall n \in \mathbb{N}$ に対して，半径が $\dfrac{1}{n}$ の開円板 D_n で

$$A \cap D_n \neq \varnothing,\ \text{かつどの}\ \lambda \in \Lambda\ \text{に対しても},\ D_n \setminus U_\lambda \neq \varnothing$$

をみたすものが存在する．$z_n \in A \cap D_n$ $(n = 1, 2, \dots)$ をとると，$\{z_n\}$ は有界列であるから，Bolzano–Weierstrass の定理（定理 2.10）により，収束する部分列 $\{z_{n_k}\}$ を抜き出せる．$z := \lim\limits_{k \to \infty} z_{n_k}$ とおくと，A は閉集合ゆえ，$z \in A$ である．$\{U_\lambda\}_{\lambda \in \Lambda}$ は A の開被覆であるから，$\lambda_0 \in \Lambda$ をとって，$z \in U_{\lambda_0}$ としておく．U_{λ_0} は開集合ゆえ，$\exists \delta_0 > 0$ s.t. $D(z, \delta_0) \subset U_{\lambda_0}$．さて，$k$ を十分大きくとって，$|z_{n_k} - z| < \dfrac{1}{3}\delta_0$，かつ $\dfrac{1}{n_k} < \dfrac{1}{3}\delta_0$ とする．このとき，$\forall w \in D_{n_k}$ に対して，

$$|w - z| \leqq |w - z_{n_k}| + |z_{n_k} - z| < \frac{2}{n_k} + \frac{1}{3}\delta_0 < \delta_0.$$

ゆえに $D_{n_k} \subset D(z, \delta_0)$ となり，$D_{n_k} \subset U_{\lambda_0}$ という矛盾が生じる． □

定理 3.16 の証明を続けよう．$\{U_\lambda\}_{\lambda \in \Lambda}$ を有界閉集合 $A \subset \mathbb{C}$ の開被覆とする．補題 3.18 にいう $\delta > 0$ を用いて，補題 3.17 により，A を半径が δ の有限個の開円板で覆う．これら有限個の開円板を含む U_λ を一つずつ取っていけば，所要の有限被覆を得る．ゆえに，A はコンパクトである． □

注意 3.19 補題 3.17 は，$\mathbb{C}$ の有界集合は全有界であることを述べている．これは一般の距離空間では成り立たず，定理 3.16 のコンパクト集合の特徴付けは『全有界かつ完備』という主張になる．一般の距離空間を扱う本には必ず載っているので，参考にしてほしい．

注意 3.20 補題 3.18 における δ は，コンパクト距離空間の開被覆に対する **Lebesgue 数**（ルベーグ）と呼ばれる数である．これも，詳細は距離空間を扱う本に委ねる．

以下，有界な部分集合 $S \subset \mathbb{C}$ に対して，その **直径** $\mathrm{diam}\, S$ を

$$\mathrm{diam}\, S := \sup_{s, s' \in S} |s - s'| \tag{3.2}$$

で定義する．$S = D(c,r)$ または $S = \overline{D}(c,r)$ のとき，$\operatorname{diam} S$ は半径の 2 倍である $2r$ に等しい．

> **命題 3.21** 各 $n = 1, 2, \ldots$ について，F_n は空でない $\mathbb{C}$ の有界閉集合で，
> $$F_1 \supset F_2 \supset \cdots \supset F_n \supset \cdots \quad \text{かつ} \quad \lim_{n\to\infty} \operatorname{diam} F_n = 0$$
> をみたしているとする．このとき，一意的に z_0 が存在して，$\bigcap_{n=1}^{\infty} F_n = \{z_0\}$ となる．

証明 F_1 はコンパクトであり，閉集合の族 $\{F_n\}_{n=1,2,\ldots}$ が F_1 と有限交叉性を持つのは明らか．ゆえに，$\bigcap_{n=1}^{\infty} F_n = F_1 \cap \left(\bigcap_{n=1}^{\infty} F_n\right) \neq \emptyset$ である．さらに，$z_1, z_2 \in \bigcap_{n=1}^{\infty} F_n$ ならば，$\forall n \in \mathbb{N}$ に対して，$|z_1 - z_2| \leqq \operatorname{diam} F_n$ となる．この式で $n \to \infty$ として，$z_1 = z_2$ を得る． □

> **問題 3.22** 命題 3.21 において，各 F_n が単に有界集合であるとき，あるいは各 F_n が単に閉集合であるときはどうか．

3.3 連続関数

$\mathbb{C}$ の部分集合 X で定義された関数 $f(z)$ が $z = z_0 \in X$ において**連続**であるとは，$\lim_{X \ni z \to z_0} f(z) = f(z_0)$ が成り立つことである．すなわち，

$$\forall \varepsilon > 0, \exists \delta > 0 \text{ s.t.} \\ z \in X \text{ かつ } |z - z_0| < \delta \text{ ならば } |f(z) - f(z_0)| < \varepsilon \tag{3.3}$$

が成り立つことである．X の各点において f が連続であるとき，f は X において連続であるという．f, g が z_0 において連続なら，$\alpha f + \beta g$ $(\alpha, \beta \in \mathbb{C})$，$fg$ も z_0 において連続である．さらに $g(z_0) \neq 0$ ならば，$\dfrac{f}{g}$ も z_0 において連続である．これらの証明をここで繰り返すことはやめておこう．

さらに，$\overline{f}(z) := \overline{f(z)}$ とおくとき，明らかに，

$$f \text{ が連続} \iff \overline{f} \text{ が連続}.$$

$|f| = \sqrt{f\overline{f}}$ ゆえ，f が連続なら $|f|$ も連続である．また，$\mathrm{Re}\,f := \frac{1}{2}(f + \overline{f})$，$\mathrm{Im}\,f := \frac{1}{2i}(f - \overline{f})$ とおくとき，

$$f\text{ が連続} \iff \mathrm{Re}\,f \text{ と } \mathrm{Im}\,f \text{ がともに連続}.$$

定理 3.23 $K \subset \mathbb{C}$ をコンパクト集合とし，f は K 上の連続関数とする．このとき，像 $f(K)$ もコンパクトである．

証明 定理 3.16 により，$f(K)$ は有界閉集合であることを示せばよい．$f(K)$ が有界でないなら，点列 $z_n \in K$ ($n = 1, 2, \ldots$) で，$|f(z_n)| \to +\infty$ となるものが存在する．Bolzano–Weierstrass の定理から，部分列 $\{z_{n_k}\}$ が存在して，ある $z_0 \in \mathbb{C}$ に収束する．K は閉集合ゆえ，$z_0 \in K$ である．関数 f は連続ゆえ，$|f(z_{n_k})| \to |f(z_0)|$ となるが，これは $\{z_n\}$ の選び方に反する．同様に，$w_0 \in \mathrm{Cl}(f(K))$ として，$f(z_n) \to w_0$ となる点列 $z_n \in K$ をとって議論して $w_0 \in f(K)$ を得るので，$f(K)$ は閉集合である． □

系 3.24 定理 3.23 と同じ仮定で，$|f|$ は K で最大値も最小値もとる．

証明 $|f|$ の像 $|f|(K)$ は $\mathbb{R}$ に含まれる有界閉集合である．したがって，$a_0 := \inf |f|(K)$, $b_0 := \sup |f|(K)$ はともに有限値であり，しかも $|f|(K)$ に属する．明らかに，a_0 が $|f|$ の最小値，b_0 が $|f|$ の最大値である． □

本書では，代数学の基本定理の様々な証明も提供する．その際の出発点とすることが多い次の補題の証明を，ここで与えておこう．

補題 3.25 多項式 $P(z)$ の絶対値 $|P(z)|$ は $\mathbb{C}$ において最小値をとる．

証明 $P(z)$ が定数のときは明らかゆえ，定数でないときを考える．したがって，以下では $n \geqq 1$ とし，$P(z) = a_n z^n + a_{n-1} z^{n-1} + \cdots + a_0$ ($a_n \neq 0$) とおく．$z \neq 0$ のとき，

$$|P(z)| = |z^n|\left|a_n + \frac{a_{n-1}}{z} + \cdots + \frac{a_0}{z^n}\right|$$
$$\geqq |z|^n \left(|a_n| - \frac{|a_{n-1}|}{|z|} - \cdots - \frac{|a_0|}{|z|^n}\right)$$

であるから，$|z| \to +\infty$ として，$|P(z)| \to +\infty$ を得る．ゆえに，
$$\exists L > 0 \text{ s.t. } |z| > L \implies |P(z)| > |P(0)|.$$
系 3.24 より，$|z| \leqq L$ では $|P(z)|$ は最小値 m を持ち，$m \leqq |P(0)|$ であるから，この m は $\mathbb{C}$ 全体における $|P(z)|$ の最小値である． □

次の問題は，文献 [36] の Littlewood の論文から採った．

> **問題 3.26** 次の手順で，『代数学の基本定理』を示せ．
> (1) $P(z)$ は n 次多項式 $(n \geqq 1)$ で，$\mathbb{C}$ で 0 にならないと仮定する．このとき，補題 3.25 により，$|P(z)|$ はある $a \in \mathbb{C}$ で正の最小値を持つ．
> (2) $Q(z) := \dfrac{P(z+a)}{P(a)}$ とおくと，$|Q(z)|$ は $z = 0$ で最小値 1 を持つ．
> (3) $Q(z) = 1 + bz^k + (\text{高次の項}) \ (0 \neq b \in \mathbb{C})$ とする．$-\dfrac{1}{b}$ の k 乗根を 1 個選んで ω とする．$Q(t\omega) \ (t \in \mathbb{R})$ を考えると，$t > 0$ が十分小さいとき $|Q(t\omega)| < 1$ となって，矛盾が生じる．
>
> **【ヒント】** (3) $\displaystyle\lim_{t \to +0} \dfrac{1 - |Q(t\omega)|}{t^k} = 1$ を示せ．

注意 3.27 問題 3.26 により，任意の n 次多項式 $P(z)$（ただし $n \geqq 1$）が $\mathbb{C}$ に根を持つ．すなわち，$P(\alpha) = 0$ となる $\alpha \in \mathbb{C}$ があることがわかる．因数定理より $P(z) = (z - \alpha)Q(z)$ と書けることがわかり，$(n-1)$ 次の多項式 $Q(z)$ に再び今の議論を適用する．そしてこの議論を繰り返して次数を下げていくことにより，$P(z)$ が，重複も込めて，ちょうど n 個の根を持つことがわかる．これが本来の**代数学の基本定理**である．

さて，連続性の記述 (3.3) において，与えられた $\varepsilon > 0$ に対して選ぶ $\delta > 0$ は，一般に z_0 に依存してもよいのであるが，$z_0 \in X$ に依存しないようにとれるとき，すなわち次が成り立つとき，関数 f は X において**一様連続**であるという．$\forall \varepsilon > 0, \exists \delta > 0$ s.t.
$$z, w \in X \text{ が } |z - w| < \delta \text{ をみたす} \implies |f(z) - f(w)| < \varepsilon.$$

次の定理は重要である．拙著 [7] では定理 3.23 を用いる証明を与えたが，ここでは，定理 3.16 を踏まえて，補題 3.18 を使ってみよう．

> **定理 3.28** コンパクト集合 $K \subset \mathbb{C}$ 上の連続な関数 f は一様連続である．

証明 $\forall \varepsilon > 0$ が与えられたとする．各 $a \in K$ で f は連続ゆえ，$\exists \delta_a > 0$ s.t.
$$z \in K \text{ かつ } |z - a| < \delta_a \implies |f(z) - f(a)| < \tfrac{1}{2}\varepsilon.$$
このとき，$\{D(a, \delta_a)\}_{a \in K}$ はコンパクト集合 K の開被覆になるから，補題 3.18 にいう $\delta > 0$ が存在する．さて，$z, w \in K$ が $|z - w| < \delta$ をみたすとしよう．補題 3.18 より，$a \in K$ が存在して，$D(w, \delta) \subset D(a, \delta_a)$ となるから，
$$|f(z) - f(w)| \leqq |f(z) - f(a)| + |f(a) - f(w)| < \tfrac{1}{2}\varepsilon + \tfrac{1}{2}\varepsilon = \varepsilon.$$
ゆえに，f は K で一様連続である． $\square$

問題 3.29 上記定理 3.28 の証明において，開被覆 $\{D(a, \tfrac{1}{2}\delta_a)\}_{a \in K}$ から有限被覆を取り出すことにより，別証明を与えよ（この証明だと，一般の位相空間で通用するものへの書き換えは容易である）．

次に，集合 $X \subset \mathbb{C}$ で定義された関数の列 $\{f_n\}$ を考える．各 $z \in X$ を固定するごとに数列 $\{f_n(z)\}$ を得るので，$\lim_{n \to \infty} f_n(z)$ については，数列のときと同じである．すなわち，点 $z \in X$ において $f_n(z)$ が $\alpha \in \mathbb{C}$ に収束するとは，
$$\forall \varepsilon > 0, \ \exists N \text{ s.t. } n > N \text{ ならば } |f_n(z) - \alpha| < \varepsilon. \tag{3.4}$$
そして，各 $z \in X$ で極限が存在するなら，$f(z) = \lim_{n \to \infty} f_n(z)$ で関数 f を定めることができる．この f のことを**極限関数**と呼ぶ．

さて，各 f_n が連続であっても，その極限関数は連続とは限らない．たとえば，$n = 1, 2, \ldots$ に対して，$f_n(z) := |z|^n$（$|z| \leqq 1$）を考えると，各 f_n は連続であるが，極限関数 f は，$f(z) = 0$（$|z| < 1$），$f(z) = 1$（$|z| = 1$）となって，連続ではない．

極限の記述 (3.4) において，$\varepsilon > 0$ に対して選ぶ N は一般には $z \in X$ に依存してもよかった．この N が，変数 z に依存しないように選べる関数列の収束を考えよう．

定義 3.30 集合 X で定義された関数列 $\{f_n\}$ が，関数 f に X 上**一様収束**するとは，次が成り立つことである．すなわち，
$$\forall \varepsilon > 0, \ \exists N \text{ s.t. } n > N \text{ ならば } |f_n(z) - f(z)| < \varepsilon \ (\forall z \in X).$$

3.3 連続関数

定理 3.31 集合 X 上の連続関数の列 $\{f_n\}$ が，関数 f に X 上一様収束 $\implies f$ は X において連続．

証明 任意の点 $z_0 \in X$ において，f が連続であることを示そう．$\forall \varepsilon > 0$ が与えられたとする．X 上一様収束するのであるから，番号 N が存在して，$|f_N(z) - f(z)| < \frac{1}{3}\varepsilon \ (\forall z \in X)$ が成り立つ．関数 f_N は連続ゆえ，
$$\exists \delta > 0 \text{ s.t. } |z - z_0| < \delta \implies |f_N(z) - f_N(z_0)| < \tfrac{1}{3}\varepsilon.$$
したがって，$|z - z_0| < \delta$ のとき，N が $z \in X$ に依存しないことに注意して，
$$|f(z) - f(z_0)| \leqq |f(z) - f_N(z)| + |f_N(z) - f_N(z_0)| + |f_N(z_0) - f(z_0)|$$
$$< \tfrac{1}{3}\varepsilon + \tfrac{1}{3}\varepsilon + \tfrac{1}{3}\varepsilon = \varepsilon.$$
よって，$|f(z) - f(z_0)| < \varepsilon$ となる． □

一般項が関数である級数 $\sum_{n=1}^{\infty} f_n(z)$ についても，部分和の極限が級数の和ということから，定理 3.31 を級数の場合に書き直せる．

定理 3.32 一般項が集合 X 上の連続関数である級数 $\sum_{n=1}^{\infty} f_n(z)$ が和 $S(z)$ に X 上一様収束するならば，関数 S も X において連続である．

問題 3.33 等比級数 $\sum_{n=0}^{\infty} z^n$ が $|z| < 1$ において $\dfrac{1}{1-z}$ に収束することは例 2.24 で既知であるが，この収束は一様収束ではないことを示せ．

次の定理は Weierstrass の **M 判定法** と呼ばれるもので，関数項級数の一様収束性の判定に有用である．

定理 3.34 集合 X 上の関数列 $\{f_n\}$ に対して，次の (1), (2) をみたす正数の列 $\{M_n\}$ が存在すれば，級数 $\sum_{n=1}^{\infty} f_n(z)$ は X 上一様に絶対収束する[2]．
(1) $n = 1, 2, \dots$ に対して，$|f_n(z)| \leqq M_n \ (\forall z \in X)$,
(2) 正項級数 $\sum_{n=1}^{\infty} M_n$ は収束する．

証明 要は ε–N 論法で選ぶ N が M_n に由来するので，変数 $z \in X$ に依存しないということだけなのであるが，念のため，証明を書き下しておこう．$T_n(z) := \sum_{k=1}^{n} |f_k(z)|$ とおく．$\forall \varepsilon > 0$ が与えられたとしよう．仮定より，

$$\exists N \text{ s.t. } q > p > N \implies \sum_{k=p+1}^{q} M_k < \varepsilon. \quad \cdots\cdots ①$$

このとき，$\forall z \in X$ に対して，

$$0 \leqq T_q(z) - T_p(z) = \sum_{k=p+1}^{q} |f_k(z)| \leqq \sum_{k=p+1}^{q} M_k < \varepsilon. \quad \cdots\cdots ②$$

ゆえに，各 $z \in X$ において $T_n(z)$ は収束するので，$T(z) := \lim_{n \to \infty} T_n(z)$ とおく．さて，②より，

$$q > p > N \implies 0 \leqq T_q(z) - T_p(z) < \varepsilon$$

を得ているが，この不等式において $q \to \infty$ とすることにより，

$$p > N \implies 0 \leqq T(z) - T_p(z) \leqq \varepsilon. \quad \cdots\cdots ③$$

ここでの N は①で選んだものであって，$z \in X$ に依存しないから，③は級数 $\sum_{n=1}^{\infty} f_n(z)$ が X 上一様に絶対収束していることを示している． □

解説 複素関数論，とくにベキ級数を扱う箇所では，うまく r ($0 < r < 1$) をみつけて，$M_n = Cr^n$ (C は n に無関係) として定理 3.34 を適用することが多い．この場合，本書では，いちいち『Weierstrass の M 判定法より』とは書かないので注意してほしい．

3.4 連結集合

この節では，今後よく現れる連結な開集合について，まとめておこう[3]．

まず用語の導入から．集合 U がその部分集合 A, B の**非交和 (disjoint union)** であるとは，$U = A \cup B$ かつ $A \cap B = \emptyset$ となっていることであるとする．非交和を，和集合の記号を角立てて，$U = A \sqcup B$ と書く．ただし，見かけ上の違いが大きくないので，必ず言葉を添えて，非交和 $A \sqcup B$，と書くことにする．

---

[2] 『絶対かつ一様に収束する』という言い方は避けたい (第 2 章 24 ページの脚注 6 参照)．
[3] 連結性は開集合でなくても定義できるが，本書では開集合のみで行う．一般の場合は，位相空間を扱う本を参照．

3.4 連結集合

定義 3.35 開集合 $U \subset \mathbb{C}$ が**連結**であるとは，$\mathbb{C}$ の空でない二つの開集合の非交和として，U が表されないことである．

よりわかりやすい連結性の概念として，弧状連結性がある．まず，$\mathbb{C}$ の部分集合 S 内の**連続曲線**とは，有限閉区間 $[a, b]$ から S への連続写像 $z = z(t) = x(t) + iy(t)$ ($x(t)$, $y(t)$ は実数値連続関数) のこととする．写像のことを曲線としたが，厳密な区別を必要としない限り，本書ではその複素数平面における像[4]も曲線と呼ぶ．

定義 3.36 部分集合 $S \subset \mathbb{C}$ が**弧状連結**であるとは，S の任意の 2 点 α, β が S 内の連続曲線で結ばれることである．すなわち，連続曲線 $z = z(t)$ で，$z(a) = \alpha$, $z(b) = \beta$, $z(t) \in S$ ($\forall t \in [a, b]$) となるものが存在するときである．

特別な連続曲線として折れ線がある．すなわち，有限個の線分をつないでできる曲線である．これを数式で書くのは読者にまかせよう．さらに，特別な折れ線として，実軸または虚軸に平行な線分のみで構成される折れ線がある．これを本書では，**軸平行な折れ線**と呼ぶ．縦線と横線だけの折れ線である．

定理 3.37 $\mathbb{C}$ の開集合 $U \neq \varnothing$ について，次の (1)〜(3) は同値である．
(1) U は連結である．
(2) U は弧状連結である．
(3) U の任意の 2 点 α, β は，U 内の軸平行な折れ線で結ばれる．

証明 [(1) $\Rightarrow$ (3)] 固定した $\alpha_0 \in U$ と任意の $\beta \in U$ が，U 内の軸平行な折れ線で結べることを示せば十分である．

$$A := \{ z \in U \,;\, z \text{ は } U \text{ 内の軸平行な折れ線で } \alpha_0 \text{ と結ばれる} \},$$

$B := U \setminus A$ とおく．A も B も開集合であることを示そう．まず $a \in A$ とし，$r > 0$ をとって $D(a, r) \subset U$ とする．明らかに，各 $z \in D(a, r)$ は，

---
[4] こちらが日常語としての曲線である．

$D(a,r)$ 内の，したがって U 内の軸平行な折れ線 ℓ で a と結ばれる．2 点 a, α_0 を結ぶ軸平行な U 内の折れ線と ℓ をつないで，$z \in A$ がわかる．よって $D(a,r) \subset A$ となり，A は開集合である．同様に，$b \in B$ と $r' > 0$ をとって $D(b,r') \subset U$ とし，$D(b,r')$ の任意の元が b と U 内の軸平行な折れ線で結べることから $D(b,r') \subset B$ がわかるので，B も開集合である．定義から非交和で $U = A \sqcup B$ と書け，$\alpha_0 \in A$ と U が連結であることから，$B = \emptyset$ である．よって，(3) が示せた．

[(3) $\Rightarrow$ (2)] 明らか．

[(2) $\Rightarrow$ (1)] U が連結でないとすると，空でない二つの開集合 A, B により，非交和で $U = A \sqcup B$ と書けている．さて $\alpha \in A$, $\beta \in B$ とし，仮定により，α と β を連続曲線 $z = z(t)$ $(a \leqq t \leqq b)$ で結ぶ．以下，
$$t_0 := \sup\{t \in [a,b] \,;\, z(s) \in A \,(\forall s \in [a,t])\}$$
とおく．A と B は開集合ゆえ，$a < t_0 < b$ である．もし $z_{t_0} \in A$ なら，十分小さい $\delta > 0$ に対して $z(t_0+\delta) \in A$ となって，t_0 の定義に反する．もし $z(t_0) \in B$ なら，十分小さい $\delta' > 0$ に対して $z(t) \in B = U \setminus A$ $(t_0 - \delta' < \forall t \leqq t_0)$. これも t_0 の定義に反する．よって矛盾が生じるので，U は連結である． □

定義 3.38 連結な開集合を**領域** (**domain**) と呼ぶ[5]．

注意 3.39 領域の閉包になっている集合を**閉域**という．ただし，領域 $\mathscr{D}$ から得られる閉域 $\text{Cl}(\mathscr{D})$ の内部は，必ずしも元の $\mathscr{D}$ と一致するとは限らない．実際に $\mathscr{D} = D(0,1) \setminus \{0\}$ のとき，$\text{Int}(\text{Cl}(\mathscr{D})) \supsetneq \mathscr{D}$ である．

注意 3.40 二つの領域 $\mathscr{D}_1$ と $\mathscr{D}_2$ の共通部分 $U := \mathscr{D}_1 \cap \mathscr{D}_2$ は開集合であるが，U は領域であるとは限らない．下図参照．

---

[5] 高校の数学や 1 年生の微積分等で何となく使っていた領域という用語であるが，今後は定義 3.38 により定義された数学用語として用いる．

3.5 集合間の距離

$\mathbb{C}$ の部分集合 P, Q に対して,その間の **距離** $\mathrm{dist}(P, Q)$ を次式で定義する.
$$\mathrm{dist}(P, Q) := \inf_{\substack{p \in P \\ q \in Q}} |p - q|.$$

また,$z \in \mathbb{C}$ に対して,$\mathrm{dist}(z, Q) := \mathrm{dist}(\{z\}, Q)$ とおく.系 3.7 より,
$$\mathrm{dist}(z, Q) = 0 \iff z \in \mathrm{Cl}(Q). \tag{3.5}$$
とくに,Q が閉集合であって $z \notin Q$ なら,$\mathrm{dist}(z, Q) > 0$ である.

補題 3.41 $\mathbb{C}$ の任意の部分集合 Q に対して,次の不等式が成り立つ.
$$|\mathrm{dist}(z_1, Q) - \mathrm{dist}(z_2, Q)| \leqq |z_1 - z_2| \qquad (z_1, z_2 \in \mathbb{C}).$$
とくに,関数 $z \mapsto \mathrm{dist}(z, Q)$ は連続である.

証明 簡単のため,$f(z) := \mathrm{dist}(z, Q)$ とおく.任意の $q \in Q$ に対して,
$$\mathrm{dist}(z_1, Q) \leqq |z_1 - q| \leqq |z_1 - z_2| + |z_2 - q|.$$
右端で $q \in Q$ に関する下限をとって,$f(z_1) \leqq |z_1 - z_2| + f(z_2)$,すなわち,
$$f(z_1) - f(z_2) \leqq |z_1 - z_2|.$$
z_1 と z_2 の役割を入れ替えることにより,この左辺を $|f(z_1) - f(z_2)|$ に置き換えることができるので,求める不等式を得る. □

命題 3.42 P がコンパクト,Q が閉集合で,$P \cap Q = \varnothing$ であるならば,$\mathrm{dist}(P, Q) > 0$ である.

証明 補題 3.41 より関数 $f(z) := \mathrm{dist}(z, Q)$ は連続であり,式 (3.5) により,P 上いたるところで正の値をとる.したがって,$f(z)$ は $z = z_0 \in P$ で正の最小値をとり,$\mathrm{dist}(P, Q) = f(z_0) > 0$ である. □

問題 3.43 命題 3.42 で,P も単に閉集合だとどうなるか.

第 4 章

ベキ級数

$c \in \mathbb{C}$ を定数とする．$a_n \in \mathbb{C}$ $(n = 0, 1, 2, \dots)$ と変数 $z \in \mathbb{C}$ の級数

$$a_0 + a_1(z-c) + \cdots + a_n(z-c)^n + \cdots = \sum_{n=0}^{\infty} a_n(z-c)^n \qquad (4.1)$$

を，**c を中心とするベキ級数**という．なお，記号 $\sum$ を使って書いた右辺において，$(z-c)^0$ は恒等的に 1 である関数を表す[1]．級数 (4.1) は，$z = c$ のときは明らかに収束するので，$z \neq c$ での収束がまず問題となる．以下しばらくは，簡単のため，$c = 0$ として

$$f(z) := \sum_{n=0}^{\infty} a_n z^n \qquad (4.2)$$

を扱う．例 2.24 で扱った等比級数は，$a_n = 1 \; (\forall n)$ であるベキ級数である．

4.1 収束半径

次の補題から始めよう．

> **補題 4.1** ベキ級数 (4.2) について：
> (1) $z = z_0$ で収束 $\implies$ $|z| < |z_0|$ で絶対収束．
> (2) $z = z_0$ で発散 $\implies$ $|z| > |z_0|$ で発散．

---
[1] したがって，$(z-c)^0$ に $z = c$ を『代入する』ことは 0^0 を意味してはいない．

証明 (1) $z_0 \neq 0$ としてよい．仮定より，$a_n z_0^n \to 0 \ (n \to \infty)$ となるから，$\exists M > 0$ s.t. $|a_n z_0^n| \leqq M \ (\forall n)$．ゆえに，
$$|a_n z^n| = |a_n z_0^n| \left(\frac{|z|}{|z_0|}\right)^n \leqq M \left(\frac{|z|}{|z_0|}\right)^n.$$
$|z| < |z_0|$ のとき $\dfrac{|z|}{|z_0|} < 1$ ゆえ，比較定理 (定理 2.31) より[2]，$\sum_{n=0}^{\infty} |a_n z^n|$ は収束する．
(2) もしある $z_1 \ (|z_1| > |z_0|)$ で収束していれば，(1) より $z = z_0$ でも収束していることになる． □

定理 4.2 ベキ級数 (4.2) について，次の三つの場合が起こる．
(1) すべての $z \in \mathbb{C}$ で絶対収束する．
(2) $\rho > 0$ が存在して，$|z| < \rho$ で絶対収束し，かつ $|z| > \rho$ で発散する．
(3) $z = 0$ でのみ収束する．

定義 4.3 ベキ級数 (4.2) について，定理 4.2 において，
(1) のとき，**収束半径は $+\infty$** であるという．
(2) のとき，**収束半径は ρ** であるといい，円：$|z| = \rho$ を**収束円**という．
(3) のとき，**収束半径は 0** であるという．

定理 4.2 の証明 次式で ρ を定める．
$$\rho := \sup\{|z_0|\ ;\ \text{ベキ級数 (4.2) が } z = z_0 \text{ で収束}\} \quad (\rho = +\infty \text{ も許す}).$$
(あ) $|z| < \rho$ のとき[3]．$|z|$ は上界ではないので，$|z| < \rho_0 \leqq \rho$ をみたす ρ_0 で，$|z_0| = \rho_0$ かつベキ級数 (4.2) が $z = z_0$ で収束するものがある．このとき，補題 4.1 から，z においてベキ級数 (4.2) は絶対収束する．
(い) 上限の定義から，$|z| > \rho$ をみたす z において，ベキ級数 (4.2) が収束することはない． □

定理 4.2 により，収束半径をベキ級数の係数から求める手段がほしくなる．次の定理 4.4 はいつでも使えるというわけではないが，しばしば有用である．

---

[2] 何回も出てくる論法なので，今後は比較定理に言及しないで結論することにしよう．
[3] $\rho = +\infty$ のときは，$z \in \mathbb{C}$ が任意のときと読み替える．今後も同様である．

定理 4.4 (係数比判定法) $a_n \neq 0$ $(n = 0, 1, 2, \dots)$ と仮定し，ベキ級数 (4.2) の収束半径を ρ とする．このとき，
$$R := \lim_{n \to \infty} \left| \frac{a_n}{a_{n+1}} \right| \text{ が存在する（} +\infty \text{ を許す)} \implies R = \rho.$$

注意 4.5 (1) $|a_n|$ と $|a_{n+1}|$ のどちらが分子でどちらが分母なのかを忘れたら，極端な例で試してみればよい．たとえば $|a_n|$ が急速に大きくなると $\sum a_n z^n$ が収束しにくくなるので，$|a_{n+1}|$ の方が分母にくるはずである．
(2) 後述の定理 4.6 より定理 4.4 を導くことができるが（問題 4.12 参照），上極限に慣れていない人のために，ここでは直接証明を与える．

証明 $|z| < R$ で絶対収束，$|z| > R$ で発散ということがわかれば，$R = \rho$ であると結論できる．
(1) $|z| < R$ のとき．$|z| < r < R$ をみたすように $r > 0$ をとる．仮定より，$\exists N$ s.t. $n \geq N \implies \dfrac{|a_n|}{|a_{n+1}|} > r$. したがって，$n > N$ のとき，$|a_n| < \dfrac{1}{r^{n-N}}|a_N|$ となる．ゆえに[4]，
$$|a_n z^n| \leqq |a_N r^N| \left(\frac{|z|}{r} \right)^n \quad (n > N).$$
右辺において，$0 \leqq \dfrac{|z|}{r} < 1$ であるから，$\displaystyle\sum_{n=0}^{\infty} |a_n z^n|$ は収束する．
(2) $|z| > R$ のとき．$|z| > r > R$ をみたすように $r > 0$ をとる．このとき，$\exists N$ s.t. $n \geq N \implies \dfrac{|a_n|}{|a_{n+1}|} < r$. したがって，$n > N$ のとき，$|a_n| > \dfrac{1}{r^{n-N}}|a_N|$ となる．ゆえに[5]，
$$|a_n z^n| \geqq |a_N r^N| \left(\frac{|z|}{r} \right)^n \quad (n > N).$$
右辺において，$\dfrac{|z|}{r} > 1$ であるから，一般項 $a_n z^n$ は 0 に収束しない．よって，ベキ級数 (4.2) は発散する． □

一般には次の公式がある．これまでと同様に，ベキ級数 (4.2) の収束半径を ρ とする．

---

[4] 細かいことであるが，$z = 0$ の可能性があるので等号が必要になってくる．
[5] ここは先の評価に合わせて等号を付けておいた．不等式で評価するときには，等号を付けておく方が安全であり，等号を付けないときに，その吟味をする必要がある．

定理 4.6 (Cauchy–Hadamard の定理)
$\dfrac{1}{+\infty} = 0$, $\dfrac{1}{0} = +\infty$ と解釈して，$\rho = \dfrac{1}{\limsup\limits_{n\to\infty} \sqrt[n]{|a_n|}}$ が成立する．

注意 4.7 この定理でも，$|a_n|$ が激しく大きくなるほど，$\sum a_n z^n$ が収束しにくくなるので，公式の右辺が逆数であることが確認できる．

証明 $\dfrac{1}{R} = \limsup\limits_{n\to\infty} \sqrt[n]{|a_n|}$ とおいて，ベキ級数 (4.2) は，$|z| < R$ で絶対収束し，$|z| > R$ で発散することを示そう．

(1) $|z| < R$ のとき．$r > 0$ をとって $|z| < r < R$ とする．$\dfrac{1}{r} > \dfrac{1}{R}$ ゆえ，p. 19 の上極限の性質 1 より，
$$\exists N \text{ s.t. } n > N \implies \sqrt[n]{|a_n|} < \frac{1}{r}.$$
ゆえに，$|a_n z^n| \leqq \left(\dfrac{|z|}{r}\right)^n$ $(n > N)$ となり，$0 \leqq \dfrac{|z|}{r} < 1$ であるから，級数 $\sum\limits_{n=0}^{\infty} |a_n z^n|$ は収束する．

(2) $|z| > R$ のとき．$r > 0$ をとって $|z| > r > R$ とする．$\dfrac{1}{r} < \dfrac{1}{R}$ ゆえ，p. 19 の上極限の性質 2 より，無数の n に対して，$\sqrt[n]{|a_n|} > \dfrac{1}{r}$ が成り立つ．ゆえに，そのような n に対しては，$|a_n z^n| > \left(\dfrac{|z|}{r}\right)^n$ となる．ここで $\dfrac{|z|}{r} > 1$ より，一般項 $a_n z^n$ は 0 に収束しないので，ベキ級数 (4.2) は発散する． □

注意 4.8 定理 4.6 においては，lim ではなくて limsup であることに注意．たとえば，ベキ級数 (4.2) において，$a_n := 1$ (n は偶数)，$a_n := 2^n$ (n は奇数) である場合，$\sqrt[n]{|a_n|}$ は収束しない．しかし $\limsup\limits_{n\to\infty} \sqrt[n]{|a_n|} = 2$ ゆえ，収束半径は $\dfrac{1}{2}$ である．今の場合，$\lim\limits_{n\to\infty} \left|\dfrac{a_n}{a_{n+1}}\right|$ は存在しないので，係数比判定法は使えない．

例 4.9 収束円 $|z| = \rho$ 上では，一般論としては何も結論できない．例として，ベキ級数 $\sum\limits_{n=1}^{\infty} \dfrac{z^n}{n}$ ⋯ ① を考えてみよう．$a_n = \dfrac{1}{n}$ $(n = 1, 2, \ldots)$ であるから，$\left|\dfrac{a_n}{a_{n+1}}\right| = \dfrac{n+1}{n} \to 1$ $(n \to \infty)$．よって，収束半径は 1 である．

ベキ級数①が $z=1$ で発散することは例 2.23 で述べた．一方，$z=-1$ で収束することは，例 2.29 からわかる．ここでは，$|z|=1$ かつ $z\neq 1$ のときに，①が収束することを示そう．$p<q$ のとき，z のベキで整理することにより，

$$(1-z)\sum_{n=p}^{q}\frac{z^n}{n}=\frac{z^p}{p}+\sum_{n=p+1}^{q}\left(\frac{1}{n}-\frac{1}{n-1}\right)z^n-\frac{z^{q+1}}{q}.$$

ゆえに，$|z|=1$ ならば，

$$|1-z|\cdot\left|\sum_{n=p}^{q}\frac{z^n}{n}\right|\leqq\frac{1}{p}+\sum_{n=p+1}^{q}\left(\frac{1}{n-1}-\frac{1}{n}\right)+\frac{1}{q}=\frac{2}{p}.$$

さらに $z\neq 1$ と仮定すると，

$$\left|\sum_{n=p}^{q}\frac{z^n}{n}\right|\leqq\frac{1}{|1-z|}\cdot\frac{2}{p}\to 0 \quad (p\to\infty).$$

よって，Cauchy の判定条件（定理 2.22）より，級数①は収束する．

問題 4.10 次のベキ級数の収束半径を求めよ．

(1) $\displaystyle\sum_{n=0}^{\infty}\frac{i^n(n!)^2}{(2n)!}z^n$ (2) $\displaystyle\sum_{n=1}^{\infty}(-1)^n\frac{\log n}{n}z^n$

(3) $\displaystyle\sum_{n=1}^{\infty}\left(1+\frac{2(-1)^n+1}{n}\right)^{n^2}z^n$ (4) $\displaystyle\sum_{n=1}^{\infty}\left(\cos\frac{1}{n}\right)^{n^\alpha}z^n$ （ただし $\alpha\in\mathbb{R}$）

例題 4.11 数列 $\{a_n\}_{n=1}^{\infty}$ が

$$1^2,1^2,2^2,1^2,2^2,3^2,1^2,2^2,3^2,4^2,1^2,2^2,3^2,4^2,5^2,\ldots$$

で与えられるとき，ベキ級数 $\displaystyle\sum_{n=1}^{\infty}a_nz^n$ の収束半径を求めよ．

解説 $\{a_n\}$ はいわゆる群数列で，第 n 群が $1^2,\ldots,n^2$ で与えられている．しかし，本問では一般項を求める必要はない．

解 明らかに $1\leqq a_n\leqq n^2$ $(n=1,2,\ldots)$ であるから，

$$1\leqq\sqrt[n]{a_n}\leqq\sqrt[n]{n^2}=e^{(2\log n)/n}\to 1 \quad (n\to\infty).$$

ゆえに $\displaystyle\lim_{n\to\infty}\sqrt[n]{a_n}=1$ となるから，収束半径は **1** である． □

4.1 収束半径

問題 4.12 (1) $u_n > 0\ (\forall n)$ である数列 $\{u_n\}$ について，次の不等式を示せ．
$$\limsup_{n\to\infty} \frac{u_{n+1}}{u_n} \geq \limsup_{n\to\infty} \sqrt[n]{u_n} \geq \liminf_{n\to\infty} \sqrt[n]{u_n} \geq \liminf_{n\to\infty} \frac{u_{n+1}}{u_n}.$$
(2) 定理 4.4 を定理 4.6 から導け．

問題 4.13 定理 4.6 の証明中の (1) を少し修正して，ベキ級数は，収束円の内部に含まれる任意のコンパクト集合上で一様収束することを示せ．
【ヒント】収束半径を $\rho > 0$ とするとき，任意の $r\ (0 < r < \rho)$ に対して，$|z| \leq r$ で一様収束することを示せば十分である．

問題 4.14 $c_0 \geq c_1 \geq \cdots \geq c_n \geq \cdots$ であって，$\lim_{n\to\infty} c_n = 0$ とする．ただし級数 $\sum_{n=0}^{\infty} c_n$ は発散しているとする．このとき，ベキ級数 $\sum_{n=0}^{\infty} c_n z^n$ の収束半径は 1 であって，単位円 $|z| = 1$ 上の 1 以外のすべての点 z で収束することを示せ（例 4.9 での議論の一般化）．

例題 4.15 ベキ級数 $f(z) = \sum_{n=0}^{\infty} a_n z^n$ において，級数 $S := \sum_{n=0}^{\infty} a_n$ が収束すると仮定する．例題 1.16 の領域 $\mathscr{D}$（ただし α は固定）にとどまりながら z が 1 に近づくとき，$f(z) \to S$ となることを示せ．

解 a_0 の代わりに $a_0 - S$ を考えることにより，$S = 0$ としても構わない．$S_n := a_0 + a_1 + \cdots + a_n$，$S_{-1} := 0$ とおくと，$\lim_{n\to\infty} S_n = 0$ である．以下，$z \in \mathscr{D}$ とする．$a_n = S_n - S_{n-1}$ より，$N \geq 1$ のとき，
$$\sum_{n=0}^{N} a_n z^n = \sum_{n=0}^{N} (S_n - S_{n-1}) z^n = \sum_{n=0}^{N-1} S_n z^n (1-z) + S_N z^N. \quad \cdots\cdots \text{①}$$
$M := \sup_n |S_n| < +\infty$ とおくと，$|S_n z^n| \leq M|z|^n$ ゆえ，$\sum_{n=0}^{\infty} S_n z^n$ は絶対収束する．したがって $S_N z^N \to 0\ (N \to \infty)$ ゆえ，①で $N \to \infty$ として，
$$f(z) = \sum_{n=0}^{\infty} a_n z^n = (1-z) \sum_{n=0}^{\infty} S_n z^n. \quad \cdots\cdots \text{②}$$
さて，$\forall \varepsilon > 0$ に対して，$\exists N_1$ s.t. $n > N_1 \implies |S_n| < \varepsilon$．このとき，②から
$$|f(z)| \leq |1-z| \left(\left| \sum_{n=0}^{N_1} S_n z^n \right| + \sum_{n > N_1} |S_n| |z|^n \right).$$

次にこの右辺の括弧内の第2項を $\leqq \dfrac{\varepsilon}{1-|z|}$ と評価し，そこに例題 1.16 の (2) の不等式を適用すると，

$$|f(z)| \leqq |1-z|\left|\sum_{n=0}^{N_1} S_n z^n\right| + \dfrac{2}{\cos \alpha}\varepsilon.$$

ゆえに，$\limsup\limits_{\mathscr{D}\ni z\to 1}|f(z)| \leqq \dfrac{2\varepsilon}{\cos\alpha}$ を得る．ここで $\varepsilon > 0$ は任意ゆえ，極限が存在して $\lim\limits_{\mathscr{D}\ni z\to 1} f(z) = 0$ となる． □

問題 4.16 ベキ級数 (4.2) において，どの a_n も 0 でないとする．さらに，n に無関係な自然数 k が存在して，$\lim\limits_{n\to\infty}\left|\dfrac{a_n}{a_{n+k}}\right| = R$ （$+\infty$ を許す）が成り立つとき，収束半径を求めよ．

解説 定理 4.4 の一般化であるが，たとえば k 個の数 $1,\ldots,k$ を繰り返す $\{a_n\}$ を考えればわかるように，定理 4.4 は使えない．

4.2 ベキ級数の微積分

収束半径が正または $+\infty$ であるベキ級数を，**収束するベキ級数**，あるいは短くして，**収束ベキ級数**と呼ぶ．この節では，収束ベキ級数が表す関数について考察する．

以下命題 4.20 が終わるまでは，現れる関数は $\mathbb{C}$ の開集合 U で定義された複素数値関数として，基本的な定義と命題を述べる．

定義 4.17 $\lim\limits_{h\to 0}\dfrac{f(z_0+h)-f(z_0)}{h}$ が存在するとき，$f(z)$ は $z=z_0$ で**複素微分可能**であるといい，この極限値を $f'(z_0)$ で表す．

定義 4.17 の極限の式において，動く h も複素数というだけで，見かけ上は微積分のときの微分係数の定義と何も変わらない．したがって，複素微分可能ならば連続であることの証明もまったく同様である．各点 $z\in U$ において複素微分可能であるとき，$f(z)$ は U において複素微分可能であるという．関数 $f': z\mapsto f'(z)$ を関数 f の**導関数**という．記号として $(f(z))'$，$\dfrac{d}{dz}f(z)$，

$\dfrac{df}{dz}(z)$ などが用いられることも，微積分のときと同様である．次の三つの命題も同様に示せる．繰り返しになるので，本書では証明を省略する．

命題 4.18 $f(z)$ が $z = z_0$ において複素微分可能ならば，$f(z)$ は $z = z_0$ において連続である．

命題 4.19 次の (1)～(4) が成り立つ．
(1) $\bigl(f(z) + g(z)\bigr)' = f'(z) + g'(z)$.
(2) $\bigl(\alpha f(z)\bigr)' = \alpha f'(z)$ （複素数 α は定数）．
(3) $\bigl(f(z)g(z)\bigr)' = f'(z)g(z) + f(z)g'(z)$.
(4) $\left(\dfrac{f(z)}{g(z)}\right)' = \dfrac{f'(z)g(z) - f(z)g'(z)}{g(z)^2}$.

定数関数の導関数は恒等的に 0 であり，1 次関数 z の導関数は恒等的に 1 であることは定義よりすぐにわかる．命題 4.19 の (3) と帰納法を使うことで，任意の $n \in \mathbb{N}$ に対して，$(z^n)' = nz^{n-1}$ であることがわかる．さらに (4) を用いて，$\left(\dfrac{1}{z^n}\right)' = -\dfrac{n}{z^{n+1}}$ もわかる．したがって，多項式や z^{-n} は複素微分可能である．

命題 4.20 (合成関数の微分) $(g \circ f)'(z) = g'(f(z))f'(z)$.

さて，$f(z) := \sum_{n=0}^{\infty} a_n z^n$ を収束ベキ級数とし，その収束半径を ρ とする．このとき，$0 < \rho \leqq +\infty$ である．

命題 4.21 ベキ級数 $f_1(z) := \sum_{n=1}^{\infty} n a_n z^{n-1}$ の収束半径も ρ に等しい．

証明[6]　$f_1(z)$ の収束半径を ρ_1 とする．$n \geqq 1$ のとき，$|a_n z^n| \leqq |z||na_n z^{n-1}|$ ゆえ，$\rho_1 \leqq \rho$ である．逆向きの不等式を証明するために，$|z| < \rho$ とする．$r > 0$ をとって，$|z| < r < \rho$ としよう．次の恒等式と補題を使う．

---
[6] 上極限に慣れている人は，後述の問題 4.23 参照．

$$B^n - A^n = (B-A)(B^{n-1} + B^{n-2}A + \cdots + A^{n-1}) \quad (n \geqq 2). \tag{4.3}$$

補題 4.22 $0 \leqq a < b$ のとき, $na^{n-1} \leqq \dfrac{b^n}{b-a}$ $(n = 0, 1, 2, \ldots)$.

証明 $n = 0, 1$ のときは明らかゆえ, $n \geqq 2$ とする. このとき, 式 (4.3) より,
$$\frac{b^n}{b-a} \geqq \frac{b^n - a^n}{b-a} = b^{n-1} + b^{n-2}a + \cdots + a^{n-1} > na^{n-1}. \qquad \square$$

命題 4.21 の証明の続き 補題 4.22 より, $n|a_n z^{n-1}| \leqq \dfrac{|a_n| r^n}{r - |z|}$. ここで $0 < r < \rho$ より, $\sum_{n=0}^{\infty} |a_n| r^n$ は収束するので, $\sum_{n=1}^{\infty} n|a_n z^{n-1}|$ も収束する. ゆえに $\rho_1 \geqq \rho$ でもあり, $\rho_1 = \rho$ が示せた. $\qquad \square$

問題 4.23 $\limsup_{n \to \infty} \sqrt[n]{n|a_n|} = \limsup_{n \to \infty} \sqrt[n]{|a_n|}$ を示すことで, 命題 4.21 を証明せよ.

定理 4.24 収束ベキ級数はその収束円の内部で項別微分可能[7]である：収束ベキ級数 $f(z) := \sum_{n=0}^{\infty} a_n z^n$ に対して, $f'(z) := \sum_{n=1}^{\infty} n a_n z^{n-1}$.

証明 $f(z)$ の収束半径を ρ とし, $|z_0| < \rho$ とする. また, $f_1(z)$ は命題 4.21 のベキ級数とする. このとき,
$$\frac{f(z_0 + h) - f(z_0)}{h} - f_1(z_0) = \sum_{n=2}^{\infty} a_n \left\{ \frac{(z_0 + h)^n - z_0^n}{h} - n z_0^{n-1} \right\}. \cdots \text{①}$$
ここで①の右辺の $\{\ \}$ 内を C とおき, 式 (4.3) を用いると,
$$C = \sum_{k=0}^{n-1} (z_0 + h)^{n-1-k} z_0^k - n z_0^{n-1} = \sum_{k=0}^{n-2} z_0^k \{ (z_0 + h)^{n-1-k} - z_0^{n-1-k} \}.$$
さて, $0 < R < \rho$ をとって $|z_0| < R$ とする. あとで $h \to 0$ とするので, h は $|z_0| + |h| < R$ をみたすとしてよい. $|A| < R, |B| < R$ であるとき, 式 (4.3) より, $|B^n - A^n| \leqq n R^{n-1} |B - A|$ となることに注意すると,
$$|C| \leqq R^{n-2} |h| \sum_{k=0}^{n-2} (n-1-k) = \frac{1}{2} n(n-1) R^{n-2} |h| \leqq n^2 R^{n-2} |h|.$$

---
[7] 項別複素微分可能というのは少々長いので, 項別微分可能ということにした.

ゆえに，①より，

$$\left|\frac{f(z_0+h)-f(z_0)}{h} - f_1(z_0)\right| \leqq |h|\sum_{n=2}^{\infty} n^2 |a_n| R^{n-2}. \quad \cdots\cdots \text{②}$$

命題 4.21 を 2 回使うことで，②の右辺の級数は収束している事がわかる．したがって，$h \to 0$ のとき，②の右辺 $\to 0$ となる．よって，f は z_0 で複素微分可能であって，$f'(z_0) = f_1(z_0)$ である． □

定理 4.24 と命題 4.21 により，収束ベキ級数の導関数を表すベキ級数は，元のベキ級数と収束半径が等しく，再び項別微分できる．この議論を繰り返すことにより，収束ベキ級数は，収束円の内部で何回でも項別微分可能であることがわかる．

例 4.25 等比級数 $f(z) := \sum_{n=0}^{\infty} z^n$ の収束半径は 1 であるから，単位円の内部 $|z| < 1$ で項別微分ができて，$f'(z) = \sum_{n=1}^{\infty} nz^{n-1}$ である．一方，$f(z) = \dfrac{1}{1-z}$ ゆえ，$f'(z) = \dfrac{1}{(1-z)^2}$ である．$\sum_{n=1}^{\infty} nz^n = zf'(z)$ であるから，公式

$$\sum_{n=1}^{\infty} nz^n = \frac{z}{(1-z)^2} \qquad (|z| < 1) \tag{4.4}$$

を得る．式 (4.4) は，高校では差分を用いて求めていた級数の和であるが，ベキ級数の項別微分を利用して和を求める方が自然である．

問題 4.26 次の無限級数の和を求めよ．
(1) $\sum_{n=2}^{\infty} \dfrac{n}{3^n}$ （$n=2$ からの和） (2) $\sum_{n=1}^{\infty} \dfrac{n^2}{3^n}$

問題 4.27 $s_n := \sum_{k=1}^{n} k\binom{n}{k}$ $(n=1,2,\ldots)$ とおくとき，ベキ級数 $\sum_{n=1}^{\infty} s_n z^n$ の収束半径と和を求めよ．

定理 4.28（ベキ級数表示の一意性） 収束ベキ級数 $f(z) = \sum_{n=0}^{\infty} a_n z^n$ において，$a_n = \dfrac{f^{(n)}(0)}{n!}$ である．すなわち，係数 a_n $(n=0,1,2,\ldots)$ は $f(z)$ によって一意的に決まる．

証明 項別微分により, $f^{(n)}(z) = n!\,a_n + zh(z)$ ($h(z)$ はベキ級数) となるから, $f^{(n)}(0) = n!a_n$ である. ゆえに, $a_n = \frac{1}{n!}f^{(n)}(0)$ を得る. □

> **系 4.29** $f(z) = \sum_{n=0}^{\infty} a_n z^n$ を収束ベキ級数とする.
> (1) $f(z)$ が偶関数 $\iff a_{2m+1} = 0$ $(m = 0, 1, 2, \dots)$.
> (2) $f(z)$ が奇関数 $\iff a_{2m} = 0$ $(m = 0, 1, 2, \dots)$.

次の命題は定理 4.24 から明らかであろう.

> **命題 4.30** 収束ベキ級数は収束円の内部で**原始関数**を持つ. すなわち, $f(z) := \sum_{n=0}^{\infty} a_n z^n$ を収束ベキ級数とするとき, $F(z) := c + \sum_{n=0}^{\infty} a_n \frac{z^{n+1}}{n+1}$ ($c \in \mathbb{C}$) と定義すると, $F'(z) = f(z)$ である[8].

> **定理 4.31 (ベキ級数の積)** $f(z) = \sum_{n=0}^{\infty} a_n z^n$, $g(z) = \sum_{n=0}^{\infty} b_n z^n$ はともに収束ベキ級数であって, 収束半径をそれぞれ ρ_1, ρ_2 とする. このとき, $|z| < \min(\rho_1, \rho_2)$ で絶対収束するベキ級数として,
> $$f(z)g(z) = \sum_{n=0}^{\infty} \left(\sum_{k=0}^{n} a_k b_{n-k} \right) z^n.$$

証明 定理 2.54 と注意 2.55 から従う. □

例 4.32 等比級数 $\frac{1}{1-z} = \sum_{n=0}^{\infty} z^n$ ($|z| < 1$) の 2 個の積と見て,
$$\frac{1}{(1-z)^2} = \sum_{n=0}^{\infty} (n+1)z^n. \tag{4.5}$$

> **例題 4.33** 部分分数分解により, 次の公式を示せ.
> $$\frac{1}{1 - 2z\cos\theta + z^2} = \sum_{n=0}^{\infty} \frac{\sin(n+1)\theta}{\sin\theta} z^n \quad (|z| < 1).$$
> ただし, $\sin\theta = 0$ のときは, 右辺に適切な解釈を与えよ.

---

[8] 後述の命題 6.11 より, 収束円内での原始関数はこれだけということがわかる.

解 $\lim_{\theta \to 0} \frac{\sin(n+1)\theta}{\sin\theta} = n+1$, $\lim_{\theta \to \pi} \frac{\sin(n+1)\theta}{\sin\theta} = (-1)^n(n+1)$ であるから, 以下では,

$$\left.\frac{\sin(n+1)\theta}{\sin\theta}\right|_{\theta=0} = n+1, \quad \left.\frac{\sin(n+1)\theta}{\sin\theta}\right|_{\theta=\pi} = (-1)^n(n+1)$$

として, $0 \leqq \theta < 2\pi$ で考える. そうすると, $\theta = 0$ のときの証明すべき式は, 式 (4.5) に他ならない. また $\theta = \pi$ のときの証明すべき式は, 式 (4.5) で z のところに $-z$ を代入した式に一致する. したがって, 以下では $\theta \neq 0, \pi$ とし, さらに $z \neq 0$ とする. また, 表記を簡単にするため, 後述 (命題 5.3) の Euler の公式を認めることにする. このとき,

$$1 - 2z\cos\theta + z^2 = (1 - e^{i\theta}z)(1 - e^{-i\theta}z)$$

であるから, $0 < |z| < 1$ のとき,

$$\frac{1}{1 - 2z\cos\theta + z^2} = \frac{1}{(e^{i\theta} - e^{-i\theta})z}\left(\frac{1}{1 - e^{i\theta}z} - \frac{1}{1 - e^{-i\theta}z}\right)$$

$$= \frac{1}{e^{i\theta} - e^{-i\theta}}\sum_{n=1}^{\infty}(e^{in\theta} - e^{-in\theta})z^{n-1}$$

$$= \sum_{n=0}^{\infty}\frac{\sin(n+1)\theta}{\sin\theta}z^n. \qquad \square$$

4.3 ベキ級数の解析性

> **定理 4.34** $f(z) = \sum_{n=0}^{\infty} a_n z^n$ を収束ベキ級数とし, 収束半径を ρ とする. また $|c| < \rho$ とする. このとき, $f(z)$ は $z = c$ を中心とするベキ級数で表される. すなわち,
>
> $$f(z) = \sum_{n=0}^{\infty} b_n(z-c)^n, \quad b_n = \frac{f^{(n)}(c)}{n!}.$$
>
> この級数は, $|z - c| < \rho - |c|$ で絶対収束する.

証明 まず, 発見的に考えよう. 二項展開をして,

$$z^n = (z - c + c)^n = \sum_{k=0}^{n}\binom{n}{k}(z-c)^k c^{n-k}$$

となるから，これを $f(z)$ の表示式の中の z^n に代入すると

$$f(z) = \sum_{n=0}^{\infty} a_n \sum_{k=0}^{n} \binom{n}{k}(z-c)^k c^{n-k}. \quad \cdots\cdots \text{①}$$

①で n, k についての和の順序を交換できればよい．そこで，絶対値を付けた正項級数

$$g(z) := \sum_{n=0}^{\infty} |a_n| \sum_{k=0}^{n} \binom{n}{k}|z-c|^k |c|^{n-k}$$

を考える．$|z-c| < \rho - |c|$ とし，$0 < R < \rho$ をとって，$|z-c| < R - |c|$ とすると，

$$\sum_{k=0}^{n} \binom{n}{k}|z-c|^k |c|^{n-k} = (|z-c| + |c|)^n < R^n.$$

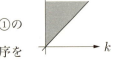

ここで，$\sum_{n=0}^{\infty} |a_n| R^n$ は収束するので，定理 2.52 より①の 2 重級数は絶対収束する．よって，①において和の順序を変更してもよいので，

$$f(z) = \sum_{k=0}^{\infty} (z-c)^k \sum_{n=k}^{\infty} \binom{n}{k} a_n c^{n-k}. \quad \cdots\cdots \text{②}$$

一方，元のベキ級数を項別微分すると，

$$f^{(k)}(z) = \sum_{n=k}^{\infty} n(n-1)\cdots(n-k+1) a_n z^{n-k} = k! \sum_{n=k}^{\infty} \binom{n}{k} a_n z^{n-k}.$$

ゆえに，②の右辺は $\sum_{k=0}^{\infty} \dfrac{f^{(k)}(c)}{k!} (z-c)^k$ に等しい． □

例 4.35 $\dfrac{1}{1-z}$ を c ($|c| < 1$) を中心とするベキ級数に展開しよう．

$$\frac{1}{1-z} = \frac{1}{1-c-(z-c)} = \frac{1}{1-c} \cdot \frac{1}{1 - \frac{z-c}{1-c}}$$

と式変形すると，$|z-c| < |1-c|$ のとき，

$$\frac{1}{1-z} = \frac{1}{1-c} \sum_{n=0}^{\infty} \frac{(z-c)^n}{(1-c)^n} = \sum_{n=0}^{\infty} \frac{(z-c)^n}{(1-c)^{n+1}}$$

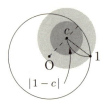

を得る．右端の級数は，定理 4.34 が保証する $|z-c| < 1-|c|$（上図の濃い色の開円板）よりも，$0 \leqq c < 1$ の場合を除いて，一般には大きな円の内部

で絶対収束していることに注意．しかも，$|c|<1$でなくとも$c\neq 1$でさえあれば，この例での議論は通用することにも注意（後述の定理8.27も参照）．

> **問題 4.36** $f(z)=\dfrac{1}{z}$ を $z=c(\neq 0)$ を中心とするベキ級数で表示せよ．

一般に点 $c\in\mathbb{C}$ とある $r>0$ に対して，開円板 $D(c,r)$ を含む集合 U のことを点 c の**近傍**という．集合 U が開集合なら，U を点 c の**開近傍**と呼ぶ．今後は少々横着をして，『ある近傍』や『ある開近傍』とは述べず，たとえば，『関数 $f(z)$ は点 c の近傍で連続である』という言い方をする．

> **定義 4.37** 開集合 $U\subset\mathbb{C}$ で定義された関数 $f(z)$ が，U で**解析的**であるとは，U の各点の近傍で $f(z)$ は収束ベキ級数で表されることである．

したがって，定理 4.34 は，**収束ベキ級数はその収束円の内部で解析的である**と主張している．一方で，開集合 $U\subset\mathbb{C}$ の各点で複素微分可能な関数を U で**正則**な関数といい，第6章で正式に導入するが，今述べたことと定理 4.24 より，収束ベキ級数は収束円の内部で正則である．そして，後述の定理 8.21 より，正則関数は解析的関数と同義語になる．

4.4 ベキ級数の演算

(1) **ベキ級数の合成** $f(z)=\sum\limits_{n=1}^{\infty}a_n z^n$ は $n=1$ から始まる収束ベキ級数とし，$g(w)=\sum\limits_{n=0}^{\infty}b_n w^n$ をもう一つの収束ベキ級数とする．$f(0)=0$ であるから，$|z|$ が十分小さいときの $f(z)$ は，$g(w)$ の収束円の内部に入る．よって，合成関数 $g(f(z))$ を考えることができる．このとき，

$$\begin{aligned}g(f(z))&=b_0+b_1(a_1z+a_2z^2+\cdots)\\&\quad+b_2(a_1z+a_2z^2+\cdots)^2+b_3(a_1z+a_2z^2+\cdots)^3+\cdots\\&=b_0+b_1a_1z+(b_1a_2+b_2a_1^2)z^2\\&\quad+(b_1a_3+2b_2a_1a_2+b_3a_1^3)z^3+\cdots.\end{aligned}$$

ゆえに，$1\leq j\leq n$ に対応する a_j,b_j のみが $g(f(z))$ の z^n の係数に寄与する．命題 4.20 より，$g(f(z))$ は $z=0$ の近傍で正則であり，したがって，解析的

である[9]. しかも定理 4.28 より, $g(f(z))$ のベキ級数表示はこれ以外にはない.

> **問題 4.38** ベキ級数で表される次の関数 $f(z), g(z)$ を考える.
> $$f(z) = \sum_{m=0}^{\infty} (-1)^m \frac{z^{2m+1}}{2m+1}, \quad g(z) = \sum_{m=0}^{\infty} \frac{z^{2m+1}}{2m+1}.$$
> $f(g(z)) - g(f(z))$ をベキ級数で表すときの最低次の項を求めよ.

(2) **ベキ級数の逆数** $f(z) = \sum_{n=0}^{\infty} a_n z^n$ は収束ベキ級数で, $f(0) \neq 0$ とする. このとき, $\dfrac{1}{f(z)}$ は原点の近傍で正則ゆえ, 収束ベキ級数に展開される. 実際に $a_0 = f(0) \neq 0$ であるから, $f(z) = a_0(1 - zg(z))$ で $g(z)$ を定義すると, $g(z)$ も収束ベキ級数で, $|z|$ が十分小さければ $|zg(z)| < 1$ ゆえ,
$$\frac{1}{f(z)} = \frac{1}{a_0} \frac{1}{1 - zg(z)} = \frac{1}{a_0}\left(1 + zg(z) + (zg(z))^2 + (zg(z))^3 + \cdots\right).$$
ここで, $g(z) = b_0 + b_1 z + b_2 z^2 + \cdots$ とすると,
$$\frac{1}{f(z)} = \frac{1}{a_0}\left(1 + b_0 z + (b_0^2 + b_1) z^2 + (b_0^3 + 2b_0 b_1 + b_2) z^3 + \cdots\right).$$
定理 4.28 より, $\dfrac{1}{f(z)}$ のベキ級数表示はこれ以外にはない. 最初の数項を求めるだけなら, $\dfrac{1}{f(z)} = \dfrac{1}{a_0} + c_1 z + c_2 z^2 + \cdots$ を $f(z) \cdot \dfrac{1}{f(z)} = 1$ に代入して, 係数比較をして $c_1, c_2, \ldots$ を求めるのが手っ取り早い (5.6 節も参照).

(3) **ベキ級数の逆関数** まず, 収束ベキ級数について, 次の命題の直接証明を与えておこう. 後述の定理 11.65 で再び取り上げる.

> **定理 4.39** 収束ベキ級数 $f(z) := \sum_{n=0}^{\infty} a_n z^n$ が $f'(0) \neq 0$ をみたすとする. このとき, $\delta > 0$ が存在して, 開円板 $D(0, \delta)$ で $f(z)$ は単射かつ $f'(z)$ は 0 にならない.

証明 $f(z)$ の収束半径を $\rho > 0$ とする. このとき, 命題 4.21 より, $g(z) := \sum_{n=2}^{\infty} n|a_n| z^{n-1}$ の収束半径も ρ である. さらに, $g(0) = 0$ と $a_1 = f'(0) \neq 0$

---

[9] ベキ級数論だけで証明できるが, 本書では後述の定理 8.21 に拠ることとした. 次のベキ級数の逆数や逆関数についても同様である.

4.4 ベキ級数の演算

から,$\exists \delta > 0$ $(\delta < \rho)$ s.t. $0 \leqq g(\delta) < \frac{1}{2}|a_1|$. さて,$|z| < \delta, |w| < \delta,$ かつ $z \neq w$ とすると,式 (4.3) を用いることにより,

$$\frac{f(z) - f(w)}{z - w} = a_1 + \sum_{n=2}^{\infty} a_n(z^{n-1} + z^{n-2}w + \cdots + w^{n-1}).$$

ゆえに,

$$\left| \frac{f(z) - f(w)}{z - w} \right| \geqq |a_1| - \sum_{n=2}^{\infty} n|a_n|\delta^{n-1} = |a_1| - g(\delta) > \frac{1}{2}|a_1| > 0.$$

よって,$f(z)$ は開円板 $D(0, \delta)$ で単射である.$w \to z$ とすることにより,$|f'(z)| \geqq \frac{1}{2}|a_1| > 0$ もわかる. $\square$

定理 4.39 の条件下で逆関数 f^{-1} が正則であることは,後述の定理 11.65 からわかる.ただし,$g := f^{-1}$ の連続性が別途わかると,その複素微分可能性は形式的な議論で導けることに注意しておく.すなわち,$w \to w_0$ のとき,

$$\frac{g(w) - g(w_0)}{w - w_0} = \frac{1}{\dfrac{f(g(w)) - f(g(w_0))}{g(w) - g(w_0)}} \to \frac{1}{f'(g(w_0))}. \tag{4.6}$$

したがって,$f'(0) \neq 0$ をみたす収束ベキ級数には正則な逆関数 f^{-1} があって,$w_0 := f(0)$ を中心とする収束ベキ級数

$$f^{-1}(w) = \sum_{n=1}^{\infty} b_n (w - w_0)^n \quad \cdots\cdots \text{①}$$

が定まる.ここでも①の最初の数項を求めるだけなら,ベキ級数の合成

$$z = f^{-1}(f(z)), \quad w = f(f^{-1}(w)) \qquad (|z|, |w - w_0|: \text{十分小})$$

に帰着するのが手っ取り早い.一般的公式としては,**Lagrange の反転公式**が知られている.本書では,複素関数論による証明を,後述の定理 11.66 で与える.組み合わせ論的な証明に興味のある人は,たとえば Stanley の著書 [24] の 5.4 節等を参照してほしい.同書の p. 67 にある Lagrange の反転公式についてのコメントも興味深いであろう.

問題 4.40 $f(z) = z + z^2 + z^3$ のとき,$f(0) = 0, f'(0) = 1$ ゆえ,$w = 0$ の近傍で $f^{-1}(w) = w + b_2 w^2 + b_3 w^3 + b_4 w^4 + \cdots$ が存在する.係数 b_2, b_3, b_4 を求めよ.

第5章

解析的関数の例

本章では，高校や大学1年生の微積分で扱ってきた指数関数，三角関数，双曲線関数，対数関数，累乗関数などを，改めて複素数を変数とする解析的関数として定義し直して，それらの基本的な性質を調べる．

5.1 指数関数と三角関数

複素数 $z \in \mathbb{C}$ を変数とする**指数関数** e^z を次式で定義する[1]．

$$e^z := \sum_{n=0}^{\infty} \frac{z^n}{n!}. \tag{5.1}$$

式 (5.1) の右辺は $a_n = \dfrac{1}{n!}$ ($\forall n$) であるベキ級数 (4.2) であり，

$$\left| \frac{a_n}{a_{n+1}} \right| = \frac{(n+1)!}{n!} = n+1 \to +\infty \quad (n \to \infty)$$

より，e^z の定義域は $\mathbb{C}$ 全体である．一般に，全平面 $\mathbb{C}$ で正則な関数を**整関数** (entire function) という．したがって，指数関数 e^z は整関数である．定義からただちに，$e^{\bar{z}} = \overline{e^z}$ と $e^0 = 1$ がわかる．また，式 (5.1) を項別微分して，$(e^z)' = e^z$ を得る．さて，$c \in \mathbb{C}$ が定数のとき，

---

[1] 本来は $\exp z$ と書いて，後述の 5.5 節で述べる複素数ベキの『e の z 乗』とは区別すべきかもしれない．しかし，それでは極形式を $r \exp(i\theta)$ と書かなくてはいけなくなり，スペースの節約には貢献できない．また，大文字を使って E^z や $E(z)$ とするのも一案であるが，2^z などは困ることになる．後述の注意 5.20 も参照．

5.1 指数関数と三角関数

$$(e^z e^{c-z})' = e^z e^{c-z} - e^z e^{c-z} = 0.$$

ゆえに，$e^z e^{c-z}$ は定数[2]であり，$z=0$ とおくことで，この定数は e^c. よって，任意の $z, c \in \mathbb{C}$ に対して，$e^z e^{c-z} = e^c$ となる．$c = z+w$ とおくことで，

$$e^{z+w} = e^z e^w \qquad (\forall z, w \in \mathbb{C}). \qquad \textbf{(指数法則)}$$

問題 5.1 $e^z e^w$ が絶対収束する二つの級数の積であることより，指数法則を導け．

上記指数法則の式で $w = -z$ とおいて，$e^z e^{-z} = e^0 = 1$. よって，e^z は決して 0 にならず，$e^{-z} = \dfrac{1}{e^z}$ となることがわかる．

問題 5.2 各 $z \in \mathbb{C}$ において，不等式 $|e^z - 1| \leq e^{|z|} - 1$ が成り立つことを示せ．

指数関数のさらなる性質を述べる前に，$\cos$ と $\sin$ を導入しておこう．

$$\cos z := \sum_{m=0}^{\infty} \frac{(-1)^m}{(2m)!} z^{2m}, \tag{5.2}$$

$$\sin z := \sum_{m=0}^{\infty} \frac{(-1)^m}{(2m+1)!} z^{2m+1}. \tag{5.3}$$

式 (5.2) の右辺は，$a_{2m+1} = 0$, $a_{2m} = \dfrac{(-1)^m}{(2m)!}$ $(m = 0, 1, 2, \dots)$ としたベキ級数 (4.2) である．明らかに $|a_n z^n| \leq \dfrac{|z|^n}{n!}$ $(\forall n)$ ゆえ，式 (5.2) の右辺のベキ級数は $\forall z \in \mathbb{C}$ で絶対収束する．よって，収束半径は $+\infty$ となるので，定義域は $\mathbb{C}$ 全体で，偶関数である．すなわち，$\cos(-z) = \cos z$ である．

同様に，$\sin z$ の定義域は $\mathbb{C}$ 全体であることがわかり，奇関数である．すなわち，$\sin(-z) = -\sin z$ が成立する．指数関数のときと同様に，$\cos \overline{z} = \overline{\cos z}$，$\sin \overline{z} = \overline{\sin z}$ が成立する[3]．さらに，定義式 (5.2), (5.3) で項別微分をして，

$$(\cos z)' = -\sin z, \qquad (\sin z)' = \cos z. \tag{5.4}$$

$\cos z$ も $\sin z$ も整関数である．

変数の範囲を複素数まで拡大すると，次の命題が示すように，指数関数と三角関数が繋がってくる．

---
[2] 後述の命題 6.11 による．
[3] 後述の例題 8.35 から，これらは z が実数のときに実数値をとる正則関数の特性であることがわかる．

命題 5.3 (Euler の公式) $e^{iz} = \cos z + i \sin z \ (\forall z \in \mathbb{C})$.

証明 各 $k = 0, 1, 2, \ldots$ に対して，次式が成り立つ．
$$\sum_{n=0}^{2k+1} \frac{i^n z^n}{n!} = \sum_{m=0}^{k} \frac{(-1)^m}{(2m)!} z^{2m} + i \sum_{m=0}^{k} \frac{(-1)^m}{(2m+1)!} z^{2m+1}.$$
$k \to \infty$ とすると，式 (5.1), (5.2), (5.3) より，$e^{iz} = \cos z + i \sin z$ を得る． □

命題 5.3 より，次式を得る．
$$\cos z = \frac{e^{iz} + e^{-iz}}{2}, \quad \sin z = \frac{e^{iz} - e^{-iz}}{2i}. \tag{5.5}$$

さらに，指数法則と Euler の公式から，三角関数の加法公式が導ける．すなわち，複素数 α, β に対して，指数法則より，
$$e^{i(\alpha+\beta)} = e^{i\alpha} e^{i\beta} = (\cos \alpha + i \sin \alpha)(\cos \beta + i \sin \beta),$$
$$e^{-i(\alpha+\beta)} = e^{-i\alpha} e^{-i\beta} = (\cos \alpha - i \sin \alpha)(\cos \beta - i \sin \beta).$$

二つの式の右端の項を展開して足し引きして，左端の項に式 (5.5) を使うと[4]，
$$\begin{aligned} \cos(\alpha + \beta) &= \cos \alpha \cos \beta - \sin \alpha \sin \beta, \\ \sin(\alpha + \beta) &= \sin \alpha \cos \beta + \cos \alpha \sin \beta. \end{aligned} \tag{5.6}$$

倍角公式や半角公式，和 → 積の変換を表す和積公式や，積 → 和の変換を表す積和公式などの詳細は省略してよいだろう．

また，式 (5.5) から，$\cos^2 z + \sin^2 z = 1 \ (\forall z \in \mathbb{C})$ がわかる．とくに，$\theta \in \mathbb{R}$ のとき，$\cos \theta$ も $\sin \theta$ も実数であるから，$|e^{i\theta}| = \sqrt{\cos^2 \theta + \sin^2 \theta} = 1$ である．

記号 今後は，極形式 $z = r(\cos \theta + i \sin \theta)$ を $z = re^{i\theta}$ と表す．

さて，$x, y \in \mathbb{R}$ とする．指数法則から $e^{x+iy} = e^x e^{iy}$ $\cdots$ ① となるが，$e^x = (e^{x/2})^2 > 0$ であるから $|e^{x+iy}| = e^x$ となり，①は複素数 e^{x+iy} の極形式表示であることがわかる．

ベキ級数 (5.2), (5.3) で定義した $\cos$ と $\sin$ が周期関数であることを示すには，少々手間が必要である．

---

[4] 実部・虚部を比べるという論法は使えない．

補題 5.4 $0 < x_0 < \sqrt{3}$ をみたす $x_0 \in \mathbb{R}$ が一意的に存在して, $\cos x_0 = 0$.

定義 5.5 補題 5.4 における x_0 に対して, $\boldsymbol{\pi := 2x_0}$ と定義する.

補題 5.4 の証明 $\cos^2 x + \sin^2 x = 1$ より, $x \in \mathbb{R}$ のとき, $\cos x \leqq 1$ である. これと式 (5.4), および $\sin 0 = 0$, $\cos 0 = 1$ より, $x \geqq 0$ のとき,

$$\sin x = \int_0^x \cos t\, dt \leqq x, \qquad \cos x = 1 - \int_0^x \sin t\, dt \geqq 1 - \frac{x^2}{2},$$

$$\sin x = \int_0^x \cos t\, dt \geqq \int_0^x \left(1 - \frac{t^2}{2}\right) dt = x - \frac{x^3}{6},$$

$$\cos x = 1 - \int_0^x \sin t\, dt \leqq 1 - \int_0^x \left(t - \frac{t^3}{6}\right) dt = 1 - \frac{x^2}{2} + \frac{x^4}{24}.$$

さて, $0 < x < \sqrt{3}$ としよう. このとき, 上に示した不等式より,

$$(\cos x)' = -\sin x \leqq -\frac{x}{6}(6 - x^2) < 0.$$

ゆえに, $\cos x$ は閉区間 $[\,0, \sqrt{3}\,]$ で狭義単調減少である. このことと,

$$\cos \sqrt{3} \leqq 1 - \frac{3}{2} + \frac{9}{24} = -\frac{1}{8} < 0,$$

および $\cos 0 = 1 > 0$ より, 補題の主張にいう x_0 が一意的に存在する. □

したがって $\cos \frac{\pi}{2} = 0$ であり, $0 \leqq t < \frac{\pi}{2}$ のとき $\cos t > 0$ より, $\sin x = \int_0^x \cos t\, dt$ は閉区間 $[\,0, \frac{\pi}{2}\,]$ で狭義単調増加であって, $\sin \frac{\pi}{2} = \sqrt{1 - \cos^2 \frac{\pi}{2}} = 1$ である. ゆえに $e^{\frac{\pi}{2}i} = i$ となり, 指数法則より, 任意の $\theta \in \mathbb{R}$ に対して, $e^{i(\theta + \frac{\pi}{2})} = ie^{i\theta}$. この両辺の実部と虚部を比べて, 次式を得る.

$$\cos\left(\theta + \frac{\pi}{2}\right) = -\sin \theta, \qquad \sin\left(\theta + \frac{\pi}{2}\right) = \cos \theta \qquad (\theta \in \mathbb{R}).$$

よって,

$$\cos(\theta + \pi) = -\cos \theta, \qquad \sin(\theta + \pi) = -\sin \theta.$$

これらと, $\cos \frac{\pi}{2} = 0$, $\sin 0 = 0$ より, $\theta \in \mathbb{R}$ のとき,

$$\cos \theta = 0 \iff \theta \in \frac{\pi}{2} + \pi\mathbb{Z}, \qquad \sin \theta = 0 \iff \theta \in \pi\mathbb{Z}.$$

ここで, $\cos$ や $\sin$ が 0 になるのは, 複素数の範囲で考えても, 上記のもので尽きることを示そう.

命題 5.6 次の (1)〜(4) が成り立つ.
(1) $e^z = 1 \iff z \in 2\pi i \mathbb{Z}$. したがって, $e^{z+2\pi i} = e^z$ $(\forall z \in \mathbb{C})$.
(2) 任意の $z \in \mathbb{C}$ に対して, $\cos(z + 2\pi) = \cos z$, $\sin(z + 2\pi) = \sin z$.
(3) $z \in \mathbb{C}$ のとき, $\cos z = 0 \iff z \in \dfrac{\pi}{2} + \pi \mathbb{Z}$.
(4) $z \in \mathbb{C}$ のとき, $\sin z = 0 \iff z \in \pi \mathbb{Z}$.

証明 (1) $z = x + iy$ とおくと, $e^z = 1 \iff e^x = 1, \cos y = 1, \sin y = 0$. ここで, $x \in \mathbb{R}$ のとき e^x は狭義単調増加ゆえ, $e^x = 1 \iff x = 0$. さらに, $y \in \mathbb{R}$ ゆえ, $\cos y = 1$ かつ $\sin y = 0 \iff y \in 2\pi \mathbb{Z}$ である.
(2) 式 (5.5) と (1) より従う.
(3) 式 (5.5) によって, $\cos z = 0 \iff e^{2iz} = -1 = e^{\pi i} \iff e^{i(2z-\pi)} = 1$. これと (1) よりわかる.
(4) 同様に, $\sin z = 0 \iff e^{2iz} = 1$ と (1) より. □

注意 5.7 定義 5.5 のように π を定義すると円周の長さが気になるが, 次のようにしてその心配は払拭される. n 個の複素数 $re^{2k\pi i/n}$ $(k = 0, 1, \ldots, n-1)$ は円 $C : |z| = r$ 上において正 n 角形の頂点をなしていて, C の長さ ℓ は次の極限で得られる.

$$\ell = \lim_{n \to \infty} r \sum_{k=0}^{n-1} \left| e^{2(k+1)\pi i/n} - e^{2k\pi i/n} \right| = 2r \lim_{n \to \infty} n \cdot \sin \frac{\pi}{n} = 2\pi r \cdot \sin'(0) = 2\pi r.$$

5.2 双曲線関数

微積分のときと同様に,

$$\cosh z := \frac{e^z + e^{-z}}{2}, \qquad \sinh z := \frac{e^z - e^{-z}}{2} \tag{5.7}$$

とおいて, それぞれ**双曲線余弦**, **双曲線正弦**と呼ぶ. ベキ級数による表示は

$$\cosh z = \sum_{m=0}^{\infty} \frac{z^{2m}}{(2m)!}, \qquad \sinh z = \sum_{m=0}^{\infty} \frac{z^{2m+1}}{(2m+1)!}$$

であり, いずれも収束半径は $+\infty$ である. したがって, $\cosh z$ も $\sinh z$ も整関数である. 式 (5.7) から, $\cosh^2 z - \sinh^2 z = 1$ を得る. また, 次の各関係式は, 式 (5.5) と式 (5.7) を比べることにより, すぐに確かめることができる.

5.2 双曲線関数

$$\begin{aligned}\cos(iz) &= \cosh z, & \sin(iz) &= i\sinh z,\\ \cosh(iz) &= \cos z, & \sinh(iz) &= i\sin z.\end{aligned} \tag{5.8}$$

これらと式 (5.6) より，次の加法公式を得る ($\alpha, \beta \in \mathbb{C}$)．

$$\begin{aligned}\cosh(\alpha+\beta) &= \cosh\alpha\cosh\beta + \sinh\alpha\sinh\beta,\\ \sinh(\alpha+\beta) &= \sinh\alpha\cosh\beta + \cosh\alpha\sinh\beta.\end{aligned}$$

加法公式 (5.6) と関係式 (5.8) から，$\cos z$ や $\sin z$ の実部と虚部がわかる．

問題 5.8 $x, y \in \mathbb{R}$ のとき，次を (1)〜(4) を示せ[5]．
(1) $\cos(x+iy) = \cos x \cosh y - i \sin x \sinh y$．
(2) $\sin(x+iy) = \sin x \cosh y + i \cos x \sinh y$．
(3) $|\cos(x+iy)| = |\cos x + \sin(iy)|$．
(4) $|\sin(x+iy)| = |\sin x + \sin(iy)|$．

問題 5.9 $r > 0$ を固定する．円 $|z| = r$ 上における $|\sin z|$ の最大値を求めよ．

【コメント】後述の最大絶対値の原理（定理 8.54 とその系 8.55）により，得られる最大値は，実際には $|z| \leqq r$ における $|\sin z|$ の最大値である．

例題 5.10 $\cosh z \cdot \cos z$ をベキ級数で表せ．一般項を求めること．

解 $\cosh z \cdot \cos z = \frac{1}{4}(e^z + e^{-z})(e^{iz} + e^{-iz})$ ゆえ，展開して整理すると，

$$\cosh z \cdot \cos z = \frac{1}{2}(\cosh(1+i)z + \cosh(1-i)z)$$

$$= \frac{1}{2}\sum_{n=0}^{\infty}\{(1+i)^{2n} + (1-i)^{2n}\}\frac{z^{2n}}{(2n)!}.$$

ここで，$(1 \pm i)^{2n} = (\pm 2i)^n$（複号同順）であるから，$n$ が奇数に等しいときは $(1+i)^{2n} + (1-i)^{2n} = 0$ である．ゆえに，次式を得る．

$$\cosh z \cdot \cos z = \sum_{m=0}^{\infty} \frac{(-4)^m}{(4m)!} z^{4m}. \qquad \square$$

注意 5.11 後述の解析接続の一意性（定義 8.38 とその直後の記述参照）により，ベキ級数表示は変数が実数のときで決まってしまうことを考えると，次の解も可能である．

---
[5] 主張 (4) の公式は意外性があっておもしろいと思うが，公式集においてこの形で書かれることは少ない．容易に記憶に残るので，$|\sin(x+iy)|^2 = \sin^2 x + \sinh^2 y$ が，この公式と関係式 (5.8) からただちに従う．

$x \in \mathbb{R}$ のとき，問題 5.8 (1) より，$\cos x \cdot \cosh x = \mathrm{Re}\cos(x+ix)$．ここで

$$\cos(x+ix) = \sum_{n=0}^{\infty} \frac{(-1)^n}{(2n)!}(1+i)^{2n}x^{2n}$$

であるから，$\mathrm{Re}\cos(x+ix) = \sum_{n=0}^{\infty} \frac{(-1)^n}{(2n)!}\left(\mathrm{Re}\,(1+i)^{2n}\right)x^{2n}$．例題 5.10 の解で，$\mathrm{Re}\,(1+i)^{2n}$ を計算しているので，求める公式に到達する．

問題 5.12 $x \in \mathbb{R}$ かつ $x \neq 0$ のとき，不等式 $\cosh x < e^{x^2/2}$ が成り立つことを示せ．

5.3 その他の三角関数と双曲線関数

これまでに述べた他に，次の三角関数と双曲線関数が定義される．

$$\tan z := \frac{\sin z}{\cos z}, \qquad \cot z := \frac{\cos z}{\sin z},$$
$$\tanh z := \frac{\sinh z}{\cosh z}, \qquad \coth z := \frac{\cosh z}{\sinh z}.$$

式 (5.8) より，$\tan(iz) = i\tanh z$，$\cot(iz) = -i\coth z$ が成立する．

問題 5.13 $x, y \in \mathbb{R}$ のとき，次式を示せ．

$$\tan(x+iy) = \frac{\sin 2x}{\cos 2x + \cosh 2y} + i\frac{\sinh 2y}{\cos 2x + \cosh 2y}.$$

【ヒント】 $\tan(x+iy)$ の分母の実数化は，$\cos(x-iy) = \overline{\cos(x+iy)}$ を分母と分子にかけて，積 $\to$ 和の公式を使う方が効率的である．

例題 5.14 $\tan z = z$ をみたす $z \in \mathbb{C}$ は実数に限ることを示せ．

解 $z = x+iy$ が $\tan z = z$ をみたすとすると，問題 5.13 より，

$$x = \frac{\sin 2x}{\cos 2x + \cosh 2y}, \quad y = \frac{\sinh 2y}{\cos 2x + \cosh 2y}.$$

これより，$x\sinh 2y = y\sin 2x$ を得る．ここで $t \in \mathbb{R}$ のとき，$|\sin t| \leqq |t|$ と $|\sinh t| \geqq |t|$ であることに注意すると，

$$|x||2y| \leqq |x||\sinh 2y| = |y||\sin 2x| \leqq |y||2x|. \quad \cdots\cdots ①$$

ゆえに，①はすべて等号で成り立ち，とくに，最後の不等号が等号である．よって，$y=0$ または $|\sin 2x|=|2x|$ を得る．後者からは $x=0$ を得るが，方程式 $z=\tan z$ は $iy=\tan(iy)=i\tanh y$ となる．これより $y=\tanh y$ となり，このときも $y=0$ である． □

命題 5.6 (3) より，$\tan z$ は $z=0$ の近傍で解析的である．$\tan z$ の $z=0$ を中心とするベキ級数表示を初めの数項だけ得るのには，4.4 節の (2) で述べた方法が手っ取り早い．演習問題にしておこう．

問題 5.15 $f(z):=\tan z$ は奇関数で，$f'(0)=1$ であるから，$\tan z=z+a_3z^3+a_5z^5+\cdots$ とおける．恒等式 $(\tan z)(\cos z)=\sin z$ を利用して，a_3 と a_5 を求めよ．

【コメント】 一般項については，後述の定理 5.24 参照．

問題 5.16 $f(z):=(e^{z^4}-1)\tan^3 z$ について，$f^{(7)}(0)$ と $f^{(9)}(0)$ を求めよ．

5.4　対数関数

指数関数の定義式 (5.1) において，変数 z を実数 x のみで考えると，$(e^x)'=e^x>0$ ゆえ，狭義単調増加関数である．また，式 (5.1) より，$x>0$ のとき $e^x>x$ もわかるので，$x\to+\infty$ のとき，$e^x\to+\infty$ である．さらに $e^{-x}=\dfrac{1}{e^x}$ ゆえ，結局，e^x は $\mathbb{R}$ から開区間 $(0,+\infty)$ の上への C^∞ 級の狭義単調増加関数である．したがって，$(0,+\infty)$ を定義域とする C^∞ 級の狭義単調増加関数である逆関数が存在する．以下，混乱を避けるため，しばらくの間，この逆関数を $\ln x$ で表す[6]ことにする．

変数が複素数になっても，対数関数を指数関数の逆関数として定義するために，$e^w=z$ をみたす w について考察しよう．$z\neq 0$ のとき，$z=re^{i\theta}=e^{\ln r+i\theta}$ とおくと，$e^w=e^{\ln r+i\theta}$. 命題 5.6 (1)（指数関数の周期性）より $w=\ln r+i(\theta+2n\pi)$ $(n\in\mathbb{Z})$. ゆえに，z に対して w は可算無限個の値[7]が対応する．以上より，$\arg z$ の多価性を反映させて，$\log z$ を次で定義する．

$$\log z:=\ln|z|+i\arg z.$$

---

[6] 数学を応用する分野ではよく用いられている記号である．
[7] w は z に対していくつもの値をとることから，z の**多価関数**であるという．

多価性の処理1　多価関数のままだと曖昧性が残るし，複素関数論において，多くの定理は1価関数について述べられているので，まずは定義域を制限することで，対数関数を1価関数にしよう．

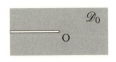

$$\mathscr{D}_0 := \mathbb{C} \setminus (-\infty, 0] = \{z \in \mathbb{C} \,;\, |\mathrm{Arg}\, z| < \pi\}$$

とおき，$z \in \mathscr{D}_0$ に対して，

$$\mathbf{Log}\, z := \ln|z| + i\,\mathbf{Arg}\, z \tag{5.9}$$

とおく．領域 $\mathscr{D}_0$ を定義域とする $\mathrm{Log}\, z$ を $\log z$ の**主枝**という．$x > 0$ のときは $\mathrm{Log}\, x = \ln x$ ゆえ，**今後は $\ln x$ を $\mathrm{Log}\, x$ と書く**．

文脈によっては，$\theta_0 \in \mathbb{R}$ を固定し，原点から出る半直線 $\{re^{i\theta_0}\,;\,r \geq 0\}$ に沿ってスリットを入れて，

$$\mathscr{D}_{\theta_0} := \{re^{i\theta}\,;\,r > 0,\,\theta_0 < \theta < \theta_0 + 2\pi\} \tag{5.10}$$

とし，$z \in \mathscr{D}_{\theta_0}$ に対しては偏角 θ を式(5.10)の条件でとって，1価関数

$$\arg_{\theta_0}(z) := \theta, \quad \log_{\theta_0}(z) := \mathrm{Log}|z| + i\arg_{\theta_0}(z) \qquad (z \in \mathscr{D}_{\theta_0}) \tag{5.11}$$

を考える方が都合のよいこともある（後述の例題10.54や問題10.60参照）．

さて，Log や $\log_{\theta_0}$ が連続であることは定義から明らかであろう．一般に，原点を含まない領域 $\mathscr{D}$ において，1価で連続な対数関数 $\log_{\mathscr{D}}$ が定義できたなら，$z_0 \in \mathscr{D}$ のとき，式(4.6)と同様にして，

$$\begin{aligned}
\lim_{z \to z_0} \frac{\log_{\mathscr{D}}(z) - \log_{\mathscr{D}}(z_0)}{z - z_0} &= \lim_{z \to z_0} \frac{1}{\dfrac{e^{\log_{\mathscr{D}}(z)} - e^{\log_{\mathscr{D}}(z_0)}}{\log_{\mathscr{D}}(z) - \log_{\mathscr{D}}(z_0)}} \\
&= \frac{1}{(e^z)'\big|_{z = \log_{\mathscr{D}}(z_0)}} = \frac{1}{e^{\log_{\mathscr{D}}(z_0)}} = \frac{1}{z_0}.
\end{aligned} \tag{5.12}$$

ゆえに，$\log_{\mathscr{D}}$ は $\mathscr{D}$ で複素微分可能であって，$\bigl(\log_{\mathscr{D}}\bigr)'(z) = \dfrac{1}{z}$ が成り立つ．すなわち，$\log_{\mathscr{D}}(z)$ は $\mathscr{D}$ における $\dfrac{1}{z}$ の原始関数の一つである．関数 $\dfrac{1}{z}$ の $z = c \neq 0$ を中心とするベキ級数表示は問題4.36で求めているので，命題4.30より，

$$\log_{\mathscr{D}}(z) = \log_{\mathscr{D}}(c) + \sum_{n=1}^{\infty} \frac{(-1)^{n-1}}{nc^n}(z-c)^n \tag{5.13}$$

が，$z = c \in \mathscr{D}$ を中心とする $\log_{\mathscr{D}}(z)$ のベキ級数表示である．

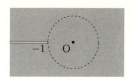

とくに，$\mathrm{Log}(1+z)$ の原点を中心とするベキ級数表示は，式 (5.13) で $c=1$ とし，z を $1+z$ として，

$$\mathrm{Log}(1+z) = \sum_{n=1}^{\infty} \frac{(-1)^{n-1}}{n} z^n. \quad (5.14)$$

定理 4.4 の係数比判定法より，右辺のベキ級数の収束半径は 1 であることがわかる．

問題 5.17 $z \in \mathbb{C}$ かつ $|z| < \frac{1}{2}$ のとき，$\left|1 - \frac{\mathrm{Log}(1+z)}{z}\right| < \frac{5}{12}$ であることを示せ．

多価性の処理 2 今度は，定義域を拡げることにより対数関数を 1 価関数にする．詳しくは後述の Riemann 面のところで述べるが，ここではそのアイデアだけ触れておこう．まず，$x < 0$ のとき，

$$\begin{aligned}\lim_{\varepsilon \to +0} \mathrm{Log}(x \pm i\varepsilon) &= \lim_{\varepsilon \to +0} \left(\mathrm{Log}|x \pm i\varepsilon| + i\,\mathrm{Arg}(x \pm i\varepsilon)\right) \\ &= \mathrm{Log}|x| \pm \pi i \quad \text{(複号同順)}.\end{aligned} \quad (5.15)$$

$\mathrm{Log}\,z$ の定義域 $\mathscr{D}_0 = \mathbb{C} \setminus (-\infty, 0]$ の境界である負の実軸上の点 x では，z が上半平面 $\mathrm{Im}\,z > 0$ から近づくときと下半平面 $\mathrm{Im}\,z < 0$ から近づくときとで，関数 $\mathrm{Log}\,z$ の極限値が異なる．$\mathscr{D}_0$ は log が 1 価関数になるように，我々の都合で選んだ領域であり，その境界点で不連続といっても，不自然な不連続性といえる．たとえば，式 (5.11) で $\theta_0 = \frac{\pi}{2}$ としたときの $\log_{\theta_0}$ との整合性を考えてみても，この不自然さがわかる．境界 $\partial \mathscr{D}_0$ において，上半平面からと下半平面からとでは別の世界へ繋がると見るべきだというのが Riemann のアイデアで，話は Riemann 面[8]へと続く（第 13 章参照）．

問題 5.18 $\sin z = 5$ を解け．

解説 とくに，$|\sin z| \leqq 1\ (\forall z \in \mathbb{C})$ とはならない．さらに式 (5.8) から，純虚数 iy に対して，$\sin(iy) = i \sinh y$ となることから，$\sin z$ は有界ではない．これは後述の Liouville の定理（定理 8.45）からもわかる．$\cos z$ についても同様である．

変数が複素数である対数関数については，実数が変数のときの諸公式を安易に使ってはいけない．例を演習問題として挙げておこう．

---

[8] 第 11 章で導入する Riemann 球面と混同しないように．

> **問題 5.19** 次の (1), (2) の問いに答えよ．
> (1) $\mathrm{Log}(z_1 z_2) = \mathrm{Log}\, z_1 + \mathrm{Log}\, z_2$ が必ずしも成り立たないことを，$z_1 = z_2 = e^{\frac{3}{4}\pi i}$ で確かめよ．また，$|\mathrm{Arg}\, z_1 + \mathrm{Arg}\, z_2| < \pi$ なら成り立つことも確かめよ．
> (2) $z = e^{\frac{\pi}{4}i}$ のとき，$\log(z^2)$ の取り得る値の集合 A と，$2\log z$ の取り得る値の集合 B とを比較し，$A = B$ であるかどうか調べよ．

5.5 累乗関数

以下 $\alpha \in \mathbb{C}$ とする．複素数 $z \neq 0$ の α 乗を $\boldsymbol{z^\alpha := e^{\alpha \log z}}$ で定義する[9]．対数関数 $\log z$ の多価性より，z^α も多価である．$\log z$ の定義式を代入して，

$$z^\alpha = e^{\alpha(\mathrm{Log}|z| + i \arg z)}. \tag{5.16}$$

$|\mathrm{Arg}\, z| < \pi$ のときに $z^\alpha = e^{\alpha(\mathrm{Log}|z| + i \mathrm{Arg}\, z)}$ としたものを，z^α の**主枝**と呼ぶ．

注意 5.20 くどくなるが，整理しておこう．e^z が『e の z 乗』ならば，$\arg e = 2n\pi \ (n \in \mathbb{Z})$ と式 (5.16) より，$e^z = \exp z \cdot \exp(2n\pi i z)$ となる．以下ではこういった混乱を避けるため，z が正の実数のときは，とくに断らない限り，z^α は主枝をとるものとする．この約束のもとで，$\exp z$ は e の z 乗である．

定義式 (5.16) が妥当なものであることを検証しよう．極形式 $z = re^{i\theta}$ で考える．まず $p \in \mathbb{Z}$ のとき，式 (5.16) に従うと，$k \in \mathbb{Z}$ として，

$$z^p = e^{p(\mathrm{Log}\, r + i(\theta + 2k\pi))} = r^p e^{ip\theta}.$$

$p > 0$ のとき，この右端の項は z の p 個の積であり，$p < 0$ のときは z の $|p|$ 個の積の逆数であるから，定義式 (5.16) による z^p は 1 価であり，通常の意味での z^p と一致する．次に $n \in \mathbb{N}$ のとき，式 (5.16) に従うと，$z^{1/n} = r^{1/n} e^{\frac{i}{n}(\theta + 2k\pi)}$ $(k \in \mathbb{Z})$ となる．これは定理 1.18 の主張と一致している．

> **問題 5.21** i^i, $(1 + \sqrt{3}\,i)^{1/i}$, $(-2)^{\sqrt{2}}$ の可能な値をすべて挙げよ．

一般に複素数 α, β に対して，$(e^\alpha)^\beta \neq e^{\alpha\beta}$ である．これは，右辺の $e^{\alpha\beta}$ が一義的であるのに対して，左辺の $(e^\alpha)^\beta$ は一義的でないことからも明らかであるが，実際に定義に従って両辺を計算してみよう．複素数 e^α の β 乗であるから $(e^\alpha)^\beta = e^{\beta \log(e^\alpha)}$ であり，

---
[9] 混乱を避けるには，ここの右辺は $\exp(\alpha \log z)$ と書く方がよいかもしれない．66 ページの脚注 1，および後述の注意 5.20 を参照．

$$\beta \log(e^\alpha) = \beta \left(\operatorname{Log}|e^\alpha| + i\arg(e^\alpha)\right) = \beta(\operatorname{Re}\alpha + i(\operatorname{Im}\alpha + 2n\pi))$$
$$= \beta(\alpha + 2n\pi i) \qquad (n \in \mathbb{Z}).$$

ゆえに，$(e^\alpha)^\beta = e^{\alpha\beta + 2n\pi i\beta}$ であり，$n\beta \in \mathbb{Z}$ でない限り，これは $e^{\alpha\beta}$ とは等しくならない．対数関数のときと同様に，複素数ベキに対しても，実変数のときの等式を安易に使ってはいけないことがわかる．

領域 $\mathscr{D}$ において $\log z$ の 1 価関数が定義できるとき，$z^\alpha = e^{\alpha \log z}$ も $\mathscr{D}$ において 1 価であり，合成関数としての微分と式 (5.12)，および指数法則より，

$$(z^\alpha)' = \frac{\alpha}{z} e^{\alpha \log z} = \alpha e^{(\alpha-1)\log z} = \alpha z^{\alpha - 1} \qquad (z \in \mathscr{D}). \tag{5.17}$$

例題 5.22 $|z| < 1$ のとき，$(1+z)^\alpha$ の主枝が定義できて，原点を中心とする次のベキ級数表示を持つことを示せ．

$$(1+z)^\alpha = \sum_{n=0}^\infty \binom{\alpha}{n} z^n \qquad (|z| < 1). \quad \cdots\cdots \text{①}$$

ただし，$\binom{\alpha}{n}$ は二項係数である（問題 2.7 参照）．

解 $|z| < 1$ のとき，式 (5.14) より，主枝の $(1+z)^\alpha = e^{\alpha \operatorname{Log}(1+z)}$ が定義できる．これを z で n 回微分すると，式 (5.17) より，

$$\frac{d^n}{dz^n}(1+z)^\alpha = \alpha(\alpha-1)\cdots(\alpha-n+1)(1+z)^{\alpha-n}.$$

ゆえに，原点を中心とする $(1+z)^\alpha$ のベキ級数表示における z^n の係数 a_n は，

$$a_n = \frac{1}{n!}\frac{d^n}{dz^n}(1+z)^\alpha\bigg|_{z=0} = \frac{\alpha(\alpha-1)\cdots(\alpha-n+1)}{n!} = \binom{\alpha}{n}.$$

(1) $\alpha \neq 0, 1, \ldots$ のとき．a_n は 0 にならないことに注意すると，$n \to \infty$ のとき，$\left|\dfrac{a_n}{a_{n+1}}\right| = \dfrac{n+1}{|\alpha - n|} \to 1 \ (n \to \infty)$．ゆえに，①の収束半径は 1 である．

(2) $\alpha = m$（非負整数）のとき．$n \geqq m+1$，すなわち，$m \leqq n-1$ ならば，

$$\binom{m}{n} = \frac{m(m-1)\cdots(m-n+1)}{n!} = 0$$

であるから，①は有限級数 $\sum_{n=0}^m \binom{m}{n} z^n$ になり，これは $(1+z)^m$ の二項展開に他ならない．収束半径は $+\infty$ である． $\square$

5.6 Bernoulli 数の行列式表示と $\tan z$ のベキ級数表示

$f(z) = \dfrac{z}{e^z - 1}$ はベキ級数 $g(z) := \dfrac{e^z - 1}{z} = \sum_{n=1}^{\infty} \dfrac{z^{n-1}}{n!}$ の逆数である．
$g(0) = 1$ ゆえ[10] $f(0) = 1$ であり，$g'(0) = \dfrac{1}{2}$ ゆえ $f'(0) = -\dfrac{g'(0)}{g(0)^2} = -\dfrac{1}{2}$
である．また，

$$f(z) + \frac{z}{2} = \frac{z}{2}\left(\frac{2}{e^z - 1} + 1\right) = \frac{z}{2} \frac{e^{z/2} + e^{-z/2}}{e^{z/2} - e^{-z/2}} \tag{5.18}$$

となるから，$f(z) + \dfrac{z}{2}$ は偶関数である．以上より，

$$f(z) = 1 - \frac{1}{2}z + \sum_{k=1}^{\infty} c_k z^{2k} \tag{5.19}$$

とおける．ここに現れた c_k を用いて $B_{2k} := (-1)^{k-1}(2k)! c_k$ とおく．B_{2k} は **Bernoulli 数**（ベルヌーイ）と呼ばれている数で，行列式を用いて表示できる．

命題 5.23 $k = 1, 2, \ldots$ に対して，

$$d_k := \begin{vmatrix} \frac{1}{3!} & 1 & 0 & \cdots & 0 \\ \frac{3}{5!} & \frac{1}{3!} & 1 & \ddots & \vdots \\ \frac{5}{7!} & \frac{1}{5!} & \frac{1}{3!} & \ddots & 0 \\ \vdots & \vdots & & \ddots & 1 \\ \frac{2k-1}{(2k+1)!} & \frac{1}{(2k-1)!} & \cdots & \cdots & \frac{1}{3!} \end{vmatrix} \tag{5.20}$$

とおくと，$B_{2k} = \dfrac{1}{2}(2k)! d_k$ と表される．

証明 式 (5.19) を $z = (e^z - 1)f(z)$ に代入して，

$$z = \left(z + \frac{z^2}{2!} + \frac{z^3}{3!} + \cdots\right)\left(1 - \frac{1}{2}z + c_1 z^2 + c_2 z^4 + c_3 z^6 + \cdots\right).$$

この式で，$z^3, z^5, \ldots, z^{2k+1}$ の係数比較をする．等式

$$\frac{1}{2(2n)!} - \frac{1}{(2n+1)!} = \frac{2n-1}{2(2n+1)!}$$

に注意すると，

---

[10] $g(z) = \dfrac{e^z - 1}{z}$ は見かけ上 $z = 0$ では定義されていないが，ベキ級数表示をすると，分母と分子が z で約分できて，$z = 0$ を代入できる形になる．このことは，後述の定義 10.3 の除去可能特異点の話に繋がる．

5.6 Bernoulli 数の行列式表示と $\tan z$ のベキ級数表示

$$\begin{cases} c_1 & = \dfrac{1}{2\cdot 3!} \\ \dfrac{c_1}{3!} + c_2 & = \dfrac{3}{2\cdot 5!} \\ \dfrac{c_1}{5!} + \dfrac{c_2}{3!} + c_3 & = \dfrac{5}{2\cdot 7!} \\ \vdots \quad \vdots \quad \ddots \quad \ddots \\ \dfrac{c_1}{(2k-1)!} + \cdots \quad \cdots + \dfrac{c_{k-1}}{3!} + c_k & = \dfrac{2k-1}{2(2k+1)!} \end{cases}$$

これより c_k を解く. 係数行列の行列式は 1 であるから, Cramer の公式より,

$$c_k = \frac{1}{2}\begin{vmatrix} 1 & 0 & \cdots & 0 & \frac{1}{3!} \\ \frac{1}{3!} & 1 & \ddots & \vdots & \frac{3}{5!} \\ \frac{1}{5!} & \frac{1}{3!} & \ddots & 0 & \frac{5}{7!} \\ \vdots & & \ddots & 1 & \vdots \\ \frac{1}{(2k-1)!} & \cdots & \cdots & \frac{1}{3!} & \frac{2k-1}{(2k+1)!} \end{vmatrix} \quad (k=1,2,\dots).$$

第 k 列を第 1 列に移動すると $c_k = \frac{1}{2}(-1)^{k-1}d_k$ を得て, そこから B_{2k} を表示する式を得る. □

定理 5.24 式 (5.20)で定義される d_k を用いて, 原点を中心とする $\tan z$ のベキ級数表示は次で与えられる.

$$\tan z = \sum_{k=1}^{\infty} 2^{2k-1}(2^{2k}-1)d_k z^{2k-1}.$$

証明 式 (5.18)において, $F(z) := f(z) + \dfrac{z}{2}$ とおくと, $F(2iz) = z\cot z$. 式 (5.19)より, $F(z) = 1 + \sum_{k=1}^{\infty} c_k z^{2k} = 1 + \frac{1}{2}\sum_{k=1}^{\infty} (-1)^{k-1}d_k z^{2k}$ となるので,

$$z\cot z = 1 - \sum_{k=1}^{\infty} 2^{2k-1}d_k z^{2k}. \tag{5.21}$$

ここで, $\cot z - 2\cot 2z = \dfrac{\cos z}{\sin z} - \dfrac{2\cos^2 z - 1}{\sin z \cos z} = \dfrac{1 - \cos^2 z}{\sin z \cos z} = \tan z$ ゆえ, $z\tan z = z\cot z - 2z\cot 2z = \sum_{k=1}^{\infty} 2^{2k-1}(2^{2k}-1)d_k z^{2k}$ を得る. □

注意 5.25　係数を行列式で表した $\tan z$ のベキ級数表示は，公式集にはあまり現れない．なお，Bernoulli 数の行列式表示は，文献 [21] から採った．

注意 5.26　後述の定理 8.27 より，$\tan z$ の原点を中心とするベキ級数表示の収束半径は $\frac{\pi}{2}$ である．

5.7　微分方程式のベキ級数解

一般論は常微分方程式の本に譲り，二つの具体例で問題を解こう．

> **例題 5.27**　$\alpha, \beta, \gamma \in \mathbb{C}$ とする．常微分方程式
> $$z(1-z)\frac{d^2 y}{dz^2} + (\gamma - (\alpha + \beta + 1)z)\frac{dy}{dz} - \alpha\beta y = 0$$
> は，$y(0) = 1$ をみたすただ一つの収束ベキ級数解 $y = \sum_{n=0}^{\infty} a_n z^n$ を持つことを示せ．ただし，$\gamma \neq 0, -1, -2, \ldots$ とする．

解　ベキ級数 $y = \sum_{n=0}^{\infty} a_n z^n$ $\cdots\cdots$ ① を項別微分して微分方程式に代入し，整理してから z^n の係数を比較すると，次の漸化式を得る．
$$(n+\gamma)(n+1)a_{n+1} = (n+\alpha)(n+\beta)a_n \quad (n = 0, 1, \ldots).$$
以下，$(\alpha)_n := \alpha(\alpha+1)\cdots(\alpha+n-1)$ とおくと，$a_0 = 1$ であることから，$a_n = \dfrac{(\alpha)_n (\beta)_n}{(\gamma)_n n!}$ を得る．ここで，α または β が $-m$ (m は非負整数) に等しいときは，$a_n = 0$ ($\forall n \geq m+1$) である．よって，①は有限級数 (m 次多項式) である．それ以外のときは，
$$\left|\frac{a_n}{a_{n+1}}\right| = \left|\frac{(n+\gamma)(n+1)}{(n+\alpha)(n+\beta)}\right| \to 1 \quad (n \to \infty)$$
となるから，①の収束半径は 1 である． □

$F(\alpha, \beta, \gamma, z) := \sum_{n=0}^{\infty} \dfrac{(\alpha)_n (\beta)_n}{(\gamma)_n n!} z^n$ は **超幾何関数**，例題 5.27 の常微分方程式は **超幾何微分方程式** と呼ばれている．

> **問題 5.28**　$\operatorname{Re}\lambda > -\frac{1}{2}$ とする．常微分方程式 $\dfrac{d^2 y}{dz^2} + \dfrac{2\lambda+1}{z}\dfrac{dy}{dz} + y = 0$ は，$y(0) = 1$ をみたすただ一つの収束ベキ級数解 $y = \sum_{n=0}^{\infty} a_n z^n$ を持つことを示せ．

第 6 章

正則関数

$f(z)$ を変数 $z = x + iy \in \mathbb{C}$ $(x, y \in \mathbb{R})$ の複素数値関数とする．まず実 2 変数 x, y の関数として $f(x+iy)$ を考察することとし，値の方で実部と虚部に分けて，次のように表す．
$$f(x+iy) = u(x,y) + iv(x,y) \qquad (u, v \text{ は実数値関数}). \tag{6.1}$$
$f(x+iy)$ の x に関する偏微分，y に関する偏微分は，実部・虚部ごとに定義する．すなわち，
$$\begin{aligned}\frac{\partial}{\partial x}f(x+iy) &:= \frac{\partial}{\partial x}u(x,y) + i\frac{\partial}{\partial x}v(x,y), \\ \frac{\partial}{\partial y}f(x+iy) &:= \frac{\partial}{\partial y}u(x,y) + i\frac{\partial}{\partial y}v(x,y).\end{aligned} \tag{6.2}$$

6.1 Cauchy–Riemann の関係式

複素微分係数はすでに定義 4.17 で導入しているが，繰り返しておこう．

定義 6.1 $\displaystyle\lim_{h \to 0} \frac{f(z_0+h) - f(z_0)}{h}$ が存在するとき，$f(z)$ は $z = z_0$ で **複素微分可能**であるといい，この極限値を $f'(z_0)$ で表す．

例 6.2 関数 $f(z) := \overline{z} = x - iy$ を考える．$h \neq 0$ のとき，
$$\frac{f(z+h) - f(z)}{h} = \frac{\overline{(z+h)} - \overline{z}}{h} = \frac{\overline{h}}{h} \quad \cdots\cdots \text{①}$$

であるが，この値は，$h \in \mathbb{R}$ のときは 1 であり，$h \in i\mathbb{R}$ のときは -1 である．よって，$\mathbb{C} \ni h \to 0$ とするとき，①の極限は存在しない．したがって，$f(z) = \bar{z}$ はどの点でも複素微分可能ではない．

例 6.2 によって，複素微分可能であるためには，実 2 変数 x, y の関数としてなめらかであること以外に別の要求があることがわかる．この辺りの事情をもう少し詳しく見てみよう．まず，実変数のときとまったく並行な議論で，次の同値性を得る．

$z_0 = x_0 + iy_0$ において，$\lim_{z \to z_0} \dfrac{f(z) - f(z_0)}{z - z_0}$ が存在する

$\iff \exists \alpha \in \mathbb{C}$ s.t. $\lim_{z \to z_0} \left(\dfrac{f(z) - f(z_0)}{z - z_0} - \alpha \right) = 0$

$\iff \exists \alpha \in \mathbb{C}$ s.t. $f(z) = f(z_0) + \alpha(z - z_0) + o(|z - z_0|) \quad (z \to z_0)$.

最後の条件を，式 (6.1) のように[1]，$f = u + iv$，および $\alpha = a + ib$ $(a, b \in \mathbb{R})$, $z_0 = x_0 + iy_0$ $(x_0, y_0 \in \mathbb{R})$ とおいて書き直すと，

$u(x, y) = u(x_0, y_0) + a(x - x_0) - b(y - y_0) + o\left(\sqrt{(x - x_0)^2 + (y - y_0)^2} \right)$,

$v(x, y) = v(x_0, y_0) + b(x - x_0) + a(y - y_0) + o\left(\sqrt{(x - x_0)^2 + (y - y_0)^2} \right)$.

ゆえに，次のことがわかった．

$f(z)$ は $z = z_0$ で複素微分可能

$\iff \begin{cases} u, v \text{ は点 } (x_0, y_0) \text{ において全微分可能であって,} \\ u_x(x_0, y_0) = v_y(x_0, y_0), \quad u_y(x_0, y_0) = -v_x(x_0, y_0). \end{cases}$

ここで用語を導入しておこう．

定義 6.3 偏微分可能な 2 個の関数 $u(x, y), v(x, y)$ が **Cauchy–Riemann**(コーシー–リーマン) **の関係式をみたす**とは，$u_x = v_y$ かつ $u_y = -v_x$ が成立することとする．

したがって，これまでの議論は次のようにまとめることができる．

---

[1] 今後，$f = u + iv$ と書いたときは，つねに式 (6.1) の表示であるとする．

6.1 Cauchy–Riemann の関係式

定理 6.4 $f(z) = u(x,y) + iv(x,y)$ $(z = x + iy)$ が点 $z = z_0 = x_0 + iy_0$ で複素微分可能
$\iff \begin{cases} u, v \text{ が点 } (x_0, y_0) \text{ で全微分可能であって，かつ点 } (x_0, y_0) \\ \text{において，Cauchy–Riemann の関係式をみたす．} \end{cases}$
このとき，$f'(z_0) = u_x(x_0, y_0) + iv_x(x_0, y_0)$ となる．

証明 最後の主張は，$f'(z_0) = \lim_{h \to 0} \frac{1}{h}(f(z_0 + h) - f(z_0))$ において，$h \in \mathbb{R}$ に限定して $h \to 0$ とすることで得られる． □

定義 6.5 開集合 U で定義された関数 $f(z)$ が U で**正則** (**holomorphic**)
$\stackrel{\text{def}}{\iff} f(z)$ は U の各点で複素微分可能．

定理 4.34 より，開集合で解析的な関数は正則である．後述の第 8 章で正則な関数は解析的であることを示す．

注意 6.6 (1) 本書では，$f(z)$ が正則であることの定義に，導関数 $f'(z)$ が連続であることを要求しない．導関数の連続性は，Cauchy の積分公式から導かれるからである（定理 8.14）．
(2) 一般に，u, v が全微分可能であっても C^1 級とは限らないが（たとえば拙著 [7] 参照），後述する定理 8.14 で，f が正則ならば何回でも複素微分可能になることが示される．ゆえに，f が正則ならば，u, v はなめらかである．
(3) 逆に，たとえば u, v が具体的な式で与えられているときは，初めからある領域 $\mathscr{D}$ でなめらかであるとわかることが多いので，定理 6.4 より，Cauchy–Riemann の関係式を $\mathscr{D}$ でみたせば，$f = u + iv$ は $\mathscr{D}$ で正則となる．しかし，u, v が単に開集合 $\mathscr{D}$ で偏微分可能で Cauchy–Riemann の関係式をみたすというだけでは反例がある（後述の問題 6.8 参照）．また，Looman–Menchoff の定理というのがあって，$f = u + iv$ が領域 $\mathscr{D}$ で連続であって，さらに u, v が $\mathscr{D}$ で偏微分可能で Cauchy–Riemann の関係式をみたせば，f は $\mathscr{D}$ で正則になることがわかっている．しかし，Looman–Menchoff の定理はデリケートな定理であるので，初学者は手を出さない方がよいだろう．たとえば，f が 1 点 $z_0 \in \mathscr{D}$ で連続かつ偏微分可能で，z_0 で Cauchy–Riemann の関係式をみたしても，f は z_0 で複素微分可能でない例がある（問題 6.9 参照）．Looman–Menchoff の定理を含めてこの辺のことは，文献 [34] にまとまった記述がある．
(4) 集合 S を含むある開集合で $f(z)$ が正則であるとき，$f(z)$ は S で正則であるといういい方をする本も多いが，本書では用いない．とくに，1 点 $z = c$ で正則であるという用語法は，後述の例題 6.7 の解説でも述べるが，初学者が混乱するのを何度も見てきた．本書では，少々煩わしいが，これまで使ってきたように，点 c の近傍（より正確には開近傍）で正則であると述べることにする（定義 4.37 の直前も参照）．

例題 6.7 関数 $f(z) = |z|^2$ は，$z = 0$ において複素微分可能であるが，原点を含むいかなる開集合でも正則ではないことを示せ．

解説 この例題が，関数が1点で正則という用語を本書では使わない理由である．伝統的な用語である『ある点で正則』というのは，その点で複素微分可能であるということだけではないのであるが，初学者には無用の混乱を引き起こすことを，筆者は何度も経験している．

解 式(1.4)を用いると，$\dfrac{f(z_0+h)-f(z_0)}{h} = \bar{z}_0 + z_0 \dfrac{\bar{h}}{h} + \bar{h}.$ …… ①
したがって，$z_0 = 0$ のときは①の右辺 $= \bar{h} \to 0$ $(h \to 0)$ となるので，$z=0$ において $f(z)$ は複素微分可能である．一方，例6.2で見たように，$\dfrac{\bar{h}}{h}$ は $h \to 0$ のときに極限を持たないので，①より，$z = z_0 \neq 0$ において $f(z)$ は複素微分可能ではない．あるいは，$f = u + iv$ とおくとき，$u = x^2 + y^2$, $v = 0$ であるから，$u_x = 2x$, $u_y = 2y$, $v_x = v_y = 0$ となって，u, v は原点以外では Cauchy–Riemann の関係式をみたさないとしてもよい． □

問題 6.8 次の関数 $f(z)$ は，$\mathbb{C}$ 全体で $u := \operatorname{Re} f$, $v := \operatorname{Im} f$ が Cauchy–Riemann の関係式をみたすが，原点で連続ではない（したがって複素微分可能ではない）ことを示せ．
$$f(z) := e^{-1/z^4} \ (z \neq 0), \quad f(0) = 0.$$

問題 6.9 次の関数 $f(z)$ は原点で連続かつ偏微分可能であり，原点で $u := \operatorname{Re} f$, $v := \operatorname{Im} f$ が Cauchy–Riemann の関係式をみたすが，原点で複素微分可能ではないことを示せ．
$$f(z) := \dfrac{z^5}{|z|^4} \ (z \neq 0), \quad f(0) = 0.$$

問題 6.10 関数 $f(z)$ は開集合 U で正則であるとする．このとき，$g(z) := \overline{f(\bar{z})}$ は開集合 $\bar{U} := \{\bar{z} \,;\, z \in U\}$ で正則であることを示せ．

次の命題は基本的である．定義域に連結性の仮定が必要になる．

命題 6.11 $f(z)$ は領域 $\mathscr{D}$ で正則で，導関数 $f'(z)$ は $\mathscr{D}$ で恒等的に 0 $\implies f(z)$ は $\mathscr{D}$ で定数関数．

証明 $f = u + iv$ とおく．定理6.4の最後の主張から，$f'(z) = u_x(x,y) + iv_x(x,y)$ であるから，仮定より，u_x と v_x は $\mathscr{D}$ で恒等的に 0 となる．したがって，Cauchy–Riemann の関係式より，u_y と v_y も $\mathscr{D}$ で恒等的に 0 である．一方，定理3.37より，$\mathscr{D}$ の任意の2点 $\alpha = a_1 + ia_2$, $\beta = b_1 + ib_2$ が軸平行な折れ線で結べる．この折れ線を構成する各線分上で，変数 x または y についての

6.1 Cauchy–Riemann の関係式

平均値の定理を使っていくことで，$u(a_1, a_2) = u(b_1, b_2)$ と $v(a_1, a_2) = v(b_1, b_2)$ が導かれ，u, v の両方が $\mathscr{D}$ で定数関数であることがわかる．ゆえに，f も $\mathscr{D}$ で定数関数である． □

Cauchy–Riemann の関係式の応用を見ていこう．

命題 6.12 領域 $\mathscr{D}$ で正則な関数 $f(z)$ は，その絶対値 $|f(z)|$ が $\mathscr{D}$ で定数であるとする．このとき，$f(z)$ 自身が $\mathscr{D}$ で定数である．

証明 $f = u + iv$ とする．仮定より，$u(x,y)^2 + v(x,y)^2 = k$ (定数)．… ①
まず，$k = 0$ のときは f は恒等的に 0 になるので，以下では $k \neq 0$ とする．
①を x, y で偏微分すると，$uu_x + vv_x = 0$, $uu_y + vv_y = 0$．後者に $u_y = -v_x$, $v_y = u_x$ を代入して，u_x, v_x に関する次の連立 1 次方程式を得る．

$$uu_x + vv_x = 0, \qquad vu_x - uv_x = 0.$$

係数行列式は $-(u^2 + v^2) = -k \neq 0$ ゆえ，$u_x = v_x = 0$ を得る．このとき，定理 6.4 の最後の主張から，$\mathscr{D}$ で恒等的に $f'(z) = 0$ となる．命題 6.11 より，$f(z)$ は定数である． □

問題 6.13 領域 $\mathscr{D}$ で正則な関数 f の像 $f(\mathscr{D})$ がある直線 ℓ に含まれるとき，f は定数関数であることを示せ．
【ヒント】 平行移動と回転を施して，ℓ が実軸である場合に帰着させよ．

注意 6.14 命題 6.12 や問題 6.13 における主張は，後述の『領域保存の定理』(定理 11.64) へと一般化される．

問題 6.15 正則関数 f を $f = u + iv$ と表すとき，(u, v) の (x, y) に関する Jacobian について，次式を示せ．$\dfrac{\partial(u,v)}{\partial(x,y)} = |f'(z)|^2$．

問題 6.16 実数値関数 $u(x,y), v(x,y)$ は点 (x_0, y_0) において全微分可能であるとする．$f(z) := u(x,y) + iv(x,y) \ (z = x + iy)$ に対して，極限

$$\lim_{\mathbb{C} \ni h \to 0} \frac{|f(z_0 + h) - f(z_0)|}{|h|} \qquad (z_0 := x_0 + iy_0)$$

が存在するならば，$f(z)$ または $\overline{f(z)}$ が $z = z_0$ において複素微分可能であることを示せ．
【ヒント】 $|f(z_0 + h) - f(z_0)|^2$ を u, v で表し，(x_0, y_0) において，$u_x^2 + v_x^2 = u_y^2 + v_y^2$, $u_x u_y + v_x v_y = 0$ が成り立つことを示せ．これより，$(u_x + iu_y)^2 = (v_y - iv_x)^2$ となる．

6.2 調和関数

本書では調和関数論は展開しないが，正則関数との関連で少しだけここでまとめておこう．以下この節では，後述の定理 8.14 を認めて，正則関数は何回でも複素微分可能であることを使う．したがって，正則関数を $f = u + iv$ と表すとき，u も v もなめらかである．

調和関数の定義から入ろう．$\Delta := \dfrac{\partial^2}{\partial x^2} + \dfrac{\partial^2}{\partial y^2}$ を **Laplacian**（ラプラシアン）とする．

定義 6.17 2 回偏微分可能な関数 $g(x,y)$ が $\Delta g = 0$ をみたすとき，g を **調和関数** という．

定理 6.18 正則関数の実部と虚部は調和関数である．したがって，正則関数自身も調和関数である．

証明 $f = u + iv$ とする．Cauchy–Riemann の関係式の一つである $u_x = v_y$ の両辺を x で偏微分して，$u_{xx} = v_{yx}$ を得る．同様に $u_y = -v_x$ の両辺を y で偏微分して，$u_{yy} = -v_{xy} = -v_{yx}$ も得るので，$u_{xx} + u_{yy} = 0$ である．同様にして，$v_{xx} + v_{yy} = 0$ も得る．あるいは，$\operatorname{Im} f = -\operatorname{Re}(if)$ と見ることからもわかる． □

例題 6.19 $u(x,y) = (x-y)(x^2 + 4xy + y^2)$ は調和関数であることを示し，整関数 $f(z)$ で $\operatorname{Re} f(x+iy) = u(x,y)$ となるものをすべて求めよ．

解 直接の計算で，$u_x = 3x^2 + 6xy - 3y^2$，$u_y = 3x^2 - 6xy - 3y^2$ を得るから，$u_{xx} = 6x + 6y = -u_{yy}$ である．ゆえに $\Delta u = 0$ となって，u は調和関数である．$f = u + iv$ とおくと，定理 6.4 と Cauchy–Riemann の関係式から，
$$f'(z) = u_x(x,y) + i v_x(x,y) = u_x(x,y) - i u_y(x,y).$$
これに上で計算した u_x, u_y を代入すると，
$$f'(z) = 3(1-i)x^2 + 6i(1-i)xy - 3(1-i)y^2$$
$$= 3(1-i)(x+iy)^2 = 3(1-i)z^2.$$
よって，$f(z) = \mathbf{(1-i)z^3 + iC}$（$C$ は実定数）を得る． □

6.2 調和関数

問題 6.20 $u(x,y) = x^2 - y^2 + e^{-y}\sin x - e^y \cos x$ は調和関数であることを示し、整関数 $f(z)$ で $\mathrm{Re}\, f(x+iy) = u(x,y)$ となるものをすべて求めよ。

例題 6.19 や問題 6.20 の背景に次の命題がある．

命題 6.21 $U(x,y)$ は領域 $\mathscr{D}$ 上のなめらかな実数値調和関数とする。
(1) $f(z) := U_x(x,y) - iU_y(x,y)$ $(z = x+iy)$ は $\mathscr{D}$ で正則である．
(2) 領域 $\mathscr{D}$ で正則な関数 $F(z)$ で $\mathrm{Re}\, F = U$ となるものがあるとき、$F(z)$ は $f(z)$ の原始関数である．

解説 例題 6.19 や問題 6.20 では、原始関数が容易にわかったのである。しかしながら、一般には、$\mathscr{D}$ で正則な関数の 1 価正則な原始関数は、$\mathscr{D}$ に対して無条件では存在しない．この辺の事情は実変数での微積分の基本定理とは異なるところである．命題 7.22 参照．

証明 (1) 式 (6.1) のように、$f = u + iv$ と表す。定義より、
$$u_x = U_{xx}, \quad u_y = U_{xy}, \quad v_x = -U_{yx}, \quad v_y = -U_{yy}.$$
U は調和関数ゆえ $u_x = v_y$ であり、なめらかゆえ $u_y = -v_x$ である。なめらかな u, v が Cauchy–Riemann の関係式をみたすので、$f(z)$ は正則である。
(2) $F = U + iV$ は $\mathscr{D}$ において正則で、$\mathrm{Re}\, F = U$ とする．このとき、例題 6.19 と同様に、$F'(z) = U_x(x,y) - iU_y(x,y) = f(z)$ となるから、$F(z)$ は $\mathscr{D}$ における $f(z)$ の原始関数でなければならない． □

注意 6.22 天下りではあるが、次の二つの微分作用素を考える。
$$\partial := \frac{1}{2}\left(\frac{\partial}{\partial x} - i\frac{\partial}{\partial y}\right), \quad \overline{\partial} := \frac{1}{2}\left(\frac{\partial}{\partial x} + i\frac{\partial}{\partial y}\right).$$
このとき、$f = u + iv$ に対して、$\overline{\partial} f = \frac{1}{2}(u_x - v_y) + \frac{i}{2}(u_y + v_x)$ となるから、
$$u, v \text{ が Cauchy–Riemann の関係式をみたす} \iff \overline{\partial} f = 0.$$
このことから、$\overline{\partial}$ は **Cauchy–Riemann 作用素** とも呼ばれる．さらに、$\partial f = \frac{1}{2}(u_x + v_y) - \frac{i}{2}(u_y - v_x)$ であるから、f が正則ならば、$\partial f = u_x + iv_x = f'$ となる．とくに、∂ と $\overline{\partial}$ を $f(z) = z$ や $f(z) = \overline{z}$ に作用させて、$\partial z = 1$, $\partial \overline{z} = 0$, $\overline{\partial} z = 0$, $\overline{\partial} \overline{z} = 1$ を得ることから、形式的に、∂ は『z に関する偏微分』、$\overline{\partial}$ は『$\overline{z}$ に関する偏微分』とみなすことにして、∂ を $\dfrac{\partial}{\partial z}$ と表し、$\overline{\partial}$ を $\dfrac{\partial}{\partial \overline{z}}$ と表すこともある．そうすると、正則関数は $\dfrac{\partial f}{\partial \overline{z}} = 0$ をみたすことから、『正則関数とは $\overline{z}$ を含まない関数』ということになる（例 6.2 と例題 6.7 参照）．作用素 $\partial, \overline{\partial}$ は慣れると大変便利で、とくに多変数複素関数論では欠かせないものである一方、連鎖律等、初学者が無分別に扱うと問題を生じかねない箇所もあるので、本書では、ここでの注意のみとした．

第7章
Cauchyの積分定理（その1）

7.1 複素数平面上の曲線

複素数平面上の**連続曲線** C とは，実軸上の閉区間 $[a,b]$ に属する t をパラメータとする複素数値連続関数 $z(t)$ によって，$z = z(t)$ で表される点の軌跡のことである．たとえば，中心が c で半径が $r>0$ の円は $|z-c|=r$ と書けたが，パラメータ表示をすると，
$$z = c + re^{it} = c + r(\cos t + i \sin t) \qquad (0 \leqq t \leqq 2\pi)$$
となる[1]．

さて，$C: z = z(t)$ ($t \in [a,b]$) を連続曲線とするとき，$z(a)$ を曲線 C の**始点**，$z(b)$ を曲線 C の**終点**という．この C の向きを逆にして，$z(b)$ を始点とし，$z(a)$ を終点とする曲線を $-C$ で表す（逆向きの曲線）．パラメータで表示すると，
$$-C: z = z(a+b-t) \qquad (a \leqq t \leqq b).$$
また，$z(a) = z(b)$ となっているとき，C を**閉曲線**と呼ぶ．

二つの連続曲線 C_1, C_2 があって，そのパラメータ表示を $C_j: z = z_j(t)$ ($t \in [a_j, b_j]$) とする．ここで $z_1(b_1) = z_2(a_2)$，すなわち，C_1 の終点が C_2 の始点に一致するとき，C_1 に C_2 を継ぎ足すことができる．継ぎ足してできる新たな連続曲線を $C_1 + C_2$ で表す．

---

[1] 円のパラメータに用いる文字は，極形式との関係（68ページ参照）から，今後は t よりも θ を用いることにする．

7.1 複素数平面上の曲線

$$C_1 + C_2 : z = \begin{cases} z_1(t) & (a_1 \leqq t \leqq b_1) \\ z_2(a_2 + t - b_1) & (b_1 \leqq t \leqq b_1 + b_2 - a_2) \end{cases}$$

すなわち，+ 記号の左側の C_1 が先にあって，それに右側の C_2 を継ぎ足す．$C_1 + C_2$ と $C_2 + C_1$ は，仮に両方とも定義できても，意味が違うので注意してほしい（交換法則が成り立たない：とくに閉曲線をつなぐとき）．3 個以上の曲線に対する $C_1 + \cdots + C_n$ も同様に定義する（すなわち，左から順に継ぎ足していく）．

注意 7.1 本書では，$C_1 + \cdots + C_n$ を，より視覚的に $C_1 \to \cdots \to C_n$ と書くこともある．

問題 7.2 C_1, C_2 が次のとき，$C_1 + C_2$ と $C_2 + C_1$ を図示せよ．
(1) $C_1 : z = e^{i\theta}$ ($\theta \in [0, \pi]$), $C_2 : z = e^{i\theta}$ ($\theta \in [\pi, 2\pi]$).
(2) $C_1 : z = 1 + e^{i\theta}$ ($\theta \in [-\pi, \pi]$), $C_2 : z = -1 + e^{i\theta}$ ($\theta \in [0, 2\pi]$).

定義 7.3 連続曲線 $C : z = z(t) = x(t) + iy(t)$ が**なめらか**であるとは，$x(t), y(t)$ がともに C^1 級であって，各 t で $|z'(t)| = \sqrt{x'(t)^2 + y'(t)^2} \neq 0$ となっていることとする．

注意 7.4 なめらかな曲線とは，曲線上の各点で接線が確定する曲線のことである．

なめらかな曲線 $C_1, \ldots, C_r$ を順につなぐことにより，連続曲線 C が $C = C_1 + \cdots + C_r$ の形で書けているとき，C は**区分的になめらか**であるという．以下，区分的になめらかな曲線のみを扱い，その場合はいちいち断らないことにする．

自分自身と交わらない曲線のことを**単純曲線**という．すなわち，$C : z = z(t)$ ($t \in [a, b]$) が単純曲線 $\iff a \leqq t_1 < t_2 < b$ ならば $z(t_1) \neq z(t_2)$.

閉曲線でかつ単純曲線であるものを，**単純閉曲線**という．円の周や，三角形，長方形の周は単純閉曲線の例である．円，楕円，三角形，長方形の周等，内部が明らかな単純閉曲線の**正の向き**とは，内部を左に見る方向のことをいう．すなわち，円ならば反時計回りのことである．

注意 7.5 一般に，単純閉曲線というだけではどういう形状なのかはわからない．単純という用語に反して複雑である．たとえば，次ページの左図のような曲線だと，どこが内部なのかは，一瞥しただけではわからない．塗り分けをした右図で明らかになるが，これよりもずっと複雑なことが起こり得る．そもそも単純閉曲線の内部とは何か，という問題にまず行き当たる．それ

にもかかわらず，複素数平面 $\mathbb{C}$ は，単純閉曲線によって，その『内部』と『外部』の二つの部分に分けられるというのが，Jordan の曲線定理であり，その証明は易しくはない．本書では，Jordan の曲線定理の使用を避け，円等，上で述べたような，まさしくシンプルな形状の単純閉曲線については，その内部は直感で了解できるものとする．

7.2 複素線積分

まず，区間 $[a, b] \subset \mathbb{R}$ で定義された複素数値の連続関数 $f(t) = u(t) + iv(t)$ に関しては，
$$\int_a^b f(t)\,dt := \int_a^b u(t)\,dt + i\int_a^b v(t)\,dt$$
と定義する．次に，領域 $\mathscr{D}$ で定義された連続関数 $f(z)$ を曲線に沿って積分することを考える．$C : z = z(t)$ ($t \in [a,b]$) を $\mathscr{D}$ 内のなめらかな曲線とする．

> **定義 7.6** 連続関数 f の曲線 C に沿う複素**線積分**を次式で定義する．
> $$\int_C f(z)\,dz := \int_a^b f(z(t))\,\frac{dz}{dt}(t)\,dt. \quad \cdots\cdots \text{①}$$
> C のことを，この線積分の**積分路**と呼ぶ．

定義式①は，いかにも積分路 C のパラメータ付けに依存するように見えるので，そうではないことを確かめておこう．なめらかな関数 w で $w(c) = a$, $w(d) = b$ をみたすものによって，$t = w(\tau)$ ($\tau \in [c,d]$) により，始点と終点も込めて同じ曲線 C が τ でもパラメータ付けられているとする．すなわち，
$$C : z = z_1(\tau) := z(w(\tau))$$
とも書けているとする．このとき，定義式①の右辺で $t = w(\tau)$ と置換すると，$dt = \dfrac{dw}{d\tau}\,d\tau$ ゆえ，①の右辺は次のように変形される．

7.2 複素線積分

$$\int_c^d f(z(w(\tau)))\frac{dz}{dt}(w(\tau))\frac{dw}{d\tau}(\tau)\,d\tau = \int_c^d f(z_1(\tau))\frac{dz_1}{d\tau}(\tau)\,d\tau.$$

よって，①の右辺は曲線 C のパラメータ付けには依らない．

次に，C が区分的になめらかで，$C = C_1 + \cdots + C_r$（各 C_j はなめらか）と書けているとき，曲線 C を積分路とする線積分を次式で定義する．

$$\int_C f(z)\,dz := \int_{C_1} f(z)\,dz + \cdots + \int_{C_r} f(z)\,dz.$$

注意 7.7 単純閉曲線に沿う積分は，とくに断らない限り，つねにその閉曲線の正の向きのものとする．閉曲線となっている積分路を**閉路**と呼ぶ．閉路に沿う積分を $\oint$ で表す流儀もあるが，区別して書き分ける方が面倒なので，本書では同じ記号 $\int$ で押し通す．また，円に沿う線積分を単に $\int_{|z-c|=r} f(z)\,dz$ と書いたときは，とくに断らない限り，標準的なパラメータ $z(\theta) = c + re^{i\theta}$ ($\theta \in [0, 2\pi]$) により，反時計回り（正の方向）に1周する線積分とする．

命題 7.8 次の各公式が成立する．

(1) $\displaystyle\int_C (f(z) + g(z))\,dz = \int_C f(z)\,dz + \int_C g(z)\,dz.$

(2) $\displaystyle\int_C \alpha f(z)\,dz = \alpha \int_C f(z)\,dz \quad (\alpha \in \mathbb{C}$ は定数$)$．

(3) $\displaystyle\int_{-C} f(z)\,dz = -\int_C f(z)\,dz.$

(4) $\displaystyle\int_{C_1+C_2} f(z)\,dz = \int_{C_1} f(z)\,dz + \int_{C_2} f(z)\,dz.$

例 7.9 $I_n := \displaystyle\int_{|z-c|=r} (z-c)^n\,dz\ (n \in \mathbb{Z})$ を，定義に基づいて計算してみよう．$z = c + re^{i\theta}\ (0 \leqq \theta \leqq 2\pi)$ とおくと，$dz = ire^{i\theta}\,d\theta$ より，

$$I_n = ir^{n+1}\int_0^{2\pi} e^{i(n+1)\theta}\,d\theta = \begin{cases} r^{n+1}\left[\dfrac{e^{i(n+1)\theta}}{n+1}\right]_0^{2\pi} = \mathbf{0} & (n \neq -1) \\ \mathbf{2\pi i} & (n = -1) \end{cases}$$

問題 7.10 n を自然数とする．被積分関数を二項展開をして，$\displaystyle\int_{|z|=1}\left(z+\frac{1}{z}\right)^{2n}\frac{dz}{z}$ を計算せよ．これを利用して次の公式を導け．
$$\int_0^{2\pi}\cos^{2n}\theta\,d\theta = 2\pi\frac{1\cdot 3\cdot 5\cdots(2n-1)}{2\cdot 4\cdot 6\cdots 2n}.$$

さて，$C: z=z(t)\ (a\le t\le b)$ とするとき，
$$\int_C f(z)\,|dz| := \int_a^b f(z(t))\left|\frac{dz}{dt}(t)\right|dt$$
と定義する．被積分関数 f が恒等的に 1 のとき，$\displaystyle\int_C |dz|=\int_a^b\left|\frac{dz}{dt}(t)\right|dt$ であるから，$\displaystyle\int_C |dz|$ は曲線 C の長さに等しい．次の不等式は積分の大きさを評価するときに有用である．基本的な評価なので，本書では，命題 7.11 への言及なしで用いることが多い．

命題 7.11 $\displaystyle\left|\int_C f(z)\,dz\right| \le \int_C |f(z)|\,|dz|.$

証明 $\displaystyle\int_C f(z)\,dz$ は一つの複素数であるから，その極形式を $Re^{i\theta}$ とする．曲線 C が $z=z(t)\ (a\le t\le b)$ とパラメータ付けされているとすると，
$$\begin{aligned}
\left|\int_C f(z)\,dz\right| &= R = \int_C e^{-i\theta}f(z)\,dz \quad (\leftarrow\ \text{実数})\\
&= \mathrm{Re}\int_C e^{-i\theta}f(z)\,dz = \mathrm{Re}\int_a^b e^{-i\theta}f(z(t))\frac{dz}{dt}(t)\,dt\\
&= \int_a^b \mathrm{Re}\left(e^{-i\theta}f(z(t))\frac{dz}{dt}(t)\right)dt \le \int_a^b |f(z(t))|\left|\frac{dz}{dt}(t)\right|dt\\
&= \int_C |f(z)|\,|dz|. \qquad\square
\end{aligned}$$

複素線積分は，被積分関数と曲線の始点・終点が同一であっても，積分の結果は，一般には，選ぶ積分路に依存する．例題と問題で見ておこう．

7.2 複素線積分

例題 7.12 $\int_C \bar{z}\,dz$ を次のそれぞれの積分路 C で計算せよ．
(1) 0 と $1+i$ を結ぶ線分．
(2) 0 と 1 を結ぶ線分と，1 と $1+i$ を結ぶ線分をつないだもの．
(3) 0 と $1+i$ を結ぶ下に凸な放物線で，原点を頂点とするもの．

解 (1) $z = (1+i)t\ (0 \leqq t \leqq 1)$ であるから，$dz = (1+i)\,dt$．ゆえに，
$$\int_C \bar{z}\,dz = \int_0^1 (1-i)t \cdot (1+i)\,dt = 2\int_0^1 t\,dt = \mathbf{1}.$$
(2) 最初に $z = x\ (0 \leqq x \leqq 1)$，次に $z = 1+it\ (0 \leqq t \leqq 1)$ であるから，
$$\int_C \bar{z}\,dz = \int_0^1 x\,dx + \int_0^1 (1-it)i\,dt = \frac{1}{2} + i + \frac{1}{2} = \mathbf{1+i}.$$
(3) $z = t + it^2\ (0 \leqq t \leqq 1)$ であるから，$dz = (1+2it)\,dt$．ゆえに，
$$\int_C \bar{z}\,dz = \int_0^1 (t-it^2)(1+2it)\,dt = \int_0^1 (t+it^2+2t^3)\,dt = \mathbf{1+\frac{i}{3}}. \quad \square$$

問題 7.13 $\int_C |z|^2\,dz$ を次のそれぞれの積分路 C で計算せよ．
(1) 0 と $1-i$ を結ぶ線分．
(2) 0 と 1 を結ぶ線分と，1 と $1-i$ を結ぶ線分をつないだもの．
(3) 0 と $1-i$ を結ぶ上に凸な放物線で，原点を頂点とするもの．

問題 7.14 $a \in \mathbb{R}$ を定数とし，曲線 $z(t) = t + ia\sin t\ (0 \leqq t \leqq \pi)$ を C_a とする．どの C_a も複素数平面上で原点と π を結ぶ曲線である．このとき，$\int_{C_a} \operatorname{Re} z\,dz$ が実際に a に依存することを，直接計算により確かめよ．

複素線積分の計算練習のついでに，累乗関数や対数関数の復習を盛り込んだ問題を並べておこう．

例題 7.15 積分路 C が次のそれぞれの場合に，$\int_C z^{1/2}\,dz$ を計算せよ．ただし，いずれも出発点 1 において $1^{1/2} = 1$ とする．
(1) C は単位円の上半分を 1 から出発して -1 に至る．
(2) C は単位円の下半分を 1 から出発して -1 に至る．

解 (1) C は $z = e^{i\theta}$ ($0 \leqq \theta \leqq \pi$) と記述されるから，$dz = ie^{i\theta}\,d\theta$ であり，このパラメータ表示での被積分関数は $z^{1/2} = e^{i\theta/2}$ である．ゆえに，

$$\int_C z^{1/2}\,dz = i\int_0^\pi e^{3i\theta/2}\,d\theta = \frac{2}{3}\left[e^{3i\theta/2}\right]_0^\pi = -\frac{2}{3}(1+i).$$

(2) C は $z = e^{-i\theta}$ ($0 \leqq \theta \leqq \pi$) と記述されるから，$dz = -ie^{-i\theta}\,d\theta$ であり，被積分関数は $z^{1/2} = e^{-i\theta/2}$ であるから，

$$\int_C z^{1/2}\,dz = -i\int_0^\pi e^{-3i\theta/2}\,d\theta = \frac{2}{3}\left[e^{-3i\theta/2}\right]_0^\pi = -\frac{2}{3}(1-i). \qquad \square$$

問題 7.16 単位円の $\frac{1}{4}$ 円を 1 から i へ向かう路を C とするとき，$\displaystyle\int_C \frac{(\text{Log}\,z)^3}{z}\,dz$ を求めよ．

問題 7.17 単位円の右半分上を $-i$ から i に至る路を C とする．このとき，$\displaystyle\int_C z^i\,dz$ を求めよ．ただし，z^i は主枝をとる．

命題 7.11 に現れた $|dz|$ という記号にも慣れておこう．

問題 7.18 単位円を正の向きに 1 周する路 C に沿う積分 $\displaystyle\int_C |z-1|\,|dz|$ を計算せよ．

原始関数が存在する場合，線積分の計算は容易である．原始関数は既出であるが，定義から改めて正確に述べよう．$f(z)$ を領域 $\mathscr{D}$ で定義された連続関数とする．$F(z)$ が $\mathscr{D}$ における $f(z)$ の**原始関数**であるとは，$F'(z) = f(z)$ ($\forall z \in \mathscr{D}$) が成立することである．

注意 7.19 原始関数は，定義により，正則である．

定理 7.20 $f(z)$ は領域 $\mathscr{D}$ で定義された連続関数で，$\mathscr{D}$ における原始関数 $F(z)$ を持つとする．このとき，$\mathscr{D}$ 内の曲線 $C : z = z(t)$ ($a \leqq t \leqq b$) を積分路とする線積分は次式で与えられる．

$$\int_C f(z)\,dz = F\bigl(z(b)\bigr) - F\bigl(z(a)\bigr).$$

証明 分割して C 自身がなめらかとしてよい。$\frac{d}{dt}F(z(t)) = f(z(t))\frac{dz}{dt}(t)$ であるから，

$$\int_C f(z)\,dz = \int_a^b f(z(t))\frac{dz}{dt}(t)\,dt = \int_a^b \frac{d}{dt}F(z(t))\,dt = \Big[F(z(t))\Big]_a^b. \qquad \square$$

定理 7.20 では，積分路の始点と終点のみで線積分の値が決まっている．これをもう少し掘り下げてみよう．

> **定義 7.21** (記号の定義) $\alpha, \beta \in \mathbb{C}$ とする．α から出発して β に至る線分が表す路を $[\alpha, \beta]$ で表す[2]．

したがって，路 $[\alpha, \beta]$ を $z = t\beta + (1-t)\alpha \ (0 \leqq t \leqq 1)$ とパラメータ表示すると，$\frac{dz}{dt} = \beta - \alpha$ であるから，

$$\int_{[\alpha,\beta]} f(z)\,dz = (\beta - \alpha)\int_0^1 f(t\beta + (1-t)\alpha)\,dt.$$

とくに，f が恒等的に 1 である関数として，$\displaystyle\int_{[\alpha,\beta]} dz = \beta - \alpha$．

> **命題 7.22** 領域 $\mathscr{D}$ で連続な関数 f について，次は同値である．
> (1) $\mathscr{D}$ に含まれる任意の閉曲線 C に対して，$\displaystyle\int_C f(z)\,dz = 0$．
> (2) 任意の $\alpha, \beta \in \mathscr{D}$ と，α を始点とし β を終点とする $\mathscr{D}$ 内の任意の曲線 C に対して，$\displaystyle\int_C f(z)\,dz$ の値は α, β のみで決まり，C には依存しない．
> (3) $\mathscr{D}$ で正則な関数 F が存在して，$F'(z) = f(z) \ (\forall z \in \mathscr{D})$．

証明 $[(1) \Longrightarrow (2)]$ α から出発して β に至る二つの曲線 C_1, C_2 があるとする．このとき，$C := C_1 + (-C_2)$ は $\mathscr{D}$ に含まれる閉曲線である．(1) を仮定しているので，

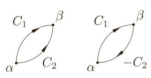

$$\int_{C_1} f(z)\,dz - \int_{C_2} f(z)\,dz = \int_{C_1+(-C_2)} f(z)\,dz = 0.$$

---

[2] $\alpha \in \mathbb{R}, \beta \in \mathbb{R}, \alpha < \beta$ のときは，定義 7.21 の $[\alpha, \beta]$ は実軸上の閉区間 $[\alpha, \beta]$ と一致する．

[(2) $\Longrightarrow$ (3)] ここでは，1 点 $\alpha_0 \in \mathscr{D}$ を固定して考える．任意の $z \in \mathscr{D}$ を，α_0 を始点とする $\mathscr{D}$ 内の曲線 C_z で結んで[3]，$F(z) := \int_{C_z} f(w)\,dw$ とおく．仮定より，$F(z)$ は積分路 C_z の取り方に依らない．任意の $z_0 \in \mathscr{D}$ において，$F'(z_0) = f(z_0)$ となることを示そう．まず，$\delta_0 > 0$ をとって，$D(z_0, \delta_0) \subset \mathscr{D}$ としておく．$|h| < \delta_0$ のとき，C_{z_0+h} も，C_{z_0} に $[z_0, z_0+h]$ を継ぎ足した $C_{z_0} + [z_0, z_0+h]$ も，α_0 と z_0+h を結ぶ $\mathscr{D}$ 内の路であるから，

$$F(z_0 + h) = \int_{C_{z_0+h}} f(w)\,dw = \int_{C_{z_0}} f(w)\,dw + \int_{[z_0, z_0+h]} f(w)\,dw$$
$$= F(z_0) + \int_{[z_0, z_0+h]} f(w)\,dw.$$

ゆえに，次式を得る．

$$\frac{F(z_0+h) - F(z_0)}{h} - f(z_0) = \frac{1}{h} \int_{[z_0, z_0+h]} \bigl(f(w) - f(z_0)\bigr) dw. \quad \cdots\cdots \text{①}$$

さて，$\forall \varepsilon > 0$ が与えられたとしよう．f は z_0 で連続であるから，

$$\exists \delta > 0\ (\delta < \delta_0)\ \text{s.t.}\ |w - z_0| < \delta \Longrightarrow |f(w) - f(z_0)| < \varepsilon.$$

よって，①の右辺に命題 7.11 の評価を適用すると，$|h| < \delta$ のとき，

$$\left| \frac{F(z_0+h) - F(z_0)}{h} - f(z_0) \right| \leq \frac{1}{|h|} \int_{[z_0, z_0+h]} |f(w) - f(z_0)|\,|dw| < \varepsilon.$$

よって，F は z_0 で複素微分可能であって，$F'(z_0) = f(z_0)$ である．

[(3) $\Longrightarrow$ (1)] 定理 7.20 よりわかる． □

注意 7.23 命題 7.22 を通して，例 7.9 の計算結果を解釈しよう．関数 $(z-c)^n\ (n \in \mathbb{Z})$ は，$n \geqq 0$ のときは $\mathbb{C}$ 全体で，$n \leqq -2$ のときは $\mathscr{D} := \mathbb{C} \setminus \{c\}$ において，原始関数 $\frac{1}{n+1}(z-c)^{n+1}$ を持つ．ゆえに，$I_n = 0\ (n \neq -1)$ である．一方，$I_{-1} \neq 0$ は，$(z-c)^{-1}$ が $\mathscr{D}$ においては 1 価の原始関数を持たないことを示している．ただし，後述の例題 7.37 で示すように，z^{-1} は $\mathbb{C} \setminus (-\infty, 0]$ では，原始関数を持っている．複素関数論においては，原始関数をどの領域で考えるかということを明確にしないといけない．例題 7.15 でも同様の考察をしてみること．

問題 7.24 例題 7.15，問題 7.16，問題 7.17 を原始関数を用いて計算せよ．いずれの問題においても，原始関数を考える領域を明確に述べること．

---
[3] 定理 3.37 によって軸平行な折れ線で結べるので，α_0 と z を結ぶ区分的になめらかな曲線は少なくとも 1 本は存在する．

7.2 複素線積分

命題 7.22 は，あくまでも同値性しか主張していない．単連結領域（とくに星形領域）$\mathscr{D}$ における Cauchy の積分定理（定理 9.20）は，正則関数に対して命題 7.22 の (1) が成り立つことを主張するものであり，したがって，単連結領域 $\mathscr{D}$ で正則な関数は，$\mathscr{D}$ で原始関数を持つ（定理 9.21）．

次節に移る前に，重要な事実を例題として挙げておこう．

例題 7.25 C を複素数平面上の曲線とし，φ は C 上の連続関数とする．関数 $F(z) := \int_C \dfrac{\varphi(\zeta)}{\zeta - z} \, d\zeta$ は C の補集合で正則であって，

$$F'(z) = \int_C \frac{\varphi(\zeta)}{(\zeta - z)^2} \, d\zeta \qquad (z \notin C)$$

となることを示せ．

解説 以下では，積分記号下の微分の可能性を保証する定理には依拠せずに，直接証明を与える．線型作用素を値にとる正則関数に対して，よく用いられる議論である．

解 $z_0 \notin C$ とし，$z \neq z_0$ は z_0 に近いとする．関数 F の定義より，

$$\frac{F(z) - F(z_0)}{z - z_0} - \int_C \frac{\varphi(\zeta)}{(\zeta - z_0)^2} \, d\zeta$$
$$= \int_C \varphi(\zeta) \left\{ \frac{1}{z - z_0} \left(\frac{1}{\zeta - z} - \frac{1}{\zeta - z_0} \right) - \frac{1}{(\zeta - z_0)^2} \right\} d\zeta. \quad \cdots\cdots \text{①}$$

ここで，$\dfrac{1}{\zeta - z} - \dfrac{1}{\zeta - z_0} = \dfrac{z - z_0}{(\zeta - z)(\zeta - z_0)}$ であるから，

$$\frac{1}{z - z_0} \left(\frac{1}{\zeta - z} - \frac{1}{\zeta - z_0} \right) - \frac{1}{(\zeta - z_0)^2} = \frac{z - z_0}{(\zeta - z)(\zeta - z_0)^2}.$$

ゆえに，①の右辺は $(z - z_0) \displaystyle\int_C \dfrac{\varphi(\zeta)}{(\zeta - z)(\zeta - z_0)^2} \, d\zeta$ となる．したがって，①を評価すると，

$$\left| \frac{F(z) - F(z_0)}{z - z_0} - \int_C \frac{\varphi(\zeta)}{(\zeta - z_0)^2} \, d\zeta \right| \leq |z - z_0| \int_C \frac{|\varphi(\zeta)|}{|\zeta - z| \cdot |\zeta - z_0|^2} \, |d\zeta|.$$

C は $\mathbb{C}$ のコンパクト部分集合であるから，定理 3.23 より，$M := \sup_{\zeta \in C} |\varphi(\zeta)| < +\infty$ である．また，式 (3.5) より，$2\delta_0 := \mathrm{dist}(z_0, C) > 0$ である．そして，

あとで $z \to z_0$ とするのであるから，z は $|z - z_0| < \delta_0$ をみたすとしてよい．このとき，任意の $\zeta \in C$ に対して

$$|\zeta - z_0| \geqq 2\delta_0, \quad |\zeta - z| \geqq |\zeta - z_0| - |z - z_0| > \delta_0$$

となる．曲線 C の長さを L とすると，$z \to z_0$ のとき，

$$\left| \frac{F(z) - F(z_0)}{z - z_0} - \int_C \frac{\varphi(\zeta)}{(\zeta - z_0)^2} \, d\zeta \right| \leqq \frac{ML}{4\delta_0^3} |z - z_0| \to 0.$$

ゆえに，$F(z)$ は $z = z_0 \notin C$ において複素微分可能であって，本例題の公式が $z = z_0$ において成り立つ．$z_0 \notin C$ は任意ゆえ，証明が終わる． □

問題 7.26 点 $a \in \mathbb{C}$ の近傍で定義された連続関数 $f(z)$ に対して，次を示せ．

$$\lim_{r \to +0} \int_{|z-a|=r} \frac{f(z)}{z - a} \, dz = 2\pi i f(a).$$

問題 7.27 $|z| \leqq 1$ で連続な関数 $f(z)$ に対して，次を示せ．

$$\lim_{r \to 1-0} \int_{|z|=r} f(z) \, dz = \int_{|z|=1} f(z) \, dz.$$

7.3　星形領域における Cauchy の積分定理

以下，$\mathscr{D}$ は複素数平面内の領域とし，f は $\mathscr{D}$ で正則な関数とする．三角形の内部と周からなる閉域を，本書では**三角形閉域**と呼ぼう．

定理 7.28（三角形閉路の場合の Cauchy の積分定理）
Δ は $\mathscr{D}$ に含まれる三角形閉域，すなわち $\Delta \subset \mathscr{D}$ とし，C は Δ の周を反時計回りに 1 周する閉路とする．このとき，$\int_C f(z) \, dz = 0$ である．

証明　$\Delta^{(0)} := \Delta$ とし，$\Delta^{(0)}$ の各辺の中点を結んでできる 4 個の三角形閉域を $\Delta_j^{(1)}$ ($j = 1, 2, 3, 4$) とする（次ページの図参照）．$C^{(0)} := C$ とし，$\Delta_j^{(1)}$ の周を，図にあるように，$C^{(0)}$ の向きと合致するように反時計回りに 1 周する路を $C_j^{(1)}$ とする ($j = 1, 2, 3, 4$)．そうすると，図の $\Delta_4^{(1)}$ の各辺上では，往復で線積分することになるので相殺されて，

7.3 星形領域における Cauchy の積分定理

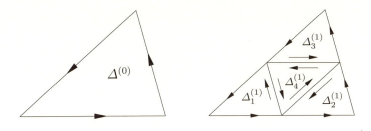

$$\int_{C^{(0)}} f(z)\,dz = \sum_{j=1}^{4} \int_{C_j^{(1)}} f(z)\,dz.$$

ゆえに，ある j に対して，$\left|\int_{C^{(0)}} f(z)\,dz\right| \leqq 4\left|\int_{C_j^{(1)}} f(z)\,dz\right|$ が成り立たないといけない．この j に対して，$\Delta^{(1)} := \Delta_j^{(1)}$, $C^{(1)} := C_j^{(1)}$ とおく．$\Delta^{(0)}$ から $\Delta^{(1)}$ を得た手続きを適用して，$\Delta^{(1)}$ から $\Delta^{(2)}$ を得る．そしてこれを繰り返して，三角形閉域の減少列

$$\Delta^{(0)} \supset \Delta^{(1)} \supset \cdots \supset \Delta^{(n)} \supset \cdots$$

と，それらの周を反時計回りに 1 周する閉路の列 $C^{(0)}, C^{(1)}, \ldots, C^{(n)}, \ldots$ を得て，次式が成り立つ．

$$\left|\int_{C^{(0)}} f(z)\,dz\right| \leqq 4^n \left|\int_{C^{(n)}} f(z)\,dz\right| \quad (n=1,2,\ldots). \quad \cdots\cdots ①$$

ここで各 $\Delta^{(n)}$ は $\mathbb{C}$ のコンパクト部分集合で，その直径 d_n は

$$d_n := \operatorname{diam} \Delta^{(n)} = 2^{-n} \operatorname{diam} \Delta^{(0)} \to 0 \quad (n \to \infty)$$

をみたすので，命題 3.21 より一意的に $z_0 \in \mathscr{D}$ が存在して，$\bigcap_{n=0}^{\infty} \Delta^{(n)} = \{z_0\}$.

さて，f はその z_0 で複素微分可能であるから，z_0 の近傍で

$$f(z) = f(z_0) + f'(z_0)(z-z_0) + \varphi(z)(z-z_0) \quad \cdots\cdots ②$$

と書ける．ただし，$\varphi(z_0)=0$ と定義しておく．そうすると，$\varphi(z)$ は連続であって，$z \to z_0$ のとき $\varphi(z) \to 0$ である．定数関数と 1 次関数に対しては，明らかに $\mathbb{C}$ 全体で原始関数が存在するから，命題 7.22 より，各 n について，閉路 $C^{(n)}$ に沿う積分は 0 である．ゆえに，②より，n が十分大きければ，

$$\int_{C^{(n)}} f(z)\,dz = \int_{C^{(n)}} \varphi(z)(z-z_0)\,dz. \quad \cdots\cdots \ \text{③}$$

ここで, $\Delta^{(n)}$ の 3 辺の長さの和を ℓ_n とする. $\Delta^{(n)}$ の定義の仕方により, $\ell_n = 2^{-n}\ell_0$ である $(n=0,1,2,\dots)$. さらに, $\varepsilon_n := \sup_{z\in C^{(n)}} |\varphi(z)|$ とおくと,

$$\left|\int_{C^{(n)}} \varphi(z)(z-z_0)\,dz\right| \leqq \varepsilon_n d_n \ell_n = 4^{-n} d_0 \ell_0 \varepsilon_n.$$

これと①, ③, および $\varepsilon_n \to 0 \ (n\to\infty)$ より, $\left|\int_{C^{(0)}} f(z)\,dz\right| \leqq d_0 \ell_0 \varepsilon_n \to 0$. ゆえに, $\int_{C^{(0)}} f(z)\,dz = 0$ である. □

長方形の内部と周の和集合である閉域を, **長方形閉域**と呼ぶ.

定理 7.29 (**長方形閉路の場合の Cauchy の積分定理**)
R を $\mathscr{D}$ に含まれる長方形閉域とし, R の周を反時計回りに 1 周する閉路を C とする. このとき, $\int_C f(z)\,dz = 0$ である.

証明 対角線を 1 本入れて, 2 個の三角形を作ればよい. □

注意 7.30 三角形の辺を 2 等分していく方法は, Pringsheim (プリングスハイム) によるものである. この 2 等分法のアイデア自体は, 長方形を用いた Goursat (グルサ) による. Cauchy の積分定理の歴史的経緯などは, 文献 [22, p. 195~], [33] 等参照.

定義 7.31 $\mathbb{C}$ の部分集合 S が **凸集合** (convex set)
$\overset{\text{def}}{\Longleftrightarrow}$ 任意の $p, q \in S$ に対して, $[p, q] \subset S$.

凸集合になっている領域のことを**凸領域**という. 円・楕円や長方形の内部などは凸領域である.

定理 7.32 (**凸領域における Cauchy の積分定理**)
$\mathscr{D}$ は凸領域であるとする. このとき, $\mathscr{D}$ 内の任意の閉路 C に対して, $\int_C f(z)\,dz = 0$ である.

証明 $a \in \mathscr{D}$ を固定し, $F(z) := \int_{[a,z]} f(w)\,dw \; (z \in \mathscr{D})$ とおく. $\mathscr{D}$ は凸領域ゆえ, $|h|$ が十分小さいとき, 3点 $a, z, z+h$ を頂点とする三角形閉領域 Δ は $\mathscr{D}$ に含まれる. したがって, 定理 7.28 より, Δ の周を1周する f の積分は0である. ゆえに, $F(z+h) - F(z) = \int_{[z,z+h]} f(w)\,dw$ を得る.

以下, 命題 7.22 の証明 [(2) $\Longrightarrow$ (3)] の最後の部分と同様にして,

$$\left| \frac{F(z+h) - F(z)}{h} - f(z) \right| \leqq \frac{1}{|h|} \int_{[z,z+h]} |f(w) - f(z)|\,|dw|$$

と評価することにより, $F(z)$ が $f(z)$ の $\mathscr{D}$ における原始関数であることがわかる. よって, 命題 7.22 より, $\int_C f(z)\,dz = 0$ である. □

問題 7.33 次の積分を求めよ. いずれも C は単位円を反時計回りに1周する路である.
(1) $\int_C \dfrac{dz}{z^2 + 2z + 2}$
(2) $\int_C \dfrac{dz}{z^5 + z^4 - 3}$

問題 7.34 楕円 $x^2 + \dfrac{y^2}{4} = 1$ を正の向きに1周する路を C とするとき, $\int_C \tan z\,dz$ を求めよ.

凸領域からさらにそれを一般化した星形領域にまで, Cauchy の積分定理を拡張しておこう. これにより, 応用上現れるかなりの場合をカバーできる.

定義 7.35 $a \in \mathscr{D}$ とする. $\mathscr{D}$ が a に関して**星形** (star-shaped) であるとは, 任意の $z \in \mathscr{D}$ に対して, $[a, z] \subset \mathscr{D}$ となることである.

凸領域はその領域内部の任意の点に関して星形である. また, 次の3個の領域も星形である.

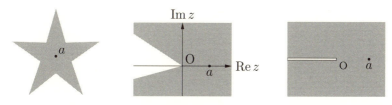

実際に，前ページ左図の領域は中心点 a に関して星形である．また，中央の **角領域**
$$\{z \in \mathbb{C}\,;\, \alpha < \operatorname{Arg} z < \beta\} \qquad (-\pi \leqq \alpha < \beta \leqq \pi)$$
も，任意の $a > 0$ に関して星形である．とくに，複素数平面から実軸の負または 0 の部分を除いてできる領域 $\mathbb{C} \setminus (-\infty, 0]$ も，任意の $a > 0$ に関して星形である．

定理 7.36 (星形領域における Cauchy の積分定理)
領域 $\mathscr{D}$ は $a \in \mathscr{D}$ に関して星形であるとする．このとき，$\mathscr{D}$ 内の任意の閉路 C に対して，$\int_C f(z)\,dz = 0$ である．

証明 最初に固定する点として，$\mathscr{D}$ が星形になる所以の点 $a \in \mathscr{D}$ をとることにすると，定理 7.32 の証明がそのまま通用する．また，$|h|$ が十分小さいとき，3 点 $a, z, z+h$ を頂点とする三角形閉域 Δ は $\mathscr{D}$ に含まれることにも注意しておく． □

例題 7.37 $\mathscr{D}_0 := \mathbb{C} \setminus (-\infty, 0]$ とする．$\mathscr{D}_0$ が点 1 に関して星形であることに注意して，各 $z \in \mathscr{D}_0$ に対して $f(z) := \int_{[1,z]} \dfrac{d\zeta}{\zeta}$ とおく．このとき，$f(z) = \operatorname{Log} z$ であることを示せ．

証明 $z \in \mathscr{D}_0$ とする．正の実軸上の点 $|z|$ を始点とし，原点を中心とする半径 $|z|$ の円弧に沿って z に至る路を C_z とする．領域 $\mathscr{D}_0$ は点 1 に関して星形であるから，定理 7.36 と命題 7.22 より，

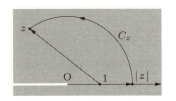

$$f(z) = \int_1^{|z|} \frac{dx}{x} + \int_{C_z} \frac{dz}{z} = \operatorname{Log}|z| + \int_0^{\operatorname{Arg} z} \frac{i|z|e^{i\theta}}{|z|e^{i\theta}}\,d\theta$$
$$= \operatorname{Log} z. \qquad \square$$

Cauchy の積分定理の応用として，**Fresnel**（フレネル）**積分**を計算しよう．

7.3 星形領域における Cauchy の積分定理

例題 7.38 $R > 0$ として，C_1, C_2 は次の路とする（右図）．

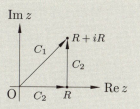

C_1: 原点 O から $R + iR$ に至る線分の路，
C_2: 原点 O から実軸上を R に行き，その後，虚軸に平行に $R + iR$ まで進む路．

整関数 $f(z) := e^{iz^2}$ を二つの路 C_1, C_2 に沿って積分してから $R \to +\infty$ とすることで，次の積分公式（Fresnel 積分）を示せ．

$$\int_0^{+\infty} \cos(x^2)\,dx = \int_0^{+\infty} \sin(x^2)\,dx = \frac{\sqrt{2\pi}}{4}.$$

解 Cauchy の積分定理と命題 7.22 より，$\int_{C_1} f(z)\,dz = \int_{C_2} f(z)\,dz$ である．さて，$C_1: z = (1+i)t$ $(0 \leqq t \leqq R)$ であり，$dz = (1+i)\,dt$ であるから，

$$\int_{C_1} f(z)\,dz = (1+i)\int_0^R e^{i(1+i)^2 t^2}\,dt = (1+i)\int_0^R e^{-2t^2}\,dt.$$

一方，C_2 では，

$$\int_{C_2} f(z)\,dz = \int_0^R e^{ix^2}\,dx + i\int_0^R e^{i(R+it)^2}\,dt$$
$$= \int_0^R e^{ix^2}\,dx + ie^{iR^2}\int_0^R e^{-2Rt-it^2}\,dt.$$

ゆえに，解の冒頭で述べたことから，

$$(1+i)\int_0^R e^{-2t^2}\,dt = \int_0^R e^{ix^2}\,dx + ie^{iR^2}\int_0^R e^{-2Rt-it^2}\,dt. \quad \cdots\cdots ①$$

ここで，①の右辺第 2 項は次のように評価できる．

$$\left| ie^{iR^2}\int_0^R e^{-2Rt-it^2}\,dt \right| \leqq \int_0^R e^{-2Rt}\,dt = \left[-\frac{e^{-2Rt}}{2R} \right]_0^R < \frac{1}{2R}.$$

よって，$R \to +\infty$ のとき，①の右辺第 2 項は 0 に収束する．一方，

$$\int_0^{+\infty} e^{-2x^2}\,dx = \frac{1}{\sqrt{2}}\int_0^{+\infty} e^{-y^2}\,dy = \frac{\sqrt{\pi}}{2\sqrt{2}} = \frac{\sqrt{2\pi}}{4}.$$

ゆえに，$R \to +\infty$ のとき，①の左辺 $\to (1+i)\dfrac{\sqrt{2\pi}}{4}$．したがって，
$$\int_0^{+\infty} e^{ix^2}\,dx = \lim_{R \to +\infty} \int_0^R e^{ix^2}\,dx = (1+i)\dfrac{\sqrt{2\pi}}{4}.$$
実部と虚部を比べて，所要の公式を得る． □

注意 7.39 三角形の方が評価は易しいのに，扇形での積分を計算している本が多い．

もう一つよく知られた定積分を計算しておこう．整関数 $f(z) := \dfrac{e^{iz}-1}{z}$ を考える．$f(z)$ は収束半径が $+\infty$ のベキ級数 $\displaystyle\sum_{n=1}^{\infty} \dfrac{i^n}{n!} z^{n-1}$ である[4]．

例題 7.40 $R > 0$ とする．実軸上の閉区間 $[-R, R]$ 上を $-R$ から R へ進み，次に円 $|z| = R$ の上半分を R から $-R$ に至る閉路を C とする．整関数 $f(z) := \dfrac{e^{iz}-1}{z}$ を閉路 C に沿って積分することにより，次の (1), (2) を示せ．

(1) $\displaystyle\int_{-R}^{R} \dfrac{\sin x}{x}\,dx - \pi = -\int_0^{\pi} e^{iRe^{i\theta}}\,d\theta.$

(2) $\left|\displaystyle\int_0^{R} \dfrac{\sin x}{x}\,dx - \dfrac{\pi}{2}\right| < \dfrac{\pi}{2R}.$

解 (1) Cauchy の積分定理より，
$$\int_{-R}^{R} f(x)\,dx + iR\int_0^{\pi} f(Re^{i\theta})e^{i\theta}\,d\theta = 0.$$

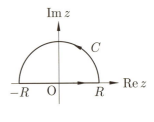

ゆえに，
$$\int_{-R}^{R} \dfrac{e^{ix}-1}{x}\,dx - \pi i = -i\int_0^{\pi} e^{iRe^{i\theta}}\,d\theta.$$
左辺で Euler の公式を適用して，被積分関数の偶関数部分だけを取り出すと，
$$\int_{-R}^{R} \dfrac{e^{ix}-1}{x}\,dx = i\int_{-R}^{R} \dfrac{\sin x}{x}\,dx.$$
これより所要の等式が導かれる．

---

[4] 後述の定義 10.3 の用語を使えば，$z=0$ は除去可能特異点ということである．

(2) (1) の両辺の絶対値を考え，関数 $\dfrac{\sin x}{x}$ が偶関数であることから，

$$\left|\int_0^R \dfrac{\sin x}{x}\,dx - \dfrac{\pi}{2}\right| \leqq \dfrac{1}{2}\int_0^\pi \left|e^{iRe^{i\theta}}\right|d\theta = \dfrac{1}{2}\int_0^\pi e^{-R\sin\theta}\,d\theta$$

$$= \int_0^{\frac{\pi}{2}} e^{-R\sin\theta}\,d\theta \leqq \int_0^{\frac{\pi}{2}} e^{-2R\theta/\pi}\,d\theta$$

$$= -\dfrac{\pi}{2R}\left[e^{-2R\theta/\pi}\right]_0^{\frac{\pi}{2}} < \dfrac{\pi}{2R}.$$

途中で，$\theta \in [0, \frac{\pi}{2}]$ のとき，$\sin\theta \geqq \frac{2}{\pi}\theta$ であることを用いた． □

命題 7.41 $\displaystyle\int_0^{+\infty} \dfrac{\sin x}{x}\,dx = \dfrac{\pi}{2}.$

問題 7.42 $a \in \mathbb{R}$ を定数として，定積分 $I(a) := \displaystyle\int_{-\infty}^{+\infty} e^{2iax-x^2}\,dx$ を考える．ただし $I(0)$ の値は，例題 7.38 と同様，既知とする．
(1) $I(-a) = I(a)$ であることを示せ．
(2) 整関数 e^{-z^2} を $-R-ia, R-ia, R, -R\ (R>0)$ を 4 頂点とする長方形閉路で積分し，次に $R \to +\infty$ とすることで $I(a)$ を求めよ．
【ヒント】縦の辺上の積分 $\to 0$ となる．

問題 7.43 $n = 1, 2, \ldots$ に対して $\displaystyle\int_0^{+\infty} x^{4n-1}e^{-x}\sin x\,dx = 0$ となることを，整関数 $f(z) := z^{4n-1}e^{(i-1)z}$ を，原点 O と R, iR を頂点とする三角形閉路に沿って積分してから $R \to +\infty$ とすることで示せ．

問題 7.44 次の手順で代数学の基本定理を証明せよ[5]．
(1) $n \geqq 1$ とし，n 次の多項式 $P(z)$ は $\mathbb{C}$ に根を持たないとする．
(2) $Q(z) := P(z)\overline{P(\overline{z})}$ は $\mathbb{C}$ で根を持たず，しかも $z \in \mathbb{R}$ のとき $Q(z) > 0$ となる正則関数であり（問題 6.10 参照），$\displaystyle\int_0^{2\pi} \dfrac{d\theta}{Q(2\cos\theta)} \neq 0.\ \cdots\cdots$ ①
(3) ①を単位円 $|z| = 1$ を反時計回りに 1 周する線積分に書き換えると，矛盾が生じる．

7.4 一様収束と積分

次章で使うので，積分と極限の順序交換について，ここでまとめておこう．

---
[5] 文献 [30] の証明を改良した文献 [31] による証明．

命題 7.45 連続関数の列 $\{f_n\}$ が曲線 C 上で一様収束しているとき,
$$\lim_{n\to\infty}\int_C f_n(z)\,dz = \int_C \lim_{n\to\infty} f_n(z)\,dz.$$

証明 $f(z) := \lim_{n\to\infty} f_n(z)$ とする. 定理 3.31 より, $f(z)$ は C で連続である. このとき,
$$\left|\int_C f_n(z)\,dz - \int_C f(z)\,dz\right| \leq \int_C |f_n(z) - f(z)|\,|dz|. \quad\cdots\cdots ①$$
以下, 曲線 C の長さを L とする. $\forall \varepsilon > 0$ が与えられたとする. 仮定より, $\exists N$ s.t. $|f_n(z) - f(z)| < L^{-1}\varepsilon\ (\forall n > N)$. 番号 N が $z \in C$ に依存しないことに注意して, ① より,
$$\left|\int_C f_n(z)\,dz - \int_C f(z)\,dz\right| < \varepsilon \qquad (\forall n > N)$$
となるから, 証明が終わる. □

級数についても書いておこう. 部分和に命題 7.45 を適用する.

命題 7.46 連続関数の級数 $\sum_{n=1}^{\infty} f_n(z)$ が曲線 C 上で一様収束するなら,
$$\int_C \sum_{n=1}^{\infty} f_n(z)\,dz = \sum_{n=1}^{\infty} \int_C f_n(z)\,dz.$$

積分の差を評価するタイプの演習問題を挙げておこう[6].

問題 7.47 $f(z)$ を整関数とすると, 任意の $r > 0$ に対して, $\int_{|z|=r} f(z)\,dz = 0$ である. これより, $|z| \to +\infty$ のときに, 関数 $zf(z)$ は 0 でない極限値を持ち得ないことを示せ.
【ヒント】 $\lim_{|z|\to +\infty} zf(z) = c$ とし, $2\pi ic = c\int_{|z|=r} \frac{dz}{z}$ と見る.

問題 7.48 次の手順で代数学の基本定理を証明せよ.
(1) $n \geq 1$ とし, n 次の多項式 $P(z)$ は $\mathbb{C}$ に根を持たないとする.
(2) $f(z) = \dfrac{z^{n-1}}{P(z)}$ に問題 7.47 を適用する.

---

[6] 文献 [35] による代数学の基本定理の証明である.

第8章

正則関数の性質

8.1 Cauchyの積分公式（その1）

正則関数の基本的性質を調べるための強力な道具であるCauchyの積分公式から始めよう．まず，円に沿った積分表示を扱う．

以下 $\mathscr{D}$ は領域とし，f は $\mathscr{D}$ で正則な関数とする．

> **定理 8.1** (円を使ったCauchyの積分公式)
> $c \in \mathscr{D}$ とし，$r > 0$ は $\overline{D(c,r)} \subset \mathscr{D}$ をみたすと仮定する．また，C は円 $|z-c| = r$ を反時計回りに1周する閉路とする．このとき，任意の $a \in D(c,r)$ に対して，次式が成立する．
> $$f(a) = \frac{1}{2\pi i} \int_C \frac{f(z)}{z-a} \, dz.$$

証明 十分小さい $\delta_0 > 0$ をとって，$D(c, r+\delta_0) \subset \mathscr{D}$ とする．次に，十分小さい $\varepsilon > 0$ をとって $D(a, \varepsilon) \subset D(c, r)$ とし，二つの円 $|z-c| = r$ と $|z-a| = \varepsilon$ を，次ページの左図のように，縦線で結ぶ．そして，同中央図と右図のような閉路 C_1, C_2 を定義する．どちらも，内部を左に見る正の向きで考えている．さらに，網かけした領域 $\mathscr{D}_1, \mathscr{D}_2$ をそれぞれ別個に考える．すなわち，各 $\mathscr{D}_j$ ($j=1,2$) は，開円板 $D(c, r+\delta_0)$ に含まれる領域で，$\mathscr{D}_1$ では点 a から右に水平に，$\mathscr{D}_2$ では左に水平にスリットを入れてある．点 a から路 C_1 に触れな

いよう少しだけ左に水平に移動した点を $a_1 \in \mathscr{D}_1$ とし，同様に，点 a から路 C_2 に触れないよう少しだけ右に水平に移動した点を $a_2 \in \mathscr{D}_2$ とする．明らかに，領域 $\mathscr{D}_j$ は点 a_j に関して星形である．

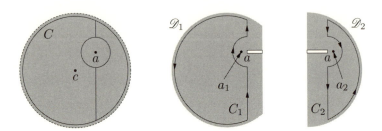

以下，関数 $F(z) := \dfrac{f(z)}{z-a}$ を $\mathscr{D}_j$ $(j=1,2)$ で考える．$F(z)$ は星形領域 $\mathscr{D}_j$ で正則であり，$C_j \subset \mathscr{D}_j$ ゆえ，定理 7.36 によって，$I_j := \displaystyle\int_{C_j} F(z)\,dz = 0$ である．したがって，$I_1 + I_2 = 0$ である．ところが，$I_1 + I_2$ においては，縦線上の積分は往復することで相殺されるので，$I_1 + I_2$ は C に沿う積分と，小さい円 $|z-a| = \varepsilon$ を時計回りに 1 周する積分の和となる．小さい円 $|z-a| = \varepsilon$ を反時計回りに回る閉路を C_ε とすると，移項することにより，

$$\int_C F(z)\,dz = \int_{C_\varepsilon} F(z)\,dz. \quad \cdots\cdots \text{①}$$

さて，$F(z) = \dfrac{f(z)-f(a)}{z-a} + \dfrac{f(a)}{z-a}$ と変形しよう．関数 f は正則ゆえ，

$$G(z) := \frac{f(z)-f(a)}{z-a} \quad (z \neq a), \qquad G(a) := f'(a)$$

によって定義する関数 G は $\mathscr{D}$ で連続になるので，有界閉集合である閉円板 $\overline{D}(c,r)$ において有界である．よって，定数 $M > 0$ をとって，$|G(z)| \leqq M$ ($\forall z \in \overline{D}(c,r)$) としておく．①を書き直すと，

$$\int_C \frac{f(z)}{z-a}\,dz = \int_{C_\varepsilon} G(z)\,dz + f(a) \int_{C_\varepsilon} \frac{dz}{z-a}. \quad \cdots\cdots \text{②}$$

②の右辺第 1 項の絶対値は $\leqq 2\pi M\varepsilon$ であり，例 7.9 より第 2 項は $2\pi i f(a)$ に等しい（ε に無関係）．よって，②で $\varepsilon \to +0$ として定理の公式に達する． □

例 8.2 定理 8.1 の証明を，関数 f が恒等的に 1 の場合になぞると，

$$|a| < 1 \text{ のとき,} \quad \frac{1}{2\pi i}\int_{|z|=1}\frac{dz}{z-a} = 1 \tag{8.1}$$

を得る．このことは，単位円から点 a を中心とする小さい円 $|z-a| = \varepsilon$ に，積分の値に影響を与えることなく積分路を変更することが可能であり，積分路変更後の積分を計算することで，式 (8.1) を得ることを示している．もちろん，今後は式 (8.1) を，恒等的に 1 である関数に Cauchy の積分公式を適用したとみなせば十分である．

例題 8.3 Cauchy の積分公式により，ある正則関数の特定の点での値とみなすことで，次の各積分の値を求めよ．
(1) $\dfrac{1}{2\pi i}\displaystyle\int_{|z|=1}\dfrac{e^z}{z^2+2z}\,dz$ (2) $\dfrac{1}{2\pi i}\displaystyle\int_{|z-2i|=2}\dfrac{\sin z}{z^2+1}\,dz$

解 いずれも求める積分を I とする．
(1) $f(z) = \dfrac{e^z}{z+2}$ とおくと，$f(z)$ は領域 $|z| < 1.1$ で正則である．ゆえに，

$$I = \frac{1}{2\pi i}\int_{|z|=1}\frac{f(z)}{z}\,dz = f(0) = \frac{1}{2}.$$

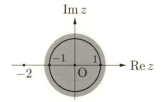

(2) $f(z) = \dfrac{\sin z}{z+i}$ とおくと，$f(z)$ は領域 $|z-2i| < 2.1$ で正則である．ゆえに，

$$I = \frac{1}{2\pi i}\int_{|z-2i|=2}\frac{f(z)}{z-i}\,dz = f(i)$$
$$= \frac{\sin i}{2i} = \frac{1}{2}\sinh 1.$$

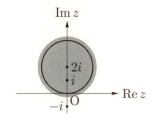

問題 8.4 例題と同様にして，次の各積分の値を求めよ．
(1) $\dfrac{1}{2\pi i}\displaystyle\int_{|z|=1}\dfrac{e^z}{\pi z-i}\,dz$ (2) $\dfrac{1}{2\pi i}\displaystyle\int_{|z|=2}\dfrac{\cos z}{z^2+4z+3}\,dz$

例題 8.5 被積分関数を部分分数に分解して Cauchy の積分公式を使うことにより，積分 $I := \dfrac{1}{2\pi i}\displaystyle\int_{|z|=r} \dfrac{4z-3}{2z^2-3z-2}\,dz$ を次のそれぞれの場合に計算せよ．

(1) $0 < r < \dfrac{1}{2}$ (2) $\dfrac{1}{2} < r < 2$ (3) $r > 2$

解説 後述の留数定理（定理 10.29）を用いても計算できるが，この問題では，Cauchy の積分公式を使う練習とする．なお (3) については，例題 8.46 (1) も参照．

解 被積分関数を部分分数に分けると，

$$f(z) := \frac{4z-3}{2z^2-3z-2} = \frac{1}{z-2} + \frac{2}{2z+1}$$
$$= \frac{1}{z-2} + \frac{1}{z+\frac{1}{2}}.$$

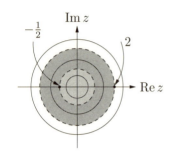

したがって，$r \neq \dfrac{1}{2}, 2$ のとき，

$$I = \frac{1}{2\pi i}\int_{|z|=r}\left(\frac{1}{z-2} + \frac{1}{z+\frac{1}{2}}\right)dz.$$

(1) $0 < r < \dfrac{1}{2}$ のとき．$f(z)$ は $|z| < \dfrac{1}{2}$ で正則であるから，$I = \mathbf{0}$.

(2) $\dfrac{1}{2} < r < 2$ のとき．$\dfrac{1}{z-2}$ は $|z| < 2$ で正則ゆえ，$\displaystyle\int_{|z|=r}\dfrac{dz}{z-2} = 0$.

よって，$I = \dfrac{1}{2\pi i}\displaystyle\int_{|z|=r}\dfrac{dz}{z+\frac{1}{2}} = \mathbf{1}$.

(3) $r > 2$ のとき，$I = \dfrac{1}{2\pi i}\displaystyle\int_{|z|=r}\dfrac{dz}{z+\frac{1}{2}} + \dfrac{1}{2\pi i}\displaystyle\int_{|z|=r}\dfrac{dz}{z-2} = 1+1 = \mathbf{2}$.

問題 8.6 次のそれぞれの円 C について，積分 $I := \dfrac{1}{2\pi i}\displaystyle\int_C \dfrac{e^{z^2}}{z^2-6z}\,dz$ を例題と同様にして計算せよ．

(1) $C: |z-2| = 1$ (2) $C: |z-2| = 3$ (3) $C: |z-2| = 5$

問題 8.7 次の手順で代数学の基本定理を証明せよ[1])．
(1) $n \geqq 1$ とし，n 次の多項式 $P(z)$ は $\mathbb{C}$ に根を持たないとする．
(2) $\forall r > 0$ に対して，$\dfrac{1}{2\pi i}\displaystyle\int_{|z|=r}\dfrac{dz}{zP(z)} = \dfrac{1}{P(0)}$ である．
(3) (2) の左辺の積分は，$r \to +\infty$ のときに 0 に収束する．

定理 8.1 で $a=c$ ととり，$z=c+re^{i\theta}$ により θ に関する積分に書き換えることで，次の命題を得る．

命題 8.8 (平均値の性質) 定理 8.1 の仮定のもとで，
$$f(c) = \frac{1}{2\pi} \int_0^{2\pi} f(c+re^{i\theta})\, d\theta.$$

問題 8.9 整関数 $f(z)$ が $\mathbb{R}^2$ で絶対積分可能，すなわち，$\iint_{\mathbb{R}^2} |f(x+iy)|\, dxdy < +\infty$ をみたせば，$f(z)$ は恒等的に 0 であることを示せ．
【ヒント】 平均値の性質の両辺に『半径の r』をかけて，r について 0 から R まで積分して評価してみよ（点 c を中心とする極座標）．

定理 8.1 の証明を検討することにより，外側の円 C が，楕円であっても，長方形であっても，凸多角形の周や凸図形の周であっても，Cauchy の積分公式が成り立つことがわかる[2]．例題と演習問題を挙げておこう．

例題 8.10 円 $|z|=R$ $(R>0,\ R\neq 1)$ の上半分を $z=R$ から $z=-R$ に至る路を C_R とするとき，積分 $I_R := \int_{C_R} \dfrac{dz}{1+z^2}$ を求めよ．

解説 $R>1$ のときは，閉路 $C_R + [-R, R]$ と関数 $\dfrac{1}{z+i}$ に Cauchy の積分公式を使う．

解 (1) $0<R<1$ のとき．関数 $\dfrac{1}{1+z^2}$ は右図の網かけした凸領域で正則ゆえ，Cauchy の積分定理から，$\left(\displaystyle\int_{C_R} + \int_{[-R,R]}\right)\dfrac{dz}{1+z^2} = 0$.
ゆえに，

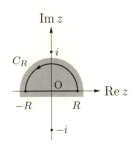

$$I_R = -\int_{-R}^{R} \frac{dx}{1+x^2} = -\Big[\operatorname{Arctan} x\Big]_{-R}^{R}$$
$$= -2\operatorname{Arctan} R.$$

---
[1] 筆者がこの証明を知ったのは文献 [38] によるのだが，アイデアはずっと遡って，文献 [39, p. 267] にも現れることを後になって知った．なお，Amer. Math. Monthly, **116** (2009) の Editor's endnotes, 857–858 も参照のこと．
[2] 内側の小さい円はそのまま．

(2) $R > 1$ のとき，関数 $\dfrac{1}{z+i}$ は右図の網かけした凸領域で正則であるから，Cauchy の積分公式より，

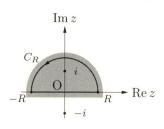

$$\left(\int_{C_R} + \int_{[-R,R]}\right) \frac{dz}{(z+i)(z-i)}$$
$$= 2\pi i \left[\frac{1}{z+i}\right]_{z=i} = \pi.$$

ゆえに，$I_R = \pi - \displaystyle\int_{-R}^{R} \frac{dx}{1+x^2} = \boldsymbol{\pi - 2\operatorname{Arctan} R}.$ □

問題 8.11 (1) $a > 0, b > 0$ は定数とする．$z = a\cos\theta + ib\sin\theta$ のとき，$\operatorname{Im}\left(\dfrac{1}{z}\dfrac{dz}{d\theta}\right)$ を θ を用いて表せ．
(2) (1) を利用して，定積分 $\displaystyle\int_0^\pi \frac{d\theta}{a^2\cos^2\theta + b^2\sin^2\theta}$ を求めよ．

8.2 正則関数のベキ級数展開

積分記号下の微分に関する次の命題から始めよう．

命題 8.12 C を複素数平面上の曲線とし，φ は C 上の連続関数とする．各 $n \in \mathbb{N}$ について，関数 $F_n(z) := \displaystyle\int_C \frac{\varphi(\zeta)}{(\zeta - z)^n} d\zeta$ は C の補集合で正則であって，$F_n'(z) = nF_{n+1}(z)$ $(z \notin C)$ となる．

問題 8.13 $n = 1$ のときの例題 7.25 を参考にし，58 ページの式 (4.3) を用いて，命題 8.12 を直接証明してみよ．定理 4.24 の証明における式変形も参考になるであろう．

以下，この節でも，$\mathscr{D}$ は領域とし，f は $\mathscr{D}$ で正則とする．

定理 8.14 次の (1), (2) が成り立つ．
(1) f は $\mathscr{D}$ で何回でも複素微分可能である．
(2) 定理 8.1 と同じ記号で，$n = 0, 1, 2, \ldots$ に対して，

$$f^{(n)}(a) = \frac{n!}{2\pi i} \int_C \frac{f(z)}{(z-a)^{n+1}} dz \qquad (\forall a \in D(c, r)). \quad \cdots\cdots ①$$

定理 8.14 は，命題 P_n $(n=0,1,2,\dots)$ として『f は $\mathscr{D}$ で n 回複素微分可能であって，$f^{(n)}$ に対して (2) の①が成立する．』を考え，帰納法と命題 8.12 を適用することで証明すればよい．詳細は演習として，読者に委ねよう．

命題 8.15（**Cauchy の評価式**）　$c \in \mathscr{D}$ とする．$\overline{D}(c,r) \subset \mathscr{D}$ をみたす $r > 0$ に対して，次の不等式が成り立つ．
$$|f^{(n)}(c)| \leqq \frac{n!}{r^n} \sup_{|z-c|=r} |f(z)|.$$

証明　定理 8.14 (2) で $a = c$ として，
$$|f^{(n)}(c)| \leqq \frac{n!}{2\pi} \int_{|z-c|=r} \frac{|f(z)|}{|z-c|^{n+1}} |dz| \leqq \frac{n!}{r^n} \sup_{|z-c|=r} |f(z)|. \qquad \square$$

例題 8.16　積分 $I := \dfrac{1}{2\pi i} \displaystyle\int_{|z|=2} \dfrac{z^3 + \sin z}{(z-i)^4} dz$ を，ある正則関数の何階目かの微分係数と関係させることにより求めよ．

解　$f(z) := z^3 + \sin z$ とおくと，$f(z)$ は整関数であって，$I = \dfrac{1}{3!} f'''(i)$ である．ここで，$f'''(z) = 6 - \cos z$ ゆえ，$I = 1 - \dfrac{1}{6} \cosh 1$．

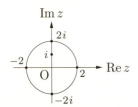

問題 8.17　例題 8.16 と同様にして，次の積分を求めよ．
(1) $\dfrac{1}{2\pi i} \displaystyle\int_{|z-1|=1} \dfrac{\sin \pi z}{(z^2-1)^3} dz$　　(2) $\dfrac{1}{2\pi i} \displaystyle\int_{|z|=1} \dfrac{dz}{z^2(e^z - 2i)}$

例題 8.18　次の各問いに答えよ．
(1) 被積分関数を二項展開して，次の等式を示せ．
$$\frac{1}{2\pi i} \int_{|z|=1} \overline{z}(z+1)^n(\overline{z}+1)^n \, dz = \sum_{k=0}^{n} \binom{n}{k}^2.$$
(2) (1) を利用して，等式 $\displaystyle\sum_{k=0}^{n} \binom{n}{k}^2 = \binom{2n}{n}$ を示せ．

解 (1) 二項展開をすると，
$$\overline{z}(z+1)^n(\overline{z}+1)^n = \overline{z}\sum_{j=0}^{n}\sum_{k=0}^{n}\binom{n}{j}\binom{n}{k}z^j\overline{z}^k.$$

ここで，$\dfrac{1}{2\pi i}\displaystyle\int_{|z|=1} z^j \overline{z}^{k+1}\,dz = \dfrac{1}{2\pi}\displaystyle\int_0^{2\pi} e^{i(j-k)\theta}\,d\theta = \delta_{jk}$ (Kronecker のデルタ) であるから，

$$\frac{1}{2\pi i}\int_{|z|=1} \overline{z}(z+1)^n(\overline{z}+1)^n\,dz = \sum_{k=0}^{n}\binom{n}{k}^2.$$

(2) $|z|=1$ のときは $\overline{z}=z^{-1}$ であるから，(1) の左辺の積分は，

$$\frac{1}{2\pi i}\int_{|z|=1}\frac{1}{z}(z+1)^n\left(\frac{1}{z}+1\right)^n dz = \frac{1}{2\pi i}\int_{|z|=1}\frac{(z+1)^{2n}}{z^{n+1}}\,dz$$
$$= \frac{1}{n!}\frac{d^n}{dz^n}(z+1)^{2n}\bigg|_{z=0} = \binom{2n}{n}.$$

これより所要の等式を得る． □

問題 8.19 $\displaystyle\int_{|z|=1} e^z z^{-(n+1)}\,dz$ $(n=1,2,\ldots)$ を考えることにより，次式を示せ．
$$\int_0^{2\pi} e^{\cos\theta}\cos(n\theta-\sin\theta)\,d\theta = \frac{2\pi}{n!},\quad \int_0^{2\pi} e^{\cos\theta}\sin(n\theta-\sin\theta)\,d\theta = 0.$$

定理 8.14 (2) において，C は例題 8.10 の直前に述べたような曲線であってもよいことを，ここで注意しておこう．

問題 8.20 $t\in\mathbb{R}$ のとき，次式を示せ．
$$I := \int_{-\infty}^{+\infty}\frac{e^{itx}}{(x-i)^2}\,dx = \begin{cases} -2\pi t e^{-t} & (t\geqq 0) \\ 0 & (t<0) \end{cases}$$

定理 8.21 $c\in\mathscr{D}$ とし，$r>0$ は $\overline{D}(c,r)\subset\mathscr{D}$ をみたすとする．このとき，$f(z)$ は c を中心とする収束ベキ級数に展開される (**ベキ級数展開**)．
$$f(z)=\sum_{n=0}^{\infty}a_n(z-c)^n\ (\forall z\in D(c,r)),\quad a_n=\frac{f^{(n)}(c)}{n!}\ (\forall n). \qquad (8.2)$$

式 (8.2) を，$z=c$ における $f(z)$ の **Taylor 級数展開** とも呼ぶ．

8.2 正則関数のベキ級数展開

証明 任意に $z \in D(c, r)$ をとり, r_0 $(0 < r_0 < r)$ をとって, $|z - c| \leqq r_0$ としておく. このとき, $C : |\zeta - c| = r$ とすると, Cauchy の積分公式より,

$$f(z) = \frac{1}{2\pi i} \int_C \frac{f(\zeta)}{\zeta - z} \, d\zeta. \quad \cdots \cdots \text{①}$$

さて, $\zeta \in C$ のとき,

$$\frac{1}{\zeta - z} = \frac{1}{\zeta - c - (z - c)} = \frac{1}{\zeta - c} \frac{1}{1 - \dfrac{z - c}{\zeta - c}} = \frac{1}{\zeta - c} \sum_{n=0}^{\infty} \left(\frac{z - c}{\zeta - c} \right)^n$$

において, $\left| \dfrac{z - c}{\zeta - c} \right| \leqq \dfrac{r_0}{r} < 1$ ゆえ, 右端の無限級数は $\zeta \in C$ について一様に絶対収束する. これを①に代入して, 命題 7.46 より, 積分と級数の順序を交換すると, 次式を得る.

$$f(z) = \frac{1}{2\pi i} \sum_{n=0}^{\infty} \left(\int_C \frac{f(\zeta)}{(\zeta - c)^{n+1}} \, d\zeta \right) (z - c)^n = \sum_{n=0}^{\infty} \frac{f^{(n)}(c)}{n!} (z - c)^n.$$

ただし, 最後の等号で, 定理 8.14 を用いた. □

注意 8.22 証明の背景に, 問題 4.13 が主張する事実があることに注意すること.

定理 8.21 により, 正則関数は解析的関数であることがわかった. したがって, 4.3 節の最後で予告したように, 解析的関数と正則関数は同義語となる.

注意 8.23 一旦収束ベキ級数展開 $f(z) = \sum\limits_{n=0}^{\infty} a_n (z - z_0)^n$ を得たら, 定理 4.28 によって, その係数は $a_n = \dfrac{f^{(n)}(z_0)}{n!}$ $(n = 0, 1, 2, \ldots)$ となる. したがって, 定理 8.21 の証明の一番最後の等号で定理 8.14 を用いないで, むしろそこから定理 8.14 を導くことができる. しかしながら, 定理 8.14 のように, Cauchy の積分公式の積分記号下の微分であると見ることの方が記憶に残りやすいし, 何よりも因子 $n!$ を忘れないであろう.

例題 8.24 $f(z) = \sum\limits_{n=0}^{\infty} a_n z^n$ は $|z| < 1$ で収束するベキ級数とし,

$$|f(z)| \leqq \frac{1}{1 - |z|} \qquad (|z| < 1)$$

をみたしていると仮定する. このとき, 次の不等式が成り立つことを示せ.

$$|a_n| \leqq \frac{(n+1)^{n+1}}{n^n} \qquad (n = 0, 1, 2, \ldots).$$

解説 $|z| = r < 1$ で積分する a_n の表示式から得られる評価を, r を動かして最も厳しくする.

解 $a_n = \dfrac{f^{(n)}(0)}{n!}$ より，$0 < r < 1$ をみたす任意の r に対して，
$$a_n = \frac{1}{2\pi i} \int_{|z|=r} \frac{f(z)}{z^{n+1}} \, dz.$$
ゆえに，各 $n = 0, 1, 2, \ldots$ に対して，
$$|a_n| \leqq \frac{1}{2\pi} \int_{|z|=r} \frac{|f(z)|}{|z|^{n+1}} \, |dz| \leqq \frac{1}{r^n(1-r)} \quad (0 < {}^\forall r < 1). \quad \cdots\cdots \text{①}$$
ここで，微分法を用いることによって，関数 $g_n(r) := r^n(1-r)$ は，開区間 $(0, 1)$ において最大値 $g_n\left(\dfrac{n}{n+1}\right) = \left(\dfrac{n}{n+1}\right)^n \dfrac{1}{n+1}$ をとることがわかる．よって，①において，各 n に対して $r = \dfrac{n}{n+1}$ をとると，所要の不等式を得る． □

問題 8.25 領域 $\mathscr{D}$ で正則な関数 $f(z)$ が次をみたすことはない．これを示せ．
$\mathscr{D}$ の 1 点 c において，無数の n に対して $|f^{(n)}(c)| > n! n^n$ となる．

問題 8.26 原点を含む領域で正則な関数 $f(z)$ が次をみたすことはないことを示せ．
十分大きなすべての $n \in \mathbb{N}$ に対して，$f\left(\dfrac{1}{n}\right) = \dfrac{1}{2^n}$ となる．

次の定理は，ベキ級数の収束半径に重要な情報を与える．

定理 8.27 $f(z) := \sum_{n=0}^{\infty} a_n z^n$ を収束ベキ級数とし，収束半径を ρ とする．
$$\rho' := \sup\{R > 0 \,;\, f(z) \text{ は } |z| < R \text{ で正則な関数に拡張できる}\}$$
とおくと，$\rho = \rho'$ が成り立つ．

証明 $f(z)$ は $|z| < \rho$ で正則ゆえ，$\rho' \geqq \rho$ である．逆に，$f(z)$ が $|z| < R$ で正則な関数に拡張できたとする．${}^\forall \varepsilon > 0$ に対して $\overline{D}(0, R-\varepsilon) \subset D(0, R)$ ゆえ，定理 8.21 によって，$f(z)$ は $|z| < R-\varepsilon$ で収束ベキ級数に展開できて，それは元のベキ級数に一致する．ゆえに，$\rho \geqq R-\varepsilon$ である．ここで，$\varepsilon > 0$ は任意ゆえ，$\rho \geqq R$ を得る．よって，$\rho \geqq \rho'$ でもある．以上より，$\rho = \rho'$ である． □

系 8.28 整関数を原点を中心とするベキ級数に展開するとき，その収束半径は $+\infty$ である．

例 8.29 5.6 節で扱った関数 $f(z) = \dfrac{z}{e^z - 1}$ を考える．命題 5.6 (1) により，$e^z = 1 \iff z \in 2\pi i \mathbb{Z}$ であり，また $f(0) = 1$ であるから，$f(z)$ は $|z| < 2\pi$ で正則である．一方，$\lim\limits_{z \to 2\pi i} |f(z)| = +\infty$ であるから，$R > 2\pi$ に対して，$f(z)$ は $|z| < R$ で正則ということにはなり得ない．よって，$f(z)$ のベキ級数表示式 (5.19) の収束半径は 2π である（後述の例題 10.40 も参照）．

例 8.30 $f(x) = \dfrac{1}{1 + x^2}$ はすべての $x \in \mathbb{R}$ で定義できるのに，そのベキ級数表示 $f(x) = \sum\limits_{n=0}^{\infty} (-1)^n x^{2n}$ の収束半径は 1 である．これは，複素数変数で考えて $f(z) = \dfrac{1}{1 + z^2}$ とするとき，$z = \pm i$ で分母が問題を起こすので，$R > 1$ に対して，$|z| < R$ で $f(z)$ が正則ということにはならないからである．

問題 8.31 $z = 0$ の近傍で正則な関数 $f(z)$ に対して，級数 $\sum\limits_{n=0}^{\infty} |f^{(n)}(0)|$ が収束するなら，実は $f(z)$ は整関数に拡張できることを示せ．

8.3 一致の定理

領域で正則な関数は，局所的な情報で決まってしまうという，一致の定理を証明しよう．

定理 8.32 (一致の定理)
$f(z), g(z)$ は領域 $\mathscr{D}$ で定義された正則関数とする．
仮定 点 $a \in \mathscr{D}$ と，$\mathscr{D}$ の点からなる列 $\{z_n\}$ ($z_n \neq a$, $\forall n$) が存在して，
$$\lim_{n \to \infty} z_n = a \text{ かつ } f(z_n) = g(z_n) \ (\forall n).$$
結論 $f(z) = g(z) \ (\forall z \in \mathscr{D})$．

証明 $f(z) - g(z)$ を考えることにして，$g(z)$ は零関数としてよい．

(1) $r > 0$ が存在して，$f(z)$ は $D(a, r)$ で恒等的に 0 であることを示そう．

点 a を中心とする $f(z)$ の収束ベキ級数展開を，
$$f(z) = \sum_{k=0}^{\infty} b_k (z-a)^k \qquad (|z-a| < r)$$
とする．帰納法によって，$b_k = 0$ ($\forall k = 0, 1, 2, \ldots$) を示そう．まず，$b_0 = f(a) = \lim_{n \to \infty} f(z_n) = 0$ である．次に $b_0 = \cdots = b_k = 0$ であると仮定すると，
$$f(z) = (z-a)^{k+1} (b_{k+1} + b_{k+2}(z-a) + \cdots)$$
となる．$h(z) := \dfrac{f(z)}{(z-a)^{k+1}} = b_{k+1} + b_{k+2}(z-a) + \cdots$ を考えると，$h(z)$ も $D(a, r)$ で正則であって，
$$b_{k+1} = h(a) = \lim_{n \to \infty} h(z_n) = \lim_{n \to \infty} \frac{f(z_n)}{(z_n - a)^{k+1}} = 0.$$
よって帰納法が完成して，$f(z)$ は $D(a, r)$ で恒等的に 0 である．

(2) $A := \{z \in \mathscr{D} \,;\, f^{(n)}(z) = 0 \ (\forall n)\}$ とおく．(1) により $a \in A$ ゆえ，$A \neq \emptyset$ である．また，$z_0 \in A$ とすると，z_0 を中心とする $f(z)$ の収束ベキ級数展開がその収束円の内部で恒等的に 0 となるので，A は開集合である．一方，各 n について，$A_n := \{z \in \mathscr{D} \,;\, f^{(n)}(z) = 0\}$ は閉集合であり，したがって，問題 3.5 (1) より，$A = \bigcap_{n=0}^{\infty} A_n$ も閉集合である．すなわち A^c は開集合であり，開集合の非交和として $\mathscr{D} = A \sqcup A^c$ と書けている．$\mathscr{D}$ は連結で $A \neq \emptyset$ より，$\mathscr{D} = A$ である．よって，$f(z)$ は $\mathscr{D}$ で恒等的に 0 である．$\square$

注意 8.33 定理 8.32 の仮定がみたされる場合として，次の (あ) または (い) がある．
(あ) $f(z) = g(z)$ が $\mathscr{D}$ のある点の近傍で恒等的に成り立つ．
(い) $\mathscr{D}$ に含まれるある線分上で $f(z) = g(z)$．
さらに，定理 8.32 の証明 (2) での記号を使うと，$A \neq \emptyset$ でさえあれば，すなわち，$\mathscr{D}$ のある 1 点ですべての微分係数が 0 ならば，$f(z)$ は $\mathscr{D}$ で恒等的に 0 であることがわかる．

例 8.34 実変数の C^∞ 関数に対しては，定理 8.32 のような一致の定理が成立しないことは，次の f と零関数 g からわかる．詳細は読者に委ねよう．
$$f(x) := e^{-1/x^2} \sin \frac{1}{x} \quad (x \neq 0), \qquad f(0) = 0.$$

8.3 一致の定理

例題 8.35 領域 $\mathscr{D}$ は $\mathscr{D} \cap \mathbb{R} \neq \emptyset$ をみたすとし，実軸に関して対称であるとする．すなわち，$\overline{\mathscr{D}} := \{\overline{z}\,;\, z \in \mathscr{D}\}$ とおくとき，$\overline{\mathscr{D}} = \mathscr{D}$ となっているとする．また，関数 f は $\mathscr{D}$ で正則であるとする．このとき，問題 6.10 より，$g(z) := \overline{f(\overline{z})}$ も $\mathscr{D}$ で正則である．
(1) $f(\mathscr{D} \cap \mathbb{R}) \subset \mathbb{R}$ ならば，$\overline{f(z)} = f(\overline{z})\ (\forall z \in \mathscr{D})$ であることを示せ．
(2) $\mathscr{D} \cap i\mathbb{R} \neq \emptyset$ と仮定し，さらに $\mathscr{D}$ は虚軸に関しても対称であるとする．すなわち $-\overline{\mathscr{D}} = \mathscr{D}$ とする．正則関数 f が (1) とともに，$f(\mathscr{D} \cap i\mathbb{R}) \subset i\mathbb{R}$ もみたすならば，f は奇関数であることを示せ．

解 (1) $\mathscr{D} \cap \mathbb{R}$ は $\mathbb{R}$ の空でない開集合ゆえ，ある開区間 $I := (a, b)\ (a < b)$ を含む．仮定より，$x \in I$ のとき $f(x) \in \mathbb{R}$ ゆえ，$f(x) = \overline{f(\overline{x})} = g(x)$．一致の定理より，$f(z) = g(z)\ (\forall z \in \mathscr{D})$．すなわち，$\overline{f(z)} = f(\overline{z})$ が成り立つ．
(2) 同様に，$\mathscr{D} \cap i\mathbb{R}$ は虚軸上の開区間 J を含む．仮定より，$iy \in J$ のとき $f(iy) \in i\mathbb{R}$ ゆえ，$f(iy) = -\overline{f(\overline{-iy})} = -g(-iy)$．一致の定理と (1) より，$f(z) = -g(-z) = -f(-z)\ (\forall z \in \mathscr{D})$．ゆえに，$f$ は奇関数である． □

問題 8.36 関数 $f(z)$ は開円板 $D(0, r)\ (r > 0)$ で正則とし，正数からなる狭義単調減少数列 $\{a_n\}$ は，$a_n \to 0\ (n \to \infty)$，かつ n が十分大きいとき $f(a_n) \in \mathbb{R}$ であるとする．
(1) $\overline{f(z)} = f(\overline{z})\ (\forall z \in D(0, r))$ であることを示せ．
(2) さらに，十分大きなすべての n に対して，$f(a_{2n}) = f(a_{2n+1})$ が成り立つならば，$f(z)$ は定数であることを示せ．
【ヒント】 (2) 微積分で学習した Rolle の定理を思い出して，一致の定理を使う．

例 8.37 実数 $a, b\ (a < b)$ に対して，領域 $\mathscr{D} := \mathbb{C} \setminus [a, b]$ を考える．この例では，一致の定理を利用して，次式が成立することを示そう．

$$\int_a^b \frac{dt}{t - z} = \mathrm{Log}\,\frac{z - b}{z - a} \qquad (z \in \mathscr{D}). \quad \cdots\cdots \text{①}$$

ここで，$\mathscr{D} = \left\{ z \in \mathbb{C}\,;\, \left|\mathrm{Arg}\,\dfrac{z - b}{z - a}\right| < \pi \right\}$ とも書けていて，したがって，$z \in \mathscr{D}$ なら $\dfrac{z - b}{z - a}$ は Log の定義域に属していることに注意（問題 1.17 (1) とその解答・解説の後の注意，および問題 1.31 参照）．

さて、①の左辺を $f(z)$ ($z \in \mathscr{D}$) とおくと、例題 7.25 より、$f(z)$ は $\mathscr{D}$ で正則である。そして $z = x \in \mathbb{R}$ かつ $x < a$ のとき、実積分になるので、
$$f(x) = \int_a^b \frac{dt}{t-x} = \Big[\mathrm{Log}(t-x)\Big]_{t=a}^b = \mathrm{Log}\frac{b-x}{a-x} = \mathrm{Log}\frac{x-b}{x-a}.$$
この式は、$\mathscr{D}$ で正則な二つの関数 $f(z)$ と $\mathrm{Log}\dfrac{z-b}{z-a}$ が、$\mathscr{D}$ に含まれる開区間 $(-\infty, a)$ 上で一致することを示している。よって、一致の定理から、$f(z) = \mathrm{Log}\dfrac{z-b}{z-a}$ ($\forall z \in \mathscr{D}$) である。 □

一致の定理と関連して、用語を導入しておこう。

定義 8.38 領域 $\mathscr{D}_1$ で定義された正則関数を $f_1(z)$ とし、領域 $\mathscr{D}_2$ (ただし、$\mathscr{D}_2 \supset \mathscr{D}_1$) で定義された正則関数を $f_2(z)$ とする。
$$f_2(z) = f_1(z) \qquad (\forall z \in \mathscr{D}_1)$$
が成り立つとき、$f_2(z)$ は $f_1(z)$ の $\mathscr{D}_2$ への**解析接続**であるという。

一致の定理より、拡張の一意性、すなわち解析接続の一意性が保証される。

例 8.39 等比級数で定義される正則関数 $f(z) := \sum_{n=0}^{\infty} z^n$ は、開単位円板 $D(0,1)$ で関数 $g(z) := \dfrac{1}{1-z}$ に等しい。一方、関数 $g(z)$ は、$\mathscr{D} := \mathbb{C} \setminus \{1\}$ で正則な関数であるから、$g(z)$ は $f(z)$ の $\mathscr{D}$ への解析接続である。

問題 8.40 (1) $\mathscr{D} := \mathbb{C} \setminus (-\infty, 1]$ とする。$z \in \mathscr{D}$ のとき、$\dfrac{z}{z-1}$, z, $z-1$ のすべてが Log の定義域に属していることを確認し、次式が成り立つことを示せ。
$$\mathrm{Log}\Big(\frac{z}{z-1}\Big) = \mathrm{Log}\,z - \mathrm{Log}(z-1) \qquad (z \in \mathscr{D}).$$
(2) $f(z) = \mathrm{Log}\,z - \mathrm{Log}(z-1)$ ($z \in \mathscr{D}$) とおくとき、次の極限を求めよ。
$$\varphi(x) = \lim_{\varepsilon \to +0} \frac{1}{2\pi i}\big(f(x+i\varepsilon) - f(x-i\varepsilon)\big) \qquad (x \in \mathbb{R} \text{ かつ } x \neq 0, 1).$$

定義 8.41 $f(a) = 0$ のとき、a は $f(z)$ の**零点**であるという。

一致の定理より、ただちに次の命題を得る。

8.4 Liouville の定理とその周辺

命題 8.42 正則関数 $f(z)$ は零関数ではないとする．このとき，$f(z)$ の零点は孤立している．すなわち，$f(a) = 0$ ならば，$r > 0$ が存在して，f は $D(a,r) \setminus \{a\}$ で 0 にならない．

問題 8.43 関数 $f(z), g(z)$ は領域 $\mathscr{D}$ において正則であるとする．積 $f(z)g(z)$ が $\mathscr{D}$ において恒等的に 0 に等しいとき，$f(z)$ が $\mathscr{D}$ において恒等的に 0 であるか，または $g(z)$ が $\mathscr{D}$ において恒等的に 0 であることを示せ．

例 8.44 領域 $\mathscr{D}$ で正則な関数の零点は，$\mathscr{D}$ の中だけで見ると孤立しているが，$\mathscr{D}$ の外から見るときの様子を，具体例で見てみよう．

関数 $f(z) := \sin \dfrac{1}{1-z}$ を考える．$f(z)$ は単位円の内部 $\mathscr{D} = D(0,1)$ で正則である．命題 5.6 (4) より，

$$f(z) = 0 \ (z \in \mathscr{D}) \iff z = 1 - \frac{1}{n\pi} \ (n = 1, 2, \dots).$$

したがって，$f(z)$ の $\mathscr{D}$ における零点 $z_n := 1 - \dfrac{1}{n\pi}$ は，$1 \in \partial\mathscr{D}$ に集積する（この場合は収束する）点列をなしている．

8.4 Liouville の定理とその周辺

全平面 $\mathbb{C}$ で正則な関数を**整関数**と呼ぶことを思い出そう[3]．

定理 8.45 (Liouvilleリゥヴィルの定理) 有界な整関数は定数関数に限る．

証明 f を有界な整関数とし，$M > 0$ をとって，$|f(z)| \leq M \ (\forall z \in \mathbb{C})$ とする．Cauchy の評価式（命題 8.15）より，$|f'(z)| \leq \dfrac{M}{r}$ が $\forall r > 0$ に対して成立する．ここで $r \to +\infty$ として，$f'(z) = 0$ を得る．$z \in \mathbb{C}$ は任意ゆえ f' は零関数である．したがって，f は定数関数である． □

導関数を経由しない Liouville の定理の別証明を，例題の形で挙げておこう．

---

[3] 高校の数学で，整式（多項式）で書ける関数を整関数と呼んでいる本があるが，誤用である．多項式関数はもちろん整関数であるが，e^z や $\cos z$, $\sin z$ など，多項式関数でない整関数をすでに第 5 章で学んでいる．

例題 8.46 $f(z)$ は整関数であるとする．

(1) 異なる複素数 α, β に対して，$R > 0$ を十分大きくとって，2点 α, β が円 $|z| = R$ の内部にあるとする．このとき，部分分数分解を用いて，次式を示せ．

$$\frac{1}{2\pi i} \int_{|z|=R} \frac{f(z)}{(z-\alpha)(z-\beta)} \, dz = \frac{f(\alpha) - f(\beta)}{\alpha - \beta}. \quad \cdots\cdots \text{①}$$

(2) さらに $f(z)$ は有界であると仮定する．①の左辺を評価して $R \to +\infty$ とすることで，Liouville の定理の別証明を与えよ．

解 (1) 部分分数分解 $\dfrac{1}{(z-\alpha)(z-\beta)} = \dfrac{1}{\alpha-\beta}\left(\dfrac{1}{z-\alpha} - \dfrac{1}{z-\beta}\right)$ と Cauchy の積分公式より，

$$\frac{1}{2\pi i} \int_{|z|=R} \frac{f(z)}{(z-\alpha)(z-\beta)} \, dz$$
$$= \frac{1}{2\pi i(\alpha-\beta)} \left(\int_{|z|=R} \frac{f(z)}{z-\alpha} \, dz - \int_{|z|=R} \frac{f(z)}{z-\beta} \, dz \right) = \frac{f(\alpha) - f(\beta)}{\alpha - \beta}.$$

(2) $|f(z)| \leqq M$ ($\forall z \in \mathbb{C}$) とすると，

$$\left| \frac{1}{2\pi i} \int_{|z|=R} \frac{f(z)}{(z-\alpha)(z-\beta)} \, dz \right| \leqq \frac{M}{2\pi} \int_{|z|=R} \frac{|dz|}{|(z-\alpha)(z-\beta)|}. \quad \cdots \text{②}$$

ここで $|z| = R$ のとき，$|z - \alpha| \geqq |z| - |\alpha| = R - |\alpha|$ であり，$|z - \beta|$ も同様に評価して，②の右辺 $\leqq \dfrac{MR}{(R-|\alpha|)(R-|\beta|)} \to 0$ ($R \to +\infty$) となる．したがって，①で $R \to +\infty$ として，$f(\alpha) = f(\beta)$ を得る．異なる複素数 α, β は任意であるから，f は定数である． □

問題 8.47 $f(z)$ は整関数とする．ある自然数 m と正の定数 A が存在して，$|z|$ が十分大きい $z \in \mathbb{C}$ に対して $|f(z)| \leqq A|z|^m$ が成り立つならば，$f(z)$ は次数が m を越えない多項式関数であることを示せ．

問題 8.48 $f(z)$ は整関数とする．値域 $f(\mathbb{C})$ が集合 $S := \{z = x + iy \,;\, y > -x\}$ に含まれるならば，$f(z)$ は定数関数であることを示せ．
【ヒント】$e^{-\pi i/4} S := \{e^{-\pi i/4} z \,;\, z \in S\}$ は右半平面 $\mathscr{H} := \{w \,;\, \mathrm{Re}\, w > 0\}$ であり，$|e^{-w}| = e^{-\mathrm{Re}\, w}$ であることに注意せよ．

8.4 Liouville の定理とその周辺

例題 8.49 定数関数ではない整関数 $f(z)$ に対して，値域 $f(\mathbb{C})$ は $\mathbb{C}$ で稠密であること，すなわち $\mathrm{Cl}(f(\mathbb{C})) = \mathbb{C}$ であることを示せ．

解 結論を否定して $\exists w_0 \notin \mathrm{Cl}(f(\mathbb{C}))$ すると，命題 3.6 より，
$$\exists \varepsilon_0 > 0 \text{ s.t. } f(\mathbb{C}) \subset D(w_0, \varepsilon_0)^c.$$
関数 $F(z) := \dfrac{1}{f(z) - w_0}$ を考えると，$F(z)$ は整関数で，$|F(z)| \leqq \dfrac{1}{\varepsilon_0}$ となるから，有界である．Liouville の定理から，$F(z) = C \neq 0$ （定数）．このとき，$f(z) = w_0 + \dfrac{1}{C}$ であるから，$f(z)$ は定数である． □

注意 8.50 問題 8.48 は例題 8.49 に含まれ，さらに例題 8.49 は次のように一般化される．すなわち，定数でない整関数は，高々 1 個の点を除いて，すべての値をとる（Picard の小定理）．文献 [6], [15], [17] 等を参照してほしい．

例題 8.51 一様連続な整関数は高々 1 次の多項式関数であることを示せ．

解説 原点を中心とするベキ級数展開において，2 次以上の項があったら一様連続にはなりそうにないが，ここでは次のように解をまとめる．

解 $f(z)$ を一様連続な整関数とする．このとき，
$$\exists \delta > 0 \text{ s.t. } |z - w| \leqq \delta \implies |f(z) - f(w)| \leqq 1.$$
一方，定理 8.14 より $f'(z) = \dfrac{1}{2\pi i} \displaystyle\int_{|\zeta - z| = \delta} \dfrac{f(\zeta)}{(\zeta - z)^2} d\zeta$ であり，例 7.9 より $\displaystyle\int_{|\zeta - z| = \delta} \dfrac{d\zeta}{(\zeta - z)^2} = 0$ であるから，
$$f'(z) = \frac{1}{2\pi i} \int_{|\zeta - z| = \delta} \frac{f(\zeta) - f(z)}{(\zeta - z)^2} d\zeta$$
と書ける．よって，次の評価を得る．
$$|f'(z)| \leqq \frac{1}{2\pi} \int_{|\zeta - z| = \delta} \frac{|f(\zeta) - f(z)|}{|\zeta - z|^2} |d\zeta| \leqq \frac{1}{\delta}.$$
ゆえに $f'(z)$ は有界な整関数となるから，Liouville の定理より，$f'(z)$ は定数関数である．したがって，$f(z)$ は高々 1 次の多項式関数となる． □

問題 8.52 関数 $f(z)$ は原点の近傍で正則であるとする．無数の自然数 n に対して，$f\left(\dfrac{1}{2n}\right) = f\left(\dfrac{1}{2n+1}\right)$ が成立するとき，次の手順で $f(z)$ は定数であることを示せ．
(1) 一致の定理より，$\delta > 0$ が存在して，$|z| < \delta$ において $f(z) = f\left(\dfrac{z}{z+1}\right)$ が成立する．
(2) $h(z) := f\left(\dfrac{1}{z}\right)$ は $|z| > \dfrac{1}{\delta}$ で正則であり，$h(z) = h(z+1)$ が成立する．これにより，関数 $h(z)$ は有界な整関数に解析接続される．

Liouville の定理を用いて，代数学の基本定理を証明しよう．複素関数論における定番の応用である．

定理 8.53 定数でない多項式は $\mathbb{C}$ において必ず根を持つ．

証明 $\mathbb{C}$ で根を持たない n 次多項式 ($n \geq 1$) があったとして，それを $P(z)$ とする．補題 3.25 より，$|P(z)|$ は $\mathbb{C}$ 全体で最小値 m を持ち，仮定より $m > 0$ である．このとき，$\left|\dfrac{1}{P(z)}\right| \leq \dfrac{1}{m}$ ($\forall z \in \mathbb{C}$) ゆえ，Liouville の定理から，$\dfrac{1}{P(z)}$ は定数関数となる．したがって，$P(z)$ も定数関数である． □

8.5　最大絶対値の原理と Morera の定理

定理 8.54（最大絶対値の原理） $f(z)$ は領域 $\mathscr{D}$ で正則とする．このとき，$\exists a \in \mathscr{D}$ s.t. $|f(a)| \geq |f(z)|$ ($\forall z \in \mathscr{D}$) $\implies$ $f(z)$ は定数関数．

証明 $f(a) = 0$ ならば $f(z)$ は $\mathscr{D}$ で恒等的に 0 であるから，以下 $f(a) \neq 0$ とする．また，$\delta > 0$ をとって，$D(a,\delta) \subset \mathscr{D}$ とする．このとき，$g(z) := \dfrac{f(z+a)}{f(a)}$ は $D(0,\delta)$ で正則であって，$|g(z)| \leq g(0) = 1$ をみたす．さて，$g(z)$ が定数関数ではないと仮定すると，番号 $k \geq 1$ が存在して，$g(z) = 1 + \sum_{n=k}^{\infty} b_n z^n$ ($b_k \neq 0$) と表される．したがって，$\dfrac{1}{b_k}$ の k 乗根の一つを ω とすると，$g(t\omega) = 1 + t^k + o(t^k)$ ($\mathbb{R} \ni t \to 0$) である．このとき，

$$\lim_{t \to +0} \frac{|g(t\omega)| - 1}{t^k} = \lim_{t \to +0} \frac{g(t\omega)\overline{g(t\omega)} - 1}{t^k(|g(t\omega)| + 1)} = \lim_{t \to +0} \frac{2 + o(1)}{|g(t\omega)| + 1} = 1.$$

ゆえに，$t > 0$ が十分小さいとき，$|g(t\omega)| > 1$ となって矛盾が生じる[4]．よって，$g(z)$ は $D(0, \delta)$ で恒等的に 1 に等しい．すなわち，$f(z) = f(a)$ が $D(a, \delta)$ で成り立つ．一致の定理より，$f(z)$ は $\mathscr{D}$ で定数である． □

系 8.55 $\mathscr{D}$ を有界領域とする．関数 f は $\mathscr{D}$ で正則であって，$\mathscr{D}$ の閉包 $\mathrm{Cl}(\mathscr{D})$ で連続であるとする．このとき，$|f|$ は最大値を $\mathscr{D}$ の境界 $\partial\mathscr{D}$ 上でとり，定数関数でなければ $\mathscr{D}$ で最大値をとることはない．

証明 系 3.24 により，$\mathrm{Cl}(\mathscr{D})$ で $|f|$ は最大値をとる．もしその最大値を $\mathscr{D}$ に属する点においてとるなら，定理 8.54 より，f は定数関数である． □

注意 8.56 大した手間の違いはないが，系 8.55 を使うと，問題 1.12 において，最初から $|z| = 1$ に限定できる．

問題 8.57 次の (1), (2) に答えよ．
(1) 関数 $f(z)$ は領域 $\mathscr{D}$ で正則とする．点 $a \in \mathscr{D}$ に対して $|f(a)| \leqq |f(z)|$ $(\forall z \in \mathscr{D})$ が成り立つなら，$f(a) = 0$ か $f(z)$ は $\mathscr{D}$ で定数関数である．これを示せ．
(2) (1) を用いて，代数学の基本定理を証明せよ．

問題 8.58 $f(z)$ は閉単位円板 $|z| \leqq 1$ を含む領域 $\mathscr{D}$ で正則とし，$f(0) = f'(0) = 0$ とする．$M := \max_{|z|=1} |f(z)|$ とおくとき，$|f(z)| \leqq M|z|^2$ $(|z| \leqq 1)$ が成り立つことを示せ．

問題 8.59 $\mathscr{D}$ を有界領域とする．関数 f, g は $\mathscr{D}$ の閉包 $\mathrm{Cl}(\mathscr{D})$ で連続であって決して 0 にならないものとし，$\mathscr{D}$ においては正則とする．このとき，$|f(z)| = |g(z)|$ $(\forall z \in \partial\mathscr{D})$ が成り立つなら，$|C| = 1$ である定数 C が存在して，$f = Cg$ となることを示せ．

定理 8.60 (Moreraの定理) 関数 $f(z)$ は領域 $\mathscr{D}$ で連続とする．任意の三角形閉域 $\Delta \subset \mathscr{D}$ とその周 C に対して $\int_C f(z)\,dz = 0$ が成り立つならば，$f(z)$ は $\mathscr{D}$ で正則である．

証明 $\forall a \in \mathscr{D}$ をとる．$r > 0$ をとって，$\overline{D}(a, r) \subset \mathscr{D}$ とする．定理 7.32 の証明のようにして，$f(z)$ は凸領域 $D(a, r)$ において原始関数 $F(z)$ を持つことがわかる．$F(z)$ は $D(a, r)$ で正則であり，正則関数の導関数として，$f(z)$ も $D(a, r)$ で正則である．$a \in \mathscr{D}$ は任意ゆえ，$f(z)$ は $\mathscr{D}$ で正則である． □

---
[4] 問題 3.26 の解と比べること．

以下，Morera の定理の応用を述べよう．

> **定理 8.61** 関数 $f_n(z)$ $(n = 1, 2, \ldots)$ は領域 $\mathscr{D}$ で正則であって，$\mathscr{D}$ の任意のコンパクト集合上で関数 $f(z)$ に一様収束するとき，次が成り立つ．
> (1) $f(z)$ も $\mathscr{D}$ で正則である．
> (2) 各導関数 $f_n^{(k)}(z)$ $(k = 1, 2, \ldots)$ も，$\mathscr{D}$ の任意のコンパクト集合上で $f^{(k)}(z)$ に一様収束する．

証明 (1) $\forall a \in \mathscr{D}$ をとり，$r > 0$ をとって，$\overline{D}(a, r) \subset \mathscr{D}$ とする．$D(a, r)$ に含まれる任意の三角形閉域を Δ とし，その周を C とすると，Cauchy の積分定理より，$\int_C f_n(z)\,dz = 0$．ここで，$f_n(z)$ は $\overline{D}(a, r)$ 上で $f(z)$ に一様収束しているので，定理 3.31 より $f(z)$ は連続である．さらに命題 7.45 より，積分と極限の順序交換ができて，$\int_C f(z)\,dz = 0$．よって，Morera の定理から，$f(z)$ は $D(a, r)$ で正則である．$a \in \mathscr{D}$ は任意であったから，$f(z)$ は $\mathscr{D}$ で正則である．(2) は演習問題とする． □

問題 8.62 定理 8.61 の (2) を示せ．

例 8.63 実変数の C^∞ 級関数の列では，定理 8.61 のようなことは一般に成り立たない．極端な例として，Weierstrass の関数がある．すなわち，$0 < a < 1$，かつ b は奇数で $ab > 1 + \frac{3}{2}\pi$ をみたすとする．このとき，収束する等比級数 $\sum_{k=0}^{\infty} a^k$ を優級数に持つので，次の右辺の級数は $\mathbb{R}$ 上で一様に絶対収束する．
$$f(x) := \sum_{k=0}^{\infty} a^k \cos(b^k \pi x) \qquad (x \in \mathbb{R}).$$
したがって，部分和 $S_n(x) := \sum_{k=0}^{n} a^k \cos(b^k \pi x)$ からなる C^∞ 級関数の列は $\mathbb{R}$ 上 $f(x)$ に一様収束するが，$f(x)$ はいたるところで微分不可能である．微分不可能であることの証明を知りたい人は，たとえば文献 [26, 11.22 節] が手短かにまとまっているので，参考になるだろう．最近出版された文献 [19] には，高木関数をはじめとするこの種の関数の例が掲載され，また研究の歴史についての解説もある．

8.5 最大絶対値の原理と Morera の定理

> **定理 8.64** $\mathscr{D}_1, \mathscr{D}_2$ を領域とし，C を領域 $\mathscr{D}_1$ 内の曲線とする．関数 $g(\xi, z)$ は $C \times \mathscr{D}_2$ 上の連続関数で，各 $\xi \in C$ を固定するごとに，$\mathscr{D}_2 \ni z \mapsto g(\xi, z)$ は正則であるとする．このとき，関数 $f(z) := \int_C g(\xi, z)\, d\xi$ は $\mathscr{D}_2$ で正則である．

証明 $z_0 \in \mathscr{D}_2$ と十分小さい $r_0 > 0$ をとり，$\overline{D}(z_0, r_0) \subset \mathscr{D}_2$ とする．このとき，任意の $z \in D(z_0, r_0)$ に対して，
$$f(z) - f(z_0) = \int_C \big(g(\xi, z) - g(\xi, z_0)\big)\, d\xi. \quad \cdots\cdots \text{①}$$
関数 g の $C \times \overline{D}(z_0, r_0)$ 上での一様連続性と，①から得られる
$$|f(z) - f(z_0)| \leqq L \sup_{\xi \in C} |g(\xi, z) - g(\xi, z_0)| \quad (L\text{ は }C\text{ の長さ})$$
から，f が z_0 で，したがって $\mathscr{D}_2$ で連続であることがわかる．

さて，$\mathscr{D}_2$ に含まれる任意の三角形閉域 Δ をとり，その周を $\partial\Delta$ とする．C も $\partial\Delta$ も区間でパラメータ付けできるので，実 2 変数連続関数の累次積分の順序変更可能性から[5]，
$$\int_{\partial\Delta} f(z)\, dz = \int_{\partial\Delta}\left(\int_C g(\xi, z)\, d\xi\right) dz = \int_C \left(\int_{\partial\Delta} g(\xi, z)\, dz\right) d\xi. \quad \cdots\cdots \text{②}$$
仮定と Cauchy の積分定理により，右端の項の内側の積分は 0 である．したがって左端の項が 0 になり，Morera の定理から，$f(z)$ は $\mathscr{D}_2$ で正則である．□

正則関数の族 $\{g_\xi\}_{\xi \in \Xi}$ をそのパラメータ ξ で積分するとき，上記②において積分の順序交換が可能であることを保証する条件として，定理 8.64 で 2 個の変数 ξ, z に関する連続性の仮定があった．連続性がないと，次の問題のような例があり，粗雑な議論に対する戒めになっている．

> **問題 8.65** $\xi \neq -z$ をみたす $\xi, z \in D(0, 1)$ に対して，$g(\xi, z) := \dfrac{1}{\pi}\dfrac{1}{\xi + z}$ と定義し，
> $$f(z) := \int_0^1 \left(\int_{-\pi}^{\pi} g(re^{i\theta}, z)\, d\theta\right) r\, dr$$
> とおくとき，$f(z) = \overline{z}\ (\forall z \in D(0, 1))$ であることを示せ．

---

[5] より詳しくは，$C = C_1 + \cdots + C_k$ となめらかな曲線に分割し，$\partial\Delta$ も 3 個の線分に分割しておくと，複素線積分の定義から，実 2 変数連続関数の累次積分の順序交換に帰着する．

第 9 章

Cauchy の積分定理（その 2）

9.1 回転数

複素数平面 $\mathbb{C}$ 内の領域 $\mathscr{D}$ を考え，C は $\mathscr{D}$ 内の閉曲線とする（単純とは限らない）．点 $p \notin C$ に関する閉曲線 C の**回転数** (winding number) $n(C,p)$ の定義から始めよう．

定義 9.1 各 $p \notin C$ に対して，$n(C,p) := \dfrac{1}{2\pi i} \displaystyle\int_C \dfrac{dz}{z-p}$ と定義する．

命題 9.2 $n(C,p) \in \mathbb{Z}$ である．

証明 曲線 C を $z = z(t)$ $(0 \leqq t \leqq 1)$ とし，$C = C_1 + \cdots + C_m$（各 C_j はなめらか）と表されていて，各 C_j は部分区間 $[t_{j-1}, t_j]$ $(0 = t_0 < t_1, \cdots < t_m = 1)$ に対応しているとする．このとき，$n(C,p) = \dfrac{1}{2\pi i} \displaystyle\sum_{j=1}^{m} \int_{t_{j-1}}^{t_j} \dfrac{z'(t)}{z(t)-p} dt$ である．各 $j = 1, \ldots, m$ に対して，関数

$$F_j(t) := \int_{t_{j-1}}^{t} \frac{z'(s)}{z(s)-p} ds \qquad (t \in [t_{j-1}, t_j])$$

を考えると，$n(C,p) = \dfrac{1}{2\pi i} \displaystyle\sum_{j=1}^{m} F_j(t_j)$ である．さて，$t_{j-1} < t < t_j$ のとき，

$$\frac{d}{dt}\{e^{-F_j(t)}(z(t)-p)\} = e^{-F_j(t)}\{-F_j'(t)(z(t)-p) + z'(t)\} = 0.$$

ゆえに, $e^{-F_j(t)}(z(t)-p)$ は $t \in [t_{j-1}, t_j]$ に関して定数. とくに,
$$e^{-F_j(t_j)}(z(t_j)-p) = e^{-F_j(t_{j-1})}(z(t_{j-1})-p) = z(t_{j-1})-p.$$
よって $e^{F_j(t_j)} = \dfrac{z(t_j)-p}{z(t_{j-1})-p}$ であり,しかも $z(t_m) = z(t_0)$ であるから,
$$e^{F_1(t_1)+\cdots+F_m(t_m)} = \frac{z(t_1)-p}{z(t_0)-p} \cdots \frac{z(t_m)-p}{z(t_{m-1})-p} = \frac{z(t_m)-p}{z(t_0)-p} = 1.$$
これより $F_1(t_1)+\cdots+F_m(t_m) \in 2\pi i \mathbb{Z}$ となり, $n(C,p) \in \mathbb{Z}$ である. □

例 9.3 点 p を通らない閉曲線 C が,正の値をとる C^1 級の関数 $r(t)$ と C^1 級の実数値関数 $\theta(t)$ を用いて, $z = z(t) = p + r(t)e^{i\theta(t)}$ $(a \leqq t \leqq b)$ と表されているとしよう.このとき,
$$z'(t) = r'(t)e^{i\theta(t)} + ir(t)\theta'(t)e^{i\theta(t)}$$
であるから,
$$n(C,p) = \frac{1}{2\pi i}\int_a^b \frac{1}{z(t)-p}\frac{dz}{dt}\,dt = \frac{1}{2\pi i}\int_a^b \frac{r'(t)}{r(t)}\,dt + \frac{1}{2\pi}\int_a^b \theta'(t)\,dt$$
$$= \frac{1}{2\pi i}\operatorname{Log}\frac{r(b)}{r(a)} + \frac{1}{2\pi}\bigl(\theta(b)-\theta(a)\bigr).$$
ここで, $r(a)e^{i\theta(a)} = r(b)e^{i\theta(b)}$ より, $r(a) = r(b)$, かつ $\theta(b)-\theta(a) \in 2\pi\mathbb{Z}$. よって, $n(C,p) = \dfrac{1}{2\pi}\bigl(\theta(b)-\theta(a)\bigr) \in \mathbb{Z}$ がわかる.一般性は欠けるが,この例によって,回転数のイメージがはっきりするであろう.

一般には,次の問題のように,角度の関数を『少しずつ』定義していって連続的につなぐ必要がある.簡単のため, $p=0$ とする.

> **問題 9.4** 閉曲線とは限らない曲線 $C: z = z(t)$ $(a \leqq t \leqq b)$ は原点を通らないとする.このとき,次の (1), (2) をみたす関数 $\theta(t)$ $(a \leqq t \leqq b)$ を定義できることを示せ.
> (1) θ は閉区間 $[a,b]$ で 1 価連続である.
> (2) 各 $t \in [a,b]$ において, $\theta(t) - \operatorname{Arg} z(t) \in 2\pi\mathbb{Z}$ が成り立つ.さらに,初期値 $\theta(a)$ を指定すれば,この θ は一意的に定まる.

例 9.3 や問題 9.4 において, $\theta(b) - \theta(a)$ は,曲線 C に沿って $z(a)$ から $z(b)$ に至るときに生じた偏角の増減量を表しているから,次の記法を導入しよう.

定義 9.5 原点を通らない曲線 $C : z = z(t)$ $(a \leqq t \leqq b)$ に対して，
$$\int_C d\arg z := \theta(b) - \theta(a).$$

そうすると，C が閉曲線であって，$p \notin C$ のとき，次式が成立する．
$$n(C, p) = \frac{1}{2\pi} \int_C d\arg(z - p). \tag{9.1}$$

あとで必要になる回転数の性質をまとめておこう．

補題 9.6 閉曲線 C に対して，次の (1)〜(3) が成り立つ．
(1) $[p, q] \cap C = \varnothing \implies n(C, p) = n(C, q)$.
(2) $\mathscr{D}_1 \cap C = \varnothing$ である任意の領域 $\mathscr{D}_1$ に対して，$\mathscr{D}_1 \ni p \mapsto n(C, p)$ は定数である．
(3) $|p|$ が十分大きければ，$n(C, p) = 0$.

証明 (1) $\left|\operatorname{Arg} \dfrac{z-p}{z-q}\right| < \pi \iff z \in \mathscr{D}_0 := \mathbb{C} \setminus [p, q]$ に注意して，
$$F(z) := \operatorname{Log} \frac{z-p}{z-q} \qquad (z \in \mathscr{D}_0)$$

を考えると，$F(z)$ は $\mathscr{D}_0$ で 1 価正則であって，$F'(z) = \dfrac{1}{z-p} - \dfrac{1}{z-q}$ となる[1]．すなわち，$F(z)$ は $\mathscr{D}_0$ における $\dfrac{1}{z-p} - \dfrac{1}{z-q}$ の原始関数であり，$C \subset \mathscr{D}_0$ ゆえ，
$$n(C, p) - n(C, q) = \frac{1}{2\pi i} \int_C \left(\frac{1}{z-p} - \frac{1}{z-q}\right) dz = 0.$$

(2) 任意の $p, q \in \mathscr{D}_1$ を $\mathscr{D}_1$ 内の折れ線で結ぶと，(1) に帰着する．
(3) 閉曲線 C は有界閉集合ゆえ，$R > 0$ が十分大きければ，
$$\{z \in \mathbb{C} \,;\, |z| > R\} \cap C = \varnothing.$$

---
[1] 直接微分してもよいが，$\operatorname{Re}(z-p) > 0$ かつ $\operatorname{Re}(z-q) > 0$ をみたす z に対して，$\operatorname{Log} \dfrac{z-p}{z-q} = \operatorname{Log}(z-p) - \operatorname{Log}(z-q)$ と変形して微分し，その結果を $\mathscr{D}_0$ に解析接続してもよい．問題 8.40 の (1) も参照．

$|p| > R$ とし，曲線 C の長さを L とすると，

$$|n(C,p)| \leq \frac{1}{2\pi} \int_C \frac{|dz|}{|z-p|} \leq \frac{L}{2\pi} \frac{1}{|p|-R} \to 0 \quad (|p| \to +\infty). \cdots ①$$

回転数 $n(C,p)$ は整数であるから，①は $|p|$ が十分大きければ $n(C,p) = 0$ であることを示している． $\square$

問題 9.7 回転数について，以下の問いに答えよ．
(1) 下左図のように，点 A (接点) を出発し，外側の周を反時計回りに 1 周して点 A に戻り，次に 8 字型の閉路を矢印に従って進んで，再び点 A に戻るなめらかな閉路を C_1 とする． $p = 3, -1, 1, i$ に対して， $n(C_1, p)$ を求めよ．
(2) 下右図のように，点 A (接点) を出発してまず右上に進み，次に矢印に従って進んで点 A に戻り，そこから右下に進んで矢印に従い，再び点 A に戻るなめらかな閉路を C_2 とする． $p = -1, 1, i$ に対して， $n(C_2, p)$ を求めよ．

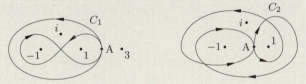

9.2 Cauchy の積分公式 (その 2)

以下，関数 f は領域 $\mathscr{D}$ で正則とし， $\mathscr{D} \times \mathscr{D}$ 上の関数 g を次で定義する．

$$g(w,z) := \begin{cases} \dfrac{f(w) - f(z)}{w - z} & (w, z \in \mathscr{D}, w \neq z) \\ f'(z) & (w = z \in \mathscr{D}) \end{cases} \tag{9.2}$$

明らかに， $g(z,w) = g(w,z)$ である．

補題 9.8 関数 g は $\mathscr{D} \times \mathscr{D}$ で連続で，一方の変数を固定するとき，他方の変数に関して正則である．

証明 $(w_0, z_0) \in \mathscr{D} \times \mathscr{D}$ とし， g は (w_0, z_0) で連続，かつ $z \mapsto g(w_0, z)$ は $z = z_0$ で複素微分可能であることを示そう ($g(z,w) = g(w,z)$ に注意)．
(1) $w_0 \neq z_0$ のとき．点 (w_0, z_0) の近傍 V で， $\mathscr{D} \times \mathscr{D}$ に含まれ，かつ V では

$w \neq z$ となっているものをとる．このときは，V において g の定義の第 1 式のみを使って議論できるので，結論は明らか．

(2) $w_0 = z_0$ のとき．$r > 0$ をとって $\overline{D}(z_0, r) \subset \mathscr{D}$ とし，$C_0 : |\zeta - z_0| = r$ とする．

(あ) $w, z \in D(z_0, r)$ かつ $w \neq z$ のとき．例題 8.46 の (1) と同様にして，
$$g(w, z) = \frac{f(w) - f(z)}{w - z} = \frac{1}{2\pi i} \int_{C_0} \frac{f(\zeta)}{(\zeta - w)(\zeta - z)} \, d\zeta. \quad \cdots\cdots \text{①}$$

(い) $w = z \in D(z_0, r)$ のときは，定義と導関数の積分表示（定理 8.14）より，
$$g(z, z) = f'(z) = \frac{1}{2\pi i} \int_{C_0} \frac{f(\zeta)}{(\zeta - z)^2} \, d\zeta.$$

ゆえに，$w = z$ の場合でも上記の $g(w, z)$ の表示式①が通用する．

まず，例題 7.25 を $\varphi(\zeta) := \dfrac{f(\zeta)}{\zeta - z_0}$ に適用して，$g(z_0, z)$ が $z = z_0$ で複素微分可能であることがわかる．次に，g が (z_0, z_0) で連続であることを示すために，
$$(\zeta - z_0)^2 - (\zeta - w)(\zeta - z) = (\zeta - z_0)\{(w - z_0) + (z - z_0)\} - (w - z_0)(z - z_0)$$
に注意すると，次式を得る．

$$g(w, z) - g(z_0, z_0)$$
$$= \frac{1}{2\pi i} \int_{C_0} f(\zeta) \left[\frac{(\zeta - z_0)\{(w - z_0) + (z - z_0)\} - (w - z_0)(z - z_0)}{(\zeta - w)(\zeta - z)(\zeta - z_0)^2} \right] d\zeta.$$

$(w, z) \to (z_0, z_0)$ のときを考えるので，w, z は $|w - z_0| < \frac{1}{2}r$，$|z - z_0| < \frac{1}{2}r$ をみたすとしてよい．このとき，各 $\zeta \in C_0$ に対して，
$$|\zeta - w| \geqq |\zeta - z_0| - |w - z_0| > r - \frac{r}{2} = \frac{r}{2}.$$
同様にして，$|\zeta - z| > \dfrac{r}{2}$ となるから，次の評価を得る．
$$|g(w, z) - g(z_0, z_0)| \leqq A\{r(|w - z_0| + |z - z_0|) + |w - z_0||z - z_0|\}.$$
ただし，$A := 4r^{-3} \sup_{\zeta \in C_0} |f(\zeta)|$．ゆえに，$g$ は (z_0, z_0) で連続である． □

さて，C を $\mathscr{D}$ 内の閉路とし，式 (9.2) の g に対して，次の関数 φ を考える．
$$\varphi(z) := \int_C g(w, z) \, dw \qquad (z \in \mathscr{D}). \tag{9.3}$$
補題 9.8 と定理 8.64 より，次の命題を得る．

命題 9.9　$\varphi(z)$ は $\mathscr{D}$ で正則である．

定理 9.10 (一般形の Cauchy の積分公式と Cauchy の積分定理)
閉路 $C \subset \mathscr{D}$ は $\forall p \notin \mathscr{D}$ に対して $n(C,p) = 0$ をみたすとする．このとき，
(1) $n(C, z) \cdot f(z) = \dfrac{1}{2\pi i} \displaystyle\int_C \dfrac{f(\zeta)}{\zeta - z}\, d\zeta \quad (\forall z \in \mathscr{D} \setminus C)$.
(2) $\displaystyle\int_C f(z)\, dz = 0$.

証明　(1) $\mathscr{E} := \{p \in \mathbb{C} \setminus C\,;\, n(C,p) = 0\}$ とおくと，補題 9.6 の (2), (3) より，$\mathscr{E}$ は $\mathbb{C}$ の空でない開集合であり，仮定により，$\mathbb{C} = \mathscr{D} \cup \mathscr{E}$ である．$\mathbb{C}$ は連結ゆえ，$\mathscr{D} \cap \mathscr{E} \neq \varnothing$ に注意．そして，
$$\psi(z) := \int_C \frac{f(w)}{w-z}\, dw \quad (z \in \mathscr{E}) \quad \cdots\cdots \text{①}$$
とおくと，例題 7.25 より $\psi(z)$ は $\mathscr{E}$ で正則である．さて，$z \in \mathscr{D} \setminus C$ ならば，式 (9.3) の関数 $\varphi(z)$ は
$$\varphi(z) = \int_C \frac{f(w)}{w-z}\, dw - f(z) \int_C \frac{dw}{w-z}$$
$$= \int_C \frac{f(w)}{w-z}\, dw - 2\pi i \cdot n(C, z) f(z) \quad \cdots\cdots \text{②}$$
となり，さらに $z \in \mathscr{D} \cap \mathscr{E}$ ならば，②と $\mathscr{E}$ の定義から $\varphi(z) = \psi(z)$ を得る．したがって，$\mathscr{D}$ 上の正則関数 φ を $\varphi(z) := \psi(z)\ (z \notin \mathscr{D})$ によって整関数に拡張できる．補題 9.6 の (3) より，$|z|$ が十分大きければ $z \in \mathscr{E}$ である．このとき，$\varphi(z)$ は①の表示を持つ．さらに，$M := \sup_{w \in C} |f(w)|$ とおき，L を閉路 C の長さとすると，①より，
$$|\varphi(z)| \leq \int_C \frac{|f(w)|}{|w-z|}\, |dw| \leq \frac{ML}{\text{dist}(z, C)} \to 0 \quad (|z| \to +\infty). \cdots \text{③}$$
とくに，整関数 $\varphi(z)$ は有界である．Liouville の定理から $\varphi(z)$ は定数関数であって，評価③からその定数は 0 である．したがって，②より，
$$n(C, z) \cdot f(z) = \frac{1}{2\pi i} \int_C \frac{f(w)}{w-z}\, dw \quad (z \in \mathscr{D} \setminus C).$$

(2) $a \in \mathscr{D} \setminus C$ を一つとると，(1) より，
$$\int_C f(z)\,dz = \int_C \frac{f(z)(z-a)}{z-a}\,dz = 2\pi i \cdot n(C,a) \cdot \Big[f(z)(z-a) \Big]_{z=a} = 0. \quad \square$$

問題 9.11 C が $\pm i$ を通らない閉路であるとき，$\displaystyle\int_C \frac{dz}{1+z^2}$ の可能な値をすべて見出せ．

注意 9.12 星形領域 $\mathscr{D}$ では，任意の閉路 $C \subset \mathscr{D}$ が定理 9.10 の条件をみたすことを注意しておこう．実際に $p \notin \mathscr{D}$ とすると，関数 $f(z) := \dfrac{1}{z-p}$ は $\mathscr{D}$ で正則であるから，定理 7.36 より，$n(C,p) = \dfrac{1}{2\pi i}\displaystyle\int_C \dfrac{dz}{z-p} = 0$ である．

9.3 単連結領域における Cauchy の積分定理

この節では，Cauchy の積分定理をこれまでとは違った形で述べる．以下，$\mathscr{D}$ は領域とする．まず，次の定義から始める．

定義 9.13 $C_0 : z = z_0(t)$, $C_1 : z = z_1(t)$ $(t \in [0,1])$ を $\mathscr{D}$ 内の二つの閉曲線とする．このとき，$\mathscr{D}$ において C_0 が C_1 に **連続可変**（あるいは **ホモトピー同値**）であるとは，次をみたす連続写像 $\Phi : [0,1] \times [0,1] \to \mathscr{D}$ が存在するときをいう．
$$\begin{cases} \Phi(0,t) = z_0(t) \text{ かつ } \Phi(1,t) = z_1(t) \ (\forall t \in [0,1]), \\ \Phi(s,0) = \Phi(s,1) \ (\forall s \in [0,1]). \end{cases}$$

このとき，各 $s \in [0,1]$ に対して，曲線 C_s を $C_s : z = z_s(t) := \Phi(s,t)$ と定義すると，これらの C_s は C_0 に始まって C_1 に至る連続閉曲線の連続な族をなしている．ただし注意すべきは，途中の連続閉曲線 C_s $(0 < s < 1)$ は単に連続というだけで，区分的になめらかであることを要求していないということである．実際の場面では，各 C_s も区分的になめらかにとれることが多いが，ここで述べる一般論としてはそうとは限らないことに注意しておく．

以下では，$\mathscr{D}$ において C_0 が C_1 に連続可変であるとき，$\boldsymbol{C_0 \sim C_1\ (\mathscr{D})}$ と書く．考えている領域が文脈から明らかなときは，$\mathscr{D}$ を省略して，単に $C_0 \sim C_1$ と書くこともある．この関係 $\sim$ が実際に同値関係であることを確かめるのは易しいので，読者に委ねよう．

9.3 単連結領域における Cauchy の積分定理

パラメータ $t \in [0,1]$ のすべてに対して $z(t) = c$（一定値）となるとき，すなわち，1 点 c を閉曲線と見るとき，それを **定値閉曲線** と呼ぶ．

定義 9.14 領域 $\mathscr{D}$ 内の閉曲線 C が $\mathscr{D}$ において定値閉曲線に連続可変であるとき，$C \sim 0\ (\mathscr{D})$ と表す．

定理 9.15 (**積分路変形の原理**)   領域 $\mathscr{D}$ 内にある二つの閉曲線 C_0, C_1 が $C_0 \sim C_1\ (\mathscr{D})$ をみたしているとする．このとき，$\mathscr{D}$ で正則な任意の関数 $f(z)$ に対して，$\int_{C_0} f(z)\,dz = \int_{C_1} f(z)\,dz$ が成り立つ．

定値閉曲線上の線積分は定義 7.6 より明らかに 0 であるから，定理 9.15 よりただちに次の定理を得る．

定理 9.16 (**ホモトピー版の Cauchy の積分定理**) $C \sim 0\ (\mathscr{D})$ のとき，$\mathscr{D}$ で正則な任意の関数 $f(z)$ に対して，$\int_C f(z)\,dz = 0$ が成立する．

以下，定理 9.15 の証明にとりかかるものとし，定義 9.13 における記号を使う．証明を始める前に，注意をしておこう．たとえば，右図の網かけをした領域を $\mathscr{D}$ とするような具体例では，C_0 と C_1 を線分 AB で結び，新たに閉路

$$\Gamma : \mathrm{B} \xrightarrow{C_1} \mathrm{B} \longrightarrow \mathrm{A} \xrightarrow{-C_0} \mathrm{A} \longrightarrow \mathrm{B}$$

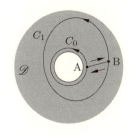

を作る[2]．このとき，$\forall p \notin \mathscr{D}$ に対して $n(\Gamma, p) = 0$ ゆえ，Cauchy の積分定理（定理 9.10）より，$\int_\Gamma f(z)\,dz = 0$ である．線分 AB を往復することで，AB に沿う積分は相殺されるので，結局，$\int_{C_0} f(z)\,dz = \int_{C_1} f(z)\,dz$．しかし，一般的な状況では，線分に限らずとも，このような区分的になめらかな『橋』を渡すことが可能かどうかは明らかではない．たとえば，$L : [0,1] \ni s \mapsto \Phi(s, \frac{1}{2})$

---

[2] 内部を左に見るのが正の向きゆえ，閉路 Γ の構成部品として考えるときは $-C_0$ が正の向きである．

としても，この L は区分的になめらかかどうか，したがってそれに沿う線積分が定義できるかどうかは明らかでない．また，連続変形の途中に現れる曲線 $C_s : z_s(t) = \Phi(s,t)$ も区分的になめらかとは限らないので，C_s に沿って積分することも一般にはできない．よって，C_s を折れ線で置き換えることを考える．

定理 9.15 の証明 Φ は $I := [0,1] \times [0,1]$ で連続であり，I は有界閉集合であるから，その像 $\Phi(I)$ は $\mathscr{D}$ に含まれる有界閉集合である．したがって，$d := \mathrm{dist}(\Phi(I), \mathbb{C} \setminus \mathscr{D})$ とおくと，命題 3.42 より $d > 0$ である．さらに，Φ の一様連続性から，自然数 n をとって，

$$(s-s')^2 + (t-t')^2 \leqq \frac{2}{n^2} \implies |\Phi(s,t) - \Phi(s',t')| < d$$

としておく．この n により，s, t が属する二つの閉区間 $[0,1]$ を n 等分し，

$$I_{jk} := \left[\frac{j}{n}, \frac{j+1}{n}\right] \times \left[\frac{k}{n}, \frac{k+1}{n}\right] \quad (j,k = 0,1,\ldots,n-1),$$

$$Z_{jk} := \Phi\left(\frac{j}{n}, \frac{k}{n}\right) \qquad (j,k = 0,1,\ldots,n)$$

とおく．このとき，明らかに $\Phi(I_{jk}) \subset D(Z_{jk}, d) \subset \mathscr{D}$ となる．各 $k = 0, 1, \ldots, n-1$ に対して，次の各点を線分で結んで作る折れ線閉路

$$R_{jk} : Z_{jk} \to Z_{j+1,k} \to Z_{j+1,k+1} \to Z_{j,k+1} \to Z_{jk}$$

を考える．開円板 $D(Z_{jk}, d)$ は凸集合であるから，$R_{jk} \subset D(Z_{jk}, d)$ である．ゆえに，凸領域における Cauchy の積分定理（定理 7.32）から，$\int_{R_{jk}} f(z)\,dz = 0$ を得る．各 $j = 0,1,\ldots,n$ に対して，次の各点を線分で結んで作る折れ線閉路 $Q_j : Z_{j0} \to Z_{j1} \to \cdots \to Z_{jn} = Z_{j0}$ を考える．この Q_j を，連続変形 $C_0 \to C_1$ の途中で現れる閉曲線 $C_{j/n}$ の代替閉路として用いる．そして，

$$\int_{C_0} f(z)\,dz = \int_{Q_0} f(z)\,dz = \int_{Q_1} f(z)\,dz = \cdots = \int_{Q_n} f(z)\,dz = \int_{C_1} f(z)\,dz$$

を示すことで証明が終わる．

まず，積分路を C_0 から Q_0 へ乗り換えることについて見てみよう．右図に示してあるよ

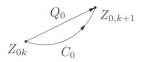

うに，各 $k = 0, 1, \ldots, n-1$ について，C_0 の部分弧 $\overparen{Z_{0k} Z_{0,k+1}}$ から線分積分路への乗り換えは，凸領域 $D(Z_{0k}, d)$ において Cauchy の積分定理を適用することでわかる．それらを $k = 0$ から $k = n-1$ にわたって足し合わせれば，積分路の C_0 から Q_0 への乗り換えが完成する．最終段階の Q_n から C_1 への乗り換えも同様である．段階途中の Q_j から Q_{j+1} への乗り換えは，下の模式図により読者自ら詳細を補ってほしい． □

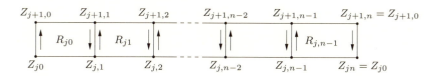

命題 9.17 $C \sim 0\ (\mathscr{D}) \implies n(C, p) = 0\ (\forall p \in \mathbb{C} \setminus \mathscr{D})$.

証明 定理 9.16 を関数 $f(z) := \dfrac{1}{z-p}\ (p \in \mathbb{C} \setminus \mathscr{D})$ に適用する． □

注意 9.18 命題 9.17 の逆が成立しないことは，問題 9.7 の閉路 C_2 を $\mathscr{D} := \mathbb{C} \setminus \{-1, 1\}$ で考えることでわかる．この閉路 C_2 を **Pochhammer の閉路**（ポッホハンマー）と呼ぶことがあり，特殊関数の積分表示などで現れることがある（文献 [3] の 5 節等参照）．

定義 9.19 領域 $\mathscr{D}$ が **単連結 (simply connected)** であるとは，$\mathscr{D}$ 内の任意の連続閉曲線 C が $C \sim 0\ (\mathscr{D})$ をみたすことである．

定理 9.16 から，次の定理を得る．

定理 9.20 (単連結領域における Cauchy の積分定理)
$\mathscr{D}$ を単連結な領域とする．このとき，任意の閉路 $C \subset \mathscr{D}$ と $\mathscr{D}$ で正則な任意の関数 $f(z)$ に対して，$\displaystyle\int_C f(z)\,dz = 0$ である．

定理 9.20 と命題 7.22 を合わせて，次の定理を得る．

定理 9.21 単連結な領域 $\mathscr{D}$ においては，$\mathscr{D}$ で正則な任意の関数は $\mathscr{D}$ で原始関数を持つ．

問題 9.22 点 a に関して星形である領域 $\mathscr{D}$ は単連結であることを示せ．とくに，凸領域は単連結である．

例 9.23 (1) 複素数平面から 1 点 p を取り除いた領域 $\mathbb{C} \setminus \{p\}$ は単連結ではない．このことは，$C : z = p + e^{i\theta}$ ($0 \leqq \theta \leqq 2\pi$) とするとき，$n(C, p) = 1$ と命題 9.17 より明らかである．同様に，$\mathbb{C}$ から有限個の点を取り除いた領域も単連結ではない．よって，対偶を考えて，単連結な領域は穴があいていないことがわかる．この逆も成立するが，その複素関数論的な証明は Riemann の写像定理を使う（文献 [9], [12] 等参照）．

(2) 問題 9.22 より，領域 $\mathscr{D}_0 := \mathbb{C} \setminus (-\infty, 0]$ は単連結である．5.4 節で述べたように，$\mathscr{D}_0$ で正則な関数 $\dfrac{1}{z}$ の $\mathscr{D}_0$ における原始関数で，$z = 1$ で 0 となるものとして，$\mathrm{Log}\, z$ がある．もちろん，式 (5.10) で定義される領域 $\mathscr{D}_{\theta_0}$ における $\log_{\theta_0}$ （式 (5.11) 参照）についても，同様のことが言える．

定理 9.21 より，次の有用な命題が導かれる．

命題 9.24 $\mathscr{D}$ を単連結な領域とし，$f(z)$ は $\mathscr{D}$ 上の正則関数で，零点を持たないとする．このとき，$\mathscr{D}$ 上の正則関数 $g(z)$ で $f(z) = e^{g(z)}$ ($\forall z \in \mathscr{D}$) をみたすものが存在する．また，$z_0 \in \mathscr{D}$ と $w_0 \in \mathbb{C}$ をとって $e^{w_0} = f(z_0)$ とするとき，$g(z_0) = w_0$ となるように $g(z)$ をとることができる．

証明 仮定より，$h(z) := \dfrac{f'(z)}{f(z)}$ は $\mathscr{D}$ で正則であるから，定理 9.21 より，$h(z)$ は $\mathscr{D}$ で原始関数 $H(z)$ を持つ．このとき，

$$(f(z)e^{-H(z)})' = (f'(z) - f(z)H'(z))e^{-H(z)} = 0 \qquad (\forall z \in \mathscr{D}).$$

ゆえに，定数 $C \in \mathbb{C}$ が存在して，$f(z) = Ce^{H(z)}$ となる．$z = z_0$ とおいて $C = e^{w_0}e^{-H(z_0)}$ を得るから，$g(z) := H(z) - H(z_0) + w_0$ とおけばよい．□

第10章

孤立特異点

10.1 定義と分類

この章でも $\mathscr{D}$ は領域とする.

> **定義 10.1** $c \in \mathscr{D}$ とし,$f(z)$ は $\mathscr{D} \setminus \{c\}$ で定義された関数とする.c が $f(z)$ の **孤立特異点** (isolated singularity)
> $\stackrel{\text{def}}{\iff} \exists R > 0$ s.t. $0 < |z-c| < R$ で $f(z)$ は正則.

例 10.2 関数 $\dfrac{e^{iz}-1}{z}$,$\dfrac{1}{z^2(z^3-1)}$,$e^{1/z}$ について,いずれも $z=0$ は孤立特異点である.ただし,すでに例題 7.40 の直前で見たように,$\dfrac{e^{iz}-1}{z}$ は実際には整関数である.このような場合のための用語を導入しよう.

> **定義 10.3** $c \in \mathscr{D}$ は $f(z)$ の孤立特異点であるとする.この c が $f(z)$ の **除去可能特異点** (removable singularity) であるとは,$f(z)$ が $z=c$ を含む領域上の正則関数に解析接続できるときをいう.

注意 10.4 結局のところ,$f(z)$ の除去可能特異点 $z=c$ とは,$f(c)$ が定義できて,$z=c$ の近傍で $f(z)$ が正則になる点のことである.除去可能特異点のことを正則点と呼ぶ本もある一方で,複素微分可能な点を正則点と呼ぶ本もある[1]).これらは regular point の訳語としての正則点であり,英語では holomorphic point という用語はない.初学者に無用の混乱を引き起こしかね

---

[1]) 後者がよくない用語法であるのは,例題 6.7 とその解説を参照.

ないので，本書では正則点という言葉は用いない．異なる二つの英単語 regular と holomorphic に同一の訳語を充てた弊害がここに現れている．なお，後述の注意 10.28 も参照．

孤立特異点の回りで，Taylor 級数を一般化する形で関数を展開しよう．そこでは，$\sum_{n=-\infty}^{\infty} \alpha_n$ と表される，∞ と $-\infty$ の両方にのびる級数が現れる．この収束に関しては，無限区間 $(-\infty, +\infty)$ 上の広義積分のときと同様に，$\sum_{n=-\infty}^{-1} \alpha_n$ と $\sum_{n=0}^{\infty} \alpha_n$ の両方の無限級数が独立に収束することを要求する．

汎用性を高めるために，孤立特異点より少し一般化した状況を扱う．

定義 10.5 複素数 c と $0 \leqq R_1 < R_2 \leqq +\infty$ に対して，領域
$$\mathscr{A}(c; R_1, R_2) := \{z \in \mathbb{C} \,;\, R_1 < |z-c| < R_2\}$$
を，c を中心とする**円環領域** (annular domain) と呼ぶ．

定理 10.6（円環領域における Laurent(ローラン) 級数展開）
関数 $f(z)$ は c を中心とする円環領域 $\mathscr{A}(c; R_1, R_2)$ で正則とする．このとき，$f(z)$ は次の級数展開を持つ．
$$f(z) = \sum_{n=-\infty}^{\infty} a_n (z-c)^n \quad (z \in \mathscr{A}(c; R_1, R_2)). \quad \cdots\cdots \text{①}$$
さらに，次の (1), (2) が成立する．
(1) $R_1 < r_1 \leqq r_2 < R_2$ をみたす任意の r_1, r_2 に対して，級数①は $r_1 \leqq |z-c| \leqq r_2$ において一様に絶対収束する．
(2) 各 a_n は $f(z)$ により一意的に定まる．

とくに，$R_1 = 0$ かつ $R_2 = R$ であるときの
$$f(z) = \sum_{n=-\infty}^{\infty} a_n (z-c)^n \quad (0 < |z-c| < R) \tag{10.1}$$
を，孤立特異点 $z = c$ における $f(z)$ の **Laurent 級数展開**という．

定理 10.6 の証明 記述を簡単にするため，証明では $c = 0$ としよう．

10.1 定義と分類

まず，展開の一意性から示そう．定理の (1) をみたす展開式①を関数 $f(z)$ が持つならば，$R_1 < r < R_2$ をみたす r をとると，級数①は $|z| = r$ 上で一様収束している．よって，積分との順序交換ができる．例 7.9 における計算により各 $m, n \in \mathbb{Z}$ に対して，$\dfrac{1}{2\pi i} \displaystyle\int_{|z|=r} z^{n-m-1}\, dz = \delta_{nm}$ （Kronecker のデルタ）であるから，

$$\frac{1}{2\pi i} \int_{|z|=r} \frac{f(z)}{z^{m+1}}\, dz = \frac{1}{2\pi i} \sum_{n=-\infty}^{\infty} a_n \int_{|z|=r} z^{n-m-1}\, dz = a_m.$$

ゆえに，a_m は $f(z)$ により一意に定まる．積分路変形の原理により，a_m は $R_1 < r < R_2$ をみたす r には依存しないことに注意しておく．

次に展開の存在を示そう．$R_1 < r_1 \leqq r_2 < R_2$ とし，z は $r_1 \leqq |z| \leqq r_2$ をみたしているとする．そして，ε と ρ を $R_1 < \varepsilon < r_1$ かつ $r_2 < \rho < R_2$ をみたすようにとっておくと，Cauchy の積分公式から次式が成り立つ[2)]（右図で $|\zeta| = \varepsilon$ と $|\zeta| = \rho$ との橋渡しの線分上の線積分が，そこを往復することにより相殺される）．

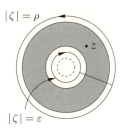

$$f(z) = \frac{1}{2\pi i} \int_{|\zeta|=\rho} \frac{f(\zeta)}{\zeta - z}\, d\zeta - \frac{1}{2\pi i} \int_{|\zeta|=\varepsilon} \frac{f(\zeta)}{\zeta - z}\, d\zeta. \quad \cdots\cdots \text{②}$$

ここで $\varepsilon < |z| < \rho$ より，

(あ) $|\zeta| = \rho$ のとき，$\dfrac{f(\zeta)}{\zeta - z} = \dfrac{f(\zeta)}{\zeta} \dfrac{1}{1 - \dfrac{z}{\zeta}} = \dfrac{f(\zeta)}{\zeta} \displaystyle\sum_{n=0}^{\infty} \dfrac{z^n}{\zeta^n} \quad \cdots\cdots \text{③}$

（$|\zeta^{-1}z| = \rho^{-1}|z| < 1$ より，③の右端の級数は $|\zeta| = \rho$ 上で一様収束する）．

(い) $|\zeta| = \varepsilon$ のとき，$-\dfrac{f(\zeta)}{\zeta - z} = \dfrac{f(\zeta)}{z} \dfrac{1}{1 - \dfrac{\zeta}{z}} = \dfrac{f(\zeta)}{z} \displaystyle\sum_{n=0}^{\infty} \dfrac{\zeta^n}{z^n} \quad \cdots\cdots \text{④}$

（$|\zeta z^{-1}| = \varepsilon|z|^{-1} < 1$ より，④の右端の級数は $|\zeta| = \varepsilon$ 上で一様収束する）．

よって，②で項別積分をすることが許されて，

$$f(z) = \frac{1}{2\pi i} \sum_{n=0}^{\infty} z^n \int_{|\zeta|=\rho} \frac{f(\zeta)}{\zeta^{n+1}}\, d\zeta + \frac{1}{2\pi i} \sum_{n=0}^{\infty} \frac{1}{z^{n+1}} \int_{|\zeta|=\varepsilon} f(\zeta) \zeta^n\, d\zeta.$$

[2)] 内部の z を左側に見るのが正の向き．

ここで，$n = 0, 1, 2, \ldots$ に対して，

$$a_n := \frac{1}{2\pi i} \int_{|\zeta|=\rho} \frac{f(\zeta)}{\zeta^{n+1}} \, d\zeta, \quad a_{-n-1} := \frac{1}{2\pi i} \int_{|\zeta|=\varepsilon} f(\zeta) \zeta^n \, d\zeta \quad \cdots\cdots \text{⑤}$$

とおくと，級数展開①を得ていることになる．級数①の収束の一様性に関する主張 (1) は，$M_s := \max_{|z|=s} |f(z)|$ とおくと，⑤より，

$$|a_n z^n| \leqq M_\rho \left(\frac{r_2}{\rho}\right)^n, \quad \left|\frac{a_{-n-1}}{z^{n+1}}\right| \leqq M_\varepsilon \left(\frac{\varepsilon}{r_1}\right)^{n+1} \quad (n = 0, 1, \ldots)$$

という評価を得ることによる． □

証明の最初に現れた係数の表示式を，引用のため，一般の c で書き出しておく．$R_1 < r < R_2$ をみたす任意の r に対して，

$$a_n = \frac{1}{2\pi i} \int_{|\zeta-c|=r} \frac{f(\zeta)}{(\zeta-c)^{n+1}} \, d\zeta \quad (n = 0, \pm 1, \pm 2, \ldots). \tag{10.2}$$

$n = -1$ のときは，$f(z)$ の積分値を表す式になるので，次の形で独立に抜き出しておこう．後述の定理 10.29 でもう少し一般化した形で述べる．

系 10.7 孤立特異点 $z = c$ における $f(z)$ の Laurent 級数展開の式 (10.1) における $(z-c)^{-1}$ の係数 a_{-1} に対して，次式が成立する．

$$\frac{1}{2\pi i} \int_{|\zeta-c|=r} f(\zeta) \, d\zeta = a_{-1} \quad (0 < r < R).$$

定義 10.8 関数 $f(z)$ の Laurent 級数展開の式 (10.1) における $(z-c)^{-1}$ の係数 a_{-1} を，孤立特異点 $z = c$ における $f(z)$ の留数 (residue) と呼ぶ．記号で $\operatorname*{Res}_{z=c} f(z)$，または微分形式の形で $\operatorname*{Res}_{z=c} f(z) \, dz$ と表す．

注意 10.9 留数を表す記号は，微分形式で書く方が合理的である（後述の例 10.35 参照）．とくに，後述の無限遠点における留数を無理なく自然に定義できる利点がある（定義 11.11）．しかし，多くの本が微分形式でない記法を用いている現状を鑑みて，本書では有限の点，すなわち複素数平面上の点における留数は，微分形式でない記法を採ることにする．

問題 10.10 関数 $f(z) := \dfrac{z}{(z-1)(z-3)}$ について，円環領域 $\mathscr{A}(0; 0, 1)$, $\mathscr{A}(0; 1, 3)$, $\mathscr{A}(0; 3, +\infty)$ における Laurent 級数展開を求めよ．

10.1 定義と分類

問題 10.11 級数 $\sum_{n=-\infty}^{\infty} a_n z^n$ がある円環領域 $\mathscr{A}(0; R_1, R_2)$ $(R_1 < R_2)$ で収束するためには，次の不等式がみたされることが必要十分である．これを示せ．
$$\limsup_{n\to\infty} \sqrt[n]{|a_{-n}|} < \left(\limsup_{n\to\infty} \sqrt[n]{|a_n|}\right)^{-1}.$$

問題 10.12 $z = 0$ は関数 $f(z)$ の孤立特異点とする．さらに，定数 α $(0 < |\alpha| < 1)$ に対して，$f(z)$ は関数方程式 $f(z) = zf(\alpha z)$ をみたすとする．$z = 0$ における $f(z)$ の Laurent 級数展開の定数項が 1 に等しいとき，$f(z) = \sum_{n=-\infty}^{\infty} \alpha^{n(n-1)/2} z^n$ $(0 < |z| < +\infty)$ であることを示せ．また，$f(-\alpha) = 0$ となることも示せ．

孤立特異点 $z = c$ における関数 $f(z)$ の Laurent 級数展開を式 (10.1) とする．その負ベキの部分の級数 $\sum_{n=-\infty}^{-1} a_n(z-c)^n$ を孤立特異点 $z = c$ における $f(z)$ の**特異部** (singular part)，または**主要部** (principal part) という．本書では特異部の方を用いる．

問題 10.13 関数 $f(z) := \dfrac{1}{(z-1)^3(z-2)^2}$ の各孤立特異点における特異部を求めよ．

命題 10.14 関数 $f(z)$ の孤立特異点 $z = c$ が除去可能特異点であるための必要十分条件は，その特異部が 0 となることである．

証明 関数 $f(z)$ の孤立特異点 $z = c$ が除去可能特異点ならば，$f(z)$ は $z = c$ を含む領域で正則な関数 $g(z)$ に解析接続される．このとき，$n = 1, 2, \ldots$ に対して，式 (10.2) と Cauchy の積分定理より，
$$a_{-n} = \frac{1}{2\pi i}\int_{|\zeta-c|=r} g(\zeta)(\zeta-c)^{n-1}\,d\zeta = 0.$$
逆に特異部が 0 ならば，$g(z) := \sum_{n=0}^{\infty} a_n(z-c)^n$ が $z = c$ を含む領域への $f(z)$ の解析接続を与えている． □

例題 10.15 関数 $f(z)$ は $D(c,R) \setminus \{c\}$ $(R > 0)$ で正則であって有界であるとする．このとき，$z = c$ は $f(z)$ の除去可能特異点であることを，Laurent 級数展開の負ベキの係数を評価することにより示せ．

解説 除去可能特異点であることは，後述の命題 10.19 と問題 10.27 からもわかるが，ここでは問題の指示に従うことにする．

解 任意の正数 $r < R$ に対して，式 (10.2) が成り立つ．仮定より，定数 $M > 0$ をとって，$|f(z)| \leqq M$ $(0 < |z - c| < R)$ とすると，

$$|a_n| \leqq \frac{1}{2\pi} \int_{|\zeta - c| = r} \frac{|f(\zeta)|}{|\zeta - c|^{n+1}} |d\zeta| \leqq M r^{-n}.$$

ここで，$n < 0$ ならば，$r \to +0$ として $Mr^{-n} \to 0$ を得るので，$a_n = 0$ である．ゆえに，$z = c$ における $f(z)$ の特異部は 0 となって，$z = c$ は $f(z)$ の除去可能特異点である． □

> **問題 10.16** 関数 $f(z)$ は $\mathscr{D} := D(0, 1) \setminus \{0\}$ で正則であるとする．広義積分
>
> $$I := \iint_{\mathscr{D}} |f'(x + iy)|^2 \, dxdy$$
>
> が収束するなら，$z = 0$ は $f(z)$ の除去可能特異点であることを示せ．

特異部が消えない場合を考えよう．

> **定義 10.17** 孤立特異点 $z = c$ における $f(z)$ の Laurent 級数展開を式 (10.1) とする．
>
> (1) $k \geqq 1$, $a_{-k} \neq 0$ に対して，特異部が
>
> $$\frac{a_{-k}}{(z-c)^k} + \cdots + \frac{a_{-1}}{z - c} \tag{10.3}$$
>
> となるとき，$z = c$ は $f(z)$ の **k 位の極** (pole of order k) であるという．1 位の極を**単純極** (simple pole) ともいう．また，**位数** k に言及しないで，$z = c$ は $f(z)$ の**極**であるともいう．
>
> (2) 0 でない a_{-n} $(n = 1, 2, \ldots)$ が無数にあるとき，$z = c$ は $f(z)$ の**真性特異点** (essential singularity) であるという．

例 10.18 (1) 関数 $f(z) = \dfrac{1}{z^2(z^3 - 1)}$ を考える．$0 < |z| < 1$ のとき，

$$f(z) = -\frac{1}{z^2} \sum_{n=0}^{\infty} z^{3n} = -\frac{1}{z^2} - \sum_{n=1}^{\infty} z^{3n-2}$$

であるから，$z = 0$ は $f(z)$ の 2 位の極である．慣れてきたら，$g(z) := \dfrac{1}{z^3 - 1}$

は $|z|<1$ で正則であって $g(0)=-1\neq 0$ ゆえ，$z=0$ は $f(z)=\dfrac{g(z)}{z^2}$ の 2 位の極である，と判定するようにしよう．

(2) 関数 $f(z):=e^{1/z}$ を考える．$f(z)=1+\sum_{n=1}^{\infty}\dfrac{1}{n!}\dfrac{1}{z^n}\ (z\neq 0)$ ゆえ，$z=0$ は $f(z)$ の真性特異点である．

> **命題 10.19** $z=c$ が $f(z)$ の極ならば，$\lim_{z\to c}|f(z)|=+\infty$ である．

証明 $a_{-k}\neq 0$ として，式 (10.3) が $f(z)$ の特異部であるとする．このとき，$\lim_{z\to c}(z-c)^k f(z)=a_{-k}\neq 0$ であるから，
$$\lim_{z\to c}|f(z)|=\lim_{z\to c}\frac{|(z-c)^k f(z)|}{|z-c|^k}=+\infty. \qquad\square$$

零点と極の間の関係を述べよう．まず，零点の位数を定義しておく．

> **定義 10.20** $z=c$ が正則関数 $f(z)$ の **k 位の零点**[3]
> $$\stackrel{\text{def}}{\Longleftrightarrow} f(c)=f'(c)=\cdots=f^{(k-1)}(c)=0 \text{ かつ } f^{(k)}(c)\neq 0.$$
> k のことをこの零点の **位数** という．また，1 位の零点を **単純零点** ともいう．

$z=c$ を中心とするベキ級数展開を考え，$(z-c)^k$ でくくり出すことにより，次のことがわかる．

- $z=c$ が $f(z)$ の k 位の零点
  $\iff \begin{cases} z=c \text{ の近傍で正則で } g(c)\neq 0 \text{ をみたす関数 } g(z) \text{ によって，}\\ f(z) \text{ は } f(z)=(z-c)^k g(z) \text{ と表される．}\end{cases}$

> **定理 10.21** $z=c$ は $f(z)$ の k 位の零点
> $$\iff z=c \text{ は } \frac{1}{f(z)} \text{ の } k \text{ 位の極．}$$

証明 $f(z)=(z-c)^k g(z)\ (g(c)\neq 0)$ ならば，$\dfrac{1}{f(z)}=\dfrac{1}{(z-c)^k}\dfrac{1}{g(z)}$ で

---
[3] 零関数以外の正則関数の零点は孤立していることを思い出すこと（命題 8.42）．

あり，逆に，$\dfrac{1}{f(z)} = \dfrac{h(z)}{(z-c)^k}$ ($h(c) \neq 0$) ならば，$f(z) = \dfrac{(z-c)^k}{h(z)}$ であることからわかる． □

次の有用な系の証明の詳細は読者に委ねる．

系 10.22 二つの正則関数 $g(z), h(z)$ は $z = c$ がそれぞれ k 位，l 位の零点であるとし，$f(z) := \dfrac{g(z)}{h(z)}$ を考える．
(1) $k > l$ ならば，$z = c$ は $f(z)$ の $(k-l)$ 位の零点．
(2) $k = l$ ならば，$z = c$ は $f(z)$ の除去可能特異点であって，$f(c) \neq 0$．
(3) $k < l$ ならば，$z = c$ は $f(z)$ の $(l-k)$ 位の極．

例題 10.23 関数 $f(z) := \dfrac{\sin z - ze^z}{(1-\cos z)\sin z}$ の孤立特異点 $z = 0$ の性質を調べよ．

解 $g_j(0) \neq 0$ である整関数 $g_j(z)$ ($j = 1, \ldots, 5$) を用いて，
$$1 - \cos z = z^2 g_1(z), \qquad \sin z = z g_2(z),$$
$$\sin z - z e^z = z - z^3 g_3(z) - z\bigl(1 + z g_4(z)\bigr) = z^2 g_5(z)$$
と表されるから，$z = 0$ は $f(z)$ の単純極である． □

問題 10.24 関数 $f(z) := \dfrac{\sin \pi z}{2e^{z-1} - z^2 - 1}$ の孤立特異点 $z = 1$ の性質を調べよ．

問題 10.25 整関数 $f(z), g(z)$ が不等式 $|f(z)| \leq |g(z)|$ ($\forall z \in \mathbb{C}$) をみたしているとき，$|C| \leq 1$ である定数 $C \in \mathbb{C}$ が存在して，$f = Cg$ となることを示せ．

解説 ここでは，例題 10.15 の結論を用いずに，次を示すことにより，解いてみよ．『$z = c$ が $g(z)$ の k 位の零点 $\Longrightarrow$ $z = c$ は $f(z)$ の k 位以上の零点』．

孤立特異点 $z = c$ が $f(z)$ の真性特異点である場合，$z \to c$ のときの $f(z)$ の挙動は複雑である．まず例で見てみよう．

例 10.26 関数 $f(z) = e^{1/z}$ を考える．例 10.18 の (2) で見たように，$z = 0$ は真性特異点であって，

(1) $f\left(\dfrac{1}{n}\right) = e^n \to +\infty$ ($n \to \infty$), (2) $f\left(-\dfrac{1}{n}\right) = e^{-n} \to 0$ ($n \to \infty$),

(3) $\forall \alpha \in \mathbb{C} \setminus \{0\}$ に対して，$\alpha = e^\beta$ となる $\beta \in \mathbb{C}$ を 1 個とって，$z_n := \dfrac{1}{\beta + 2n\pi i}$ とおくと，$n \to \infty$ のとき $z_n \to 0$, かつ $f(z_n) = \alpha$ $(\forall n)$.

さて $z = c$ が $f(z)$ の真性特異点であるとき，次の問題 10.27 にある状況になっていることが証明できる．したがって，

$$\forall \alpha \in \mathbb{C}, \exists \{z_n\} \text{ s.t. } \lim_{n \to \infty} z_n = c \text{ かつ } \lim_{n \to \infty} f(z_n) = \alpha.$$

> **問題 10.27** 関数 $f(z)$ は領域 $D(c, R) \setminus \{c\}$ で正則であって，孤立特異点 $z = c$ は真性特異点であるとする．このとき，任意の r $(0 < r < R)$ に対して，$\mathrm{Cl}(f(D(c,r) \setminus \{c\})) = \mathbb{C}$ であることを示せ．

さらに，次の Picard（ピカール）の定理がある．すなわち，$z = c$ が $f(z)$ の真性特異点であるときは，高々一つの例外値を除いて，任意の複素数を $z = c$ の各近傍において $f(z)$ は無限回とる．例 10.26 の (3) では，$e^{1/z} = 0$ となる $z \in \mathbb{C}$ はないので，0 が除外値である．Picard の定理は本書では扱わないので，興味のある人は，たとえば文献 [14], [17] 等を参照してほしい．

注意 10.28 関数が収束べキ級数に展開できない点を，その関数の**特異点** (**singular point**) という．一方，孤立特異点は isolated singularity の訳語である．特異点という訳語を singularity という単語にも充ててしまったので，初学者に混乱を生じさせかねない状況になっている．孤立特異点と呼んでいる isolated singularity は，『特異性を帯びている点で孤立しているもの』というニュアンスだと思う．したがって，特異性を帯びていても，時としてそれを除去 (remove) することが可能なのである．すでに十分に普及してしまっている用語なのでいまさら仕方がないが，対策として，孤立した特異点や除去可能な特異点ではなく，孤立特異点や除去可能特異点という分割不可能な一つの単語と考えることにしよう．また，孤立していない特異点もある．たとえば，$\tan \dfrac{1}{z}$ は特異点 $z = 0$ に孤立特異点 $z_n := \dfrac{1}{(\frac{1}{2} + n)\pi}$ $(n = 0, \pm 1, \pm 2, \dots)$ が集積する．さらに $f(z) := \mathrm{Log}\, z$ については，$z = 0$ で定義できないので $z = 0$ は特異点であるが，$r > 0$ をどんなに小さくとっても，$f(z)$ を $0 < |z| < r$ における 1 価正則関数に拡張できない（注意 7.23 参照）．

10.2 留数定理

留数定理の状況設定

$\alpha_1, \ldots, \alpha_N \in \mathscr{D}$ とし，関数 $f(z)$ は領域 $\mathscr{D}_0 := \mathscr{D} \setminus \{\alpha_1, \ldots, \alpha_N\}$ で正則とする．閉路 C は $\alpha_1, \ldots, \alpha_N$ を囲ん

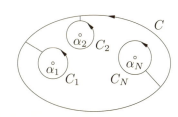

で反時計回りに 1 周する $\mathscr{D}_0$ 内の単純閉路とする（前ページの図のように，内部が図から明らかなシンプルな形状のものとする）．

> **定理 10.29（留数定理）** $$\frac{1}{2\pi i}\int_C f(z)\,dz = \sum_{j=1}^{N} \operatorname*{Res}_{z=\alpha_j} f(z).$$

証明 まず，各 α_j を中心として，内部に $f(z)$ の他の孤立特異点が入らないように，C の内部に小円 $C_j \subset \mathscr{D}_0$ を描く．次に，C と各 C_j の間に線分で往復路を渡す．そうすると，積分路変形の原理と系 10.7 から，

$$\frac{1}{2\pi i}\int_C f(z)\,dz = \frac{1}{2\pi i}\sum_{j=1}^{N}\int_{C_j} f(z)\,dz = \sum_{j=1}^{N} \operatorname*{Res}_{z=\alpha_j} f(z). \qquad \Box$$

留数の求め方について，以下にまとめておこう．

> **命題 10.30** $z=\alpha$ が関数 $f(z)$ の k 位の極であるとき，
> $$\operatorname*{Res}_{z=\alpha} f(z) = \frac{1}{(k-1)!}\frac{d^{k-1}}{dz^{k-1}}\left((z-\alpha)^k f(z)\right)\bigg|_{z=\alpha}.$$
> とくに，$z=\alpha$ が単純極ならば，$\operatorname*{Res}_{z=\alpha} f(z) = \lim_{z\to\alpha}(z-\alpha)f(z).$

証明 $z=\alpha$ は $f(z)$ の k 位の極ゆえ，

$$f(z) = \frac{a_{-k}}{(z-\alpha)^k} + \cdots + \frac{a_{-1}}{z-\alpha} + \sum_{n=0}^{\infty} a_n(z-\alpha)^n \qquad (a_{-k}\neq 0).$$

ゆえに，a_{-1} は正則関数 $(z-\alpha)^k f(z)$ の $z=\alpha$ を中心とするベキ級数展開の $(z-\alpha)^{k-1}$ の係数に等しいから，

$$\operatorname*{Res}_{z=\alpha} f(z) = \frac{1}{(k-1)!}\frac{d^{k-1}}{dz^{k-1}}\left((z-\alpha)^k f(z)\right)\bigg|_{z=\alpha}. \qquad \Box$$

例 10.31 二つの正則関数 $g(z), h(z)$ により，$f(z) = \dfrac{g(z)}{h(z)}$ と表されている場合を考える．さらに，$g(\alpha)\neq 0$，$h(\alpha)=0$，$h'(\alpha)\neq 0$（すなわち，$z=\alpha$ は $h(z)$ の 1 位の零点）ならば，$z=\alpha$ は $f(z)$ の単純極である．よって，命題 10.30 より，

$$\operatorname*{Res}_{z=\alpha}\frac{g(z)}{h(z)} = \lim_{z \to \alpha}(z-\alpha)\frac{g(z)}{h(z)} = \lim_{z \to \alpha} g(z)\frac{z-\alpha}{h(z)-h(\alpha)} = \boldsymbol{\frac{g(\alpha)}{h'(\alpha)}}. \quad (10.4)$$

公式 (10.4) は便利なので覚えておくとよいだろう．ただし，微積分の L'Hôpital の定理と混同してはいけない．途中の式変形を書けば，混乱は生じない．

例 10.32 関数 $f(z) = \dfrac{1}{z^n - 1}$ (n は自然数) を考える．このとき，1 の n 乗根すべてが $f(z)$ の単純極である．すなわち，$\omega := e^{2\pi i/n}$ とおくとき，各 $k = 0, 1, \ldots, n-1$ に対して，$z = \omega^k$ ($k = 0, 1, \ldots, n-1$) は $f(z)$ の単純極である．したがって，式 (10.4) より，

$$\operatorname*{Res}_{z=\omega^k} f(z) = \frac{1}{nz^{n-1}}\bigg|_{z=\omega^k} = \boldsymbol{\frac{\omega^k}{n}}.$$

例 10.33 関数 $f(z) = \dfrac{1}{z \sin^2 z}$ を考える．$f(z) = \dfrac{1}{z^3}\left(\dfrac{z}{\sin z}\right)^2$ であって，$\left(\dfrac{z}{\sin z}\right)^2$ は $z = 0$ の十分小さい近傍で正則で，$z = 0$ のときの値は $1 \neq 0$ である．よって，$z = 0$ は $f(z)$ の 3 位の極である．ここで，$z \to 0$ のとき，

$$\frac{\sin z}{z} = 1 + g(z) \qquad \left(g(z) := -\frac{1}{6}z^2 + o(z^3)\right)$$

と書けるので，$\binom{-2}{1} = -2$, $g(z)^2 = o(z^3)$ ($z \to 0$) に注意すると，

$$f(z) = \frac{1}{z^3}(1 + g(z))^{-2} = \frac{1}{z^3}(1 - 2g(z) + o(z^3)) = \frac{1}{z^3} + \frac{1}{3}\frac{1}{z} + o(1).$$

したがって，$\operatorname*{Res}_{z=0} f(z) = \boldsymbol{\dfrac{1}{3}}$ である．この計算は，命題 10.30 による

$$\operatorname*{Res}_{z=0} f(z) = \frac{1}{2!}\frac{d^2}{dz^2}\left(z^3 \cdot \frac{1}{z\sin^2 z}\right)\bigg|_{z=0} = \frac{1}{2!}\frac{d^2}{dz^2}\left(\frac{z^2}{\sin^2 z}\right)\bigg|_{z=0} \cdots \text{①}$$

を確かめることになっていて，①を直接計算するよりは楽である．

例 10.34 関数 $f(z) := z^5 \sin\dfrac{1}{z^2}$ を考える．$\forall z \in \mathbb{C} \setminus \{0\}$ に対して，

$$\sin\frac{1}{z^2} = \sum_{m=0}^{\infty}\frac{(-1)^m}{(2m+1)!}\frac{1}{z^{4m+2}}$$

が成り立つので，$z^5 \sin\dfrac{1}{z^2} = z^3 + \displaystyle\sum_{m=1}^{\infty}\frac{(-1)^m}{(2m+1)!}\frac{1}{z^{4m-3}}$ となる．よって，$\operatorname*{Res}_{z=0} f(z) = \boldsymbol{-\dfrac{1}{6}}$ である．

例 10.35 関数 $f(z) = \dfrac{1}{12z^2 - 4z - 1}$ を考える.

$$\dfrac{1}{12z^2 - 4z - 1} = \dfrac{1}{(2z-1)(6z+1)} = \dfrac{1}{12\left(z - \frac{1}{2}\right)\left(z + \frac{1}{6}\right)} \quad \cdots\cdots \text{②}$$

であるから, $\displaystyle\mathop{\rm Res}_{z=\frac{1}{2}} f(z) = \left.\dfrac{1}{12\left(z + \frac{1}{6}\right)}\right|_{z=\frac{1}{2}} = \dfrac{1}{8}$ を得る. ここで, 上記②においてζ $= 2z - 1$ とおくことで,

$$f(z) = \dfrac{1}{\zeta(3\zeta + 4)} = \dfrac{g(\zeta)}{\zeta} \qquad \left(g(\zeta) := \dfrac{1}{3\zeta + 4}\right)$$

と表し, 留数を次のように計算するのはまちがいである. すなわち, $g(\zeta)$ は $\zeta = 0$ の十分小さい近傍で正則であって, $g(0) = \dfrac{1}{4}$ であるから, $\displaystyle\mathop{\rm Res}_{z=\frac{1}{2}} f(z) = \displaystyle\mathop{\rm Res}_{\zeta=0} \dfrac{g(\zeta)}{\zeta} = g(0) = \dfrac{1}{4}$ とすると誤った値を得る. しかし, 微分形式を用いると, $dz = \dfrac{1}{2} d\zeta$ であるから,

$$\mathop{\rm Res}_{z=\frac{1}{2}} f(z)\,dz = \mathop{\rm Res}_{\zeta=0} \dfrac{g(\zeta)}{\zeta}\left(\dfrac{1}{2}\,d\zeta\right) = \dfrac{1}{2} g(0) = \dfrac{1}{8}$$

となって, 正しい値を得る. 留数は関数 $f(z)$ に対してではなく, 微分形式 $f(z)\,dz$ に対して定まるものであるとする理由はここにある. とくに, 無限遠点における留数を自然な形で導入できる (後述の定義 11.11 参照).

問題 10.36 次の各関数の $z = 0$ における留数を求めよ.
(1) $\dfrac{\sin 3z - 3\sin z}{(\sin z - z)\sin z}$ (2) $\dfrac{e^z - 1 - z}{(1 - \cos z)\sin^2 z}$

問題 10.37 関数 $f(z), g(z)$ は $z = \alpha$ の近傍で正則で, $f(\alpha) \neq 0$ かつ $z = \alpha$ は $g(z)$ の 2 位の零点とする. このとき次式を示せ.
$$\mathop{\rm Res}_{z=\alpha} \dfrac{f(z)}{g(z)} = \dfrac{6f'(\alpha)g''(\alpha) - 2f(\alpha)g'''(\alpha)}{3g''(\alpha)^2}.$$

例題 10.38 $\displaystyle\mathop{\rm Res}_{z=0}\left(\cos z \cdot \sin\dfrac{1}{z}\right)$ を求めよ.

解 式 (5.2) と式 (5.3) より, $z \neq 0$ のとき,

$$\cos z \cdot \sin\dfrac{1}{z} = \left(\sum_{m=0}^{\infty} \dfrac{(-1)^m}{(2m)!} z^{2m}\right)\left(\sum_{n=0}^{\infty} \dfrac{(-1)^n}{(2n+1)!} \dfrac{1}{z^{2n+1}}\right).$$

z^{-1} は，$m = n$ の項をかけ合わせることで現れるから，
$$\operatorname*{Res}_{z=0}\left(\cos z \cdot \sin \frac{1}{z}\right) = \sum_{n=0}^{\infty} \frac{1}{(2n)!\,(2n+1)!}. \qquad \square$$

問題 10.39 $\operatorname*{Res}_{z=-1} z^2 \sin \dfrac{1}{z+1}$ を求めよ．

例題 10.40 次の積分を求めよ．
(1) $\dfrac{1}{2\pi i}\displaystyle\int_{|z-\pi i|=2\pi} \dfrac{z}{e^z - 1}\, dz$ 　　(2) $\dfrac{1}{2\pi i}\displaystyle\int_{|z|=2} \dfrac{e^{1/z}}{z-1}\, dz$

解 いずれも，求める積分を I とおく．
(1) $e^z = 1 \iff z = 2n\pi i\ (n \in \mathbb{Z})$ であるから，$\varepsilon > 0$ が十分小さいとき，$|z - \pi i| < 2\pi + \varepsilon$ において，$z = 0$ は $f(z) := \dfrac{z}{e^z - 1}$ の除去可能特異点であり，$z = 2\pi i$ は $f(z)$ の単純極である．ゆえに，留数定理と式 (10.4) より，
$$I = \operatorname*{Res}_{z=2\pi i} f(z) = \frac{z}{(e^z - 1)'}\bigg|_{z=2\pi i} = \frac{z}{e^z}\bigg|_{z=2\pi i} = \mathbf{2\pi i}.$$

(2) $\dfrac{e^{1/z}}{z-1}$ の孤立特異点は $z = 0$ と $z = 1$ で，ともに $|z| < 2$ をみたす．まず，$z = 1$ は明らかに単純極で，$\operatorname*{Res}_{z=1} \dfrac{e^{1/z}}{z-1} = e$. また，
$$\frac{1}{z-1} = -\sum_{m=0}^{\infty} z^m \quad (|z| < 1), \qquad e^{1/z} = \sum_{n=0}^{\infty} \frac{1}{n!} \frac{1}{z^n} \quad (z \neq 0)$$
であるから，$0 < |z| < 1$ のとき，$\dfrac{e^{1/z}}{z-1} = -\left(\sum_{m=0}^{\infty} z^m\right)\left(\sum_{n=0}^{\infty} \dfrac{z^{-n}}{n!}\right)$ である．ゆえに，$\operatorname*{Res}_{z=0} \dfrac{e^{1/z}}{z-1} = -\sum_{m=0}^{\infty} \dfrac{1}{(m+1)!} = 1 - e$. よって，留数定理より，
$$I = \operatorname*{Res}_{z=1} \frac{e^{1/z}}{z-1} + \operatorname*{Res}_{z=0} \frac{e^{1/z}}{z-1} = e + (1-e) = \mathbf{1}. \qquad \square$$

問題 10.41 例題 8.5 を留数定理を用いて解け．

問題 10.42 次の各積分の値を求めよ．
(1) $\dfrac{1}{2\pi i}\displaystyle\int_{|z|=2} \dfrac{e^z - 1}{z^2 + z}\, dz$ 　　(2) $\dfrac{1}{2\pi i}\displaystyle\int_{|z|=2} \dfrac{1}{z-1} \sin \dfrac{1}{z}\, dz$

10.3　実積分の計算

　実変数関数の定積分の計算への複素線積分の応用については，すでに例題 7.38〜問題 7.43，および問題 8.20 において，いくつかの例を見てきた．この節では，前節で学習した留数定理を踏まえて，さらにいろいろなタイプの積分を計算することで，よく使われる典型的な技法を学ぶ．

　まず，2 変数の有理関数 $R(x, y)$ に対して，$I := \int_0^{2\pi} R(\cos\theta, \sin\theta) \, d\theta$ を考える．ただし，閉区間 $[0, 2\pi]$ で，被積分関数 $R(\cos\theta, \sin\theta)$ は連続であるとする．この場合は，$z = e^{i\theta}$ ($\theta \in [0, 2\pi]$) とおくと，$dz = iz \, d\theta$ より，

$$I = \frac{1}{i} \int_{|z|=1} R\left(\frac{1}{2}\left(z + \frac{1}{z}\right), \frac{1}{2i}\left(z - \frac{1}{z}\right)\right) \frac{dz}{z} \quad \cdots\cdots \text{①}$$

となる．すでに，問題 7.44 や問題 8.19 で使っている手法であるが，本節では，微積分や①だけからでは計算しづらい例を見ていこう．

例題 10.43　$0 < b < a$ とする．$n = 0, 1, 2, \ldots$ に対して，次式を示せ．

$$I := \int_0^{2\pi} \frac{\cos n\theta}{a + b\cos\theta} \, d\theta = 2\pi \frac{\left(\sqrt{a^2 - b^2} - a\right)^n}{b^n \cdot \sqrt{a^2 - b^2}}.$$

解説　$\cos n\theta = \frac{1}{2}(e^{in\theta} + e^{-in\theta})$ とするより，あとで $z = e^{i\theta}$ とおくことを見越して，$\cos n\theta = \operatorname{Re} e^{in\theta}$ としてから計算を始める方がよい．

解　$J := \int_0^{2\pi} \frac{e^{in\theta}}{a + b\cos\theta} \, d\theta$ とおくと，$I = \operatorname{Re} J$ ゆえ，以下 J を求めよう．$z = e^{i\theta}$ とおくと，$a + b\cos\theta = \frac{1}{2z}(bz^2 + 2az + b)$ であり，$dz = iz \, d\theta$ ゆえ，

$$J = \frac{2}{i} \int_{|z|=1} \frac{z^n}{bz^2 + 2az + b} \, dz = 4\pi \cdot \frac{1}{2\pi i} \int_{|z|=1} \frac{z^n}{bz^2 + 2az + b} \, dz. \cdots \text{①}$$

仮定より，2 次方程式 $bz^2 + 2az + b = 0$ は異なる 2 実根 $\alpha < \beta$ を持ち，

$$\alpha = \frac{1}{b}\left(-a - \sqrt{a^2 - b^2}\right),$$
$$\beta = \frac{1}{b}\left(-a + \sqrt{a^2 - b^2}\right).$$

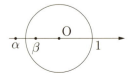

10.3 実積分の計算

根と係数の関係より $\alpha\beta = 1$ がわかるから，$\alpha < -1 < \beta < 0$ である．そして，$z = \beta$ は①の被積分関数の単純極ゆえ，式 (10.4) より，

$$J = 4\pi \cdot \mathop{\mathrm{Res}}_{z=\beta} \frac{z^n}{bz^2 + 2az + b} = \frac{4\pi z^n}{(bz^2 + 2az + b)'}\bigg|_{z=\beta} = \frac{2\pi\beta^n}{b\beta + a} \in \mathbb{R}.$$

ここで，$b\beta + a = \sqrt{a^2 - b^2}$ ゆえ，$I = J = 2\pi \dfrac{\left(\sqrt{a^2 - b^2} - a\right)^n}{b^n \cdot \sqrt{a^2 - b^2}}$ である． □

問題 10.44 $a > 1$ のとき，次式を示せ．
$$I := \int_0^{2\pi} \frac{\sin 2\theta}{(a + \cos\theta)(a - \sin\theta)}\, d\theta = -4\pi\left(1 - \frac{2a}{2a^2 - 1}\sqrt{a^2 - 1}\right).$$

【ヒント】 留数定理適用後は，要領よく計算をしないと式が膨らんでしまう．

次に有理関数を扱う．下記の例題 10.45 では，すでに $m = 1$, $n = 3, 4$ のときで原始関数が複雑な式であったことを思い出せば（たとえば拙著 [7] 参照），複素積分を用いる方法のありがたみがわかるであろう．

例題 10.45 $m < n$ をみたす自然数 m, n に対して，次式を示せ．
$$I := \int_0^{+\infty} \frac{x^{m-1}}{1 + x^n}\, dx = \frac{\pi}{n}\left(\sin\frac{m}{n}\pi\right)^{-1}.$$

解 仮定より，広義積分 I は収束することをまず注意しておこう．以下，$f(z) = \dfrac{z^{m-1}}{1 + z^n}$ とおく．$\omega := e^{\pi i/n}$ とするとき，方程式 $z^n + 1 = 0$ の根は

$$\omega^{2k+1} \quad (k = 0, \ldots, n-1)$$

で与えられる．これらの点は $f(z)$ の単純極である．$R > 1$ として，関数 $f(z)$ を右図の扇形

$$\mathrm{O} \to R \xrightarrow{C} R\omega^2 \to \mathrm{O}$$

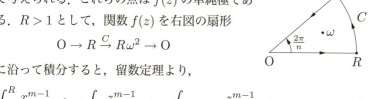

に沿って積分すると，留数定理より，

$$\int_0^R \frac{x^{m-1}}{1+x^n}\, dx + \int_C \frac{z^{m-1}}{1+z^n}\, dz + \int_{[R\omega^2,\, \mathrm{O}]} \frac{z^{m-1}}{1+z^n}\, dz = 2\pi i \cdot \mathop{\mathrm{Res}}_{z=\omega} f(z). \quad \cdots ①$$

①の左辺の第3項において，変数変換 $z = x\omega^2$ を行うと，
$$\int_{[R\omega^2, O]} \frac{z^{m-1}}{1+z^n}\, dz = -\omega^{2m} \int_0^R \frac{x^{m-1}}{1+x^n}\, dx.$$

①の左辺の第2項においては，$|1+z^n| \geqq |z|^n - 1 = R^n - 1$ より，
$$\left|\int_C \frac{z^{m-1}}{1+z^n}\, dz\right| \leqq \int_C \frac{|z|^{m-1}}{|1+z^n|}\, |dz| \leqq \frac{2\pi}{n} \frac{R^m}{R^n - 1} \to 0 \quad (R \to +\infty).$$

そして単純極 $z = \omega$ においては，式 (10.4) より，
$$\mathop{\mathrm{Res}}_{z=\omega} f(z) = \left.\frac{z^{m-1}}{nz^{n-1}}\right|_{z=\omega} = -\frac{1}{n}\omega^m.$$

以上から，①で $R \to +\infty$ とすることで，$(1-\omega^{2m})I = -\dfrac{2\pi i}{n}\omega^m$ を得る．この左辺において，$1 - \omega^{2m} = -2i\omega^m \sin\dfrac{m}{n}\pi$ であるから，所要の等式に到達する． □

次の問題のために，記号を定義しておこう．自然数 n に対して
$$(2n-1)!! := \prod_{k=1}^n (2k-1), \qquad (2n)!! := \prod_{k=1}^n (2k).$$

$(2n)!! = 2^n n!$ と書けることに注意しておこう．さらに，便宜上，$(-1)!! := 1$, $0!! := 1$ とする．

> **問題 10.46** 整数 $n \geqq 0$ に対して，$I := \displaystyle\int_0^{+\infty} \frac{dx}{(1+x^2)^{n+1}} = \frac{(2n-1)!!}{(2n)!!}\frac{\pi}{2}$ を示せ．

解説 本問の $n = 0$ は例題 10.45 の $n = 2, m = 1$ に対応している．

注意 10.47 問題 10.46 では，パラメータ $a > 0$ を導入した積分 $\displaystyle\int_0^{+\infty} \frac{dx}{a+x^2} = \frac{\pi}{2\sqrt{a}}$ から出発し，両辺を a で微分していってから $a = 1$ とおくという方法もある．ただし，本書ではその使用を避けてきた，積分記号下における微分の正当化が必要になる．Lebesgue 積分論等で学習してほしい．

問題 7.42, 問題 8.20 のように，複素積分は Fourier 変換の計算にも応用できる．本節では，もう少し複雑な例を挙げておこう．

例題 10.48 $\alpha \in \mathbb{C}$ かつ $\mathrm{Im}\,\alpha > 0$ とする. $t \in \mathbb{R} \setminus \{0\}$ のとき, 広義積分
$$L := \int_{-\infty}^{+\infty} \frac{e^{itx}}{x-\alpha}\,dx = \lim_{\substack{R_1 \to +\infty \\ R_2 \to +\infty}} \int_{-R_1}^{R_2} \frac{e^{itx}}{x-\alpha}\,dx$$
は収束することを示し, その値を求めよ.

解説 問題 8.20 に類題があるが, 本例題では広義積分の収束がただちにはわからない.

解 (1) $t > 0$ のとき. $R_1 > |\alpha|$ かつ $R_2 > |\alpha|$ として, $R_3 := R_1 + R_2$ とおくと, 右図の正方形の内部に α がある.

$I_1 := [R_2, R_2 + iR_3]$,
$I_2 := [R_2 + iR_3, -R_1 + iR_3]$,
$I_3 := [-R_1 + iR_3, -R_1]$

とすると, 留数定理より[4],
$$\int_{-R_1}^{R_2} \frac{e^{itx}}{x-\alpha}\,dx + \sum_{k=1}^{3} \int_{I_k} \frac{e^{itz}}{z-\alpha}\,dz = 2\pi i e^{it\alpha}. \quad \cdots\cdots \text{①}$$

I_2 上では, $|z-\alpha| \geqq |z| - |\alpha| \geqq R_3 - |\alpha|$ より,
$$\left| \int_{I_2} \frac{e^{itz}}{z-\alpha}\,dz \right| \leqq \int_{I_2} \frac{e^{-t\,\mathrm{Im}\,z}}{|z-\alpha|}\,|dz| \leqq \frac{R_3\, e^{-tR_3}}{R_3 - |\alpha|}.$$

次に I_1 上では, $|z-\alpha| \geqq R_2 - |\alpha|$ より,
$$\left| \int_{I_1} \frac{e^{itz}}{z-\alpha}\,dz \right| \leqq \int_{I_1} \frac{e^{-t\,\mathrm{Im}\,z}}{|z-\alpha|}\,|dz| \leqq \frac{1}{R_2 - |\alpha|} \int_0^{R_3} e^{-ty}\,dy$$
$$= \frac{1}{(R_2 - |\alpha|)\,t}\left[-e^{-ty}\right]_0^{R_3} < \frac{1}{(R_2 - |\alpha|)\,t}.$$

同様に, $\left| \int_{I_3} \frac{e^{itz}}{z-\alpha}\,dz \right| < \dfrac{1}{(R_1 - |\alpha|)\,t}$ がわかる. したがって, $R_1 \to +\infty$, $R_2 \to +\infty$ のときに, 各 I_k ($k = 1, 2, 3$) 上の積分は 0 に収束する. よって, ①より所要の極限値 L の存在がわかって, $\boldsymbol{L = 2\pi i e^{it\alpha}}$ である.

(2) $t < 0$ のとき. (1) と同様に, $R_1 > |\alpha|$ かつ $R_2 > |\alpha|$ として, $R_3 := R_1 + R_2$ とおく. このとき, 次ページの図の正方形の外部に α がある.

---
[4] Cauchy の積分公式よりとしてもよい.

$$I_1 := [-R_1, -R_1 - iR_3],$$
$$I_2 := [-R_1 - iR_3, R_2 - iR_3],$$
$$I_3 := [R_2 - iR_3, R_2]$$

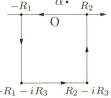

とすると，Cauchy の積分定理より，

$$\sum_{k=1}^{3} \int_{I_k} \frac{e^{itz}}{z-\alpha} dz - \int_{-R_1}^{R_2} \frac{e^{itx}}{x-\alpha} dx = 0. \quad \cdots\cdots ②$$

$R_1 \to +\infty$, $R_2 \to +\infty$ のとき，各 I_k ($k=1,2,3$) 上の積分が 0 に収束するのは，$t < 0$, $\operatorname{Im} z \leqq 0$ より，指数関数の評価を下記のように修正するだけで，(1) と同様に示すことができる．詳細は読者に委ねよう．

$$|e^{itz}| = e^{-t \operatorname{Im} z} = e^{-|t| \cdot |\operatorname{Im} z|}.$$

したがって，②で $R_1 \to +\infty$, $R_2 \to +\infty$ とすることで，所要の極限値 L の存在がわかって，$\boldsymbol{L = 0}$ である． □

注意 10.49 (1) 例題 10.48 の証明で，I_2 に沿う積分 $\to 0$ を，$e^{-tR_3} \to 0$ からではなくて，$\dfrac{1}{R_3 - |\alpha|} \to 0$ から導くことにすれば，$\displaystyle\lim_{|z| \to +\infty} \dfrac{1}{z-\alpha} = 0$ から各 I_k に沿う積分が 0 に収束することが結論できる（$R_3 \to +\infty$ のとき，$R_3 e^{-tR_3}$ は有界）．詳細と一般化は，読者の研究に委ねる．
(2) 原点を中心とする半径 R の半円とその直径を積分路にとると，極限 $\displaystyle\lim_{R \to +\infty} \int_{-R}^{R} \dfrac{e^{itx}}{x-\alpha} dx$ の存在は示せるが，それは広義積分 L の収束を示したことにはならない．

> **問題 10.50** $a > 0$, $t \in \mathbb{R}$ のとき，$I(t) := \displaystyle\int_{-\infty}^{+\infty} \dfrac{e^{itx}}{x^2 + a^2} dx = \dfrac{\pi}{a} e^{-a|t|}$ を示せ．
>
> **【ヒント】** この問題では積分は絶対収束しているので，積分路は原点を中心とする半円とその直径を使おう．変数変換で $I(-t) = I(t)$ がわかるので，$t \geqq 0$ としてよい．

次の補題は，積分計算において，時として有用である．

> **補題 10.51** $z = \alpha$ は関数 $f(z)$ の 1 位の極とする．また，$\varphi \in \mathbb{R}$ を固定する．各 $r > 0$ に対して，積分路 C_r は，中心が α で半径が r の半円 $\alpha + re^{i\theta}$ ($\theta \in [\varphi, \varphi + \pi]$) を反時計回りに進むものとする．このとき，
>
> $$\lim_{r \to +0} \int_{C_r} f(z)\, dz = \pi i \operatorname*{Res}_{z=\alpha} f(z).$$

証明 仮定より，$z = \alpha$ の近傍で正則な関数 $g(z)$ を用いて，
$$f(z) = \frac{a_{-1}}{z - \alpha} + g(z) \qquad \left(a_{-1} := \operatorname*{Res}_{z=\alpha} f(z)\right) \quad \cdots\cdots \text{①}$$
と表される．$z = \alpha + re^{i\theta}$ と変換すると，$dz = ire^{i\theta}\, d\theta$ より，
$$\int_{C_r} \frac{dz}{z - \alpha} = i\int_{\varphi}^{\varphi + \pi} d\theta = \pi i. \quad \cdots\cdots \text{②}$$
ゆえに，十分小さい $r_0 > 0$ を固定し，$0 < r \leqq r_0$ のとき，①と②より，
$$\left|\int_{C_r} f(z)\, dz - \pi i a_{-1}\right| = \left|\int_{C_r} g(z)\, dz\right| \leqq \int_{C_r} |g(z)|\,|dz|$$
$$\leqq \pi r \bigl(\sup_{z \in D(\alpha, r_0)} |g(z)|\bigr) \to 0 \quad (r \to +0). \qquad \square$$

補題 10.51 を使った例題を次に挙げておこう．

例題 10.52 関数 $f(z) := \dfrac{e^{itz}}{\sinh z}$ ($t \in \mathbb{R}$) を，原点，および πi を小さい半径 $r > 0$ の時計回りの半円 C_1, C_2 で避ける下図の閉路 C で積分し，その後で $R \to +\infty$，$r \to 0$ として，次の公式を示せ．
$$I(t) := \int_0^{+\infty} \frac{\sin tx}{\sinh x}\, dx = \frac{\pi}{2} \tanh \frac{\pi}{2} t \qquad (t \in \mathbb{R}).$$

解 広義積分 $I(t)$ について，$x = 0$ では被積分関数は問題を起こさず，$x > 0$ が大きいところでは，$\dfrac{1}{\sinh x}$ が積分の絶対収束に貢献することに注意しておこう．また，$I(-t) = -I(t)$ ゆえ，以下の計算では $t \geqq 0$ とする．

まず，Cauchy の積分定理より，$\displaystyle\int_C f(z)\, dz = 0. \quad \cdots\cdots \text{①}$

さて，$\sinh x$ は奇関数ゆえ，
$$\left(\int_{-R}^{-r} + \int_r^R\right) \frac{e^{itx}}{\sinh x}\, dx = 2i \int_r^R \frac{\sin tx}{\sinh x}\, dx.$$

次に，$\sinh(z+\pi i) = -\sinh z$ より，$f(z+\pi i) = -e^{-\pi t}f(z)$. ゆえに，

$$\left(\int_{[R+\pi i,\, r+\pi i]} + \int_{[-r+\pi i,\, -R+\pi i]}\right) f(z)\, dz = 2ie^{-\pi t}\int_r^R \frac{\sin tx}{\sinh x}\, dx.$$

さらに，補題 10.51 より，

$$\lim_{r\to +0}\int_{C_1} f(z)\, dz = -\pi i \cdot \operatorname*{Res}_{z=0} f(z) = -\pi i \cdot \left.\frac{e^{itz}}{\cosh z}\right|_{z=0} = -\pi i,$$

$$\lim_{r\to +0}\int_{C_2} f(z)\, dz = -\pi i \cdot \operatorname*{Res}_{z=\pi i} f(z) = -\pi i \cdot \left.\frac{e^{itz}}{\cosh z}\right|_{z=\pi i} = \pi i \cdot e^{-\pi t}.$$

そして，$y\in\mathbb{R}$ のとき，

$$|\sinh(R+iy)| = \frac{1}{2}|e^{R+iy} - e^{-R-iy}| \geqq \frac{1}{2}(e^R - e^{-R}) = \sinh R$$

であるから，

$$\left|\int_{[R,\, R+\pi i]} \frac{e^{itz}}{\sinh z}\, dz\right| \leqq \frac{1}{\sinh R}\int_{[R,\, R+\pi i]} e^{-t\cdot\operatorname{Im} z}|dz| \leqq \frac{\pi}{\sinh R}.$$

同様にして，$\left|\displaystyle\int_{[-R+\pi i,\, -R]}\frac{e^{itz}}{\sinh z}\, dz\right| \leqq \dfrac{\pi}{\sinh R}$ を得る．以上より，①で $r\to +0$, $R\to +\infty$ とすることにより，

$$2i(1+e^{-\pi t})\cdot I(t) - \pi i(1-e^{-\pi t}) = 0.$$

整理すると，$I(t) = \dfrac{\pi}{2}\tanh\dfrac{\pi}{2}t$ となる．そして tanh は奇関数であるから，得られた公式は $t<0$ でも成り立つ． □

例題 10.52 と類似の公式を問題として挙げておく．積分路は，例題 10.52 とは違って，原点と πi を避けない長方形閉路をとればよい．

問題 10.53 $t\in\mathbb{R}$ のとき，$I(t) := \displaystyle\int_0^{+\infty} \frac{\cos tx}{\cosh x}\, dx = \frac{\pi}{2}\left(\cosh\frac{\pi}{2}t\right)^{-1}$ を示せ．

被積分関数が，複素関数としては多価であることが，積分に影響を及ぼす例を挙げておこう．得られる公式において，$\sin\pi\alpha$ という因子が現れる過程と理由がわかるであろう．

10.3 実積分の計算

例題 10.54 有理関数 $F(z) := \dfrac{P(z)}{Q(z)}$ ($P(z)$ と $Q(z)$ は共通の因数を持たない) を考える. どんな実数 $x \geqq 0$ も関数 $F(z)$ の極ではないとし, さらに, $P(z), Q(z)$ の次数をそれぞれ d_P, d_Q とするとき, $1 + d_P \leqq d_Q$ が成り立っているとする. $0 < \alpha < d_Q - d_P$ とするとき, 次式を示せ. 左辺の積分が絶対収束することも確認すること.

$$(\sin \pi\alpha) \int_0^{+\infty} F(x) x^{\alpha-1}\, dx = -\pi e^{-\pi i \alpha} \sum_{\beta\, は\, F(z)\, の極} \mathop{\mathrm{Res}}_{z=\beta} \left(F(z) z^{\alpha-1} \right).$$

ただし, 右辺の $z^{\alpha-1}$ は次のように定める.

式 (5.11) で $\theta_0 = 0$ とした $\log_0$ を用いて, $z^{\alpha-1} := e^{(\alpha-1)\log_0(z)}$.

注意 10.55 $\alpha \in \mathbb{N}$ にとれるときは, 例題の公式は右辺が 0 となることを主張するが, これは後述の命題 11.30 に対応している. なぜなら, この場合は $d_P - d_Q + \alpha \leqq -1$ となって, $\mathop{\mathrm{Res}}_{z=\infty} (F(z) z^{\alpha-1})\, dz = 0$ を得るからである (用語と記号は次章参照).

解 まず, 問題の広義積分は, $\alpha - 1 > -1$ より, 原点の近傍では絶対収束している. 次に, p, q をそれぞれ $P(z), Q(z)$ の最高次の係数 ($\neq 0$) とすると, $\lim_{x \to +\infty} x^{d_Q - d_P} F(x) = \dfrac{p}{q}$ となる. よって, $x > 0$ が十分大きければ,

$$\left| F(x) x^{\alpha-1} \right| \leqq 2 \left| \dfrac{p}{q} \right| x^{d_P - d_Q + \alpha - 1}.$$

仮定より $d_P - d_Q + \alpha - 1 < -1$ であるから, 問題の積分は絶対収束する.

さて, 領域 $\mathscr{D} := \mathbb{C} \setminus [0, +\infty)$ において, 関数 $f(z) := F(z) z^{\alpha-1}$ を考える. そして, $R > 0$ は十分大きく, $\varepsilon > 0$ と $\delta > 0$ は十分小さくとって, 点 A を出発する右上図のような $\mathscr{D}$ 内の閉路 $\Gamma_{\varepsilon, R, \delta}$ を考える. そこでは, 実軸に対称に小さい弧 ($\mathrm{Re} > 0, |\mathrm{Im}| < \delta$ の部分) を切り捨てて, 切り口を線分で結んでそれぞれの線分を AB, CD としている (右図参照). 関数 $F(z)$ の極はすべて $\Gamma_{\varepsilon, R, \delta}$ の内部にあるとして, $f(z)$ を

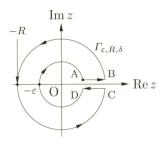

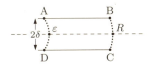

$\Gamma_{\varepsilon,R,\delta}$ に沿って積分をすると，留数定理より，

$$\left(\int_{[\mathrm{A},\mathrm{B}]} + \int_{\widehat{\mathrm{BC}}} + \int_{[\mathrm{C},\mathrm{D}]} + \int_{\widehat{\mathrm{DA}}}\right) f(z)\,dz$$
$$= 2\pi i \sum_{\beta \text{ は } F(z) \text{ の極}} \operatorname*{Res}_{z=\beta}\bigl(F(z) z^{\alpha-1}\bigr). \quad\cdots\cdots \text{①}$$

以下，R と ε はしばらく固定する．点 A, D の x 座標を $a(\delta)$，点 B, C の x 座標を $b(\delta)$ とすると，$0 < a(\delta) < \varepsilon$, $\varepsilon < b(\delta) < R$ であって，$\delta \to +0$ のとき，$a(\delta) \to \varepsilon$, $b(\delta) \to R$ である．十分小さい $\delta_0 > 0$ を固定し，長方形閉域 $K : a(\delta_0) \leqq x \leqq R, 0 \leqq y \leqq \delta_0$ において，次の二つの関数 $G^\pm$ を考える．

$G^+(x,y) = F(x+iy)(x^2+y^2)^{(\alpha-1)/2} \exp\bigl\{i(\alpha-1)\operatorname{Arctan}\frac{y}{x}\bigr\}$,
$G^-(x,y) = F(x-iy)(x^2+y^2)^{(\alpha-1)/2} \exp\bigl\{i(\alpha-1)(2\pi-\operatorname{Arctan}\frac{y}{x})\bigr\}$.

$G^\pm$ は有界閉集合 K において連続ゆえ一様連続であり，$y > 0$ のときは $G^\pm(x,y) = f(x \pm iy)$ （複号同順）である．ここで，

$$\int_{[\mathrm{A},\mathrm{B}]} f(z)\,dz = \left(\int_{a(\delta)}^{\varepsilon} + \int_{\varepsilon}^{R} - \int_{b(\delta)}^{R}\right) G^+(x,\delta)\,dx$$

に注意．任意に $\rho > 0$ が与えられたとする．このとき，$\exists \delta_1 > 0$ ($\delta_1 < \delta_0$) s.t.

$$0 < \delta < \delta_1 \implies |G^\pm(x,\delta) - G^\pm(x,0)| < \frac{\rho}{R-\varepsilon} \quad (\forall x \in [\varepsilon, R]).$$

ゆえに，次の評価を得る．

$$\left|\int_\varepsilon^R G^+(x,\delta)\,dx - \int_\varepsilon^R G^+(x,0)\,dx\right| \leqq \int_\varepsilon^R |G^+(x,\delta) - G^+(x,0)|\,dx < \rho.$$

さらに，$M := \sup_{(x,y)\in K} |G^+(x,y)| < +\infty$ とおくと，

$$\left|\int_{a(\delta)}^\varepsilon G^+(x,y)\,dx\right| \leqq M(\varepsilon - a(\delta)), \quad \left|\int_{b(\delta)}^R G^+(x,y)\,dx\right| \leqq M(R - b(\delta))$$

と，$G^+(x,0) = F(x)x^{\alpha-1}$ から，$\displaystyle\lim_{\delta\to+0}\int_{[\mathrm{A},\mathrm{B}]} f(z)\,dz = \int_\varepsilon^R F(x)x^{\alpha-1}\,dx$.
同様に，$G^-(x,0) = F(x)x^{\alpha-1}e^{2\pi i\alpha}$ より，

$$\lim_{\delta\to+0}\int_{[\mathrm{C},\mathrm{D}]} f(z)\,dz = -e^{2\pi i\alpha}\int_\varepsilon^R F(x)x^{\alpha-1}\,dx.$$

ゆえに，①で $\delta \to +0$ とすると，$1 - e^{2\pi i\alpha} = -2ie^{\pi i\alpha}\sin\pi\alpha$ などより，

$$-2e^{\pi i\alpha}(\sin\pi\alpha)\int_\varepsilon^R F(x)x^{\alpha-1}\,dx + R^\alpha \int_0^{2\pi} F(Re^{i\theta})e^{i\alpha\theta}\,d\theta$$
$$-\varepsilon^\alpha \int_0^{2\pi} F(\varepsilon e^{i\theta})e^{i\alpha\theta}\,d\theta = 2\pi \sum_\beta \operatorname*{Res}_{z=\beta}\left(F(z)z^{\alpha-1}\right). \quad \cdots\cdots ②$$

さて，仮定より，$\displaystyle\lim_{|z|\to\infty}|z|^\alpha F(z) = 0$. したがって，与えられた $\varepsilon' > 0$ に対して，$R > 0$ を十分大きくとると $|z|^\alpha |F(z)| \leqq \varepsilon' \ (|z| \geqq R)$ となるから，

$$R^\alpha \left|\int_0^{2\pi} F(Re^{i\theta})e^{i\alpha\theta}\,d\theta\right| \leqq R^\alpha \int_0^{2\pi} |F(Re^{i\theta})|\,d\theta \leqq 2\pi\varepsilon'.$$

また，$\varepsilon > 0$ を十分小さくとれば $|z|^\alpha |F(z)| \leqq \varepsilon' \ (|z| \leqq \varepsilon)$ となるから，

$$\varepsilon^\alpha \left|\int_0^{2\pi} F(\varepsilon e^{i\theta})e^{i\alpha\theta}\,d\theta\right| \leqq \varepsilon^\alpha \int_0^{2\pi} |F(\varepsilon e^{i\theta})|\,d\theta \leqq 2\pi\varepsilon'.$$

以上より，$\varepsilon \to +0, \ R \to +\infty$ とした極限において，②は

$$-e^{\pi i\alpha}\sin(\pi\alpha)\int_0^{+\infty} F(x)x^{\alpha-1}\,dx = \pi \sum_\beta \operatorname*{Res}_{z=\beta}\left(F(z)z^{\alpha-1}\right)$$

となるので，所要の等式を得る． □

例 10.56 例題 10.54 で $F(z) := \dfrac{1}{1+z}$ とおくと，$(-1)^{\alpha-1} = -e^{\pi i\alpha}$ ゆえ，

$$\int_0^{+\infty} \frac{x^{\alpha-1}}{1+x}\,dx = -\frac{\pi e^{-\pi i\alpha}}{\sin(\pi\alpha)} \operatorname*{Res}_{z=-1} \frac{z^{\alpha-1}}{1+z} = \frac{\pi}{\sin\pi\alpha} \quad (0 < \alpha < 1).$$

問題 10.57 $F(z) := \dfrac{1}{1+z^n}\ (n=1, 2, \dots)$ として例題 10.54 の公式を適用し，その結果得られる公式が，例題 10.45 で形式的に $m = \alpha$ とした式に一致することを確認せよ．

【コメント】 実は例題 10.45 の解では，m が自然数であることは使っていない．m が一般の場合は，z^{m-1} としては主枝をとればよい．

問題 10.58 例 10.56 の積分を $x = e^t$ で変数変換して得られる公式

$$\int_{-\infty}^{+\infty} \frac{e^{\alpha t}}{1+e^t}\,dt = \frac{\pi}{\sin\pi\alpha} \quad (0 < \alpha < 1)$$

を複素積分により直接示せ．

最後に対数が現れる積分を考察しよう．積分路は，対数関数の特異点である原点を小さい半径 $\varepsilon > 0$ の円や円弧で避ける必要が出てくる．しかしながら，たとえば式 (5.11) で定まる $\log_{\theta_0}(z)$ については，

$$\left|\log_{\theta_0}(\varepsilon e^{i\theta})\right| \leqq |\mathrm{Log}\,\varepsilon| + |\theta_0| + 2\pi$$

と評価でき，これと $\varepsilon|\mathrm{Log}\,\varepsilon| \to 0\ (\varepsilon \to +0)$ とにより，小さい円や円弧上の積分の寄与は極限においてなくなる．

まず，定積分 $\int_0^{\frac{\pi}{2}} \mathrm{Log}\sin x\,dx$ を考えよう．広義積分であるこの定積分の計算は，微積分でも少々技巧を要した（たとえば，拙著 [7] 参照）．複素積分では，最初に考える関数をうまく選ぶ必要がある．いきなり $\log\sin z$ を選んでしまうと，$\sin z$ の値域の考察や関数の 1 価性の問題等，込入った議論になってしまう（$\sin z$ の値域については，後述の注意 12.43 参照）．

本書では関数 $\dfrac{\mathrm{Log}\,z}{z-1}$ を考え，次の積分路 $\varGamma_\varepsilon$ を考える[5]．まず，$z = 1$ を中心とする半径 1 の円 C_1 と，原点を中心とする十分小さい半径 $\varepsilon > 0$ の円 C_ε との交点を，右図のように P, Q とする．点 P を出発し，円 C_ε に沿って時計回りに Q に到達し，その後 C_1 に沿って反時計回りに P に戻る閉路を $\varGamma_\varepsilon$ とする．また，点 P を表す複素数の実部を $\alpha(\varepsilon)$ とする．

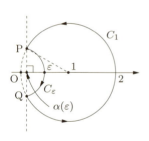

例題 10.59 次の問いに答えよ．
(1) $\displaystyle\int_{\varGamma_\varepsilon} \dfrac{\mathrm{Log}\,z}{z-1}\,dz = 0$ であることを示せ．
(2) (1) の結論において $\varepsilon \to +0$ とし，その結果の虚部を考えることで，
$\displaystyle\int_0^{\frac{\pi}{2}} \mathrm{Log}\sin x\,dx = -\dfrac{\pi}{2}\mathrm{Log}\,2$ を示せ[6]．

---

[5] Ahlfors の著書 [15, 4.5 節] でも，議論の出発点における被積分関数の選択は巧妙である．
[6]（途中から本書を読む読者への注意）本書では混乱を避けるため，微積分で使ってきた正の実数を定義域とする対数関数 log も Log と表すことにしている．式 (5.9) の 2 行下を参照のこと．

解 (1) 領域 $\mathscr{D}_\varepsilon := \{z \in \mathbb{C}\,;\, \operatorname{Re} z > \frac{1}{2}\alpha(\varepsilon)\}$ は $\operatorname{Log} z$ の定義域に含まれるので, $\mathscr{D}_\varepsilon$ において関数 $f(z) := \dfrac{\operatorname{Log} z}{z-1}$ を考える. $\operatorname{Log} 1 = 0$ ゆえ, $z = 1$ は $f(z)$ の除去可能特異点である. ゆえに, 与えられた積分の値は 0 である.

(2) 点 P の偏角を $\theta(\varepsilon)$ とすると, $0 < \theta(\varepsilon) = \operatorname{Arccos}\alpha(\varepsilon) < \frac{\pi}{2}$ である. 弧 $C_\varepsilon \cap \Gamma_\varepsilon$ 上では,

$$\left|\operatorname{Log}(\varepsilon e^{i\theta})\right| \leq |\operatorname{Log}\varepsilon| + |\theta| \leq |\operatorname{Log}\varepsilon| + \tfrac{\pi}{2}, \quad |1 - \varepsilon e^{i\theta}| \geq 1 - \varepsilon$$

であるから, $\left|\displaystyle\int_{\Gamma_\varepsilon \cap C_\varepsilon} \dfrac{\operatorname{Log} z}{z-1}\, dz\right| \leq \pi \dfrac{\varepsilon |\operatorname{Log}\varepsilon| + \frac{\pi}{2}\varepsilon}{1-\varepsilon} \to 0 \ (\varepsilon \to +0)$ となる. ゆえに, (1) の結論と合わせると,

$$\lim_{\varepsilon \to +0} \int_{\Gamma_\varepsilon \cap C_1} \frac{\operatorname{Log} z}{z-1}\, dz = 0. \quad \cdots\cdots \text{①}$$

次に, $\varphi(\varepsilon) := \operatorname{Arccos}(1 - \alpha(\varepsilon))$ とおき, ①の左辺に現れている積分を,

$$z = 1 + e^{i\theta} \qquad \left(-\pi + \varphi(\varepsilon) \leq \theta \leq \pi - \varphi(\varepsilon)\right)$$

とおいて書き直すと,

$$\int_{\Gamma_\varepsilon \cap C_1} \frac{\operatorname{Log} z}{z-1}\, dz = i\int_{-\pi+\varphi(\varepsilon)}^{\pi-\varphi(\varepsilon)} \operatorname{Log}(1 + e^{i\theta})\, d\theta$$
$$= i\int_{\varphi(\varepsilon)}^{2\pi-\varphi(\varepsilon)} \operatorname{Log}(1 - e^{i\theta})\, d\theta.$$

ここで, $\operatorname{Re}\operatorname{Log} z = \operatorname{Log}|z|$ であるから,

$$\operatorname{Re}\operatorname{Log}(1 - e^{i\theta}) = \tfrac{1}{2}\operatorname{Log}\left|1 - e^{i\theta}\right|^2 = \tfrac{1}{2}\operatorname{Log}\bigl(2(1 - \cos\theta)\bigr)$$
$$= \tfrac{1}{2}\operatorname{Log}\left(4\sin^2\tfrac{\theta}{2}\right) = \operatorname{Log} 2 + \operatorname{Log}\left|\sin\tfrac{\theta}{2}\right|.$$

以上より, ①で虚部を考えると,

$$\lim_{\varepsilon \to +0}\left\{2\bigl(\pi - \varphi(\varepsilon)\bigr)\operatorname{Log} 2 + \int_{\varphi(\varepsilon)}^{2\pi-\varphi(\varepsilon)} \operatorname{Log}\left|\sin\tfrac{\theta}{2}\right| d\theta\right\} = 0.$$

$\varepsilon \to +0$ のとき $\alpha(\varepsilon) \to +0$ ゆえ, $\varphi(\varepsilon) = \operatorname{Arccos}(1 - \alpha(\varepsilon)) \to +0$. よって,

$$\int_0^{2\pi} \operatorname{Log}\left|\sin\tfrac{\theta}{2}\right| d\theta = -2\pi \operatorname{Log} 2.$$

左辺は $2\displaystyle\int_0^{\pi} \operatorname{Log}\sin\theta\, d\theta = 4\int_0^{\frac{\pi}{2}} \operatorname{Log}\sin\theta\, d\theta$ となり, 所要の結果を得る. □

問題 10.60 ヒントを参考にして，次の公式を証明せよ．

(1) (あ) $\int_0^{+\infty} \dfrac{\operatorname{Log} x}{1+x^4}\, dx = -\dfrac{\pi^2}{8\sqrt{2}}$ 　　(い) $\int_0^{+\infty} \dfrac{x^2 \operatorname{Log} x}{1+x^4}\, dx = \dfrac{\pi^2}{8\sqrt{2}}$

(2) $\int_0^{+\infty} x^\alpha \dfrac{\operatorname{Log} x}{x^2-1}\, dx = \dfrac{\pi^2}{2(1+\cos \pi \alpha)}$ 　$(0 \leqq \alpha < 1)$

【ヒント】 (1) $0 < \varepsilon < 1 < R$ とし，下左図のように，半径が R で中心角が $\frac{\pi}{4}$ の扇形から半径が ε の扇形を切り落とした閉路 $\Gamma_{\varepsilon,R}$ に沿って $f(z) := \dfrac{\operatorname{Log} z}{1+z^2}$（分母の関数のベキに注意）を積分する．実軸上の積分は，$[0, 1]$ と $[1, +\infty)$ とに分割することで $\int_0^{+\infty} f(x)\, dx = 0$ が示せることに注意して，$\Gamma_{\varepsilon,R}$ に沿う積分で $\varepsilon \to +0$, $R \to +\infty$ とする．そして，得られる等式の実部と虚部を見る．最終段階では，例題 10.45（の特別な場合）も使う．

(2) 点 -1 と 0 をそれぞれを小さい半径 $r > 0$ と $\varepsilon > 0$ の円の上半分 $C_r(-1)$, C_ε に沿って避ける下右図の閉路 $\Gamma_{\varepsilon,R,r}$ で，$f(z) := z^\alpha \dfrac{\ell(z)}{z^2-1}$ を積分する．ただし，$\ell(z) := \log_{-\pi/2}(z)$ は式 (5.11) で $\theta_0 = -\frac{\pi}{2}$ とした関数で，z^α も $\ell(z)$ を用いて，$z^\alpha := e^{i\alpha \ell(z)}$ とする．半円 $C_r(-1)$ に沿う積分からの寄与は補題 10.51 で処理する．主値積分 $\displaystyle \lim_{r \to +0} \bigl(\int_{-R}^{-1-r} + \int_{-1+r}^{\varepsilon} \bigr)$ が現れるが，(1) と同様な，実部と虚部を分ける議論により本問の積分への寄与を回避できる．

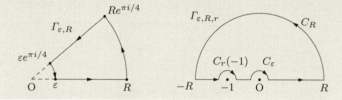

10.4　級数の和への留数定理の応用

留数定理を級数の和に応用しよう．

定理 10.61　関数 $f(z)$ は，整数と異なる有限個の点 $\alpha_1, \ldots, \alpha_k$ のみが極であって，$\mathbb{C} \setminus \{\alpha_1, \ldots, \alpha_k\}$ では正則であるとする．さらに，$R > 0$ が存在して，$|z| \geqq R$ においては $|f(z)| \leqq M|z|^{-2}$ （$M > 0$ は定数）が成り立っているとする[7]．このとき，次式が成り立つ．
$$\sum_{n=-\infty}^{\infty} f(n) = -\pi \sum_{j=1}^{k} \operatorname*{Res}_{z=\alpha_j} \bigl(f(z) \cot \pi z\bigr).$$

---

[7] 後述の定理 11.25 (2) より，$f(z)$ は実は有理関数である．

証明 まず，$|n| \geqq R$ のとき $|f(n)| \leqq Mn^{-2}$ であるから，級数 $\sum_{n=-\infty}^{\infty} f(n)$ は絶対収束することに注意しておく．さて N を自然数とし，$(N+\frac{1}{2})(\pm 1 \pm i)$ を 4 頂点とする正方形の周を C_N とする．N を十分大きくとって，$\alpha_1, \ldots, \alpha_k$ はすべて C_N の内部にあるとする．留数定理によって，

$$\frac{1}{2\pi i} \int_{C_N} f(z) \cot \pi z \, dz$$
$$= \sum_{j=1}^{k} \operatorname*{Res}_{z=\alpha_j} \bigl(f(z) \cot \pi z\bigr) + \sum_{n=-N}^{N} f(n) \left(\operatorname*{Res}_{z=n} \cot \pi z\right). \quad \cdots\cdots \text{①}$$

ここで，$\operatorname*{Res}_{z=n} \cot \pi z = \dfrac{\cos \pi z}{(\sin \pi z)'}\bigg|_{z=n} = \dfrac{1}{\pi}$ ゆえ，$N \to \infty$ のときに，①の左辺の積分が 0 に収束することがわかれば，証明すべき等式を得る．まず，C_N 上においては，$\cot \pi z$ は N に無関係な定数で押さえられることを示そう．$z = x \pm (N+\frac{1}{2})i$ $(-N-\frac{1}{2} \leqq x \leqq N+\frac{1}{2})$ のとき，

$$\begin{aligned}|\cot \pi z| &= \left|\frac{e^{\pi i z} + e^{-\pi i z}}{e^{\pi i z} - e^{-\pi i z}}\right| \leqq \frac{e^{\pi \operatorname{Im} z} + e^{-\pi \operatorname{Im} z}}{e^{\pi|\operatorname{Im} z|} - e^{-\pi|\operatorname{Im} z|}} \\ &= \coth(\pi|\operatorname{Im} z|) = \coth\bigl(N+\tfrac{1}{2}\bigr)\pi \leqq \coth\tfrac{3}{2}\pi.\end{aligned} \quad (10.5)$$

そして，$z = \pm(N+\frac{1}{2}) + iy$ $(-N-\frac{1}{2} \leqq y \leqq N+\frac{1}{2})$ のとき，

$$|\cot \pi z| = |\tan(\pi i y)| = |\tanh \pi y| < 1.$$

以上より，N に無関係な定数 $K > 0$ が存在して，$z \in C_N$ のとき，$|\cot \pi z| \leqq K$ となる．よって，$N \to \infty$ のとき，

$$\left|\frac{1}{2\pi i} \int_{C_N} f(z) \cot \pi z \, dz\right| \leqq \frac{MK}{2\pi} \int_{C_N} \frac{|dz|}{|z|^2} \leqq \frac{MK}{2\pi} \cdot \frac{4(2N+1)}{(N+\frac{1}{2})^2} \to 0$$

となって，証明が終わる． □

問題 10.62 定理 10.61 と同じ仮定の下で，次式を示せ．

$$\sum_{n=-\infty}^{\infty} (-1)^n f(n) = -\pi \sum_{j=1}^{k} \operatorname*{Res}_{z=\alpha_j} \frac{f(z)}{\sin \pi z}.$$

定理 10.61 の証明のアイデアを利用して，次の定理を証明しよう．

> **定理 10.63** 次の公式が成り立つ．
> (1) $\sum_{n=1}^{\infty} \frac{1}{n^2} = \frac{\pi^2}{6}$ (2) $\sum_{n=1}^{\infty} \frac{1}{n^4} = \frac{\pi^4}{90}$ (3) $\sum_{n=1}^{\infty} \frac{1}{n^6} = \frac{\pi^6}{945}$

証明 積分路 C_N は定理 10.61 の証明におけるものと同じとする．k を自然数とすると，留数定理と $\mathrm{Res}_{z=n} \cot \pi z = \frac{1}{\pi}$ $(n \in \mathbb{Z})$ より，

$$\frac{1}{2\pi i} \int_{C_N} \frac{\cot \pi z}{z^{2k}} dz = \frac{2}{\pi} \sum_{n=1}^{N} \frac{1}{n^{2k}} + \mathrm{Res}_{z=0} \frac{\cot \pi z}{z^{2k}}. \quad \cdots\cdots ①$$

一方，式 (5.21) より，式 (5.20) で定義された d_k を用いて，

$$\pi z \cot \pi z = 1 - \sum_{k=1}^{\infty} 2^{2k-1} \pi^{2k} d_k z^{2k}. \tag{10.6}$$

ゆえに，$\mathrm{Res}_{z=0} \frac{\cot \pi z}{z^{2k}} = -2^{2k-1} \pi^{2k-1} d_k$．よって，① で $N \to \infty$ とすると，定理 10.61 の証明より左辺の積分は 0 に収束するので，次式を得る．

$$\sum_{n=1}^{\infty} \frac{1}{n^{2k}} = 2^{2(k-1)} d_k \pi^{2k}. \tag{10.7}$$

$d_1 = \frac{1}{6}$ と $2^2 d_2 = 4 \cdot \begin{vmatrix} 1/6 & 1 \\ 1/40 & 1/6 \end{vmatrix} = \frac{1}{90}$ より，(1) と (2) の公式が導かれる．(3) については，3 次の行列式を計算するより，定理 5.24 と問題 5.15 で求めた $\tan z$ の z^5 の係数を比較して $2^5(2^6 - 1)d_3 = \frac{2}{15}$ がわかるので，

$$2^4 d_3 = \frac{2}{15} \cdot \frac{1}{2(2^6 - 1)} = \frac{1}{15 \cdot 63} = \frac{1}{945}$$

とする方が速い． □

> **問題 10.64** $z \notin \mathbb{Z}$ とし，N は自然数とする．C_N を定理 10.61 の証明におけるものと同じ積分路とする．N を十分大きくとって C_N の内部に z を取り込むとき，次式を示せ．
> $$\frac{1}{2\pi i} \int_{C_N} \frac{\pi \cot \pi \zeta}{\zeta - z} d\zeta = \pi \cot \pi z - \left(\frac{1}{z} + \sum_{n=1}^{N} \frac{2z}{z^2 - n^2} \right).$$

第11章

有理型関数

11.1 無限遠点の導入

今後の議論では，記号で ∞ と表す1点を複素数平面 $\mathbb{C}$ に付加して[1]，
$$z \to \infty \iff |z| \to +\infty \tag{11.1}$$
となるようにする[2]．これを次のようにして実現する．

まず，XYZ 座標空間に単位球面 Σ を用意し，北極を $N(0,0,1)$ とする．そして，XY 平面と複素数平面 $\mathbb{C}$ を同一視する．次に，北極 N と $\mathbb{C}$ 上の点 $z = x + iy$ を直線で結ぶと，北極以外のもう一つの点 $P(X,Y,Z)$ で Σ と交わるので，この (X,Y,Z) を z に対応させる．

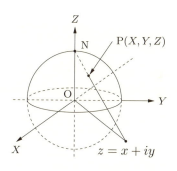

問題 11.1 上記の対応 $z \mapsto (X,Y,Z)$ により，次の関係式が成り立つことを示せ．
(1) $X = \dfrac{2\operatorname{Re}z}{|z|^2+1}$, $Y = \dfrac{2\operatorname{Im}z}{|z|^2+1}$, $Z = \dfrac{|z|^2-1}{|z|^2+1}$.
(2) $z = \dfrac{X+iY}{1-Z}$.

---

[1] 位相空間論でいうところの『局所コンパクト空間の1点コンパクト化』である．
[2] 両側矢印の左にある ∞ と，右側にある $+\infty$ との書き分けに注意してほしい．

問題 11.1 における対応 $z \leftrightarrow (X, Y, Z)$ を**立体射影**による対応と呼ぶ．立体射影による対応について，問題 11.1 から次の (1)〜(4) がわかる．

(1) $\mathbb{C}$ の原点 $\leftrightarrow \Sigma$ の南極 $(0, 0, -1)$．

(2) $\mathbb{C}$ において $|z| \gtreqless 1 \iff \Sigma$ において $Z \gtreqless 0$ （複号同順）．

(3) $\mathbb{C}$ において $|z| \to +\infty \iff \Sigma$ において $(X, Y, Z) \to (0, 0, 1)$．

(4) $\mathbb{C}$ における円 $|z| = R \iff \Sigma$ における緯線 $Z = \dfrac{R^2 - 1}{R^2 + 1}$．

- 北極 N を**無限遠点**と呼び，∞ で表す．
- 立体射影による対応 $z \leftrightarrow (X, Y, Z)$ によって，位相も込めて，$\mathbb{C}$ を Σ の部分集合とみなす．したがって，式 (11.1) が成り立つ．
- この球面 Σ を **Riemann 球面**と呼び，本書では $\mathbb{C}_\infty$ で表す．

例題 11.2 立体射影による対応で，$z, z' \in \mathbb{C}$ がそれぞれ Riemann 球面上の点 $P(X, Y, Z)$, $P'(X', Y', Z')$ に対応するとし，線分 PP' の長さを $d(z, z')$ で表す．次式を示せ．
$$d(z, z') = \frac{2|z - z'|}{\sqrt{|z|^2 + 1}\sqrt{|z'|^2 + 1}}, \qquad d(z, \infty) = \frac{2}{\sqrt{|z|^2 + 1}}.$$

解 $X = \dfrac{z + \bar{z}}{|z|^2 + 1}$, $Y = \dfrac{z - \bar{z}}{i(|z|^2 + 1)}$, $Z = \dfrac{|z|^2 - 1}{|z|^2 + 1}$ であり，X', Y', Z' も同様であるから，$XX' + YY' + ZZ'$ は次式に等しい．
$$\frac{(z + \bar{z})(z' + \bar{z'}) - (z - \bar{z})(z' - \bar{z'}) + (|z|^2 - 1)(|z'|^2 - 1)}{(|z|^2 + 1)(|z'|^2 + 1)}.$$

これを $\frac{1}{2}\{(X - X')^2 + (Y - Y')^2 + (Z - Z')^2\} = 1 - (XX' + YY' + ZZ')$ の右辺に代入して整理すると，
$$\frac{1}{2} d(z, z')^2 = 2 \cdot \frac{|z|^2 + |z'|^2 - z\bar{z'} - \bar{z}z'}{(|z|^2 + 1)(|z'|^2 + 1)} = \frac{2|z - z'|^2}{(|z|^2 + 1)(|z'|^2 + 1)}.$$

これより $d(z, z')$ に対する公式を得る．また，$d(z, z')$ に対する公式で $z' \to \infty$ とすることにより，$d(z, \infty)$ に対する公式を得る． □

11.1 無限遠点の導入

問題 11.3 2点 $z, z' \in \mathbb{C}$ がそれぞれ Riemann 球面 $\mathbb{C}_\infty$ 上の点 P, P' に対応しているとする．このとき，次を示せ．
$$2 \text{点 P, P' が } \mathbb{C}_\infty \text{ のある直径の両端の点} \iff z\overline{z'} = -1.$$

問題 11.4 2点 $z, z' \in \mathbb{C}$ がそれぞれ Riemann 球面 $\mathbb{C}_\infty$ 上の点 P, P' に対応しているとする．$z\overline{z'} = 1$ であるとき，2点 P, P' は $\mathbb{C}_\infty$ でどのような位置関係にあるか．

さて，命題 1.24 により，複素数平面上の円または直線の方程式は
$$az\overline{z} + \overline{\beta}z + \beta\overline{z} + c = 0 \quad (a, c \in \mathbb{R}, \beta \in \mathbb{C}, |\beta|^2 - ac > 0). \tag{11.2}$$
方程式 (11.2) が，立体射影による対応で，$\mathbb{C}_\infty$ においてどのような式になるか見てみよう．式 (11.2) において $\beta = \frac{1}{2}(p + iq) \ (p, q \in \mathbb{R})$ と表す．問題 11.1 より，$|z|^2 = \dfrac{1+Z}{1-Z}$ となるから，式 (11.2) は次のように書き直される[3]．
$$a\frac{1+Z}{1-Z} + \frac{pX + qY}{1-Z} + c = 0.$$
整理すると，
$$pX + qY + (a-c)Z + (a+c) = 0. \tag{11.3}$$
結局，式 (11.2) で表される $\mathbb{C}$ 上の円または直線は，方程式 (11.3) で表される平面と単位球面 Σ との交線である円に写される．$a = 0$ ならば（すなわち式 (11.2) が直線ならば），式 (11.3) は，$pX + qY - c(Z-1) = 0$. …… ①
方程式①が表す平面は北極 N$(0, 0, 1)$ を必ず通ることから，$\mathbb{C}$ 上の直線が写された先は①と Σ の交線，すなわち，北極 N を通る円である．よって，次の定理を得る．

定理 11.5 立体射影によって，次の対応を得る．
(1) $\mathbb{C}$ 上の円または直線 $\longleftrightarrow$ $\mathbb{C}_\infty$ 上の円．
(2) $\mathbb{C}$ 上の直線 $\longleftrightarrow$ 無限遠点 ∞ を通る $\mathbb{C}_\infty$ 上の円．

問題 11.6 式 (11.2) で表される $\mathbb{C}$ 上の円または直線が，立体射影により，$\mathbb{C}_\infty$ 上の大円に対応するための必要十分条件は，$a + c = 0$ であることを示せ．また，この条件を，$\mathbb{C}$ 上の円 $|z - \alpha| = r$ に対するものに書き直せ．ここで大円とは，球の中心を通る平面とその球との交線である円のことである．

---

[3] $\operatorname{Re} \beta\overline{z}$ は $\overrightarrow{\mathrm{O}\beta}$ と $\overrightarrow{\mathrm{O}z}$ の内積を表すことに注意するとよい．

11.2 孤立特異点としての無限遠点

式 (11.1) を踏まえて変数変換 $w = \dfrac{1}{z}$ を行うと，明らかに次が成り立つ．

(1) $\mathbb{C} \setminus \{0\}$ において，$|z| \lesseqgtr 1 \iff |w| \gtreqless 1$（複号同順）．

(2) $\mathbb{C}_\infty$ において $z = \infty \iff \mathbb{C}$ において $w = 0$．

(3) $\mathbb{C}$ において，$z = re^{i\theta}\ (r > 0) \iff w = \dfrac{1}{r} e^{-i\theta}$．したがって，$z \in \mathbb{C}$ が半径 $r > 0$ の円周上を正の向きに動くとき，w は半径 $\dfrac{1}{r}$ の円周上を負の向きに動く．

(4) $R > 0$ のとき，$f(z)$ が $R < |z| < +\infty$ で正則
$$\implies f\left(\dfrac{1}{w}\right) \text{ は } 0 < |w| < \dfrac{1}{R} \text{ で正則}$$
$$\implies w = 0 \text{ は } f\left(\dfrac{1}{w}\right) \text{ の孤立特異点}.$$

ある $R > 0$ に対して (4) の状況にある場合，$z = \infty$ は $f(z)$ の**孤立特異点**であるという．その性質について，次の定義をするのは自然である．

定義 11.7 $z = \infty$ が $f(z)$ の孤立特異点であるとする．

$z = \infty$ が $f(z)$ の**除去可能特異点**（あるいは k **位の極**，**真性特異点**）

$\overset{\text{def}}{\iff} \begin{cases} w = 0 \text{ が } f\left(\dfrac{1}{w}\right) \text{ の除去可能特異点} \\ (\text{あるいは } k \text{ 位の極, 真性特異点}). \end{cases}$

例 11.8 $f(z) := \dfrac{z-1}{z^2+1}$ のとき．$F(w) := f\left(\dfrac{1}{w}\right) = \dfrac{w(1-w)}{1+w^2}$ ゆえ，$w = 0$ は $F(w)$ の除去可能特異点であり，$F(0) = 0$．ゆえに，$z = \infty$ は $f(z)$ の除去可能特異点であり，$f(\infty) := F(0) = 0$ である．

例 11.9 $n \geqq 1$ のとき，n 次多項式 $P(z) := a_n z^n + \cdots + a_1 z + a_0\ (a_n \neq 0)$ については，$z = \infty$ は n 位の極である．

例 11.10 多項式でない整関数については，$z = \infty$ は真性特異点である（系 8.28 参照）．

さて，$z = \infty$ が $f(z)$ の孤立特異点であるとし，$f\left(\dfrac{1}{w}\right) = \displaystyle\sum_{n=-\infty}^{\infty} b_n w^n$ を $w = 0$ における Laurent 級数展開とする．このとき，$a_n := b_{-n}$ とおくと，

11.2 孤立特異点としての無限遠点

$$f(z) = \sum_{n=-\infty}^{\infty} a_n z^n \tag{11.4}$$

を得る．式 (11.4) を，$z = \infty$ における $f(z)$ の **Laurent 級数展開**という．例 11.9 と例 11.10 を踏まえて，式 (11.4) における $\sum_{n=1}^{\infty} a_n z^n$ を，孤立特異点 $z = \infty$ における $f(z)$ の**特異部**と呼ぶ．

> **定義 11.11**（無限遠点における留数）　$z = \infty$ が $f(z)$ の孤立特異点であるとき，$z = \infty$ における**留数** $\operatorname{Res}_{z=\infty} f(z)\,dz$ を次で定義する．
>
> $$\operatorname{Res}_{z=\infty} f(z)\,dz := \operatorname{Res}_{w=0} f\!\left(\frac{1}{w}\right) d\!\left(\frac{1}{w}\right) = -\operatorname{Res}_{w=0} f\!\left(\frac{1}{w}\right) \frac{dw}{w^2}.$$

注意 11.12　$z = \infty$ における $f(z)$ の留数は，関数 $f\!\left(\dfrac{1}{w}\right)$ の $w = 0$ における留数ではないことに注意しておこう．実際に $f(z) := \dfrac{1}{z}$ の場合，$z = \infty$ は除去可能特異点であって，$f(\infty) = 0$ であるが，$\operatorname{Res}_{z=\infty} f(z)\,dz = \operatorname{Res}_{w=0} f\!\left(\dfrac{1}{w}\right) d\!\left(\dfrac{1}{w}\right) = \operatorname{Res}_{w=0} w \cdot \left(-\dfrac{dw}{w^2}\right) = -1$ である．　□

一般に，次の命題が成り立つ．

> **命題 11.13**　孤立特異点 $z = \infty$ における $f(z)$ の Laurent 級数展開を式 (11.4) とすると，$\operatorname{Res}_{z=\infty} f(z)\,dz = -a_{-1}$ である．

注意 11.14　この命題を無限遠点における留数の定義とする本もあるが，定義にしてしまうと，$z = \infty$ における Laurent 級数展開の z の係数ではないことに違和感を覚えてしまう．

証明　式 (11.4) が $0 < R < |z| < +\infty$ で成り立てば，

$$-\frac{1}{w^2} f\!\left(\frac{1}{w}\right) = -\sum_{n=-\infty}^{\infty} \frac{a_n}{w^{n+2}} \qquad \left(0 < |w| < \frac{1}{R}\right)$$

となる．ゆえに，$\operatorname{Res}_{z=\infty} f(z)\,dz = -\operatorname{Res}_{w=0} \dfrac{1}{w^2} f\!\left(\dfrac{1}{w}\right) = -a_{-1}$ である．　□

> **系 11.15**　無限遠点が $f(z)$ の孤立特異点であるとき，十分大きい $r > 0$ に対して，次式が成立する．
>
> $$\frac{1}{2\pi i} \int_{|z|=r} f(z)\,dz = -\operatorname{Res}_{z=\infty} f(z)\,dz.$$

証明 $r > 0$ が十分大きいとき，式 (11.4) は円 $|z| = r$ 上で一様収束している[4]ので項別積分可能であって，例 7.9 より，

$$\frac{1}{2\pi i}\int_{|z|=r} f(z)\,dz = \frac{1}{2\pi i}\sum_{n=-\infty}^{\infty} a_n \int_{|z|=r} z^n\,dz = a_{-1}.$$

右端の a_{-1} は命題 11.13 により $-\operatorname*{Res}_{z=\infty} f(z)\,dz$ に等しい． □

注意 11.16 系 11.15 の公式において，左辺の積分路の向きは，無限遠点を右に見る方向であるから，右辺において $\operatorname*{Res}_{z=\infty} f(z)\,dz$ にマイナスがついていると理解するとよい．

問題 11.17 次の各関数について，$z = \infty$ の孤立特異点としての性質を調べよ．特異部と留数も求めること．

(1) $\dfrac{\sin z}{z^4}$ (2) $z\sin\dfrac{1}{z^2}$ (3) $z e^{\sin(1/z)}$

例題 11.18 積分 $\dfrac{1}{2\pi i}\displaystyle\int_C \dfrac{dz}{(z-2)(z^{13}-1)}$ を次の場合に計算せよ．

(1) $C : |z| = 3$ (2) $C : |z| = \dfrac{3}{2}$

解 $f(z) := \dfrac{1}{(z-2)(z^{13}-1)}$ とおく．

(1) $f(z)$ は積分路 $|z| = 3$ を含む領域 $\frac{5}{2} < |z| < +\infty$ で正則であるから，

$$\frac{1}{2\pi i}\int_{|z|=3} f(z)\,dz = -\operatorname*{Res}_{z=\infty} f(z)\,dz = -\operatorname*{Res}_{w=0} f\left(\frac{1}{w}\right) d\left(\frac{1}{w}\right)$$
$$= \operatorname*{Res}_{w=0} \frac{w^{12}}{(1-2w)(1-w^{13})} = \mathbf{0}.$$

(2) 十分小さい $\varepsilon > 0$ に対して，積分路変形の原理から，

$$\int_{|z|=3} f(z)\,dz = \int_{|z-2|=\varepsilon} \frac{dz}{(z-2)(z^{13}-1)} + \int_{|z|=\frac{3}{2}} \frac{dz}{(z-2)(z^{13}-1)}$$

となる．左辺は (1) より 0 であり，右辺の第 1 項は留数定理から，

$$\frac{1}{2\pi i}\int_{|z-2|=\varepsilon} \frac{dz}{(z-2)(z^{13}-1)} = \operatorname*{Res}_{z=2} f(z) = \frac{1}{2^{13}-1} = \frac{1}{8191}.$$

ゆえに，$\dfrac{1}{2\pi i}\displaystyle\int_{|z|=\frac{3}{2}} \dfrac{dz}{(z-2)(z^{13}-1)} = -\dfrac{\mathbf{1}}{\mathbf{8191}}$ である． □

---

[4] 式 (11.4) は円環領域 $\mathscr{A}(0; r', +\infty)$ $(0 < r' < r)$ における Laurent 級数展開である．$z = 0$ は $f(z)$ の孤立特異点とは限らないので，留数定理よりという議論はできない．後述の命題 11.30 も参照のこと．

問題 11.19 無限遠点における留数を用いて，例題 10.40 (2) と問題 10.42 (2) を解け．

問題 11.20 $\displaystyle \frac{1}{2\pi i}\int_{|z|=3}\frac{z^{17}}{(z^2+3)^3(z^3+3)^4}\,dz$ を求めよ．

問題 11.21 次の積分の値を求めよ．

(1) $\displaystyle \frac{1}{2\pi i}\int_{|z|=1}\frac{dz}{\sin z}$ 　　(2) $\displaystyle \frac{1}{2\pi i}\int_{|z|=1}\sin\frac{1}{z}\,dz$ 　　(3) $\displaystyle \frac{1}{2\pi i}\int_{|z|=1}\frac{dz}{\sin\frac{1}{z}}$

例 11.22 この例では，代数学の基本定理の証明を与えた問題 7.48 と問題 8.7 のアイデアを，本節で学習したことを用いて一つにまとめて，代数学の基本定理のもう一つの証明としよう．

$n \geqq 1$ とし，n 次多項式 $P(z) = a_n z^n + \cdots + a_1 z + a_0$ $(a_n \neq 0)$ は $\mathbb{C}$ に根を持たないとする．$\dfrac{z^{n-1}}{P(z)}$ は整関数であるから，Cauchy の積分定理より，

$$\frac{1}{2\pi i}\int_{|z|=r}\frac{z^{n-1}}{P(z)}\,dz = 0 \qquad (\forall r > 0).$$

一方，系 11.15 より，左辺は次に等しい．

$$-\operatorname*{Res}_{z=\infty}\frac{z^{n-1}}{P(z)}\,dz = -\operatorname*{Res}_{w=0}\frac{1}{w^{n-1}P(\frac{1}{w})}d\Big(\frac{1}{w}\Big) = \operatorname*{Res}_{w=0}\frac{1}{w\,Q(w)}. \quad \cdots\cdots\, \text{①}$$

ただし，$Q(w) := w^n P(\frac{1}{w})$．ここで，$Q(w) = a_n + a_{n-1}w + \cdots + a_0 w^n$ も多項式であって，$Q(0) = a_n \neq 0$ より，①の右端の項は，$\frac{1}{Q(0)} \neq 0$ に等しくなって，矛盾が生じる．ゆえに，$P(z)$ が $\mathbb{C}$ で根を持たないという仮定が偽であった．

11.3 有理関数

多項式 $P(z), Q(z)$ は共通因数を持たないものとする．このとき，有理関数 $f(z) := \dfrac{P(z)}{Q(z)}$ の $\mathbb{C}$ における極は高々有限個である．さらに，多項式 $\widetilde{P}(w)$, $\widetilde{Q}(w)$ を用いることにより，

$$f\Big(\frac{1}{w}\Big) = \frac{P(\frac{1}{w})}{Q(\frac{1}{w})} = \frac{\widetilde{P}(w)}{\widetilde{Q}(w)}$$

となるから，$z = \infty$ も $f(z)$ の**高々極**，すなわち除去可能特異点か極である．
有理関数のこの性質に触発されて，次の用語を導入する．

> **定義 11.23** 関数 $f(z)$ が領域 $\mathscr{D} \subset \mathbb{C}_\infty$ において**有理型** (meromorphic)
> $\overset{\text{def}}{\iff}$ $\mathscr{D}$ における $f(z)$ の特異点[5]はすべて孤立点で，高々極である．

例 11.24 関数 $f(z) := \dfrac{1}{\sin z}$ は $\mathbb{C}$ において有理型．しかし有理関数ではない．一方，$z = \infty$ は $f(z)$ の極からなる点列 $n\pi$ ($n = 0, \pm 1, \pm 2, \ldots$) が集積するので，$f(z)$ は $\mathbb{C}_\infty$ においては有理型ではない．

> **定理 11.25** 次の (1), (2) が成り立つ．
> (1) $\mathbb{C}_\infty$ 全体で正則な関数は定数関数のみである．
> (2) $\mathbb{C}_\infty$ 全体で有理型な関数は有理関数のみである．

証明 (1) $f(\infty)$ は有限確定値であるから，$f(z)$ は $\mathbb{C}$ で有界である．Liouville の定理（定理 8.45）から，$f(z)$ は定数である．
(2) もし $f(z)$ の極が $\mathbb{C}_\infty$ に無限個あったら，$\mathbb{C}_\infty$ がコンパクトであることから，それらの集積点 $z_0 \in \mathbb{C}_\infty$ がある．$z = z_0$ の近傍で $f(z)$ は非有界ゆえ，$z = z_0$ は $f(z)$ の特異点である．しかし，明らかに孤立点ではないので，$f(z)$ が有理型であるという仮定に反する．よって，$\mathbb{C}_\infty$ における $f(z)$ の極は高々有限個である．それらを $\alpha_1, \ldots, \alpha_N$ とし，$z = \alpha_j$ における $f(z)$ の特異部を $p_j(z)$ とする．各 $p_j(z)$ は有理関数である．ここで

$$g(z) := f(z) - \sum_{j=1}^{N} p_j(z)$$

を考えると，各 α_j において $g(z)$ の特異部は 0 であるから，$g(z)$ は $\mathbb{C}_\infty$ 全体で正則である．(1) より $g(z)$ は定数，したがって $f(z)$ は有理関数である．□

定理 11.25 (2) の証明のアイデアは，有理関数の部分分数分解に使える．

例 11.26 有理関数 $f(z) := \dfrac{z^5}{(z-1)^2(z^2+z+1)}$ を部分分数分解しよう．

---
[5] 注意 10.28 参照.

11.3 有理関数

$\omega := e^{2\pi i/3}$ とおくと,$\omega^3 = 1$ であって,$z^2 + z + 1 = (z-\omega)(z-\omega^2)$ である.4 点 $z = 1, \omega, \omega^2, \infty$ は $f(z)$ の極で,位数はそれぞれ 2, 1, 1, 1 である.
(1) $z = 1$ における特異部を求めよう.関数 $\dfrac{z^5}{z^2+z+1}$ を $z = 1$ を中心とするベキ級数に展開するとき,1 次以下の項のみが後で必要なことを念頭に置いて計算する.$|z-1|$ が十分小さいとき,

$$z^5 = \bigl((z-1)+1\bigr)^5 = 1 + 5(z-1) + (z-1)^2 p(z), \quad \cdots\cdots ①$$

$$\frac{1}{z^2+z+1} = \frac{1}{3} + A(z-1) + (z-1)^2 g(z). \quad \cdots\cdots ②$$

ただし,$p(z)$ は多項式,$g(z)$ は $z = 1$ の近傍で正則な関数,$A \in \mathbb{C}$ である.② より $1 = (z^2+z+1)\bigl(\frac{1}{3} + A(z-1) + (z-1)^2 g(z)\bigr)$ ゆえ,微分して $z = 1$ とおくことで,$0 = 1 + 3A$ を得るから,$A = -\frac{1}{3}$ である.① と ② から,$z = 1$ の近傍で正則な関数 $k(z)$ を用いて,$\dfrac{z^5}{z^2+z+1} = \dfrac{1}{3} + \dfrac{4}{3}(z-1) + (z-1)^2 k(z)$ となるから,

$$f(z) = \frac{1}{3}\frac{1}{(z-1)^2} + \frac{4}{3}\frac{1}{z-1} + k(z).$$

ゆえに,$f(z)$ の $z = 1$ における特異部は $\dfrac{1}{3}\dfrac{1}{(z-1)^2} + \dfrac{4}{3}\dfrac{1}{z-1}$ である.

(2) $z = \omega$ は $f(z)$ の 1 位の極で,

$$\operatorname*{Res}_{z=\omega} f(z) = \frac{\omega^5}{(\omega-1)^2(\omega-\overline{\omega})} = \frac{\omega^2}{(\omega^2-2\omega+1)(2i\operatorname{Im}\omega)} = -\frac{\omega}{3\sqrt{3}\,i}$$

であるから,$z = \omega$ における $f(z)$ の特異部は $\dfrac{i\omega}{3\sqrt{3}}\dfrac{1}{z-\omega}$ である.

(3) 同様に,$z = \omega^2 = \overline{\omega}$ は $f(z)$ の 1 位の極であって,$\operatorname*{Res}_{z=\omega^2} f(z) = \dfrac{\omega^2}{3\sqrt{3}\,i}$.
ゆえに,$z = \omega^2$ における $f(z)$ の特異部は $-\dfrac{i\omega^2}{3\sqrt{3}}\dfrac{1}{z-\omega^2}$ である.

(4) $z = \infty$ は $f(z)$ の 1 位の極で,$\displaystyle\lim_{z\to\infty} \dfrac{f(z)}{z} = 1$ であるから,$z = \infty$ における $f(z)$ の特異部は z である.

以上を踏まえて,関数

$$h(z) := f(z) - \frac{1}{3}\Bigl(\frac{1}{(z-1)^2} + \frac{4}{z-1}\Bigr) - \frac{i\omega}{3\sqrt{3}}\frac{1}{z-\omega} + \frac{i\omega^2}{3\sqrt{3}}\frac{1}{z-\omega^2} - z$$

を考えると，$h(z)$ は $\mathbb{C}_\infty$ 全体で正則ゆえ定数であり，$z=0$ を代入して $h(0)=f(0)+1=1$ を得るので，$h(z)$ は恒等的に 1．よって，$f(z)$ の部分分数分解は

$$z+1+\frac{1}{3}\left(\frac{1}{(z-1)^2}+\frac{4}{z-1}\right)+\frac{i\omega}{3\sqrt{3}}\frac{1}{z-\omega}-\frac{i\omega^2}{3\sqrt{3}}\frac{1}{z-\omega^2}.$$

微積分では，分母の多項式の共役複素数根に対応する部分をまとめるので，

$$\frac{i\omega}{3\sqrt{3}}\frac{1}{z-\omega}-\frac{i\omega^2}{3\sqrt{3}}\frac{1}{z-\omega^2}=\frac{i}{3\sqrt{3}}\left(\frac{\omega}{z-\omega}-\frac{\overline{\omega}}{z-\overline{\omega}}\right)=-\frac{1}{3}\frac{z}{z^2+z+1}$$

とし，z も実数に限定する．

この例で見たように，有理関数の部分分数分解は，定数項以外は，有理関数の $\mathbb{C}_\infty$ における極での特異部を書き出すことに他ならない．

微積分のときの部分分数分解との関係を問題の形にしておこう．

問題 11.27 $P(z), Q(z)$ を共通因数を持たない実数係数の z の多項式とする．$z=c\in\mathbb{R}$ が有理関数 $f(z):=\dfrac{P(z)}{Q(z)}$ の k 位の極であって，特異部を $\dfrac{a_{-k}}{(z-c)^k}+\cdots+\dfrac{a_{-1}}{z-c}$ とするとき，$a_{-j}\in\mathbb{R}\ (j=1,\ldots,k)$ であることを示せ．

問題 11.28 $P(z), Q(z)$ を共通因数を持たない実数係数の z の多項式とする．$z=\alpha\notin\mathbb{R}$ が有理関数 $f(z):=\dfrac{P(z)}{Q(z)}$ の k 位の極であるとき，$z=\overline{\alpha}$ も $f(z)$ の k 位の極である．この 2 点における $f(z)$ の特異部をそれぞれ

$$S_+(z):=\frac{a_{-k}}{(z-\alpha)^k}+\cdots+\frac{a_{-1}}{z-\alpha},\qquad S_-(z):=\frac{b_{-k}}{(z-\overline{\alpha})^k}+\cdots+\frac{b_{-1}}{z-\overline{\alpha}}$$

とするとき，以下の問いに答えよ．
(1) $b_{-j}=\overline{a}_{-j}\ (j=1,\ldots,k)$ が成り立つことを示せ．
(2) $p(z):=z^2-2(\mathrm{Re}\,\alpha)z+|\alpha|^2$ とおくとき，次式が成り立つことを示せ．

$$S_+(z)+S_-(z)=\frac{c_k z+d_k}{p(z)^k}+\cdots+\frac{c_1 z+d_1}{p(z)}.$$

ただし，$c_j, d_j\ (j=1,\ldots,k)$ はすべて実数である．

問題 11.29 $z=i$ が 1 位の極であって留数が -1，さらに $z=\infty$ と $z=-1$ が極であって，そこにおける特異部がそれぞれ z^2+z，$-\dfrac{2}{(z+1)^2}+\dfrac{1}{z+1}$ で，これら以外には極はなく，しかも $f(0)=i$ となるような有理型関数 $f(z)$ をすべて求めよ．

系 11.15 を有理関数に適用すると，次の重要な命題を得る．

> **命題 11.30** 無限遠点も考慮した有理関数のすべての極における留数の総和は 0 に等しい．

証明 $f(z)$ を有理関数とし，$|z| < +\infty$ における $f(z)$ の極を $c_1, \ldots, c_N$ とする．$R > 0$ を十分大きくとって，$c_1, \ldots, c_N$ はすべて円 $|z| = R$ の内部にあるとすると，留数定理によって，
$$\frac{1}{2\pi i} \int_{|z|=R} f(z)\,dz = \sum_{j=1}^{N} \operatorname*{Res}_{z=c_j} f(z).$$
一方，系 11.15 より，左辺は $-\operatorname*{Res}_{z=\infty} f(z)\,dz$ に等しい． □

> **問題 11.31** $a_1, \ldots, a_n$ は異なる複素数とし，多項式 $P(z) := (z-a_1)(z-a_2)\cdots(z-a_n)$ を考える．ただし，n は 2 以上の自然数である．
> (1) $\dfrac{1}{P(z)}$ の留数を考えて，$\displaystyle\sum_{j=1}^{n} \frac{1}{P'(a_j)} = 0$ を示せ．
> (2) (1) と同様に考えて，$k = 0, 1, \ldots, n-1$ に対して，$\displaystyle\sum_{j=1}^{n} \frac{a_j^k}{P'(a_j)}$ を求めよ．

11.4　1次分数変換（その1）

次の形をした有理関数 $\varphi(z)$ を **1次分数変換** と呼ぶ．
$$\varphi(z) := \frac{az+b}{cz+d} \qquad (ad - bc \neq 0;\ a, b, c, d \in \mathbb{C}). \tag{11.5}$$
可逆行列 $A = \begin{pmatrix} a & b \\ c & d \end{pmatrix}$ $(\det A \neq 0)$ に対して，1次分数変換 $\varphi_A(z) := \dfrac{az+b}{cz+d}$ を対応させる．

> **問題 11.32** A, B を可逆行列とするとき，次の (1)〜(4) を示せ．
> (1) $\varphi_{AB} = \varphi_A \circ \varphi_B$　　(2) φ_A が恒等写像 $\iff A$ は単位行列のスカラー $(\neq 0)$ 倍
> (3) $\varphi_{A^{-1}} = (\varphi_A)^{-1}$　　(4) $\varphi_A = \varphi_B \iff \exists \lambda \in \mathbb{C}\ (\lambda \neq 0)$ s.t. $A = \lambda B$

したがって，式 (11.5) で定義された1次分数変換 $\varphi(z)$ に対して，
$$\varphi^{-1}(w) = \frac{dw - b}{-cw + a}$$

となる.そして $\varphi: \mathbb{C}_\infty \to \mathbb{C}_\infty$ は全単射である.とくに,
$$c \neq 0 のとき,\quad \varphi\left(-\frac{d}{c}\right) = \infty, \quad かつ \varphi(\infty) = \frac{a}{c}.$$
また $c = 0$ ならば $ad \neq 0$ であって,$\varphi(\infty) = \infty$ である.

命題 11.33 1次分数変換 φ が異なる3個の $z \in \mathbb{C}_\infty$ に対して $\varphi(z) = z$ となるならば,φ は恒等写像である.

問題 11.34 命題 11.33 を証明せよ.

例題 11.35 $\varphi^{-1} = \dfrac{1}{\varphi}$ となる1次分数変換 φ をすべて求めよ.

解 $A = \begin{pmatrix} a & b \\ c & d \end{pmatrix}$ とし,$\varphi = \varphi_A$ とする.$J = \begin{pmatrix} 0 & 1 \\ 1 & 0 \end{pmatrix}$ に対して,$\varphi_J(z) = \dfrac{1}{z}$ であるから,問題 11.32 より,条件は,$\exists \lambda \neq 0$ s.t. $\lambda A^{-1} = JA$ である.$J^{-1} = J$ ゆえ,$A^2 = \lambda J$.これより,次の連立方程式を得る.
$$a^2 + bc = 0 \quad \cdots\cdots \text{①} \qquad bc + d^2 = 0 \quad \cdots\cdots \text{②}$$
$$b(a+d) = c(a+d) = \lambda (\neq 0) \quad \cdots\cdots \text{③}$$
③より $b = c$ を得る.また ①−② より $d = \pm a$ を得るが,③より $d \neq -a$ ゆえ,$d = a$ である.これらと①,③より,$a^2 + b^2 = 0$, $2ab = \lambda$.ゆえに,
$$d = a, \qquad b = c = \pm ia, \qquad \lambda = \pm 2ia^2 \quad (複号同順).$$
よって,複号同順で $\varphi(z) = \dfrac{z \pm i}{\pm iz + 1}$ であり,実際に $\varphi^{-1}(z) = \dfrac{z \mp i}{\mp iz + 1} = \dfrac{\pm iz + 1}{z \pm i} = \dfrac{1}{\varphi(z)}$ より,確かに求めるものになっている. □

式 (11.5) で定義される1次分数変換 φ は
$$\varphi(z) = \frac{a}{c} - \frac{1}{c}\frac{ad - bc}{cz + d} \ (c \neq 0), \quad \varphi(z) = \frac{a}{d}z + \frac{b}{d} \ (c = 0)$$
と書き直せるから,φ は次の三つのタイプの変換の合成である.

(1) $w = z + \alpha$:**平行移動**,

(2) $w = \gamma z \ (\gamma \neq 0)$:**定数倍**,

(3) $w = \dfrac{1}{z}$:**反転**.

定理 11.36（円円対応） $\mathbb{C}_\infty$ において，1次分数変換は円を円に写す．

証明 平行移動と定数倍については主張は明らか．反転については，$\mathbb{C}$ における直線または円の方程式 (11.2) が，反転で再び $\mathbb{C}$ における直線または円の方程式になることからわかる． □

例 11.37 $a, b \in \mathbb{R}$ $(a < b)$ とし，1次分数変換 $w = \varphi(z) = \dfrac{z-b}{z-a}$ を考える．$\varphi(\infty) = 1$, $\varphi(b) = 0$, $\varphi(a) = \infty$ である．以下，$\mathbb{R}_\infty := \mathbb{R} \cup \{\infty\} \subset \mathbb{C}_\infty$ とおく．$\mathbb{C}_\infty$ 上の円は異なる3点で決まることに注意すると，定理 11.36 より $\varphi(\mathbb{R}_\infty) = \mathbb{R}_\infty$ である．さらに，点 z が $\mathbb{R}_\infty$ 上を $\infty \to b \to a \to \infty$ と動くとき，点 w は $\mathbb{R}_\infty$ 上を $1 \to 0 \to \infty \to 1$ と動くから，

$$z \in \mathbb{C} \setminus [a, b] \iff w \in \mathbb{C} \setminus (-\infty, 0] \iff |\operatorname{Arg} w| < \pi.$$

問題 11.38 問題 1.17 の (1) を定理 11.36 を用いて解け．

問題 11.39 反転 $w = \dfrac{1}{z}$ により，次の図形はどんな図形に写されるか．
(1) 円 $|z - \alpha| = |\alpha|$ ($\alpha \in \mathbb{C} \setminus \{0\}$ は定数)　　(2) 直線 $\operatorname{Re} z = a$ ($a \in \mathbb{R}$ は定数)

定義 11.40 異なる複素数 z_1, z_2, z_3, z_4 に対して，
$$(z_1, z_2, z_3, z_4) := \frac{z_1 - z_3}{z_1 - z_4} \frac{z_2 - z_4}{z_2 - z_3} \quad \cdots\cdots \text{①}$$
とおく．また，どれかの z_j が ∞ であるときは，①の右辺で $z_j \to \infty$ としたときの極限を定義式とする．このとき，(z_1, z_2, z_3, z_4) を $\mathbb{C}_\infty$ の異なる4点 z_1, z_2, z_3, z_4 の**複比** (cross ratio) と呼ぶ．

例 11.41 異なる $z_1, z_2, z_4 \in \mathbb{C}$ に対して，$(z_1, z_2, \infty, z_4) = \dfrac{z_2 - z_4}{z_1 - z_4}$.

命題 11.42 異なる $z_2, z_3, z_4 \in \mathbb{C}_\infty$ に対して，$\psi(z) = (z, z_2, z_3, z_4)$ は
$$\psi(z_2) = 1, \quad \psi(z_3) = 0, \quad \psi(z_4) = \infty \tag{11.6}$$
をみたすただ一つの1次分数変換である．

証明 ψ が式 (11.6) をみたすことは明らか．一意性については，もう一つの 1 次分数変換 ψ_1 も式 (11.6) をみたせば，$\psi_1 \circ \psi^{-1}$ は $1, 0, \infty$ を動かさない．したがって，命題 11.33 より，$\psi_1 \circ \psi^{-1}$ は恒等写像．ゆえに，$\psi_1 = \psi$. □

系 11.43 $\mathbb{C}_\infty$ の異なる 3 点からなる二つの組 (α, β, γ), $(\alpha', \beta', \gamma')$ に対して，次の条件をみたす 1 次分数変換 φ が一意的に存在する．
$$\varphi(\alpha) = \alpha', \quad \varphi(\beta) = \beta', \quad \varphi(\gamma) = \gamma'.$$

証明 命題 11.42 により，ψ_1, ψ_2 をとって，
$$\psi_1(\alpha) = 1, \ \psi_1(\beta) = 0, \ \psi_1(\gamma) = \infty, \ \psi_2(\alpha') = 1, \ \psi_2(\beta') = 0, \ \psi_2(\gamma') = \infty$$
とし，$\varphi := \psi_2^{-1} \circ \psi_1$ とすればよい．一意性は命題 11.33 による． □

定理 11.44 C, C' を $\mathbb{C}_\infty$ の円とするとき，1 次分数変換 φ で $\varphi(C) = C'$ となるものが存在する．この φ は C 上の異なる 3 点の像を指定すればただ一つに決まる．

証明 z_1, z_2, z_3 を C 上の異なる 3 点，w_1, w_2, w_3 を C' 上の異なる 3 点とする．このとき，系 11.43 より，$\varphi(z_k) = w_k$ $(k = 1, 2, 3)$ をみたす 1 次分数変換 φ が一意的に定まる．定理 11.36 の円円対応と，$\mathbb{C}_\infty$ 上の円は異なる 3 点で決まることから，この φ が求めるものである． □

定理 11.45 1 次分数変換 φ は複比を保つ．すなわち，z_1, z_2, z_3, z_4 を $\mathbb{C}_\infty$ の異なる任意の 4 点とするとき
$$(\varphi(z_1), \varphi(z_2), \varphi(z_3), \varphi(z_4)) = (z_1, z_2, z_3, z_4).$$

証明 $\psi(z) := (z, z_2, z_3, z_4)$ とすると，$\psi \circ \varphi^{-1}$ は異なる 3 点 $\varphi(z_2), \varphi(z_3), \varphi(z_4)$ を $1, 0, \infty$ に写す 1 次分数変換ゆえ，命題 11.42 による一意性から，$\psi \circ \varphi^{-1}(z) = (z, \varphi(z_2), \varphi(z_3), \varphi(z_4))$ となる．ゆえに
$$(\varphi(z_1), \varphi(z_2), \varphi(z_3), \varphi(z_4)) = \psi \circ \varphi^{-1}(\varphi(z_1)) = \psi(z_1)$$
$$= (z_1, z_2, z_3, z_4). \quad \square$$

11.5 偏角の原理とその帰結

$\mathscr{D} \subset \mathbb{C}$ を領域とし，C は $\mathscr{D}$ 内の単純閉曲線で $C \sim 0 \; (\mathscr{D})$ とする．留数定理のときと同じく，C は内部が図から明らかなシンプルな形状のものとする．関数 $f(z)$ は $\mathscr{D}$ で有理型で，その極や零点は C 上にはないものとする．C の内部にある $f(z)$ の零点も極も有限個であることに注意しておこう．

> **定理 11.46（偏角の原理）** C の内部にある $f(z)$ の零点の個数を位数込みで N とし，また，C の内部にある $f(z)$ の極の個数を位数込みで P とするとき，$\dfrac{1}{2\pi i} \displaystyle\int_C \dfrac{f'(z)}{f(z)} \, dz = N - P$ が成り立つ．

証明 まず，$\dfrac{f'(z)}{f(z)}$ も有理型であることに注意しよう．

(あ) C の内部の点 $z = a$ が $f(z)$ の k 位の零点のときは，$f(z) = (z-a)^k g(z)$ と書ける．ただし，$g(z)$ は $z = a$ の近傍で正則で，$g(a) \neq 0$．ゆえに，

$$\frac{f'(z)}{f(z)} = \frac{k}{z-a} + \frac{g'(z)}{g(z)}. \tag{11.7}$$

よって，$z = a$ は $\dfrac{f'(z)}{f(z)}$ の 1 位の極であり，$\operatorname*{Res}_{z=a} \dfrac{f'(z)}{f(z)} = k$ である．

(い) C の内部の点 $z = b$ が $f(z)$ の k 位の極のときは，$f(z) = \dfrac{h(z)}{(z-b)^k}$ と書ける．ただし，$h(z)$ は $z = b$ の近傍で正則で，$h(b) \neq 0$．ゆえに，

$$\frac{f'(z)}{f(z)} = -\frac{k}{z-b} + \frac{h'(z)}{h(z)}.$$

よって，$z = b$ は $\dfrac{f'(z)}{f(z)}$ の 1 位の極であり，$\operatorname*{Res}_{z=b} \dfrac{f'(z)}{f(z)} = -k$ である．

以上と留数定理より，定理の証明が終わる． □

定理 11.46 が偏角の原理と呼ばれる理由を探ってみよう．$w = f(z)$ とおき，$\varGamma := f(C)$ とおくと，$\varGamma$ は w 平面上の閉曲線である．そして，

$$\frac{1}{2\pi i} \int_C \frac{f'(z)}{f(z)} \, dz = \frac{1}{2\pi i} \int_C \frac{1}{w} \frac{dw}{dz} \, dz = \frac{1}{2\pi i} \int_\varGamma \frac{dw}{w} = n(\varGamma, 0).$$

ただし，$n(\Gamma, 0)$ は定義 9.1 で導入した回転数である．したがって，式 (9.1) より，右端の項は $\dfrac{1}{2\pi}\displaystyle\int_\Gamma d\arg w$ に等しい．ゆえに，定理 11.46 の結論は

$$\frac{1}{2\pi}\int_C d\arg f(z) = N - P$$

と書ける．この式は，z が閉曲線 C 上を動くとき，$f(z)$ の偏角が $2\pi(N-P)$ だけ変化することを示している．

注意 11.47 $\dfrac{(fg)'}{fg} = \dfrac{f'}{f} + \dfrac{g'}{g}$ より，次式が成り立つことに注意しておこう．

$$\int_C d\arg(f(z)g(z)) = \int_C d\arg f(z) + \int_C d\arg g(z).$$

定理 11.48 $\mathbb{C}_\infty$ における有理関数の零点と極の位数込みの個数は等しい．

証明 $f(z)$ を有理関数とする．このとき，$\dfrac{f'(z)}{f(z)}$ も有理関数である．$R > 0$ を十分大きく取って，$|z| < +\infty$ にある $f(z)$ の零点と極はすべて円の内部 $|z| < R$ にあると仮定し，位数込みの個数をそれぞれ N, P とする．偏角の原理と系 11.15 より，次式が成り立つ．

$$N - P = \frac{1}{2\pi i}\int_{|z|=R} \frac{f'(z)}{f(z)}\,dz = -\operatorname*{Res}_{z=\infty} \frac{f'(z)}{f(z)}\,dz. \quad \cdots\cdots \text{①}$$

(あ) $z = \infty$ が $f(z)$ の k 位の零点であるときは，$f(z) = \dfrac{g(z)}{z^k}$ と書ける．ただし，$g(z)$ は $z = \infty$ の近傍で正則であって，$g(\infty) \neq 0$ である．よって $\dfrac{f'(z)}{f(z)} = -\dfrac{k}{z} + \dfrac{g'(z)}{g(z)}$ ゆえ，$\operatorname*{Res}_{z=\infty}\dfrac{f'(z)}{f(z)}\,dz = k$ となる．これと①より，$N + k = P$ を得る．

(い) $z = \infty$ が $f(z)$ の k 位の極であるときは，$f(z) = z^k h(z)$ と書ける．ただし，$h(z)$ は $z = \infty$ の近傍で正則であって，$h(\infty) \neq 0$ である．よって $\dfrac{f'(z)}{f(z)} = \dfrac{k}{z} + \dfrac{h'(z)}{h(z)}$ ゆえ，$\operatorname*{Res}_{z=\infty}\dfrac{f'(z)}{f(z)}\,dz = -k$ となる．これと①より，$N = P + k$ を得る．

(う) $z = \infty$ の近傍で $f(z)$ が正則で，$f(\infty) \neq 0$ のときは，$w = 0$ の近傍で正則で $\varphi(0) \neq 0$ である関数 $\varphi(w)$ を用いて，$f(z) = \varphi\left(\dfrac{1}{z}\right)$ と書ける．

$f\left(\frac{1}{w}\right) = \varphi(w)$ を w で微分して $f'\left(\frac{1}{w}\right)\left(-\frac{1}{w^2}\right) = \varphi'(w)$ となるから，

$$\mathop{\mathrm{Res}}_{z=\infty} \frac{f'(z)}{f(z)} dz = \mathop{\mathrm{Res}}_{w=0} \frac{f'(\frac{1}{w})}{f(\frac{1}{w})} d\left(\frac{1}{w}\right) = \mathop{\mathrm{Res}}_{w=0} \frac{\varphi'(w)}{\varphi(w)} = 0.$$

ゆえに，①より $N = P$ を得る．

いずれにしても，定理の主張が従う． □

例題 11.49 偏角の原理を用いて，7次方程式 $z^7 - 2z - 4 = 0$ の根で $\mathrm{Re}\, z > 0$ をみたすものの個数を求めよ．

解 $f(z) := z^7 - 2z - 4$ とおく．まず $y \in \mathbb{R}$ のとき $\mathrm{Re}\, f(iy) = -4$ より，$f(z)$ は虚軸上に零点を持たないことに注意する．

$R > 0$ とする．点 $-iR$ を出発し，原点を中心とする半径 R の円の右半分に沿って点 iR に至る路を C_R とし，$\Gamma_R = C_R + [iR, -iR]$ とする．R を十分大きく取って，$\mathrm{Re}\, z > 0$ にある $f(z)$ の零点はすべて Γ_R の内部にあるようにする．偏角の原理より，求める根の個数は，

$$\frac{1}{2\pi} \int_{\Gamma_R} d\arg f(z) = \frac{1}{2\pi} \int_{C_R} d\arg f(z) + \frac{1}{2\pi} \int_{[iR, -iR]} d\arg f(z).$$

さて，与えられた $\varepsilon > 0$ に対して，必要ならさらに R を大きくとって，

$$\left| \mathrm{Arg}\left(1 - \frac{2}{z^6} - \frac{4}{z^7}\right) \right| < \varepsilon \quad (\forall z\, (|z| \geq R))$$

とできる．$f(z) = z^7\left(1 - \frac{2}{z^6} - \frac{4}{z^7}\right)$ と注意 11.47 より，

$$\frac{1}{2\pi} \lim_{R \to +\infty} \int_{C_R} d\arg f(z) = \frac{1}{2\pi} \lim_{R \to +\infty} \int_{C_R} d\arg(z^7) = \frac{7\pi}{2\pi} = \frac{7}{2}.$$

一方，$f(iy) = -4 - iy(y^6 + 2)$ であるから，$y \in \mathbb{R}$ が R から $-R$ まで動くとき，$w = f(iy)$ は直線 $\mathrm{Re}\, w = -4$ 上を，$-4 - iR(R^6+2)$ から $-4 + iR(R^6+2)$ まで動く．ゆえに，$\dfrac{1}{2\pi} \lim\limits_{R \to +\infty} \int_{[iR, -iR]} d\arg f(z) = \dfrac{-\pi}{2\pi} = -\dfrac{1}{2}$ である．

よって，求める根の個数は，$\dfrac{1}{2\pi} \lim\limits_{R \to +\infty} \int_{\Gamma_R} d\arg f(z) = \dfrac{7}{2} - \dfrac{1}{2} = \mathbf{3}$. □

問題 11.50 5次方程式 $z^5 + 5z^4 - 5 = 0$ は $\mathrm{Re}\, z > 0$ である根を何個持つか.

問題 11.51 8次方程式 $z^8 + 3z^3 - iz + 5 = 0$ は第1象限に根を何個持つか.

問題 11.52 領域 $\mathscr{D}$ で正則な関数の列 $\{f_n\}$ において,どの $f_n(z)$ も $\mathscr{D}$ に零点を持たないとする.$\mathscr{D}$ の任意のコンパクト集合上で $f_n(z)$ がある関数 $f(z)$ に一様収束するとき,$f(z)$ は恒等的に 0 であるか,または $f(z)$ も $\mathscr{D}$ で決して零点を持たないことを示せ.
【ヒント】 定理 8.61 の (1) より $f(z)$ は $\mathscr{D}$ で正則であり,さらに同定理の (2) を使う.

定理 11.53 (Rouché の定理) 関数 $f(z), g(z)$ は領域 $\mathscr{D}$ で正則とし,C を $\mathscr{D}$ 内の(図を描くことで内部が明らかな)単純閉曲線で,$C \sim 0\ (\mathscr{D})$ とする.このとき,$|f(z)| > |g(z)|\ (\forall z \in C)$ が成り立つならば,$f(z)$ と $f(z) + g(z)$ の C の内部における位数込みの零点の個数は等しい.

証明 仮定より,C 上で
$$|f(z)| > |g(z)| \geqq 0, \quad |f(z) + g(z)| \geqq |f(z)| - |g(z)| > 0$$
ゆえ,$f(z)$ も $f(z) + g(z)$ も C 上では 0 にならない.C の内部にある $f(z)$, $f(z) + g(z)$ の零点の個数をそれぞれ N_f, N_{f+g} とすると,偏角の原理より,
$$N_f = \frac{1}{2\pi i}\int_C \frac{f'(z)}{f(z)}\,dz, \quad N_{f+g} = \frac{1}{2\pi i}\int_C \frac{f'(z) + g'(z)}{f(z) + g(z)}\,dz.$$
したがって,$N_{f+g} - N_f = \dfrac{1}{2\pi i}\int_C \left\{\dfrac{f'(z) + g'(z)}{f(z) + g(z)} - \dfrac{f'(z)}{f(z)}\right\}dz.$ ……①
ここで,$\varphi(z) := \dfrac{g(z)}{f(z)}$ とおくと,①の右辺の { } の中は,
$$\frac{f(z)g'(z) - f'(z)g(z)}{f(z)(f(z) + g(z))} = \frac{\varphi'(z)}{1 + \varphi(z)}.$$
仮定より $|\varphi(z)| < 1\ (z \in C)$ であり,C はコンパクトであるから,$|\varphi(z)|$ は C 上で最大値 $M < 1$ を持つ.このとき,$\mathscr{E} := \{z \in \mathscr{D}\,;\, |\varphi(z)| < \tfrac{1}{2}(M+1)\}$ は C を含む開集合である.$\mathscr{E}$ 上では $\mathrm{Re}(1 + \varphi(z)) \geqq 1 - |\varphi(z)| > 0$ ゆえ,$\mathscr{E}$ において $\mathrm{Log}(1 + \varphi(z))$ が定義できて,正則関数 $\dfrac{\varphi'(z)}{1 + \varphi(z)}$ の $\mathscr{E}$ における

原始関数である．したがって，

$$N_{f+g} - N_f = \frac{1}{2\pi i} \int_C \frac{\varphi'(z)}{1+\varphi(z)}\, dz = 0. \qquad \square$$

例題 11.54 8次方程式 $z^8 - 4z^5 + z^2 - 1 = 0$ は単位円の内部 $|z| < 1$ に何個の根を持つか．

解 $f(z) := -4z^5$, および $g(z) := z^8 + z^2 - 1$ とおくと，与えられた方程式は，$f(z) + g(z) = 0$ と書ける．$|z| = 1$ のとき，

$$|f(z)| = 4, \qquad |g(z)| \leqq |z|^8 + |z|^2 + 1 = 3 < |f(z)|$$

であるから，Rouché の定理より，$f(z)$ と $f(z) + g(z)$ の $|z| < 1$ における零点の個数は等しい．$|z| < 1$ における $f(z)$ の零点の位数込みの個数は明らかに 5 であるから，求める根の個数も **5** である． $\square$

注意 11.55 例題 11.54 において，Rouché の定理を適用する際に，$f(z)$ と $g(z)$ の選び方は一意的ではない．実際に $f(z) = z^8 - 4z^5$, $g(z) = z^2 - 1$ と選ぶと，$|z| = 1$ のとき，

$$|f(z)| \geqq 4|z|^5 - |z|^8 = 3, \qquad |g(z)| \leqq |z|^2 + 1 = 2 < |f(z)|$$

より，Rouché の定理が適用できる．$f(z) = z^5(z^3 - 4)$ ゆえ，$|z| < 1$ における $f(z)$ の零点の位数込みの個数は 5．ゆえに，$f(z) + g(z)$ の $|z| < 1$ における零点の個数も 5 である．

問題 11.56 11次方程式 $7z^{11} - 18z^3 + 10 = 0$ は $|z| < 1$ に何個の根を持つか．

問題 11.57 7次方程式 $z^7 - 5z^4 + z^2 - 2 = 0$ の円環領域 $1 < |z| < 2$ における根の個数を求めよ．

例題 11.58 方程式 $e^{-z} + z - 2 = 0$ は $\operatorname{Re} z > 0$ にただ一つの解を持ち，それは $1 < \alpha < 2$ をみたす実数 α であることを示せ．

解 $f(z) := z - 2$, $g(z) := e^{-z}$ とおくと，与えられた方程式は $f(z) + g(z) = 0$ と書ける．$\operatorname{Re} z > 0$ のとき $|g(z)| = e^{-\operatorname{Re} z} < 1$ であるから，$f(z) + g(z) = 0$ の $\operatorname{Re} z > 0$ における解は $|f(z)| < 1$ をみたす．よって，$\operatorname{Re} z > 0$ に含まれる円 $C : |z - 2| = 1$ の内部で考えてよい．さて，$z \in C$ のとき，$|g(z)| < 1 = |f(z)|$ であるから，Rouché の定理から，$f(z)$ と $f(z) + g(z)$ とは C の

内部に同数の零点を持ち，それは1個である．一方，関数 $\varphi(x) := e^{-x} + x - 2$ ($x \geq 0$) を考えると，$\varphi(1) = e^{-1} - 1 < 0$, $\varphi(2) = e^{-2} > 0$ であるから，方程式 $\varphi(x) = 0$ は開区間 $(1, 2)$ に解を持つ．前半で述べたことより，この解は与えられた方程式の $\mathrm{Re}\, z > 0$ における一意解である． □

問題 11.59 定数 a は $0 < ae < 1$ をみたすとする．このとき，方程式 $z^2 - ae^z = 0$ の $|z| < 1$ における解は2個あり，それらは正と負の実数が1個ずつであることを示せ．

問題 11.60 $\alpha \in \mathbb{C}$, $\varepsilon > 0$ は定数とする．このとき，帯領域 $|\mathrm{Im}\, z| < \varepsilon$ には関数 $f(z) := \sin z + \dfrac{1}{z - \alpha}$ の零点が無数に存在することを示せ．

【ヒント】 $(m \pm \frac{1}{2})\pi \pm i\varepsilon$ を4頂点とする長方形の周 R_m ($m \in \mathbb{N}$) を考えてみよ．

例 11.61 Rouché の定理を用いて，代数学の基本定理を示してみよう．$n \geq 1$ として，多項式 $P(z) = a_n z^n + a_{n-1} z^{n-1} + \cdots + a_1 z + a_0$ ($a_n \neq 0$) を考える．

$$f(z) = a_n z^n, \quad g(z) = a_{n-1} z^{n-1} + \cdots + a_1 z + a_0$$

とおくと，$P(z) = f(z) + g(z)$ である．さて，$a_n \neq 0$ より，

$$\lim_{|z| \to +\infty} \frac{g(z)}{f(z)} = \lim_{|z| \to +\infty} \frac{a_{n-1} z^{n-1} + \cdots + a_1 + a_0}{a_n z^n} = 0.$$

ゆえに，$|z|$ が十分大きければ，$|g(z)| < |f(z)|$. とくに，$P(z) \neq 0$. よって，十分大きな $R > 0$ に対して，$|z| = R$ ならば，$|g(z)| < |f(z)|$. Rouché の定理から，$|z| < R$ における $f(z)$ と $f(z) + g(z) = P(z)$ の根の個数は等しくて，それは n である．

次の一連の定理は Rouché の定理の重要な応用である．

定理 11.62 関数 $f(z)$ は点 z_0 の近傍で正則であって，定数ではないとする．また，$w_0 := f(z_0)$ とおくとき，z_0 は $f(z) - w_0$ の k 位の零点であるとする．このとき，十分小さい $\varepsilon > 0$ に対して，$\delta > 0$ が存在して，$|w - w_0| < \delta$ をみたす任意の w に対して，方程式 $f(z) = w$ は，$|z - z_0| < \varepsilon$ に重複を込めてちょうど k 個の解を持つ．

証明 $f(z)$ は定数ではないので，一致の定理より，$\varepsilon > 0$ を十分小さくとって，$0 < |z - z_0| \leqq \varepsilon$ において $f(z) \neq w_0$ とできる．さて，円 $|z - z_0| = \varepsilon$ 上での $|f(z) - w_0|$ の最小値を $\delta > 0$ とする．このとき，$|w - w_0| < \delta$ をみたす任意の w に対して，$|w - w_0| < \delta \leqq |f(z) - w_0|$ $(|z - z_0| = \varepsilon)$ が成り立つ．Rouché の定理より，$|z - z_0| < \varepsilon$ において，

$$f(z) - w = f(z) - w_0 + (w_0 - w)$$

は $f(z) - w_0$ と同数の，すなわち k 個の零点を持つ． □

定理 11.63 (開写像定理) 領域 $\mathscr{D}$ で正則であって定数でない関数 f は開写像である．すなわち，$U \subset \mathscr{D}$ が開集合ならば，$f(U)$ も開集合である．

証明 $z_0 \in U$ とする．定理 11.62 の証明において，最初に選ぶ $\varepsilon > 0$ を $\overline{D}(z_0, \varepsilon) \subset U$ もみたすようにしておけば，$w_0 \in f(U)$ の十分小さい近傍の任意の点 w が $f(U)$ に属する． □

定理 11.64 (領域保存の定理) 関数 f は領域 $\mathscr{D}$ で正則であって定数でないとする．このとき，f の像 $f(\mathscr{D})$ も領域である．

証明 定理 11.63 により，$f(\mathscr{D})$ は開集合である．次に，$w_1, w_2 \in f(\mathscr{D})$ をとり，$f(z_1) = w_1, f(z_2) = w_2$ $(z_1, z_2 \in \mathscr{D})$ とすると，z_1 と z_2 は $\mathscr{D}$ 内の連続曲線 C で結べるので，w_1 と w_2 は $f(\mathscr{D})$ 内の連続曲線 $f(C)$ で結べる． □

定理 11.65 関数 $f(z)$ は領域 $\mathscr{D}$ で正則で，$z_0 \in \mathscr{D}$ において $f'(z_0) \neq 0$ であるとする．このとき，$f(z)$ はある開円板 $D(z_0, \varepsilon)$ において単射である．そして，$w_0 := f(z_0)$ とおくとき，ある開円板 $D(w_0, \delta)$ において $f(z)$ の逆関数 $f^{-1}(w)$ は

$$f^{-1}(w) = \frac{1}{2\pi i} \int_{|z - z_0| = \varepsilon} \frac{z f'(z)}{f(z) - w} \, dz \qquad (11.8)$$

と表される．とくに，$f^{-1}(w)$ は $w = w_0$ の近傍で正則である．

証明 定理 11.62 の $k = 1$ の場合であり[6]，$\varepsilon > 0$ と $\delta > 0$ は定理 11.62 の証明に現れたものとする．このとき，$f(z)$ は $D(z_0, \varepsilon)$ で単射である．$w \in D(w_0, \delta)$ を固定し，方程式 $f(z) = w$ の $D(z_0, \varepsilon)$ における一意解を a とする．定理 11.46 の証明の (あ) における議論を $h(z) := f(z) - w$ に適用する．式 (11.7) より，

$$\frac{1}{2\pi i} \int_{|z-z_0|=\varepsilon} \frac{zh'(z)}{h(z)} \, dz = \operatorname*{Res}_{z=a} \frac{zh'(z)}{h(z)} = a = f^{-1}(w).$$

$h'(z) = f'(z)$ より，式 (11.8) を得る．$D(w_0, \delta)$ における $f^{-1}(w)$ の複素微分可能性は，式 (11.8) と例題 7.25 からただちに従う． □

定理 11.66 (Lagrange の反転公式) 定理 11.65 の設定と記号のもとで，逆関数 $f^{-1}(w)$ の w_0 を中心とするベキ級数展開 $f^{-1}(w) = \sum_{n=0}^{\infty} b_n (w - w_0)^n$ の係数 b_n は次式で与えられる．

$$b_n = \frac{1}{n!} \frac{d^{n-1}}{dz^{n-1}} \frac{(z-z_0)^n}{(f(z)-w_0)^n} \bigg|_{z=z_0}.$$

証明 定理 11.65 の記号をそのまま使う．以下，円 $|z - z_0| = \varepsilon$ を C_ε で表す．定理 11.62 の証明より，$\delta = \min_{z \in C_\varepsilon} |f(z) - w_0|$ である．$|w - w_0| < \delta$ のとき，式 (11.8) における被積分関数を次のように書き直す．

$$\frac{zf'(z)}{f(z) - w} = \frac{zf'(z)}{f(z) - w_0} \cdot \frac{1}{1 - \frac{w - w_0}{f(z) - w_0}} = \frac{zf'(z)}{f(z) - w_0} \sum_{n=0}^{\infty} \frac{(w - w_0)^n}{(f(z) - w_0)^n}.$$

ここで，右端の項における等比級数の公比について，次式が成り立つ．

$$\left| \frac{w - w_0}{f(z) - w_0} \right| \leq \frac{|w - w_0|}{\delta} < 1 \qquad (z \in C_\varepsilon).$$

ゆえに級数は C_ε 上で一様収束するので，項別積分ができて，

$$\frac{1}{2\pi i} \int_{C_\varepsilon} \frac{zf'(z)}{f(z) - w} \, dz = \frac{1}{2\pi i} \sum_{n=0}^{\infty} \left(\int_{C_\varepsilon} \frac{zf'(z)}{(f(z) - w_0)^{n+1}} \, dz \right) (w - w_0)^n.$$

---

[6] 定理 4.39 も参照．

ここで，$\dfrac{d}{dz}\dfrac{z}{(f(z)-w_0)^n} = \dfrac{1}{(f(z)-w_0)^n} - n\dfrac{zf'(z)}{(f(z)-w_0)^{n+1}}$ ...... ①

に注意する．①の左辺を閉路 C_ε に沿って積分すると消えるから，

$$b_n = \dfrac{1}{2\pi i}\int_{C_\varepsilon} \dfrac{zf'(z)}{(f(z)-w_0)^{n+1}}\,dz = \dfrac{1}{2\pi in}\int_{C_\varepsilon} \dfrac{dz}{(f(z)-w_0)^n}$$

$$= \dfrac{1}{n}\operatorname*{Res}_{z=z_0}\dfrac{1}{(f(z)-w_0)^n} = \dfrac{1}{n!}\dfrac{d^{n-1}}{dz^{n-1}}\dfrac{(z-z_0)^n}{(f(z)-w_0)^n}\bigg|_{z=z_0}.$$

最後の等号で，命題 10.30 を使った． □

注意 11.67 $n=1$ のとき，Lagrange の反転公式は，$b_1 = \lim_{z\to z_0}\dfrac{z-z_0}{f(z)-f(z_0)} = \dfrac{1}{f'(z_0)}$ を表している．

> **問題 11.68** 整関数 $f(z) = ze^{-z}$ は $f'(0) \neq 0$ をみたすことを確認し，Lagrange の反転公式を利用して，$f^{-1}(w)$ の $w=0$ を中心とするベキ級数展開を求めよ．またその収束半径も求めよ．

11.6 有理型関数の無限分数展開

問題 11.29 において，極として指定される点が有限個である有理型関数を扱ったが，結果として求まるのは有理関数であった．この節では，極として指定される点が無数にある場合を考える．

$\alpha_1, \alpha_2, \ldots, \alpha_n, \ldots$ は異なる複素数からなる無限列で，
$$|\alpha_1| \leqq |\alpha_2| \leqq \cdots \leqq |\alpha_n| \leqq \cdots, \qquad \lim_{n\to\infty}|\alpha_n| = +\infty$$
であるとする．また，$P_n(z)$ $(n=1,2,\ldots)$ は定数項のない多項式とする．

> **定理 11.69** 極が α_n $(n=1,2,\ldots)$ のみであって，α_n における特異部が $P_n\left(\dfrac{1}{z-\alpha_n}\right)$ と一致する有理型関数 $f(z)$ が存在する．このような $f(z)$ は，多項式の列 $\{Q_n(z)\}$ と整関数 $h(z)$ を選ぶことにより，
> $$f(z) = h(z) + \sum_{n=1}^{\infty}\left\{P_n\left(\dfrac{1}{z-\alpha_n}\right) - Q_n(z)\right\}$$
> という形で書ける．右辺の級数は，任意にコンパクト集合 K を与えるごとに有限項を除くと，K 上で一様に絶対収束する．

証明 $\alpha_1 \neq 0$, したがって $\alpha_n \neq 0\ (\forall n)$ としてよい. $P_n\left(\frac{1}{z-\alpha_n}\right)$ は $|z| < |\alpha_n|$ で正則であるから, 原点を中心とするベキ級数に展開できる.

$$P_n\left(\frac{1}{z-a_n}\right) = \sum_{k=0}^{\infty} b_k^{(n)} z^k. \quad \cdots\cdots ①$$

①は, 定理 8.27 より $|z| < |\alpha_n|$ で収束し, 問題 4.13 より $|z| \leqq \frac{1}{2}|\alpha_n|$ では一様収束している. よって, 番号 k_n を

$$\left|P_n\left(\frac{1}{z-\alpha_n}\right) - \sum_{k=0}^{k_n} b_k^{(n)} z^k\right| < \frac{1}{2^n} \quad \left(|z| \leqq \frac{1}{2}|\alpha_n|\right) \cdots\cdots ②$$

が成り立つように選べる. 以下, $Q_n(z) := \sum_{k=0}^{k_n} b_k^{(n)} z^k$ とおく. さて, 任意のコンパクト集合 K に対して, $R > 0$ をとって $K \subset \overline{D}(0,R)$ とする. 次に, 番号 N を $|\alpha_N| \geqq 2R$ となるように選ぶ. このとき, $\forall z \in \overline{D}(0,R)$ と $\forall n \geqq N$ に対して評価②が成り立つので, 級数 $\sum_{n=N}^{\infty}\left\{P_n\left(\frac{1}{z-\alpha_n}\right) - Q_n(z)\right\}$ は $\overline{D}(0,R)$ において一様に絶対収束して, $D(0,R)$ で正則な関数を表す. よって, $D(0,R)$ 上の有理型関数

$$f_0(z) := \sum_{n=1}^{\infty}\left\{P_n\left(\frac{1}{z-\alpha_n}\right) - Q_n(z)\right\}$$

の $\alpha_m \in K$ における特異部は $P_m\left(\frac{1}{z-\alpha_m}\right)$ に等しい. 最後に, $f(z)$ が定理の主張にいう有理型関数なら, $f(z) - f_0(z)$ は整関数ゆえ, 所要の公式を得る. □

例 11.70 $\mathbb{C}$ における有理型関数 $f(z) := \pi\cot\pi z$ を考える. $z = n \in \mathbb{Z}$ は $f(z)$ の 1 位の極であって, 留数は 1 であるから, 特異部は $\frac{1}{z-n}$ である. まず, この特異部の $z=0$ における値が $-\frac{1}{n}$ であることに注意する.

> **問題 11.71** 級数 $\sum_{n=1}^{\infty}\left(\frac{1}{z-n} + \frac{1}{n}\right)$ は, 任意にコンパクト集合 $K \subset \mathbb{C}$ を与えるとき, $K \setminus \mathbb{N}$ において一様に絶対収束して, 有理型関数を表すことを示せ.

問題 11.71 と同様にして, 級数 $\sum_{n=1}^{\infty}\left(\frac{1}{z+n} - \frac{1}{n}\right)$ も任意のコンパクト集合から負の整数を除いた集合上で一様に絶対収束する. したがって,

$$\varphi(z) := \frac{1}{z} + \sum_{n \neq 0} \left(\frac{1}{z-n} + \frac{1}{n} \right) \tag{11.9}$$

は $\mathbb{C}$ における有理型関数であり,

$$h(z) := \pi \cot \pi z - \varphi(z) \tag{11.10}$$

は整関数である. 以下, $h(z)$ は零関数であることを示そう. まず次の集合 $\mathscr{E}$ で $\cot \pi z$ と $\varphi(z)$ を別個に考える.

$$\mathscr{E} := \{ z \in \mathbb{C} \,;\, 0 \leqq \mathrm{Re}\, z \leqq 1,\, |\mathrm{Im}\, z| \geqq 2 \}. \tag{11.11}$$

補題 11.72 次の (1)〜(3) が成り立つ.
(1) $\varphi(z+1) = \varphi(z)$ $(\forall z \in \mathbb{C} \setminus \mathbb{Z})$.
(2) $\varphi(z)$ は $\mathscr{E}$ で有界である.
(3) $\cot \pi z$ も $\mathscr{E}$ で有界である.

証明 (1) 定義式 (11.9) より,

$$\varphi(z+1) - \varphi(z) = \frac{1}{z+1} - \frac{1}{z} + \sum_{n \neq 0} \left(\frac{1}{z+1-n} - \frac{1}{z-n} \right)$$

$$= \lim_{M,N \to \infty} \sum_{n=-M}^{N} \left(\frac{1}{z-(n-1)} - \frac{1}{z-n} \right)$$

$$= \lim_{M,N \to \infty} \left(\frac{1}{z+M+1} - \frac{1}{z-N} \right) = 0.$$

(2) まず, n と $-n$ に対応する項をまとめて, $\varphi(z)$ を次のように書き直す.

$$\varphi(z) = \frac{1}{z} + 2 \sum_{n=1}^{\infty} \frac{z}{z^2 - n^2}. \quad \cdots\cdots ①$$

さて, $z \in \mathscr{E}$ とする. $\dfrac{1}{|z|} \leqq \dfrac{1}{|\mathrm{Im}\, z|} \leqq \dfrac{1}{2}$ ゆえ, ①の右辺の級数が $\mathscr{E}$ で有界であればよい. $z = x + iy$ とおく. $0 \leqq x \leqq 1$ であるから,

$$|z^2 - n^2| \geqq |x^2 - y^2 - n^2| \geqq n^2 + y^2 - 1.$$

ゆえに, 次のように評価できる.

$$\sum_{n=1}^{\infty} \frac{|z|}{|z^2 - n^2|} \leqq \sum_{n=1}^{\infty} \frac{|y|+1}{n^2 + y^2 - 1} \leqq (|y|+1) \int_0^{+\infty} \frac{dt}{t^2 + y^2 - 1}$$

$$= \left(\frac{|y|+1}{|y|-1} \right)^{1/2} \cdot \frac{\pi}{2} \leqq \frac{\sqrt{3}}{2} \pi.$$

以上により, $\varphi(z)$ は $\mathscr{E}$ で有界である.

(3) 式 (10.5) と同様にして, $z \in \mathscr{E}$ のとき, $|\cot \pi z| \leqq \coth 2\pi$. □

補題 11.72 の (2), (3) により, 整関数 $h(z)$ は $\mathscr{E}$ で有界であるから, 閉域 $0 \leqq \mathrm{Re}\, z \leqq 1$ で有界である. さらに同補題の (1) により $h(z+1) = h(z)$ ($\forall z \in \mathbb{C}$) をみたすことになるから, 整関数 $h(z)$ は $\mathbb{C}$ 全体で有界である. ゆえに, Liouville の定理から, $h(z)$ は定数関数である. 一方, 補題 11.72 の証明中の①より, $\varphi(z)$ は奇関数である. よって, $h(z)$ は奇関数の定数関数であるから, 零関数である. 以上で次の定理が証明された.

定理 11.73 次式が成立する.
$$\pi \cot \pi z = \frac{1}{z} + \sum_{n \neq 0} \left(\frac{1}{z-n} + \frac{1}{n} \right) = \frac{1}{z} + 2 \sum_{n=1}^{\infty} \frac{z}{z^2 - n^2} \quad (z \in \mathbb{C} \setminus \mathbb{Z}).$$

注意 11.74 ここでは定理 11.69 の応用例として定理 11.73 を証明したが, 公式自体は, 問題 10.64 において $N \to \infty$ としても導ける. 詳細は読者に委ねる.

定理 11.69 の証明におけるように, コンパクト集合を与えるごとに, 級数の残余項である正則関数の部分と, 有理関数の部分とにわけて, 残余項の部分に定理 8.61 を適用することにより定理 11.73 の中央項が項別微分できることがわかる. したがって, 次の公式を得る.

$$\frac{\pi^2}{\sin^2 \pi z} = \sum_{n=-\infty}^{\infty} \frac{1}{(z-n)^2} \quad (z \in \mathbb{C} \setminus \mathbb{Z}).$$

なおこの公式は, 定理 10.61 において, $f(\zeta) := \dfrac{1}{(\zeta - z)^2}$ としても得られる. そのときの留数の計算は, 命題 11.30 を用いればよい.

問題 11.75 次の公式を証明せよ.
$$\frac{\pi}{\sin \pi z} = \frac{1}{z} + \sum_{n \neq 0} (-1)^n \left(\frac{1}{z-n} + \frac{1}{n} \right) = \frac{1}{z} + 2 \sum_{n=1}^{\infty} \frac{(-1)^n z}{z^2 - n^2} \quad (z \in \mathbb{C} \setminus \mathbb{Z}).$$

問題 11.76 定理 11.73 の右端の式を用いて, 166 ページの式 (10.7) を証明せよ.

第12章

等角写像

　この章では，複素数を変数とする複素数値の関数，とくに正則関数 $w = f(z)$ を，z 平面から w 平面への写像と見て，その幾何学的な性質を考察する．なお，記号 $\angle z_1 z_0 z_2$ については，1.5 節の式 (1.9) を参照のこと．

12.1　正則関数と等角写像

　$\mathscr{D}$ を領域とし，$f(z)$ は $\mathscr{D}$ で定義された関数とする．1 点 $z_0 \in \mathscr{D}$ をとり，$w_0 = f(z_0)$ とおく．

> **定理 12.1**　$f(z)$ は $\mathscr{D}$ で正則とし，$f'(z_0) \neq 0$ とする．また，C_1, C_2 を z_0 を通るなめらかな曲線とし，それらの f による像曲線を Γ_1, Γ_2 とする：$\Gamma_j := f(C_j)$ $(j=1,2)$．曲線 C_j 上に点 $z_j \in \mathscr{D}$ をとり，$w_j := f(z_j)$ $(j=1,2)$ とおくとき，次式が成り立つ．
> $$\lim_{z_1, z_2 \to z_0} \frac{\angle w_1 w_0 w_2}{\angle z_1 z_0 z_2} = 1, \quad \lim_{z_1, z_2 \to z_0} \frac{\dfrac{|w_2 - w_0|}{|w_1 - w_0|}}{\dfrac{|z_2 - z_0|}{|z_1 - z_0|}} = 1. \tag{12.1}$$

　式 (12.1) は，$z_1, z_2 \to z_0$ とした極限において，三角形の相似 $\triangle z_1 z_0 z_2 \backsim \triangle w_1 w_0 w_2$ を得ていることを示している．この事実を，正則関数 $f(z)$ は，

$f'(z_0) \neq 0$ をみたす点 z_0 において**共形性**を持つという．式 (12.1) の左側の性質は，C_1, C_2 の接線が z_0 においてなす角が，Γ_1, Γ_2 の接線が w_0 においてなす角と，向きも込めて等しいことを意味する．

定義 12.2 C^1 級の関数 $f(z)$ が点 z_0 において**等角性**を持つとは，z_0 を通るなめらかな任意の 2 曲線 C_1, C_2 に対して，次式が成り立つことをいう．
$$\lim_{\substack{z_1 \in C_1, z_2 \in C_2 \\ z_1, z_2 \to z_0}} \frac{\angle w_1 w_0 w_2}{\angle z_1 z_0 z_2} = 1 \quad (w_j := f(z_j),\ j = 0, 1, 2).$$
領域 $\mathscr{D}$ から領域 Δ への写像である関数 $f(z)$ が $\mathscr{D}$ の各点において等角性を持つとき，f を**等角写像** (conformal mapping) と呼ぶ．

定理 12.1 の証明 $w = f(z)$ が $z = z_0$ で複素微分可能であるから，
$$\frac{w_1 - w_0}{z_1 - z_0} = f'(z_0) + \varepsilon_1, \quad \frac{w_2 - w_0}{z_2 - z_0} = f'(z_0) + \varepsilon_2$$
と表される．ただし，$j = 1, 2$ について，$z_j \to z_0$ のとき，$\varepsilon_j \to 0$ である．ゆえに，$z_j \to z_0$ のとき，
$$\frac{\dfrac{w_2 - w_0}{w_1 - w_0}}{\dfrac{z_2 - z_0}{z_1 - z_0}} = \frac{\dfrac{w_2 - w_0}{z_2 - z_0}}{\dfrac{w_1 - w_0}{z_1 - z_0}} = \frac{f'(z_0) + \varepsilon_2}{f'(z_0) + \varepsilon_1} \to \frac{f'(z_0)}{f'(z_0)} = 1.$$
これの偏角と絶対値を考えれば，証明が終わる． □

定理 12.3 領域 $\mathscr{D}$ で定義された関数 $f(x + iy) = u(x, y) + iv(x, y)$ において，u と v は実 2 変数 x, y の C^1 級関数とする．このとき，$f(z)$ が $z = z_0 \in \mathscr{D}$ において等角性を持つならば，$z = z_0$ で複素微分可能である．

証明 各 θ ($|\theta| < \frac{\pi}{2}$) に対して，z_0 を出る半直線 $z_\theta(t) := z_0 + te^{i\theta}$ ($t \geqq 0$) を考え，$w_\theta(t) := f(z_\theta(t))$ とおく．以下，$w'_\theta(+0) := \lim_{t \to +0} w'_\theta(t)$ とする．定義式 (6.2) を思い出し，$a := \left.\dfrac{\partial}{\partial x} f(z)\right|_{z=z_0}$, $b := \left.\dfrac{\partial}{\partial y} f(z)\right|_{z=z_0}$ とおくと，
$$w'_\theta(+0) = a\cos\theta + b\sin\theta = \frac{1}{2}(a - ib)e^{i\theta} + \frac{1}{2}(a + ib)e^{-i\theta}. \quad \cdots\cdots ①$$

仮定から $\mathrm{Arg}\,\dfrac{w'_\theta(+0)}{w'_0(+0)} = \theta$ ゆえ，複素数 $e^{-i\theta}w'_\theta(+0)$ の偏角は θ に無関係である．①より，$(a-ib)+(a+ib)e^{-2i\theta}$ の偏角も θ に無関係である．ゆえに $a=-ib$ であり，u, v で表して Cauchy–Riemann の関係式を得る． $\square$

例 12.4 複素 2 次関数 $w := f(z) = z^2$ を考える．$f'(z) = 2z$ ゆえ，$f(z)$ は $\mathbb{C}\setminus\{0\}$ の各点において等角性を持つ．以下，その様子を見よう．$w = u+iv$ とおくと，$u = x^2 - y^2$, $v = 2xy$ …… ① である．したがって，$f(z)$ によって，虚軸に平行な直線 $\ell_a : \mathrm{Re}\,z = a$ は，①で $x = a$ とおいてから y を消去して得られる $v^2 = 4a^2(a^2 - u)$ に写される．これは，
(1) $a \neq 0$ ならば，右に凸な（左に開いた）放物線，
(2) $a = 0$ ならば，実軸 $v = 0$ の $u \leqq 0$ の部分（$\because u = -y^2 \leqq 0$）
を表す．同様に，実軸に平行な直線 $m_b : \mathrm{Im}\,z = b$ は，①で $y = b$ とおいてから x を消去して得られる $v^2 = 4b^2(u + b^2)$ に写される．これは，

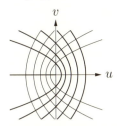

(3) $b \neq 0$ ならば，左に凸な放物線，
(4) $b = 0$ ならば，実軸 $v = 0$ の $u \geqq 0$ の部分
を表す．右図において，ℓ_a の像である右に凸な放物線群（太線）と，m_b の像である左に凸な放物線群（細線）は，原点以外の任意の交点で直交している．

注意 12.5 例 12.4 において，$f'(0) = 0$ である．第 1 象限の境界である実軸の $x \geqq 0$ の部分 $\mathbb{R}_+$ と虚軸の $y \geqq 0$ の部分 $i\mathbb{R}_+$ を考えると，$f(\mathbb{R}_+) = \mathbb{R}_+$, $f(i\mathbb{R}_+) = -\mathbb{R}_+$. したがって，像においては角度は 2 倍になっていて，$f(z)$ は原点では等角性を持っていない．

定理 12.6 $f(z)$ は領域 $\mathscr{D}$ で正則かつ単射であるとする．
(1) 像 $\Delta := f(\mathscr{D})$ も領域である．
(2) 導関数 $f'(z)$ は $\mathscr{D}$ において決して 0 にならない．
(3) Δ で定義される $f(z)$ の逆関数 $g(w)$ も正則かつ単射であって，導関数は $g'(w) = \dfrac{1}{f'(z)}$ $(w = f(z))$ で与えられる．
したがって，$f(z)$ は $\mathscr{D}$ から Δ の上への等角写像であり，$g(w)$ は Δ から $\mathscr{D}$ の上への等角写像である．

証明 (1) 領域保存の定理（定理 11.64）より従う．

(2) 任意に $z_0 \in \mathscr{D}$ をとり，関数 $f_1(z) := f(z) - f(z_0)$ を考えると，z_0 は $f_1(z)$ の零点である．その位数を k とすると，定理 11.62 より，$f_1(z)$，したがって $f(z)$ は $z = z_0$ の近傍で k 対 1 の写像になっており，仮定より $k = 1$ でなければならない．すなわち，$f'(z_0) = f'_1(z_0) \neq 0$ である．

(3) (2) より定理 11.65 が適用できて，$g(w)$ は Δ で正則であり，等式 $f(g(w)) = w$ の両辺を w で微分することにより所要の公式を得る．

最後の主張は定理 12.1 による． □

注意 12.7 複素関数論では，正則関数が単射であることを**単葉** (**univalent**) と呼ぶ習慣があり，味わい深い言葉なのであるが，初学者への用語負担を考えて，本書では用いないことにした．

12.2 1次分数変換（その2）

この節では，11.4 節で扱った1次分数変換を，等角写像の観点から再び採り上げる．式 (11.5) で定義される1次分数変換 $\varphi(z)$ を考える．微分して，
$$\varphi'(z) = \frac{ad - bc}{(cz + d)^2}.$$
ゆえに，$\varphi(z)$ は $\varphi(z_0) = \infty$ となる点 z_0 以外で，すなわち $c \neq 0$ のときは $\mathbb{C} \setminus \{-\frac{d}{c}\}$ の各点において，$c = 0$ のときは $\mathbb{C}$ の各点において，等角性を持つ．1次分数変換には定理 11.36 で述べた円円対応の性質があるが，それを踏まえた鏡像の原理を示そう．鏡像の定義から始める．

> **定義 12.8** 2点 u, v が，円 $|z - \alpha| = R$ に関して**鏡像の位置**にある
> $\stackrel{\text{def}}{\iff} (u - \alpha)\overline{(v - \alpha)} = R^2$.
> ただし，中心 α の鏡像は無限点 ∞ と定める．

鏡像の幾何学的な意味合いを問題としておこう．

問題 12.9 点 $u \neq \alpha$ は円 $C : |z - \alpha| = R$ の内部にあるとする．円 C の中心 α を始点とし，u を通る半直線を ℓ とする．点 u において ℓ と直交する直線を引き，円 C との交点（の一方）を τ とする．この点 τ を接点とする C の接線と ℓ との交点が，u と鏡像の位置にある点 v であることを示せ．

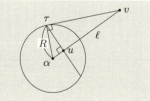

12.2　1次分数変換（その2）

問題 12.10　異なる2点 u, v が円 C に関して鏡像の位置にあるとする．このとき，円 C は Apollonius の円 $|z-u| = k|z-v|$（問題1.26参照）として記述できることを示せ．逆に，Apollonius の円 $C : |z-u| = k|z-v|$ $(0 < k \neq 1)$ に関して，u, v は鏡像の位置にあることも示せ．

注意 12.11　Apollonius の円 $C : |z-u| = k|z-v|$ に対して，1次分数変換 $w = \varphi(z) := \dfrac{1}{k}\dfrac{z-u}{z-v}$ を考える．このとき，像 $\varphi(C)$ は単位円 $\varGamma : |w| = 1$ であり，$\varGamma$ に関して鏡像の位置にある 0 と ∞ に対して，$\varphi^{-1}(0) = u$，$\varphi^{-1}(\infty) = v$ である．したがって，問題12.10 の後半は後述の鏡像の原理（定理12.13）より明らかであるが，後述の問題12.14 で直接計算による鏡像の原理の証明に問題12.10 の後半の性質を用いるので，別途問題とした．

さて，異なる2点 u, v がある直線 m に関して対称の位置にあるとは，u と v を結ぶ線分の垂直2等分線が m と一致することであるから，$|u-z| = |v-z|$ が任意の $z \in m$ に対して成り立つことである．この式が問題12.10 において $k = 1$ の場合に対応すること，および $\mathbb{C}$ 上の直線は Riemann 球面 $\mathbb{C}_\infty$ 上では北極を通る円であることを踏まえて，直線に関する対称点の場合も，鏡像の位置にある点ということにする[1]．定義11.40 で導入した複比を用いると，次のように一つにまとめることができる．

命題 12.12　2点 $u, v \in \mathbb{C}_\infty$ が $\mathbb{C}_\infty$ 上の円 C に関して鏡像の位置にあるための必要十分条件は，任意の異なる3点 $z_2, z_3, z_4 \in C$ に対して，次式が成り立つことである．
$$(u, z_2, z_3, z_4) = \overline{(v, z_2, z_3, z_4)}.$$

証明　(1) 円 C が $\mathbb{C}$ 上の直線 m に対応するとき，$z_4 = \infty$ としてよく，このとき，命題の条件式は $\dfrac{u - z_3}{z_2 - z_3} = \dfrac{\overline{v} - \overline{z_3}}{\overline{z_2} - \overline{z_3}}$ … ① となる．2点 z_2, z_3 を通る直線 m の方程式は $\operatorname{Im} \dfrac{z - z_3}{z_2 - z_3} = 0$ と書けるので（式(1.8)参照），2点 u, v が直線 m に関して対称な位置にあるとき，次の②が成り立つ．

$$|u - z_3| = |v - z_3|, \qquad \operatorname{Im} \dfrac{u - z_3}{z_2 - z_3} = -\operatorname{Im} \dfrac{v - z_3}{z_2 - z_3}. \quad \cdots\cdots ②$$

さらに，$\overrightarrow{vu}$ と $\overrightarrow{z_3 z_2}$ が直交することより（169ページの脚注3参照），

---

[1] $\mathbb{C}_\infty$ 上の円に関してということである．

$$0 = \mathrm{Re}\,(u-v)\overline{(z_2-z_3)} = |z_2-z_3|^2 \cdot \mathrm{Re}\,\frac{u-v}{z_2-z_3}.\quad\cdots\cdots\;③$$

右端の項の分子を $u-v = (u-z_3) - (v-z_3)$ と変形することで,

$$\mathrm{Re}\,\frac{u-z_3}{z_2-z_3} = \mathrm{Re}\,\frac{v-z_3}{z_2-z_3} = \mathrm{Re}\,\frac{\overline{v}-\overline{z_3}}{\overline{z_2}-\overline{z_3}}\quad\cdots\cdots\;④$$

を得る. ④と②の第 2 式を合わせると①を得る. 逆に, ①が成り立つとき, ②の二つの式と④が成り立つ. このとき, ③の右端の項が 0 となるから, $\overrightarrow{vu}$ と $\overrightarrow{z_3 z_2}$ は直交する. このことと②の第 1 式より, z_3 が u と v を結ぶ線分上にある場合でもない場合でも, u と v が直線 m に関して反対側にあって, 対称な位置にあることがわかる.

(2) C が $\mathbb{C}$ 上の円 $|z-\alpha| = R$ に対応するとき. 命題の条件式が成り立つとすると, 複比が 1 次分数変換で不変であること (定理 11.45) より,

$$\begin{aligned}(u, z_2, z_3, z_4) &= \overline{(v-\alpha, z_2-\alpha, z_3-\alpha, z_4-\alpha)}\\ &= \left(\overline{v}-\overline{\alpha},\,\frac{R^2}{z_2-\alpha},\,\frac{R^2}{z_3-\alpha},\,\frac{R^2}{z_4-\alpha}\right) \quad (\because z_j \in C)\\ &= \left(\frac{R^2}{\overline{v}-\overline{\alpha}},\,z_2-\alpha,\,z_3-\alpha,\,z_4-\alpha\right)\quad \left(z \mapsto \frac{R^2}{z}\right)\\ &= \left(\frac{R^2}{\overline{v}-\overline{\alpha}}+\alpha,\,z_2,\,z_3,\,z_4\right).\end{aligned}$$

これより, $u = \dfrac{R^2}{\overline{v}-\overline{\alpha}}+\alpha$ を得て, u と v は円 C に関して鏡像の位置にあることがわかる. 上記の式変形を逆にたどることで, u と v が C に関して鏡像の位置にあれば, 命題中の条件式が成り立つことがわかる. □

定理 12.13 (鏡像の原理) 1 次分数変換 φ によって, $\mathbb{C}_\infty$ 上の円 C_1 が円 C_2 に写るとする. このとき, 2 点 u, v が円 C_1 に関して鏡像の位置にあるなら, $\varphi(u), \varphi(v)$ は円 C_2 に関して鏡像の位置にある.

証明 円 C_2 上に任意に異なる 3 点 w_2, w_3, w_4 をとり, φ によるそれらの原像を順に $z_2, z_3, z_4 \in C_1$ とする. このとき,

$$(\varphi(u), w_2, w_3, w_4) = (u, z_2, z_3, z_4) = \overline{(v, z_2, z_3, z_4)} = \overline{(\varphi(v), w_2, w_3, w_4)}.$$

よって, $\varphi(u), \varphi(v)$ は C_2 に関して鏡像の位置にある. □

問題 12.14 式 (11.5)で表される 1 次分数変換 φ に対して，
$$\frac{\varphi(z)-\varphi(u)}{\varphi(z)-\varphi(v)} = \frac{z-u}{z-v}\frac{cv+d}{cu+d}$$
を示して問題 12.10 を援用することにより，鏡像の原理を証明せよ．

例 12.15　1 次分数変換

$$w = \varphi(z) = e^{i\theta}\frac{z-\gamma}{1-\overline{\gamma}z} \qquad (|\gamma|<1, \theta\in\mathbb{R}) \tag{12.2}$$

を考えよう．明らかに $\varphi(\gamma)=0$, $\varphi(1/\overline{\gamma})=\infty$ であり，2 点 $\gamma, 1/\overline{\gamma}$ は単位円 $|z|=1$ に関して鏡像の位置にある．また，$|z|=1$ のとき，$|1-\overline{\gamma}z| = |z(\overline{z}-\overline{\gamma})| = |z-\gamma|$ より，$|\varphi(z)|=1$ である．ゆえに，z 平面上の単位円 $|z|=1$ の像は w 平面上の単位円 $|w|=1$ である．以上より，φ は $|z|<1$ から $|w|<1$ 全体への単射等角写像であることがわかる．また，$\varphi^{-1}(w) = e^{-i\theta}\dfrac{w+\gamma e^{i\theta}}{1+\overline{\gamma}e^{-i\theta}w}$（式 (12.2) の形）であることにも注意しておこう．

問題 12.16 単位円の内部に c ($0<|c|<1$) を中心とする円 C がある．1 次分数変換 (12.2)を選んで，原点を中心とする円に C を変換せよ．

例題 12.17 $0<|\alpha|<1$ とし，1 次分数変換 $w = \varphi(z) = \dfrac{z-\alpha}{\overline{\alpha}z-1}$ を考える．式 (12.2)において $\theta=\pi, \gamma=\alpha$ としたものに対応するから，φ は $|z|<1$ から $|w|<1$ 全体への単射等角写像である．
(1) $\varphi^{-1}=\varphi$ であることを示せ．
(2) 円 $C_r : |z|=r$ ($0<r<1$) の φ による像はどんな円か．
(3) $|z|<1$ のとき，次の不等式が成り立つことを示せ．
$$\frac{||z|-|\alpha||}{1-|\alpha||z|} \le \left|\frac{z-\alpha}{1-\overline{\alpha}z}\right| \le \frac{|z|+|\alpha|}{1+|\alpha||z|}. \quad\cdots\cdots\text{①}$$

注意 12.18 例題の不等式①は，式 (12.2)で表される一般の $\varphi(z)$ に対して，不等式
$$\frac{||z|-|\varphi(0)||}{1-|\varphi(0)|\cdot|z|} \le |\varphi(z)| \le \frac{|z|+|\varphi(0)|}{1+|\varphi(0)|\cdot|z|} \qquad (|z|<1)$$
が成り立つことを示している．

解 (1) $\begin{pmatrix} 1 & -\alpha \\ \overline{\alpha} & -1 \end{pmatrix}^{-1} = \dfrac{1}{1-|\alpha|^2}\begin{pmatrix} 1 & -\alpha \\ \overline{\alpha} & -1 \end{pmatrix}$ による.

(2) (1) より, $w = \varphi(z)$ のとき $z = \varphi(w)$ ゆえ, $\varphi(C_r)$ は円 $\left|\dfrac{w-\alpha}{\overline{\alpha}w-1}\right| = r$ である. これは, Apollonius の円 $|w-\alpha| = k|w-1/\overline{\alpha}|$ $(k := r|\alpha| < 1)$ である. 問題 1.26 により, 中心 $c := \dfrac{1-r^2}{1-r^2|\alpha|^2}\alpha$, 半径 $R := \dfrac{1-|\alpha|^2}{1-r^2|\alpha|^2}r$.

(3) 直線 $O\alpha$ と円 $\varphi(C_r)$ との交点を p, q とする. 2 点 p, q は Apollonius の円 $\varphi(C_r)$ の直径の両端であることに注意すると, 次式を得る.

$$p = \frac{k\dfrac{1}{\overline{\alpha}} + \alpha}{1+k} = \frac{(|\alpha|+r)\alpha}{|\alpha|(1+r|\alpha|)}, \quad q = \frac{-k\dfrac{1}{\overline{\alpha}} + \alpha}{1-k} = \frac{(|\alpha|-r)\alpha}{|\alpha|(1-r|\alpha|)}.$$

したがって, $|p| = \dfrac{r+|\alpha|}{1+r|\alpha|}, |q| = \dfrac{|r-|\alpha||}{1-r|\alpha|}$ である. ここで (2) の結果より, 円 $\varphi(C_r)$ の中心 c は線分 $O\alpha$ の内部にあることに注意すると, $|p| > |q|$ がわかる. さて $z \in C_r$ $(0 < r < 1)$ のときは $|q| \leqq |\varphi(z)| \leqq |p|$ となるので, 所要の不等式①が $z \in C_r$ のときに得られていることになる. $z = 0$ のときの①は 3 項とも $|\alpha|$ ゆえ, 等号で成り立っている. □

さて, $|z| < 1$ から $|w| < 1$ 全体への単射正則関数による等角写像は, すべて式 (12.2) の形の 1 次分数変換で与えられることを示そう. そのために, 次の補題が必要である. 当面の目的に最も直結した形で述べよう.

補題 12.19 (Schwarz の補題) 関数 $f(z)$ は単位円の内部 $D: |z| < 1$ で正則であって, $f(D) \subset D$ をみたすとする. もし $f(0) = 0$ ならば,

$$|f(z)| \leqq |z| \quad (\forall z \in D) \tag{12.3}$$

となる. さらに, 式 (12.3) がある z_0 $(0 < |z_0| < 1)$ に対して等号で成り立つならば, $\theta \in \mathbb{R}$ が存在して, $f(z) = e^{i\theta}z$ $(\forall z \in D)$ となる.

証明 $f(0) = 0$ であるから, D で正則な関数 $g(z)$ を用いて, $f(z) = zg(z)$ と表される. 最大絶対値の原理の系 (系 8.55) より, 任意の $z \in D$ と任意の

r ($|z| < r < 1$) に対して，次式が成り立つ．

$$|g(z)| \leqq \max_{|\zeta|=r} |g(\zeta)| = \max_{|\zeta|=r} \frac{|f(\zeta)|}{|\zeta|} < \frac{1}{r}. \quad \cdots\cdots ①$$

①より得る $|g(z)| < r^{-1}$ において $r \to 1$ として，$|g(z)| \leqq 1$．ゆえに，不等式 (12.3) を得る．もし $|f(z_0)| = |z_0|$ がある $z_0 \in D \setminus \{0\}$ で成り立てば，$|z_0| < r_0 < 1$ をみたす r_0 をとると，開円板 $|z| < r_0$ の内点 z_0 で $|g(z)|$ は最大値 1 をとっている．再び系 8.55 より，$g(z)$ は定数関数である．この定数を α とすると，$|\alpha| = 1$ ゆえ，$f(z) = e^{i\theta}z$ ($\theta \in \mathbb{R}$) と表される． □

一般の形での Schwarz の補題を演習問題にしておこう．

問題 12.20 関数 $w = f(z)$ は開円板 $|z| < R$ を開円板 $|w| < M$ の中に写すものとする．$|z_0| < R$ のとき，次の不等式が成り立つ．

$$\left| \frac{M(f(z) - f(z_0))}{M^2 - \overline{f(z_0)}f(z)} \right| \leqq \left| \frac{R(z - z_0)}{R^2 - \overline{z_0}z} \right| \quad (|z| < R).$$

定理 12.21 単位円の内部 $D : |z| < 1$ において正則な関数 $f(z)$ で D の全単射を与えるものは，式 (12.2) で表される 1 次分数変換で尽きる．

証明 (1) $f(0) = 0$ のとき．補題 12.19 より，式 (12.3) が成り立つ．定理 12.6 より，f^{-1} にも補題 12.19 を適用して，$|f^{-1}(w)| \leqq |w|$ ($\forall w \in D$) を得る．ゆえに，式 (12.3) が $\forall z \in D$ において等号で成り立つ．よって，補題 12.19 から，$f(z) = e^{i\theta}z$ ($\theta \in \mathbb{R}$) である．これは式 (12.2) の $\gamma = 0$ に対応する．

(2) $f(0) = re^{i\psi}$ ($0 < r < 1, \psi \in \mathbb{R}$) のとき．$g(z) := e^{i\psi}\dfrac{z+r}{1+rz}$ とおく．式 (12.2) で $\theta = \psi, \gamma = -r$ としたものが $g(z)$ であるから，$g(z)$ は D の全単射を与える．ゆえに，$g^{-1} \circ f$ は D の全単射を与える正則関数で，$g^{-1} \circ f(0) = 0$ であるから，(1) より，$g^{-1}(f(z)) = e^{i\theta}z$ ($\theta \in \mathbb{R}$) である．したがって，

$$f(z) = g(e^{i\theta}z) = e^{i\psi}\frac{e^{i\theta}z + r}{1 + re^{i\theta}z} = e^{i(\psi+\theta)}\frac{z + re^{-i\theta}}{1 + re^{i\theta}z}.$$

これは明らかに式 (12.2) の形をしている． □

次に，上半平面に目を向けよう．これまでの単位円の内部での議論を活用するために，次式で定義される 1 次分数変換 Φ を考える．

$$w = \Phi(z) = \frac{z-i}{z+i}. \tag{12.4}$$

明らかに $\Phi(i) = 0$, $\Phi(-i) = \infty$ であり，2 点 i, $-i$ は実軸に関して鏡像の位置にある．さらに，$x \in \mathbb{R}$ のとき $|\Phi(x)| = 1$ であるから，無限遠点を含む実軸の像 $\Phi(\mathbb{R} \cup \{\infty\})$ は単位円 $|w| = 1$ である．ゆえに，Φ は z 平面における上半平面 $\mathrm{Im}\, z > 0$ から，w 平面における単位円の内部 $|w| < 1$ 全体への単射等角写像である．変換 $\Phi(z)$ を **Cayley 変換** (ケーリー) と呼ぶ．容易に，

$$\Phi^{-1}(w) = i\frac{1+w}{1-w}. \tag{12.5}$$

例題 12.22 上半平面 $H : \mathrm{Im}\, z > 0$ において正則な関数 $f(z)$ で H の全単射を与えるものは，次の形の 1 次分数変換に限ることを示せ．
$$f(z) = \frac{az+b}{cz+d} \qquad (a,b,c,d \in \mathbb{R};\ ad-bc > 0).$$

注意 12.23 a,b,c,d をすべて $\sqrt{ad-bc}$ で割ったものを改めて a,b,c,d として，$a,b,c,d \in \mathbb{R}$ に対する条件は，$ad-bc = 1$ としてもよい．

解 式 (12.4) の Cayley 変換 Φ を考えると，$g := \Phi \circ f \circ \Phi^{-1}$ は単位円の内部 $D : |z| < 1$ で正則な関数で，D の全単射を与える．定理 12.21 によって，g は式 (12.2) で表される 1 次分数変換である．ゆえに，$f = \Phi^{-1} \circ g \circ \Phi$ も 1 次分数変換である．問題 11.32 を用いて，f に対応する行列を計算しよう．計算を見やすくするために，式 (12.2) の γ と θ に対して，

$$\alpha := \frac{e^{i\theta/2}}{\sqrt{1-|\gamma|^2}}, \quad \beta := -\frac{\gamma e^{i\theta/2}}{\sqrt{1-|\gamma|^2}}$$

とおく．簡単な計算で，$|\alpha|^2 - |\beta|^2 = 1$, $\gamma = -\dfrac{\beta}{\alpha}$, $e^{i\theta} = \dfrac{\alpha}{\overline{\alpha}}$ がわかるから，式 (12.2) は次式に書き換えられる．

$$w = \frac{\alpha z + \beta}{\overline{\beta} z + \overline{\alpha}} \qquad (|\alpha|^2 - |\beta|^2 = 1).$$

式 (12.5) より，Φ^{-1} には行列 $\begin{pmatrix} 1 & 1 \\ i & -i \end{pmatrix}$ が対応すると見ると，1 次分数変換

f に対応する行列は，次のようになる．

$$\begin{pmatrix} 1 & 1 \\ i & -i \end{pmatrix} \begin{pmatrix} \alpha & \beta \\ \overline{\beta} & \overline{\alpha} \end{pmatrix} \begin{pmatrix} 1 & -i \\ 1 & i \end{pmatrix} = 2 \begin{pmatrix} \operatorname{Re}\alpha + \operatorname{Re}\beta & \operatorname{Im}\alpha - \operatorname{Im}\beta \\ -(\operatorname{Im}\alpha + \operatorname{Im}\beta) & \operatorname{Re}\alpha - \operatorname{Re}\beta \end{pmatrix}.$$

右辺の行列の成分はすべて実数であり，行列式は，

$$4\{(\operatorname{Re}\alpha)^2 - (\operatorname{Re}\beta)^2 + (\operatorname{Im}\alpha)^2 - (\operatorname{Im}\beta)^2\} = 4\{|\alpha|^2 - |\beta|^2\} = 4 > 0.$$

逆に，行列式が正の実行列 $A := \begin{pmatrix} a & b \\ c & d \end{pmatrix}$ に対して，A^{-1} も行列式が正の実行列であり，A で定まる 1 次分数変換 $\varphi_A(z)$ は H で正則であって，

$$\operatorname{Im}\varphi_A(z) = \frac{1}{2i}\left(\frac{az+b}{cz+d} - \frac{a\overline{z}+b}{c\overline{z}+d} \right) = (ad-bc)\frac{\operatorname{Im} z}{|cz+d|^2}.$$

ゆえに，φ_A は H の全単射を与える等角写像である． □

> **問題 12.24** 関数 $f(z)$ は $H : \operatorname{Im} z > 0$ で正則で，$f(H) \subset H$ をみたすとする．$\operatorname{Im} z_0 > 0$ のとき，次の不等式が成り立つことを示せ．
>
> $$\left| \frac{f(z) - f(z_0)}{f(z) - \overline{f(z_0)}} \right| \leq \left| \frac{z - z_0}{z - \overline{z_0}} \right| \qquad (z \in H).$$

さて，この節の初めに述べた等角性と定理 11.36 により，1 次分数変換は交わる 2 個の円を同じ角で交わる 2 個の円に写す．しかも角の向きも保つので，円の左右を保つということになる．この辺りのことを，複比 (z_1, z_2, z_3, z_4) を用いてより明確に述べよう．

まず，$z = (z, 1, 0, \infty)$ $(\forall z \in \mathbb{C})$ であるから，条件 $\operatorname{Im} z > 0$ は，複比を用いて $\operatorname{Im}(z, 1, 0, \infty) > 0$ と書けている．さらに，実軸上を $1, 0$ と進んで ∞ へ向かうとき，右側に上半平面 $\operatorname{Im} z > 0$ があることに注意する．

> **定義 12.25** C を $\mathbb{C}_\infty$ 上の円とする．点 $z \notin C$ が C 上の順序のついた異なる 3 点 (z_2, z_3, z_4) に関して**右側**にあるとは，$\operatorname{Im}(z, z_2, z_3, z_4) > 0$ をみたすこととする．また，$\operatorname{Im}(z, z_2, z_3, z_4) < 0$ のとき，z は (z_2, z_3, z_4) に関して**左側**にあるという．

1 次分数変換は複比を保つ（定理 11.45）から，次の定理を得る．

定理 12.26 C_1, C_2 を $\mathbb{C}_\infty$ 上の二つの円とする．また，φ は $\varphi(C_1) = C_2$ をみたす 1 次分数変換とする．このとき，φ は，C_1 上の順序のついた異なる 3 点 (z_2, z_3, z_4) に関する C_1 の右側（あるいは左側）を，$(\varphi(z_1), \varphi(z_2), \varphi(z_3))$ に関する C_2 の右側（あるいは左側）に写す．

例題 12.27 1 次分数変換 $w = \varphi(z) = \dfrac{z+1}{z+2}$ による z 平面の円環領域 $\mathscr{A}(0; 1, 2) = \{z \,;\, 1 < |z| < 2\}$ の像を求めよ．

解 まず，$\mathbb{R}_\infty := \mathbb{R} \cup \{\infty\} \subset \mathbb{C}_\infty$ とおくとき，$\varphi(\mathbb{R}_\infty) = \mathbb{R}_\infty$ であることに注意する．また，z 平面において，$\mathbb{R}_\infty$ と単位円 $C_1 : |z| = 1$ は ± 1 において直交するので，w 平面において，$\mathbb{R}_\infty$ と $\varphi(C_1)$ は $\varphi(-1) = 0$ と $\varphi(1) = \frac{2}{3}$ において直交する．したがって，$\varphi(C_1)$ の中心は実軸上にあって，原点と $\frac{2}{3}$ の中点である $\frac{1}{3}$ である．よって，$\varphi(C_1)$ は円 $\left|w - \frac{1}{3}\right| = \frac{1}{3}$ である．一方，$C_2 : |z| = 2$ の φ による像は，$\varphi(2) = \frac{3}{4}$, $\varphi(2i) = \frac{1}{4}(3+i)$, $\varphi(-2) = \infty$ ゆえ，直線 $\operatorname{Re} w = \frac{3}{4}$ に無限遠点 ∞ を付加したものである．さて，円環領域 $\mathscr{A}(0; 1, 2)$ は，C_1 上の順序のついた 3 点 $(1, i, -1)$ に関して右側にあるから，像 $\Delta := \varphi(\mathscr{A}(0; 1, 2))$ も $\varphi(C_1)$ 上の 3 点 $(\frac{2}{3}, \varphi(i), 0)$ $(\varphi(i) = \frac{1}{5}(3+i))$ に関して右側にある．すなわち，円 $\left|z - \frac{1}{3}\right| = \frac{1}{3}$ の外側にある．同様に，円 C_2 上の 3 点 $2, 2i, -2$ で考えて，Δ は直線 $\operatorname{Re} w = \frac{3}{4}$ の左側にある．よって，
$$\Delta = \{w \,;\, \left|z - \tfrac{1}{3}\right| > \tfrac{1}{3}\} \cap \{w \,;\, \operatorname{Re} w < \tfrac{3}{4}\}. \qquad \Box$$

注意 12.28 もっと端的に，$\varphi(C_1)$ と $\operatorname{Re} w = \frac{3}{4}$ が定める三つの領域の内で，たとえば $\varphi(\frac{3}{2}) = \frac{5}{7}$ が属する領域が Δ であると結論してもよいことが，上記の解からも納得できるであろう．

問題 12.29 問題 1.17 の (2) を定理 12.26 を用いて解け．

問題 12.30 2 点 ± 1 を通る円を C とする．C 上にない 2 点 z_1, z_2 が $z_1 z_2 = 1$ をみたすとき，この 2 点は C に関して同じ側にはないことを示せ．
【ヒント】複比を持ち出すより，1 次分数変換 $w = \frac{z-1}{z+1}$ を施したあとに原点を中心とする回転をして，C を虚軸（と無限遠点）に写して考える．

12.3 等角写像としての初等関数

例 12.31 関数 $w = z^n$ とその逆関数としてのベキ根関数 $z = w^{1/n}$

関数 $w = z^2$ は例 12.4 で扱った。この例では，一般に自然数 $n \geqq 2$ に対して，関数 $w = f(z) = z^n$ を考えよう。$f'(z) = nz^{n-1}$ であるから，$f(z)$ は $\mathbb{C} \setminus \{0\}$ の各点において等角性を持つ。また，極形式 $z = re^{i\theta}$ で考えることにより，$f(z)$ は z 平面の角領域 $0 < \operatorname{Arg} z < \frac{2\pi}{n}$ から w 平面の領域 $\mathscr{D}_0 := \mathbb{C} \setminus [0, +\infty)$ の上への単射等角写像であることがわかる。したがって，w 平面の領域 $\mathscr{D}_0$ から z 平面の角領域 $0 < \operatorname{Arg} z < \frac{2\pi}{n}$ の上への単射等角写像として，逆関数 $z = w^{1/n}$ が定まる。一方で，主枝を選択することにより定義する $z = w^{1/n}$ は，角領域 $|\operatorname{Arg} w| < \pi$ から角領域 $|\operatorname{Arg} z| < \frac{\pi}{n}$ の上への単射等角写像である。

> **例題 12.32** $a > 0$ とする。z 平面の上半平面にスリットを入れた領域
> $$\mathscr{D} := \{z \,;\, \operatorname{Im} z > 0\} \setminus [0, ia]$$
> を w 平面の上半平面 $\operatorname{Im} w > 0$ の上に写す単射等角写像を一つ求めよ。

解 $\zeta = z^2$ とおくと，$z \in \mathscr{D} \iff \zeta \in \mathbb{C} \setminus [-a^2, +\infty)$ となる。右側の領域のスリットの左端 $-a^2$ を平行移動して原点に写してから平方根を考えれば，例 12.31 より求める写像を得る。よって，$f(z) = (\zeta + a^2)^{1/2} = (z^2 + a^2)^{1/2}$ が条件をみたす関数の一つである。 □

> **問題 12.33** $a, b \in \mathbb{R}$ $(a < b)$ とする。例 11.37 における議論を参考にして，z 平面の領域
> $$\mathscr{D} := \mathbb{C} \setminus ((-\infty, a] \cup [b, +\infty))$$
> から w 平面の上半平面 $\operatorname{Im} w > 0$ の上への単射等角写像を一つ求めよ。

例 12.34 指数関数と対数関数

まず，指数関数 $w = f(z) = e^z$ を考える。$f'(z) = e^z \neq 0$ ゆえ，$f(z)$ は全平面 $\mathbb{C}$ の各点において等角性を持つ。また，$z = x + iy$ のとき，$w = e^z = e^x e^{iy}$ であるから，直線 $\ell_a : \operatorname{Re} z = a$ の $f(z)$ による像は円 $|w| = e^a$ であり，直線 $m_b : \operatorname{Im} z = b$ の像は半直線 $\operatorname{Arg} w \equiv b \pmod{2\pi}$ である。

問題 12.35 次の各領域の指数関数 $w = e^z$ による像を求めよ.
(1) $\mathscr{D}_1 := \{ z \,;\, 0 < \operatorname{Im} z < \pi \}$ (2) $\mathscr{D}_2 := \mathscr{D}_1 \cap \{ z \,;\, \operatorname{Re} z < 0 \}$

問題 12.36 $a > 0$ とする. 領域 $\mathscr{D} := \{ z \,;\, 0 < \operatorname{Re} z < 1 \} \setminus [\frac{1}{2} + ia, \frac{1}{2} + i\infty)$ を上半平面 $\operatorname{Im} w > 0$ の上に写す単射等角写像を一つ求めよ.

さて，各 $\theta_0 \in \mathbb{R}$ に対して，次の帯領域 $\mathscr{S}_{\theta_0}$ を考える.
$$\mathscr{S}_{\theta_0} := \{ z \,;\, \theta_0 < \operatorname{Im} z < \theta_0 + 2\pi \}. \tag{12.6}$$
このとき，$f(z) = e^z$ は $\mathscr{S}_{\theta_0}$ から式 (5.10) で定義した領域 $\mathscr{D}_{\theta_0}$ の上への単射等角写像である．その逆関数として，式 (5.11) で定義した $\log_{\theta_0}$ があり，$\log_{\theta_0}$ は領域 $\mathscr{D}_{\theta_0}$ を $\mathscr{S}_{\theta_0}$ の上へ写像する単射等角写像である.

問題 12.37 関数 $w = \dfrac{1}{2i} \operatorname{Log} \dfrac{1+iz}{1-iz}$ による単位円の内部 $|z| < 1$ の像を求めよ.

【コメント】 本問の関数は逆正接関数の主枝である（後述の例 13.5 参照）.

累乗関数 $z^\alpha := e^{\alpha \log z}$ を必要とする問題を挙げておこう.

問題 12.38 $a, b \in \mathbb{R}$ $(a < b)$ とする. 右図のように 2 点 a, b において角度 $\pi\alpha$ $(0 < \alpha < 1)$ で交わる二つの円で囲まれる領域を $\mathscr{D}$ とする（**円弧二角形**と呼ばれる図形である）. $\mathscr{D}$ を上半平面全体に写す単射等角写像を一つ求めよ.

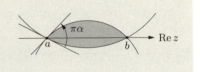

12.4 Joukowski 変換と三角関数

次の有理関数で与えられる変換を **Joukowski 変換**（ジューコフスキー）と呼ぶ[2]．
$$w = f(z) = \frac{1}{2}\left(z + \frac{1}{z} \right). \tag{12.7}$$
与えられた複素数 α に対して，$f(z) = \alpha$ をみたす z は重複を込めてちょうど 2 個ある．また，$z = 0, \infty$ は $f(z)$ の 1 位の極である．明らかに $f\left(\dfrac{1}{z} \right) = f(z)$ であり，$f(z_1) = f(z_2)$ $(z_1 \neq z_2)$ なら，$z_1 z_2 = 1$ が成り立つ．したがって，Joukowski 変換は，単位円の内部，および外部において単射である．さらに，$f'(z) = \dfrac{z^2 - 1}{2z^2}$ ゆえ，$f(z)$ は $\mathbb{C} \setminus \{0, \pm 1\}$ の各点において等角性を持つ.

---

[2] 英文字表記は多くの書物で用いられているものに従った.

円 $C_r : |z| = r$ の像 $f(C_r)$ を求めよう．$z = re^{i\theta}$, $w = f(z) = u + iv$ と
おくと，$u = \dfrac{1}{2}\left(r + \dfrac{1}{r}\right)\cos\theta$, $v = \dfrac{1}{2}\left(r - \dfrac{1}{r}\right)\sin\theta$ …… ① である．
ゆえに，$r \neq 1$ のとき，①から θ を消去することにより，$f(C_r)$ は $w = \pm 1$
を焦点とする楕円

$$\frac{u^2}{\dfrac{1}{4}\left(r + \dfrac{1}{r}\right)^2} + \frac{v^2}{\dfrac{1}{4}\left(r - \dfrac{1}{r}\right)^2} = 1$$

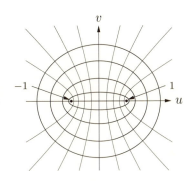

であることがわかる．また，$r = 1$ のと
きは $u = \cos\theta$, $v = 0$ ゆえ，z が点 1 を
出発して C_1 上を 1 周すると，w は線分
$[-1, 1]$ 上を $1 \to -1 \to 1$ と動く．

次に，原点から出る半直線 $\ell_\theta : \arg z = \theta$ （一定）の像 $f(\ell_\theta)$ を求めよう．まず，
$\theta \neq \dfrac{n}{2}\pi$ $(n \in \mathbb{Z})$ のとき，①から r を
消去することで，$f(\ell_\theta)$ は $w = \pm 1$ を焦点とする双曲線の片方

$$\frac{u^2}{\cos^2\theta} - \frac{v^2}{\sin^2\theta} = 1 \qquad (u \text{ は } \cos\theta \text{ と同符号})$$

であることがわかる．また，$f(\ell_{m\pi})$ $(m \in \mathbb{Z})$ は w 平面の実軸の $(-1)^m u \geqq 1$
の部分，$f(\ell_{(2m+1)\pi/2})$ は虚軸である．

$r > 0$ を動かして $f(C_r)$ を追跡したり，θ を動かして $f(\ell_\theta)$ を追跡すること
で，Joukowski 変換の対応の様子がわかる．次の命題にまとめておこう．

命題 12.39 Joukowski 変換 $f(z)$ について，次の (1), (2) が成り立つ．
(1) $w = f(z)$ は z 平面における領域 $0 < |z| < 1$ から w 平面における領域 $\mathbb{C} \setminus [-1, 1]$ の上への単射等角写像である．
(2) $w = f(z)$ は z 平面における上半平面 $\mathrm{Im}\, z > 0$ から w 平面における領域 $\mathbb{C} \setminus \{u \in \mathbb{R}\,;\, |u| \geqq 1\}$ の上への単射等角写像である．

問題 12.40 領域 $\{z\,;\, 0 < |z| < 1,\, 0 < \mathrm{Arg}\, z < \dfrac{\pi}{4}\}$ の Joukowski 変換による像を求めよ．

問題 12.41 $h > 0$ とする．中心が ih にあり，$z = \pm 1$ を通る円 C_h の Joukowski 変換による像を求めよ．

例題 12.42 関数 $w = \cos z$ は，z 平面における帯領域 $\mathscr{S} : 0 < \operatorname{Re} z < \pi$ から w 平面における領域 $\mathbb{C} \setminus \{u \in \mathbb{R} \,;\, |u| \geqq 1\}$ の上への単射等角写像であることを示せ．

解 $\cos z = \frac{1}{2}(e^{iz} + e^{-iz})$ であるから，式 (12.7)の Joukowski 変換 $f(z)$ を用いて，$\cos z = f(e^{iz})$ と表される．原点を中心にして $\frac{\pi}{2}$ だけ $\mathscr{S}$ を回転させたものが $i\mathscr{S}$ であるから，$i\mathscr{S} = \{\zeta \,;\, 0 < \operatorname{Im} \zeta < \pi\}$ となる．したがって，問題 12.35 より，$e^{i\mathscr{S}} = \{\zeta_1 \,;\, \operatorname{Im} \zeta_1 > 0\}$ である．$\cos \mathscr{S} = f(e^{i\mathscr{S}})$ と命題 12.39 (2) より，所要の結果を得る． □

注意 12.43 $\sin z = \cos\bigl(\frac{\pi}{2} - z\bigr)$ であるから，$w = \sin z$ は z 平面における帯領域 $|\operatorname{Re} z| < \frac{\pi}{2}$ から w 平面における領域 $\mathbb{C} \setminus \{u \in \mathbb{R} \,;\, |u| \geqq 1\}$ の上への単射等角写像である．

以上と関連して，$\tan z$ についてもここで調べておこう．式 (12.4)の Cayley 変換 Φ を用いて，
$$\tan z = \frac{\sin z}{\cos z} = \frac{1}{i} \frac{e^{2iz} - 1}{e^{2iz} + 1} = -i \Phi(i e^{2iz})$$
と表せることに注意する．

問題 12.44 関数 $w = \tan z$ により，次の対応を得ることを示せ．
(1) $|\operatorname{Re} z| < \frac{\pi}{2} \iff \mathbb{C} \setminus \{iv \in i\mathbb{R} \,;\, |v| \geqq 1\}$ (2) $|\operatorname{Re} z| < \frac{\pi}{4} \iff |w| < 1$

Joukowski 変換に戻って，この変換を応用する問題を解いてみよう．

例題 12.45 関数 $w = \dfrac{z}{(z-1)^2}$ は，z 平面における単位円の内部を w 平面のどのような領域に写像するか．

解 $w = \dfrac{z}{(z-1)^2} = \dfrac{1}{z + \frac{1}{z} - 2}$ と見る．$\zeta := z + \dfrac{1}{z}$ とおくと，命題 12.39 (1) より，$0 < |z| < 1 \iff \zeta \in \mathbb{C} \setminus [-2, 2]$．したがって，$\zeta_1 = \zeta - 2$ とおくと，$w = \dfrac{1}{\zeta_1}$ であって，
$$0 < |z| < 1 \iff \zeta_1 \in \mathbb{C} \setminus [-4, 0] \iff w \in \mathbb{C} \setminus \left(\left(-\infty, -\tfrac{1}{4}\right] \cup \{0\}\right).$$

$z=0$ のとき $w=0$ ゆえ,求める領域は $\mathbb{C}\setminus(-\infty,-\frac{1}{4}]$ である. □

> **問題 12.46** 関数 $w=\dfrac{z^2+z+1}{z^2-z+1}$ は,z 平面における単位円の内部を w 平面のどのような領域に写像するか.

12.5 単位円の内部全体への等角写像

すでに見てきたように,既知の等角写像を合成することにより,様々な等角写像を得る.この節では,写像された先の領域を単位円の内部全体とする.上半平面に写像できれば,式 (12.4) の Cayley 変換 Φ をそれに続ければよい.

> **例題 12.47** z 平面の領域 $\mathscr{D}:=\{z\in\mathbb{C}\,;\,|z|<1,\operatorname{Im}z>0\}$ から w 平面の単位円の内部 $|w|<1$ 全体への単射等角写像を一つ求めよ.

解 Cayley 変換の逆変換 Φ^{-1} を用いて,$\zeta=-i\Phi^{-1}(z)$ とおくことにより,$|z|<1 \iff \operatorname{Re}\zeta>0$ である.式 (12.5) より,$\zeta=\dfrac{1+z}{1-z}$ となるから,例題 12.22 より,$\operatorname{Im}z>0 \iff \operatorname{Im}\zeta>0$.ゆえに,

$$z\in\mathscr{D} \iff \operatorname{Re}\zeta>0 \text{ かつ } \operatorname{Im}\zeta>0 \iff 0<\operatorname{Arg}\zeta<\tfrac{\pi}{2}.$$

さらに,$\zeta_1=\zeta^2$ とおくと,

$$0<\operatorname{Arg}\zeta<\tfrac{\pi}{2} \iff 0<\operatorname{Arg}\zeta_1<\pi \iff \operatorname{Im}\zeta_1>0.$$

よって,$f(z)=\Phi(\zeta_1)$ が求める関数の一つとなるから,

$$f(z)=\frac{\zeta_1-i}{\zeta_1+i}=\frac{(1+z)^2-i(1-z)^2}{(1+z)^2+i(1-z)^2}.$$
□

> **問題 12.48** z 平面の領域 $\mathscr{D}:=\{z\,;\,|z-1|<1,\,|z-\tfrac{1}{2}|>\tfrac{1}{2}\}$ から w 平面の単位円の内部 $|w|<1$ 全体への単射等角写像を一つ求めよ.
> 【ヒント】反転により原点を通る円は直線に写像され(問題 11.39 参照),幅が π の横帯領域は指数関数により半平面に写像される.

> **問題 12.49** z 平面の領域 $\mathscr{D}:=\{z\,;\,|z|<1,\,|z-\tfrac{1}{2}i|>\tfrac{1}{2}\}$ から w 平面の単位円の内部 $|w|<1$ 全体への単射等角写像を一つ求めよ.
> 【ヒント】問題 12.48 に帰着させる.

ここで Riemann の写像定理を次の形で述べておこう．写像関数の一意性のための条件等，詳細は [15], [6], [9, II], [12] 等の文献を参考にしてほしい．

定理 12.50（Riemann の写像定理） 単連結な領域 $\mathscr{D} \subsetneq \mathbb{C}$ を単位円の内部全体に写像する単射正則関数が存在する．

注意 12.51 Liouville の定理より，$\mathbb{C}$ 全体を単位円の内部全体に写像する正則関数はない．

さて，原点で穴のあいた領域 $\mathscr{D} : 0 < |z| < 1$ を単連結領域である単位円の内部全体に写像する単射正則関数は存在しない（理由を考えよ）．さらに，$\mathscr{D}$ を円環領域の上に写像する単射正則関数も存在しないことを示そう．

例題 12.52 z 平面の領域 $\mathscr{D} := \{z\,;\, 0 < |z| < 1\}$ を w 平面の円環領域 $\mathscr{A}(c; r_1, r_2) = \{w\,;\, r_1 < |w-c| < r_2\}$ $(0 < r_1 < r_2)$ 全体に写像する単射正則関数 $w = f(z)$ は存在しないことを示せ．

解 そのような正則関数 $f(z)$ が存在したとすると，原点 $z = 0$ は $f(z)$ の孤立特異点である．$f(z)$ は有界であるから，例題 10.15 より，$z = 0$ は除去可能特異点である．よって，$f(z)$ は $|z| < 1$ で正則な関数 $g(z)$ に解析接続される．明らかに $g(z)$ は定数ではないから，g は開写像である（定理 11.63）．とくに，$r_1 > 0$ より，
$$w_0 := g(0) \in \operatorname{Int}(\operatorname{Cl}(\mathscr{A}(c; r_1, r_2))) = \mathscr{A}(c; r_1, r_2)$$
となる．さて $z_0 := f^{-1}(w_0) \in \mathscr{D}$ とおき，$\delta > 0$ をとって $V_{z_0} := D(z_0, \delta)$ とおくとき，$V_{z_0} \subset \mathscr{D}$ としておく．g は開写像ゆえ，$f(V_{z_0}) = g(V_{z_0})$ は開集合である．また $g(z)$ は $z = 0$ で連続ゆえ，$\delta_0 > 0$ を十分小さくとって，$U_0 := D(0, \delta_0)$ とおくとき，$g(U_0) \subset f(V_{z_0})$ とできる．必要ならさらに小さな δ_0 に取り直して，$U_0 \cap V_{z_0} = \varnothing$ としてよい．このとき，$f(U_0 \setminus \{0\}) \subset f(V_{z_0})$ となるが，これは f が $\mathscr{D}$ で単射であることに反する． □

注意 12.53 C を単位円の内部にある円とする．問題 12.16 を用いると，単位円の内部かつ C の外部となっている領域を，原点を中心とするある円環領域 $\mathscr{A}(0; r, 1)$ $(0 < r < 1)$ の上に単射正則関数で写像できる．しかし，単位円の内部にある二つの円環領域 $\mathscr{A}(0; r_j, 1)$ $(j = 1, 2)$ を単射正則関数で写像し合えるのは，$r_1 = r_2$ のときに限ることが知られている（文献 [20] の第 7 章等参照）．したがって，単位円の内部に円で穴をあけた（単連結ではない）二つの領域は，必ずしも単射正則関数で写像し合えるとは限らない．

第13章

初等Riemann面

　この章では，複素数平面 $\mathbb{C}$ の領域 $\mathscr{D}$ 上の多価関数を $\mathscr{D}$ の『上方に広がる面』上の関数と見る Riemann のアイデアを，例を通して見ていく．表題にある『初等』という用語は，Riemann面の一般論には立ち入らないで，直感的にRiemann面を構成するという意味で用いている．

13.1　$z^{1/2}$ の Riemann 面

　複素数 z を $z = re^{i\theta}$ と表すとき，$z^{1/2}$ の2個の値は $\pm r^{1/2} e^{i\theta/2}$ で得られる．一つ一つの z に対してはそれでよいのであるが，たとえば，z が単位円に沿って原点の回りを動くとき，実はこの複号 $\pm$ が独立ではないことを見てみよう．例題 7.15 で考えたように，出発点1において $1^{1/2} = 1$ とし，単位円上を反時計回りに点 $z = e^{i\theta}$ が $\theta : 0 \to 2\pi$ に対応して動くとする．このとき，$z^{1/2}$ も連続的に動くようにとると，$z^{1/2} = e^{i\theta/2}$ となる．点 $z = e^{i\theta}$ が単位円を1周回り終わり，続けて $\theta = 2\pi + \varphi$ ($\varphi : 0 \to 2\pi$) と動くとき，$z = e^{i\theta} = e^{i\varphi}$ であるが，$z^{1/2} = e^{i\theta/2} = -e^{i\varphi/2}$ となる．点 z が再び点1に戻り，さらに $\theta = 4\pi + \varphi$ ($\varphi : 0 \to 2\pi$) と動くとき，$z = e^{i\theta} = e^{i\varphi}$ であって，$z^{1/2} = e^{i\theta/2} = e^{i\varphi/2}$ となる．$z = e^{i\theta}$ が負の方向に $0 \to -2\pi \to -4\pi$ と動いても同様のことが起きる（11ページの脚注8も参照）．

　以上の準備的考察を踏まえて，次のように議論を進めよう．まず最初に，

領域 $\mathscr{D}_0 := \mathbb{C} \setminus (-\infty, 0]$ において，二つの関数 $\varphi_\pm(z) := \pm e^{\frac{1}{2}\operatorname{Log} z}$ を考える．関数 $\varphi_\pm(z)$ はともに $\mathscr{D}_0$ で 1 価正則である．さて，$x < 0$ のとき，式 (5.15) より，いずれも複号同順で次式を得る．

$$\lim_{\varepsilon \to +0} \varphi_\pm(x+i\varepsilon) = \pm \lim_{\varepsilon \to +0} e^{\frac{1}{2}\operatorname{Log}(x+i\varepsilon)} = \pm i\sqrt{|x|},$$
$$\lim_{\varepsilon \to +0} \varphi_\pm(x-i\varepsilon) = \pm \lim_{\varepsilon \to +0} e^{\frac{1}{2}\operatorname{Log}(x-i\varepsilon)} = \mp i\sqrt{|x|}.$$

ゆえに，$\lim_{\varepsilon \to +0} \varphi_\pm(x+i\varepsilon) = \lim_{\varepsilon \to +0} \varphi_\mp(x-i\varepsilon)$（複号同順） …… ① を得る．次に，領域 $\mathscr{D}_0$ のコピーを二つ用意して $\mathscr{D}_0^\pm$ とし，$\varphi_\pm(z)$ を $\mathscr{D}_0^\pm$ 上の関数と考える（複号同順）．

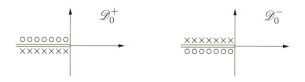

①に基づいて，$\mathscr{D}_0^+$ の上岸と $\mathscr{D}_-^0$ の下岸（○印と○印），$\mathscr{D}_+^0$ の下岸と $\mathscr{D}_0^-$ の上岸（×印と×印）を貼り合わせて，面 $\mathscr{R}$ を作る．ただし，貼り合わせたあとのつなぎ目は無いものとし，貼り合わせたあとの 2 枚のシートは，原点を除いて共有点はないものとする（$z = 0$ はいわば綴じ合わせの点）．接続の状態を表す模式図は右図のようになるが，我々の住む世界とは違って，2 枚のシートは交わってはおらず，負の実軸の上方にも 2 枚のシートがあると理解するものとする．したがって，交わりがあると思ってそれを追いかけても，いつの間にかシートを乗り移っていることになる．すなわち，$\mathscr{D}_0$ 上で z が原点のまわりを 2 周するとき，$\mathscr{R}$ 上では，$\mathscr{D}_0^+$ から一度 $\mathscr{D}_0^-$ に乗り移り，再び初めの $\mathscr{D}_0^+$ に戻る．このようにして得られる面 $\mathscr{R}$ 上の 1 価関数として $z^{1/2}$ を見るのである．この $\mathscr{R}$ を $z^{1/2}$ の **Riemann 面** (Riemann surface) と呼ぶ[1]．原点の周りを回るとシートを乗り移っているので，この場合，$z = 0$ のことを $z^{1/2}$ の **分岐点** (branch point) と呼ぶ．また $z = \infty$ も $z^{1/2}$ の分岐点であ

---

[1] より正確には，$z^{1/2}$ の変域である Riemann 面ということである．

る．原点を中心とする十分大きな半径の円を1周することで，シートの乗り移りが生じているからである．このことは，$z = \frac{1}{\zeta}$ とおいて，$\zeta = 0$ の回りを考察することでも理解できる．

出発点で考える領域と関数については，式 (5.10) で定義される領域 $\mathscr{D}_{\theta_0}$ ($|\theta| < \pi$) と式 (5.11) で定義される関数 $\log_{\theta_0}$ を用いて $\psi_\pm(z) := \pm e^{\frac{1}{2}\log_{\theta_0}(z)}$ を考えてもよい．半直線に沿うスリットの二つの岸 $re^{i(\theta_0+0)}$, $re^{i\theta_0+(2\pi-0)i}$ の接続の様子は，$\theta_0 = -\pi$ のときとみなせる前述の手続きとまったく同じであり，できあがる Riemann 面も同じである．2枚のシートの間に手を入れて，我々の目には交わっているように見える部分を，$\theta = -\pi$ から $\theta = \theta_0$ まで追い立てると考えればよいだろう．

13.2 $z^{1/m}$ の Riemann 面

前節において $z^{1/2}$ の Riemann 面について学んだので，一般に $m = 2, 3, \ldots$ とするとき，$z^{1/m}$ の Riemann 面を同様の手続きで作ることは易しい．まず，領域 $\mathscr{D}_0 := \mathbb{C} \setminus (-\infty, 0]$ の m 個のコピー $\mathscr{D}_0^0, \ldots, \mathscr{D}_0^{m-1}$ を用意する．次に，$\omega := e^{2\pi i/m}$ とおいて，$\mathscr{D}_0$ 上の m 個の関数

$$\varphi_k(z) := \omega^k \exp\Big(\frac{1}{m} \text{Log } z\Big) \quad (k = 0, 1, \ldots, m-1)$$

を考える．$\varphi_k(z) = \exp\frac{1}{m}(\text{Log } z + 2\pi i k)$ であり，この $\varphi_k(z)$ を $\mathscr{D}_0^k$ 上の関数とみなす．$x < 0$ のとき，前節と同様にして，

$$\lim_{\varepsilon \to +0} \varphi_k(x + i\varepsilon) = \sqrt[m]{|x|} \exp\Big(\frac{1}{m}(2k+1)\pi i\Big),$$
$$\lim_{\varepsilon \to +0} \varphi_{k+1}(x - i\varepsilon) = \sqrt[m]{|x|} \exp\Big(\frac{1}{m}(2k+1)\pi i\Big).$$

ゆえに，$\lim_{\varepsilon \to +0} \varphi_k(x+i\varepsilon) = \lim_{\varepsilon \to +0} \varphi_{k+1}(x-i\varepsilon)$ $(k = 0, 1, \ldots, m-2)$ が成り立つ．よって，$\mathscr{D}_0^k$ の上岸と $\mathscr{D}_0^{k+1}$ の下岸を貼り合わせる $(k = 0, 1, \ldots, m-2)$.

さらに $k = m-1$ のとき，

$$\lim_{\varepsilon \to +0} \varphi_{m-1}(x+i\varepsilon) = \sqrt[m]{|x|} \exp\left(\frac{1}{m}(2m-1)\pi i\right) = \sqrt[m]{|x|} \exp\left(-\frac{\pi i}{m}\right),$$

$$\lim_{\varepsilon \to +0} \varphi_0(x-i\varepsilon) = \sqrt[m]{|x|} \exp\left(-\frac{\pi i}{m}\right).$$

ゆえに，$\lim_{\varepsilon \to +0} \varphi_{m-1}(x+i\varepsilon) = \lim_{\varepsilon \to +0} \varphi_0(x-i\varepsilon)$ である．よって，$\mathscr{D}_0^{m-1}$ の上岸と $\mathscr{D}_0^0$ の下岸を貼り合わせる．

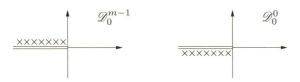

以上の手続きによってできる $z^{1/m}$ の Riemann 面 $\mathscr{R}$ の模式図は右図のようになる．ここでも，我々の目に写る様子とは違って，m 枚のシートは交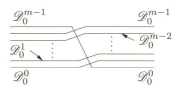
わっておらず，原点の周りを回るたびにシートの乗り移りが生じ，m 周連続して同じ方向に原点の周りを回ると，元のシートに戻る．この例においても，0 と ∞ は $\mathscr{R}$ の分岐点である．

13.3　$\log z$ の Riemann 面

今度は，領域 $\mathscr{D}_0 := \mathbb{C} \setminus (-\infty, 0]$ のコピーを可算無限個用意して，それらを $\mathscr{D}_0^k$ ($k \in \mathbb{Z}$) と番号付けする．このとき，各 k について，$\varphi_k(z) := \mathrm{Log}\, z + 2k\pi i$ を $\mathscr{D}_0^k$ 上の関数と見る．さて，$x < 0$ のとき，これまでと同様にして，

$$\lim_{\varepsilon \to +0} \varphi_k(x+i\varepsilon) = \mathrm{Log}\,|x| + (2k+1)\pi i,$$

$$\lim_{\varepsilon \to +0} \varphi_{k+1}(x-i\varepsilon) = \mathrm{Log}\,|x| + (2k+1)\pi i.$$

ゆえに，$\lim_{\varepsilon \to +0} \varphi_k(x+i\varepsilon) = \lim_{\varepsilon \to +0} \varphi_{k+1}(x-i\varepsilon)$ である．よって，次ページにあるように，$\mathscr{D}_0^k$ の上岸と $\mathscr{D}_0^{k+1}$ の下岸を貼り合わせる ($k \in \mathbb{Z}$)．

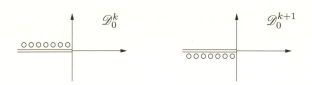

この手続きによってできる $\log z$ の Riemann 面 $\mathscr{R}$ の模式図は右図のようになる．ベキ根関数 $z^{1/m}$ のときとは違って，原点の回りを

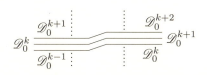

何周回っても，出発点のシートには戻って来ない．この場合も 0 と ∞ は分岐点である．

13.1 節と同じく，出発点において，領域 $\mathscr{D}_{\theta_0}$ ($|\theta_0| < \pi$) のコピーを可算無限枚用意して $\mathscr{D}_{\theta_0}^k$ ($k \in \mathbb{Z}$) とする．$\mathscr{D}_{\theta_0}^k$ 上の関数 $\psi_k(x) = \log_{\theta_0}(z) + 2k\pi i$ を $\mathscr{D}_0^k$ 上の関数とみて，Riemann 面を作っていってもよい．

一般に，$z^{1/m}$ のときのように，その周りを何周か連続して回ると元のシートに戻るとき，その分岐点を**代数的分岐点**と呼ぶ．また，$\log z$ のときのように，何周しても元のシートに戻らないとき，その分岐点を**対数的分岐点**と呼ぶ．代数的分岐点の場合，m 周連続して回って初めて元のシートに戻るとき，この分岐点を **$m-1$ 位の分岐点**と呼ぶ．

13.4　代数的分岐点の例

この節では，具体例を通して，代数的分岐点の様子を見ていこう．

例題 13.1　$w = (1-z^2)^{1/2}$ の Riemann 面を作れ．

解　分岐点は $z = \pm 1$ で，ともに 1 位である．また，一つの分岐点のみを 1 周すると符号が変わり，二つの分岐点を同時に 1 周すると，元の関数値に戻る．したがって，Riemann 面を作る際の出発点の領域としては，一つの分岐点のみを回ることを禁止し，両方の分岐点を同時に回ることを許す領域 $\mathscr{D}_0 := \mathbb{C} \setminus [-1, 1]$ を考える．$\mathscr{D}_0$ のコピーを 2 枚用意して $\mathscr{D}_0^{\pm}$ とし，$\mathscr{D}_0^{+}$ の上岸と

$\mathscr{D}_0^-$ の下岸，そして $\mathscr{D}_0^-$ の上岸と $\mathscr{D}_0^+$ の下岸を貼り合わせればよい（下図参照）．実際に，$(1-z^2)^{1/2}$ は $\mathscr{D}_0$ において 1 価関数にできて，$z=i$ で $\pm\sqrt{2}$ となる分枝を $\varphi_\pm(z)$ で表す（複号同順）[2]．このとき，$-1 < x < 1$ ならば，次式が成り立つ．

$$\lim_{\varepsilon \to +0} \varphi_\pm(x+i\varepsilon) = \pm\sqrt{1-x^2} = \lim_{\varepsilon \to +0} \varphi_\mp(x-i\varepsilon) \qquad \text{（複号同順）．} \qquad \square$$

注意 13.2 原点を中心とする十分大きな半径の円は 2 個の分岐点 ± 1 を同時に 1 周するから，例題 13.1 において，$z = \infty$ は分岐点ではない．このことは，$z = \frac{1}{\zeta}$ とおくと，$(1-z^2)^{1/2} = \zeta^{-1}\{-(1-\zeta^2)\}^{1/2}$ となることからも理解できる．

> **問題 13.3** 次の各関数の Riemann 面を作れ．
> (1) $w = z^{1/2} + (z-1)^{1/3}$ (2) $w = \{z(z-1)(z-2)(z-3)\}^{1/2}$
> (3) $w = \{z(z-1)(z-2)\}^{1/2}$

13.5 逆三角関数の Riemann 面

例 13.4 逆正弦関数から始めよう．正弦関数の逆関数ゆえ，複素数 z が与えられたとき，w の方程式 $\sin w = z$ を解くとよい．

$$\frac{e^{iw} - e^{-iw}}{2i} = z \iff e^{2iw} - 2ize^{iw} - 1 = 0$$

より，e^{iw} に関する 2 次方程式を解いて[3]，$e^{iw} = iz + (1-z^2)^{1/2}$．これより得る z の関数 w を **arcsin** z と表して，**逆正弦関数**と呼ぶ．すなわち，

$$\arcsin z = -i\log\bigl(iz + (1-z^2)^{1/2}\bigr). \qquad (13.1)$$

もちろん，ここでどんな複素数 z に対しても，$iz + (1-z^2)^{1/2} \neq 0$ であることを確かめておく必要がある[4]．式 (13.1) は，$\arcsin z$ が $z = \pm 1$ に 1 位の分岐点を持つとともに，対数的な多価性も併せ持つことを示している．このことをより詳細に見ていこう．

---

[2] 主枝 Log と式 (5.11) で $\theta_0 = 0$ とした $\log_0$ を用いると，領域 $\mathbb{C} \setminus [-1, +\infty) \subset \mathscr{D}_0$ においては，$\varphi_\pm(z) = \pm e^{(\text{Log}(1-z) + \log_0(1+z))/2}$ と表すことができる．

[3] 問題 5.18 で $z = 5$ のときを解いている．ただし，その問題を解く際に，根の公式を用いることで現れた複号 $\pm$ は，ここでは $(1-z^2)^{1/2}$ の 2 価性に含ませている．

[4] もし 0 になるなら，$-iz = (1-z^2)^{1/2}$ の両辺を平方して，ただちに矛盾を得る．

13.5 逆三角関数の Riemann 面

注意 12.43 より，w 平面の帯領域 $\mathscr{S}_0 : |\operatorname{Re} w| < \frac{\pi}{2}$ と z 平面の領域
$$\mathscr{D}_0 := \mathbb{C} \setminus \big((-\infty, -1] \cup [1, +\infty)\big)$$
とが，$z = \sin w$ によって，単射等角に対応している[5]．この $w \in \mathscr{S}_0$ を $w = \mathbf{Arcsin}\, z$ と表して，$\arcsin z$ の**主枝**と呼ぶ．さて，$v \in \mathbb{R}$ とするとき，$\sin((k+\frac{1}{2})\pi + iv) = (-1)^k \cosh v \ (k \in \mathbb{Z})$ であり，$\cosh v \geqq 1$ ゆえ，
$$\operatorname{Re} w = \left(k + \frac{1}{2}\right)\pi \iff z = \sin w \in \begin{cases} [1, +\infty) & (k \text{ は偶数}) \\ (-\infty, -1] & (k \text{ は奇数}) \end{cases}$$
となる．$\sin(w + \pi) = -\sin w$ であることを踏まえて，領域 $\mathscr{D}_0$ のコピーを可算無限個用意して $\mathscr{D}_k\ (k \in \mathbb{Z})$ とし，$\mathscr{D}_k$ は w 平面の帯領域
$$\mathscr{S}_k : \left(k - \frac{1}{2}\right)\pi < \operatorname{Re} w < \left(k + \frac{1}{2}\right)\pi$$

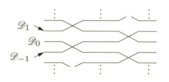

と，$z = \sin w$ により，1 対 1 等角に対応しているとする．したがって，$\arcsin z$ の Riemann 面の接続状態は左図のようになっていて，下図の $\mathscr{D}_1, \mathscr{D}_0, \mathscr{D}_{-1}$ において同じ記号を貼り合わせる接続のパターンを無限に繰り返す．

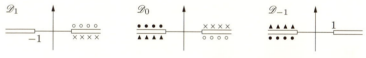

また，次のような見方も可能である．すなわち，まず w 平面において帯領域 $\mathscr{S}_k\ (k \in \mathbb{Z})$ を描く．$u, v \in \mathbb{R}$ のとき，
$$\operatorname{Im} \sin(u + iv) = \cos u \sinh v$$
により，各 $\mathscr{S}_k$ において，$\operatorname{Im} \sin w > 0$

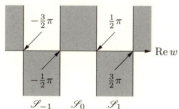

となる部分を網かけにする（右上図）．$z = \sin w$ によって，それぞれの網かけ部分が z 平面における上半平面に対応する．縦線の境界を $\mathscr{S}_k$ から乗り越えることは，$\arcsin z$ の Riemann 面においては，$\mathscr{D}_k$ の境界であった右側あるいは左側の，元はつなぎ目であった部分を乗り越えることに対応する．

---

[5] この例で一貫した記号を使うため，注意 12.43 とは z と w の役割は逆である．

例 13.5 次に，逆正接関数を考える．w の方程式 $\tan w = z$ において，
$$\frac{1}{i}\frac{e^{2iw}-1}{e^{2iw}+1} = z \iff e^{2iw} = \frac{1+iz}{1-iz}$$
であり，これより得る w を **arctan z** と表して，**逆正接関数**と呼ぶ．すなわち，
$$\arctan z = \frac{1}{2i}\log\frac{1+iz}{1-iz}. \tag{13.2}$$

例 13.4 の $\arcsin z$ のときと同様に話を進めよう．問題 12.44 により，w 平面の帯領域 $|\operatorname{Re} w| < \frac{\pi}{2}$ と z 平面の領域 $\mathscr{D}_0 := \mathbb{C} \setminus \{iy \in i\mathbb{R} \,;\, |y| \geqq 1\}$ とが，$z = \tan w$ によって，1 対 1 等角に対応している．式 (13.2) に現れた 1 次分数変換 $\psi(z) = \dfrac{1+iz}{1-iz}$ を調べる．まず，$\psi(\infty) = -1$ より，$\psi(z)$ は $z = \infty$ の近傍で正則であり，したがってまた，$z = \infty$ は $\arctan z$ の分岐点ではない．さらに，$\psi(i) = 0$, $\psi(-i) = \infty$ ゆえ，像 $\psi(\mathscr{D}_0)$ は $\operatorname{Log} \zeta$ の定義域 $|\operatorname{Arg} \zeta| < \pi$ に等しい．**Arctan z** $:= \dfrac{1}{2i} \operatorname{Log} \dfrac{1+iz}{1-iz}$ $(z \in \mathscr{D}_0)$ とおいて，$\arctan z$ の**主枝**と呼ぶ（問題 12.37 参照）．以下では，$\mathscr{D}_0$ を，Riemann 球面 $\mathbb{C}_\infty$ において $\pm i$ を端点とし ∞ を通る円弧でスリットを入れた領域と考える．次に，$\mathscr{D}_0$ の可算無限個のコピーを用意して $\mathscr{D}_k$ $(k \in \mathbb{Z})$ とし，$\mathscr{D}_0$ 上の 1 価正則関数
$$\varphi_k(z) := \frac{1}{2i}\operatorname{Log}\frac{1+iz}{1-iz} + k\pi \qquad (k \in \mathbb{Z})$$
を $\mathscr{D}_k$ 上の関数と考える．$\varphi_0(\pm\varepsilon + iy) = \dfrac{1}{2i}\operatorname{Log}\dfrac{1-y^2-\varepsilon^2 \pm 2i\varepsilon}{(1+y)^2+\varepsilon^2}$（複号同順）であるから，$|y| > 1$ のとき，
$$\lim_{\varepsilon \to +0}\varphi_k(\varepsilon + iy) = \frac{1}{2i}\operatorname{Log}\frac{y^2-1}{(y+1)^2} + \left(k+\frac{1}{2}\right)\pi = \lim_{\varepsilon \to +0}\varphi_{k+1}(-\varepsilon + iy).$$
ゆえに，各 $\mathscr{D}_k$ の接続状態は下図のようになる．

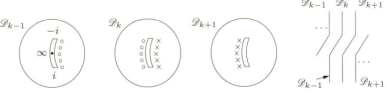

問題 13.6 領域 $\mathscr{D}^0 := \mathbb{C} \setminus [-i, i]$ を最初に考えることで，式 (13.2) から直接 $\arctan z$ の Riemann 面を作れ．

第14章

整関数の無限積分解

整関数を，その零点に関する情報から，無限積に分解（無限個の『因数』へ分解）するという Weierstrass の定理がある．その重要な系として，$\mathbb{C}$ で有理型な関数は整関数の商で表される．一般論は Ahlfors の著書 [15] 等に譲って，本書では正弦関数，およびガンマ関数の逆数について述べるにとどめる．

14.1 無限積の収束

数列 $\{a_n\}$ に対して，$\prod_{n=1}^{\infty} a_n = \lim_{n\to\infty} a_1 a_2 \cdots a_n$ と定義したいところであるが，これだと，ある番号 n_0 で $a_{n_0} = 0$ となっているときは，$n = n_0$ 以外の a_n が何であっても $\prod_{n=1}^{\infty} a_n = 0$ となってしまう．一方で，0 になる項を完全に排除してしまっては，『因数に分解する』という目的を達成することができない．そこで，無限積の収束として，次の定義を採用する．

定義 14.1 無限積 $\prod_{n=1}^{\infty} a_n$ が**収束**する

$\overset{\text{def}}{\iff} \begin{cases} (1)\ 番号\ N\ が存在して，n \geq N\ ならば\ a_n \neq 0\ である，\\ (2)\ \lim_{m\to\infty} \prod_{n=N}^{m} a_n\ が存在して\ 0\ ではない． \end{cases}$

このとき，$\prod_{n=1}^{\infty} a_n := \prod_{n=1}^{N-1} a_n \times \lim_{m\to\infty} \prod_{n=N}^{m} a_n$ と定義する．

注意 14.2 無限積の定義が，(1) における N の選び方によらないことは明らかであろう．

無限積が収束しないとき，その無限積は**発散**するという．発散する特別な場合として，定義 14.1 において，(1) をみたす N があるが，$\lim_{m\to\infty}\prod_{n=N}^{m} a_n = 0$ となっているとき，無限積 $\prod_{n=1}^{\infty} a_n$ は **0 に発散**するという．

以下，例を通して，無限積に慣れておこう．

例 14.3 $0 \cdot 1 \cdots 1 \cdots$ は 0 に収束するが，$0 \cdot \dfrac{1}{2} \cdots \dfrac{1}{2} \cdots$ は 0 に発散する．

例 14.4 $0 \cdot 2 \cdots 2 \cdots$ は発散する（0 に発散するのではない）．

例 14.5 $0 \cdot 1 \cdot 0 \cdot 1 \cdot 0 \cdot 1 \cdots$（$0$ と 1 の繰り返し）は発散する．

例 14.6 $\prod_{n=1}^{m} \dfrac{1}{2^n} = \dfrac{1}{2^{m(m+1)/2}} \to 0 \ (m\to\infty)$ であるから，$\prod_{n=1}^{\infty} \dfrac{1}{2^n}$ は 0 に発散する．

問題 14.7 両辺とも 0 になる場合も含めて，$\prod_{n=1}^{\infty} \cos\dfrac{z}{2^n} = \dfrac{\sin z}{z} \ (z \in \mathbb{C})$ を示せ．

さて，無限積 $\prod_{n=1}^{\infty} a_n$ が収束すると仮定する．定義 14.1 にある N を用いて，$P_m := \prod_{n=N}^{m} a_n \ (m \geqq N)$ とおくとき，$a_m = \dfrac{P_m}{P_{m-1}} \to 1 \ (m\to\infty)$ である[1]．よって，以下では $a_n = 1 + u_n$ とおいて，$\prod_{n=1}^{\infty} (1+u_n)$ の形で無限積を扱う．したがって，無限積 $\prod_{n=1}^{\infty} (1+u_n)$ が収束するとき，$u_n \to 0 \ (n\to\infty)$ である．

命題 14.8 $\sum_{n=1}^{\infty} |u_n| < +\infty$ ならば，$\prod_{n=1}^{\infty} (1+u_n)$ は収束する．

証明 仮定より $u_n \to 0 \ (n\to\infty)$ であるから，番号 N が存在して，$n \geqq N$ ならば $\mathrm{Re}(1+u_n) > 0$ である．よって，$1+u_n$ は主枝 Log の定義域に属する．ここで，$\lim_{z\to 0}\left|\dfrac{\mathrm{Log}(1+z)}{z}\right| = 1 \ \cdots$ ① であるから，必要なら N をより大きなものに取り直して，$\forall n \geqq N$ に対して，$|\mathrm{Log}(1+u_n)| \leqq 2|u_n|$ が成り立つとしてよい．ゆえに，$\sum_{n=N}^{\infty} \mathrm{Log}(1+u_n)$ は絶対収束する．よって，

---

[1] 定義 14.1 (2) において $P_m \to 0 \ (m\to\infty)$ を許すと，ここの議論ができなくなる．

$$\prod_{n=N}^{m}(1+u_n) = \prod_{n=N}^{m}\exp\mathrm{Log}(1+u_n) = \exp\Bigl(\sum_{n=N}^{m}\mathrm{Log}(1+u_n)\Bigr)$$
$$\to \exp\Bigl(\sum_{n=N}^{\infty}\mathrm{Log}(1+u_n)\Bigr) \neq 0 \quad (m\to\infty)$$

となるから，無限積 $\prod_{n=1}^{\infty}(1+u_n)$ は収束する． □

注意 14.9 命題 14.8 の証明中の①より，次のことがわかるので，ここに書いておこう．

$$\sum_{n=1}^{\infty}u_n \text{ が絶対収束} \iff \sum_{n=1}^{\infty}\mathrm{Log}(1+u_n) \text{ が絶対収束 (N は十分大)}.$$

無限積 $\prod_{n=1}^{\infty}(1+u_n)$ が**絶対収束**するとは，無限積 $\prod_{n=1}^{\infty}(1+|u_n|)$ が収束することをいう．次の問題 14.10 により，級数 $\sum_{n=1}^{\infty}u_n$ が絶対収束することと同値である．したがって，命題 14.8 は，無限積についても，『絶対収束 $\implies$ 収束』が成り立つことを主張している．

> **問題 14.10** 次を示せ． $\prod_{n=1}^{\infty}(1+|u_n|)$ が収束 $\iff \sum_{n=1}^{\infty}|u_n|$ が収束．

無限積の絶対収束は $\prod_{n=1}^{\infty}|1+u_n|$ の収束では都合が悪いことを，次の問題 14.11 で例示する．

> **問題 14.11** $u_n := \dfrac{i}{n}$ $(n=1,2,\dots)$ のとき，$\prod_{n=1}^{\infty}|1+u_n|$ は収束するが，$\prod_{n=1}^{\infty}(1+u_n)$ は発散することを示せ．

$\prod_{n=1}^{\infty}(1+u_n)$ の中での $1+u_n$ の積の順序変更と，$\exp\sum_{n=1}^{\infty}\mathrm{Log}(1+u_n)$ の中での $\mathrm{Log}(1+u_n)$ の和の順序変更が対応するので，絶対収束する無限積の積の順序を変更しても無限積の値は変わらない．

命題 14.8 と問題 14.10 の証明をなぞることで，次の命題が証明できる．詳細は読者に委ねる（有限個の項を除く議論は定理 11.69 と同様）．

> **命題 14.12** 領域 $\mathscr{D}$ で正則な関数を項とする級数 $\sum_{n=1}^{\infty}u_n(z)$ が $\mathscr{D}$ の任意のコンパクト集合上で一様に絶対収束するならば，無限積 $\prod_{n=1}^{\infty}(1+u_n(z))$ も $\mathscr{D}$ の任意のコンパクト集合上で一様に絶対収束して，$\mathscr{D}$ で正則である．

14.2 $\sin \pi z$ の無限積分解

定理 14.13 $\sin \pi z = \pi z \prod_{n=1}^{\infty} \left(1 - \dfrac{z^2}{n^2}\right) \ (z \in \mathbb{C})$.

証明 以下, $u_n(z) := -\dfrac{z^2}{n^2} \ (n = 1, 2, \ldots)$ とおく. 任意に $R > 0$ を固定するとき, $\sum_{n=1}^{\infty} u_n(z)$ は $|z| \leqq R$ において一様に絶対収束しているから, 命題 14.12 より, 無限積 $P(z) := \prod_{n=1}^{\infty} (1 + u_n(z))$ は $\mathbb{C}$ の任意のコンパクト集合上で一様に絶対収束して, 正則関数を表す. すなわち, $P(z)$ は整関数である. 以下 $f(z) := \pi z P(z)$ とおき, 再び z の動く範囲を制限して $|z| < R$ とする. 十分大きな番号 N をとって, $n \geqq N$ ならば, $1 + u_n(z)$ は 0 にならず, しかも $g(z) := \sum_{n=N}^{\infty} \mathrm{Log}(1 + u_n(z))$ とおくとき, $e^{g(z)} = \prod_{n=N}^{\infty} (1 + u_n(z))$ が成り立つとする. このとき,

$$f(z) = \pi z e^{g(z)} \prod_{n=1}^{N-1} (1 + u_n(z))$$

であるから, 定理 8.61 より,

$$\frac{f'(z)}{f(z)} = \frac{1}{z} + g'(z) + \sum_{n=1}^{N-1} \frac{u_n'(z)}{1 + u_n(z)} = \frac{1}{z} + \sum_{n=1}^{\infty} \frac{u_n'(z)}{1 + u_n(z)}$$

$$= \frac{1}{z} + \sum_{n=1}^{\infty} \frac{2z}{z^2 - n^2} = \pi \cot \pi z = \frac{(\sin \pi z)'}{\sin \pi z}.$$

ただし, 最後から 2 番目の等号で定理 11.73 を用いた. $R > 0$ は任意ゆえ, 結局すべての $z \in \mathbb{C}$ において $f'(z) \sin \pi z = f(z)(\sin \pi z)'$ が成り立つ. 整関数 $\dfrac{f(z)}{\sin z}$ を考えて微分すると, 今示したことから,

$$\frac{d}{dz}\left(\frac{f(z)}{\sin \pi z}\right) = \frac{f'(z) \sin \pi z - f(z)(\sin \pi z)'}{\sin^2 \pi z} = 0.$$

したがって, $\dfrac{f(z)}{\sin \pi z} = C$ (定数関数) であり, 定数 C は次で求まる.

$$C = \lim_{z \to 0} \frac{f(z)}{\sin \pi z} = \lim_{z \to 0} \frac{\pi z}{\sin \pi z} \prod_{n=1}^{\infty} \left(1 - \frac{z^2}{n^2}\right) = 1. \quad \square$$

問題 14.14 $a_n := \binom{i}{n}$ $(n=1,2,\dots)$ のとき，$\displaystyle\lim_{n\to\infty} n|a_n| = \sqrt{\dfrac{\sinh\pi}{\pi}}$ を示せ．

14.3 ガンマ関数の逆数の無限積分解

実変数のときのガンマ関数とその性質については，拙著 [7] 等，微積分の本を参照してほしい．本節では，ガンマ関数の変域を複素数にして考える．出発点の定義式は実変数のときと同様である．

$$\Gamma(z) := \int_0^{+\infty} e^{-t} t^{z-1}\,dt. \quad\cdots\cdots\;①$$

$|t^{z-1}| = t^{\operatorname{Re} z - 1}$ であるから，①の積分は $\operatorname{Re} z > 0$ で収束している．また，

$$\Gamma_n(z) := \int_{\frac{1}{n}}^{n} e^{-t} t^{z-1}\,dt \qquad (n=1,2,\dots)$$

とおくと，定理 8.64 より，各 $\Gamma_n(z)$ は $\operatorname{Re} z > 0$ で正則である．さらに，$0 < a < b$ とするとき，$a \leqq \operatorname{Re} z \leqq b$ ならば，

$$|\Gamma_n(z) - \Gamma(z)| \leqq \int_0^{\frac{1}{n}} e^{-t} t^{a-1}\,dt + \int_n^{+\infty} e^{-t} t^{b-1}\,dt.$$

ゆえに，$\operatorname{Re} z > 0$ の任意のコンパクト集合上で $\Gamma_n(z)$ は $\Gamma(z)$ に一様収束する．よって定理 8.61 より，$\operatorname{Re} z > 0$ で $\Gamma(z)$ は正則である．さらに，部分積分により，$\Gamma(z+1) = z\Gamma(z)$ が成り立ち[2]，したがって，

$$\Gamma(z+n+1) = (z+n)\cdots(z+1)z\Gamma(z) \qquad (n=0,1,2,\dots)$$

となる．この等式を

$$\Gamma(z) = \frac{\Gamma(z+n+1)}{z(z+1)\cdots(z+n)} \quad\cdots\cdots\;②$$

と見て，右辺により $\operatorname{Re} z > -(n+1), z \neq 0, -1, \dots, -n$ のときの $\Gamma(z)$ の定義とする．$n' > n$ を用いて定義される $\Gamma(z)$ とは，共通部分 $\operatorname{Re} z > -n$ で定義が重複してしまうが，どちらも $\operatorname{Re} z > 0$ では元の $\Gamma(z)$ に等しいので，一致の定理（解析接続の一意性）により，共通部分では等しい値である．

---
[2] $z = x > 0$ のときは微積分の守備範囲であり，一致の定理によって，$\operatorname{Re} z > 0$ でも成立する．

したがって，$\Gamma(z)$ は $\mathbb{C} \setminus \{0, -1, -2, \dots\}$ において正則な関数となる．さらに，②により，$z = -n$ は $\Gamma(z)$ の1位の極であって，

$$\operatorname*{Res}_{z=-n} \Gamma(z) = \frac{\Gamma(1)}{(-n)(-n+1)\cdots(-1)} = \frac{(-1)^n}{n!} \qquad (n = 0, 1, 2, \dots).$$

とくに，$\Gamma(z)$ は $\mathbb{C}$ において有理型関数である．

議論を続けるために，ベータ関数も複素変数で考える．定義は

$$B(p, q) := \int_0^1 t^{p-1}(1-t)^{q-1}\,dt \qquad (\operatorname{Re} p > 0, \operatorname{Re} q > 0)$$

である．変数変換 $t = \dfrac{s}{1+s}$ を行うことで，次式を得る．

$$B(p, q) = \int_0^{+\infty} \frac{s^{p-1}}{(1+s)^{p+q}}\,ds. \quad \cdots\cdots \text{③}$$

以下では，次の関係式を用いる[3]．

$$B(p, q) = \frac{\Gamma(p)\Gamma(q)}{\Gamma(p+q)}, \; \cdots \text{④} \qquad B(p+1, q) = \frac{p}{p+q} B(p, q). \; \cdots \text{⑤}$$

$0 < x < 1$ のとき，③, ④および例 10.56（問題 10.58 も参照）を用いて，

$$\Gamma(x)\Gamma(1-x) = B(x, 1-x) = \int_0^{+\infty} \frac{s^{x-1}}{1+s}\,ds = \frac{\pi}{\sin \pi x}$$

を得る．一致の定理から，

$$\Gamma(z)\Gamma(1-z) = \frac{\pi}{\sin \pi z} \qquad (z \in \mathbb{C} \setminus \mathbb{Z})$$

が成り立つことがわかる．とくに，$\Gamma(z)$ は零点を持たない．したがって，逆数 $\dfrac{1}{\Gamma(z)}$ は，$z = 0, -1, -2, \dots$ に1位の零点を持つ整関数である．

さて，γ を Euler の定数とする．すなわち，

$$\gamma := \lim_{n \to \infty} a_n, \qquad a_n := 1 + \frac{1}{2} + \cdots + \frac{1}{n} - \operatorname{Log} n.$$

数列 $\{a_n\}$ が実際に収束することは，$\{a_n\}$ が下に有界な単調減少数列であることによる．拙著 [7] 等，微積分の本を参照してほしい．

---

[3] ここでも $p > 0, q > 0$ で関係式を示しておいて，$\operatorname{Re} p > 0, \operatorname{Re} q > 0$ に等式を解析接続する．

定理 14.15 $\dfrac{1}{\Gamma(z)} = e^{\gamma z} z \displaystyle\prod_{n=1}^{\infty} \left\{ \left(1 + \dfrac{z}{n}\right) e^{-z/n} \right\}$ $(z \in \mathbb{C})$.

証明 次の等式から出発する．$\operatorname{Re} z > 0$ のとき，$n = 1, 2, \ldots$ に対して，

$$\int_0^n \left(1 - \frac{t}{n}\right)^n t^{z-1}\, dt = n^z B(n+1, z) = n^z \frac{n!}{z(z+1)\cdots(z+n)}. \cdots ⑥$$

2番目の等号は，⑤を繰り返し用いることと，$B(1, z) = \dfrac{1}{z}$ であることから導ける．そして，⑥の左端の項は，$n \to \infty$ のとき $\Gamma(z)$ に収束する[4]．よって，

$$\frac{1}{\Gamma(z)} = \lim_{n \to \infty} \frac{z(z+1)\cdots(z+n)}{n!} e^{-z \operatorname{Log} n}$$

$$= e^{\gamma z} z \prod_{n=1}^{\infty} \left\{ \left(1 + \frac{z}{n}\right) e^{-z/n} \right\} \qquad \cdots\cdots ⑦$$

となって，所要の等式が $\operatorname{Re} z > 0$ で成り立つことがわかる．⑦に現れた無限積が $\mathbb{C}$ の任意のコンパクト集合上で一様収束することを示せば，この無限積は整関数であり，それと整関数 $\dfrac{1}{\Gamma(z)}$ との間に一致の定理を適用することで，定理の証明が終わる．

そのために，まず問題 8.58 を整関数

$$f(z) := (1+z)e^{-z} - 1 = -e^{-z}(e^z - 1 - z)$$

に適用する．すなわち，明らかに $|f(z)| \leqq |1+z|e^{-\operatorname{Re} z} + 1$ であるから，$\max_{|z|=1} |f(z)| \leqq 2e + 1$．さらに，$f(0) = f'(0) = 0$ ゆえ，問題 8.58 より，

$$|(1+z)e^{-z} - 1| \leqq (2e+1)|z|^2 \qquad (|z| \leqq 1) \quad \cdots\cdots ⑧$$

が成り立つ．定理 14.15 の証明を続けよう．$\left(1 + \dfrac{z}{n}\right) e^{-z/n} = 1 + u_n(z)$ とおく．$R > 0$ を固定し，$|z| \leqq R$ とする．番号 n が $n > R$ をみたすとき，$\left|\dfrac{z}{n}\right| < 1$ であるから，⑧より，$|u_n(z)| \leqq (2e+1) R^2 \cdot \dfrac{1}{n^2}$ が成り立つ．命題 14.12 より，⑦に現れた無限積が，$\mathbb{C}$ の任意のコンパクト集合上で一様収束することがわかる．   □

---

[4] いろいろと策を弄するより，$0 \leqq t \leqq 1$ のときの不等式 $1 - t \leqq e^{-t}$ からわかる $\left(1 - \dfrac{t}{n}\right)^n \leqq e^{-t}$ $(0 \leqq t \leqq n)$ を用いて，Lebesgue 積分論における優収束定理を用いるのが速い．Lebesgue 積分論を未学習の人は，ここでは優収束定理の威力を知って，この収束を認めてしまおう．

問題の解答・解説

第 1 章

問題 1.1 $i+i^2+i^3+i^4 = i-1-i+1 = 0$ より, $s = i^{1233}+i^{1234} = \boldsymbol{-1+i}$.
あるいは, $s = i \cdot \frac{1-i^{1234}}{1-i} = i \cdot \frac{1-i^2}{1-i} = i(1+i) = \boldsymbol{-1+i}$.
同様に $i \cdot i^2 \cdot i^3 \cdot i^4 = i \cdot (-1) \cdot (-i) \cdot 1 = -1$ ゆえ, $p = (-1)^{1232/4} \cdot i^{1233} \cdot i^{1234} = (+1) \cdot i \cdot (-1) = \boldsymbol{-i}$. あるいは, $p = i^{1+2+\cdots+1234} = i^{1234 \cdot 1235/2} = i^{617 \cdot 1235}$. ここで $617 \equiv 1 \pmod 4$ と $1235 \equiv 3 \pmod 4$ より, $617 \cdot 1235 \equiv 3 \pmod 4$. よって, $p = \boldsymbol{-i}$.

問題 1.3 $\frac{z^2+1}{z} = \frac{\overline{z}^2+1}{\overline{z}} \iff z^2\overline{z} + \overline{z} = z\overline{z}^2 + z \iff |z|^2(z-\overline{z}) = (z-\overline{z})$.
$z \neq \overline{z}$ より, 最後の条件は $|z|=1$ と同値.

問題 1.6 $p := \alpha+\beta-\gamma$, $q := \alpha-\beta+\gamma$, $r := -\alpha+\beta+\gamma$ とおくと,
$$\alpha = \tfrac{1}{2}(q+p), \quad \beta = \tfrac{1}{2}(p+r), \quad \gamma = \tfrac{1}{2}(r+q).$$
ゆえに, $|\alpha|+|\beta|+|\gamma| \leqq \tfrac{1}{2}(|q|+|p|) + \tfrac{1}{2}(|p|+|r|) + \tfrac{1}{2}(|r|+|q|) = |p|+|q|+|r|$.

問題 1.8 (1) $-\cos\theta - i\sin\theta = \cos(\theta\pm\pi) + i\sin(\theta\pm\pi)$ (複号同順)であるから, 求める極形式は
(あ) $-\pi < \theta \leqq 0$ のとき, $0 < \theta+\pi \leqq \pi$ より, $\boldsymbol{\cos(\theta+\pi) + i\sin(\theta+\pi)}$.
(い) $0 < \theta < \pi$ のとき, $-\pi < \theta-\pi < 0$ より, $\boldsymbol{\cos(\theta-\pi) + i\sin(\theta-\pi)}$.
(2) $-\sin\theta - i\cos\theta = \cos(-\theta-\tfrac{\pi}{2}) + i\sin(-\theta-\tfrac{\pi}{2}) = \cos(-\theta+\tfrac{3}{2}\pi) + i\sin(-\theta+\tfrac{3}{2}\pi)$ であるから, 求める極形式は
(あ) $-\pi < \theta < \tfrac{\pi}{2}$ のとき, $-\pi < -\theta-\tfrac{\pi}{2} < \tfrac{\pi}{2}$ より, $\boldsymbol{\cos(-\theta-\tfrac{\pi}{2}) + i\sin(-\theta-\tfrac{\pi}{2})}$.
(い) $\tfrac{\pi}{2} \leqq \theta < \pi$ のとき, $\tfrac{\pi}{2} < -\theta+\tfrac{3}{2}\pi \leqq \pi$ より, $\boldsymbol{\cos(-\theta+\tfrac{3}{2}\pi) + i\sin(-\theta+\tfrac{3}{2}\pi)}$.

問題 1.9 $\theta = \mathrm{Arg}\, z$ とおくと, 仮定より $|\theta| \leqq \alpha < \tfrac{\pi}{2}$ ゆえ, $\cos\theta \geqq \cos\alpha > 0$ である. ゆえに, $\mathrm{Re}\, z = |z|\cos\theta \geqq |z|\cos\alpha$ となる.

問題 1.10 条件式の両辺の Arg を考えて, $\mathrm{Arg}\, w = \mathrm{Arg}\, z$ ……① を得る. また, 条件式の両辺の絶対値を考えると $(1+|z|^2)|w| = (1+|w|^2)|z|$ となるから, 整理すると $(|w|-|z|)(1-|w||z|) = 0$ を得る. よって, $|w|=|z|$, または $|w||z|=1$ である. 前者と①から $w=z$ を得る. また, 後者と①から $z\overline{w}=1$ を得る.

問題 1.11　$1-i = 2^{1/2}\bigl(\cos(-\frac{\pi}{4}) + i\sin(-\frac{\pi}{4})\bigr)$, $\sqrt{3}+i = 2\bigl(\cos\frac{\pi}{6} + i\sin\frac{\pi}{6}\bigr)$, $-1-\sqrt{3}i = 2\bigl(\cos(-\frac{2}{3}\pi) + i\sin(-\frac{2}{3}\pi)\bigr)$ より，$|z|=1$ であり，$-10\cdot\frac{1}{4} + 15\cdot\frac{1}{6} + 20\cdot\frac{2}{3} = \frac{40}{3}$ ゆえ，$z = \cos\bigl(\frac{40}{3}\pi\bigr) + i\sin\bigl(\frac{40}{3}\pi\bigr) = \cos\bigl(\frac{4}{3}\pi\bigr) + i\sin\bigl(\frac{4}{3}\pi\bigr) = -\dfrac{1+\sqrt{3}i}{2}$.

問題 1.12　$w := (1+i)z + i$ とおくと，$|(1+i)z^2 + iz| = |z||w|$ である．さらに，$w = \sqrt{2}\bigl(\cos\frac{\pi}{4} + i\sin\frac{\pi}{4}\bigr)z + i$ であるから，z が単位円の内部または周上を動くとき，w は中心が i で半径が $\sqrt{2}$ の円の内部または周上を動く．ゆえにそのときの $|z||w|$ の最大値は，$z = \cos\frac{\pi}{4} + i\sin\frac{\pi}{4}$ のときの $\boldsymbol{\sqrt{2}+1}$ である．

問題 1.14　$\cos\theta = \frac{2}{\sqrt{5}}$, $\sin\theta = \frac{1}{\sqrt{5}}$ $(0 < \theta < \frac{\pi}{6})$ とおくと，$2+i = \sqrt{5}(\cos\theta + i\sin\theta)$ であって，$\theta = \mathrm{Arctan}\,\frac{1}{2}$．また，$(2+i)^7 = 5^{7/2}(\cos 7\theta + i\sin 7\theta)$．一方，$(2+i)^7 = -278 - 29i$ であるから，$(2+i)^7$ は第 3 象限にある．$0 < 7\theta < \frac{7}{6}\pi$ より，$\pi < 7\theta < \frac{7}{6}\pi$ となる．ゆえに，$\mathrm{Arctan}\,\frac{29}{278} + \pi = 7\,\mathrm{Arctan}\,\frac{1}{2}$ である．

問題 1.15　$\theta = 0$ のときに成り立つことが必要ゆえ，$i^n = i$ であることが必要．すなわち，$n \equiv 1 \pmod 4$ であることが必要である．逆に $n \equiv 1 \pmod 4$ とすると，$\frac{n\pi}{2} \equiv \frac{\pi}{2} \pmod{2\pi}$ であり，$\sin\theta + i\cos\theta = \cos\bigl(\frac{\pi}{2}-\theta\bigr) + i\sin\bigl(\frac{\pi}{2}-\theta\bigr)$ ゆえ，
$$(\sin\theta + i\cos\theta)^n = \cos\bigl(\tfrac{n\pi}{2} - n\theta\bigr) + i\sin\bigl(\tfrac{n\pi}{2} - n\theta\bigr)$$
$$= \cos\bigl(\tfrac{\pi}{2} - n\theta\bigr) + i\sin\bigl(\tfrac{\pi}{2} - n\theta\bigr) = \sin n\theta + i\cos n\theta.$$

【別解】　次のように，必要十分ということで押し通してもよい．すなわち，$\sin\theta + i\cos\theta = i(\cos\theta - i\sin\theta)$ であることに注意すると，
$$(\sin\theta + i\cos\theta)^n = \sin n\theta + i\cos n\theta \quad (\forall \theta \in \mathbb{R})$$
$$\iff i^n(\cos n\theta - i\sin n\theta) = i(\cos n\theta - i\sin n\theta) \quad (\forall \theta \in \mathbb{R})$$
$$\iff i^n = i \iff i^{n-1} = 1 \iff n \equiv 1 \pmod 4.$$

問題 1.17　(1) $w := \frac{z-1}{z-i}$ とおくと，$z = \frac{-iw+1}{-w+1}$ である．そして $z \neq 1, i$ のとき，
$$\mathrm{Arg}\,\frac{z-1}{z-i} = \pi \iff w = -r \quad (r > 0).$$
$w = -r < 0$ のとき，$z = \frac{r}{r+1}\cdot i + \frac{1}{r+1}\cdot 1$ ゆえ，z は 1 と i を結ぶ線分上にあることがわかる．ゆえに，$\mathscr{D}$ は $\mathbb{C}$ から 1 と i を結ぶ閉線分を除いた集合（下左図）．

(2) $w \in \mathbb{C}$ について，$0 < \mathrm{Arg}\,w < \frac{\pi}{4} \iff \mathrm{Im}\,w > 0$ かつ $\mathrm{Im}\,w < \mathrm{Re}\,w$. ここで，$\frac{z+i}{z-i} = \frac{|z|^2 + 2i\,\mathrm{Re}\,z - 1}{|z-i|^2}$ であるから，$\mathrm{Re}\,\frac{z+i}{z-i} = \frac{|z|^2 - 1}{|z-i|^2}$, $\mathrm{Im}\,\frac{z+i}{z-i} = 2\,\frac{\mathrm{Re}\,z}{|z-i|^2}$. ゆえに，
$$z \in \mathscr{D} \iff \mathrm{Re}\,z > 0 \text{ かつ } 2\,\mathrm{Re}\,z < |z|^2 - 1.$$
右側の第 2 の条件は $|z-1|^2 > 2$ と同値であるから，$\mathscr{D}$ は下中央図（境界は含まない）．

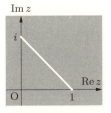
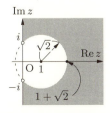
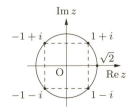

【注意】 同様にして，$\alpha, \beta \in \mathbb{C}$ が異なるとき，$w = \frac{z-\alpha}{z-\beta} \iff z = \frac{-\beta w + \alpha}{-w+1}$ であるから，$\{z\,;\,\left|\mathrm{Arg}\,\frac{z-\alpha}{z-\beta}\right| < \pi\}$ は $\mathbb{C}$ から α と β を結ぶ閉線分を除いた集合である．

問題 1.19 $-4 = 4(\cos\pi + i\sin\pi)$ ゆえ，-4 の 4 乗根は次の 4 個である．
$$\sqrt{2}\left(\cos\tfrac{\pi}{4} + i\sin\tfrac{\pi}{4}\right) = 1+i, \qquad \sqrt{2}\left(\cos\tfrac{3\pi}{4} + i\sin\tfrac{3\pi}{4}\right) = -1+i,$$
$$\sqrt{2}\left(\cos\tfrac{5\pi}{4} + i\sin\tfrac{5\pi}{4}\right) = -1-i, \qquad \sqrt{2}\left(\cos\tfrac{7\pi}{4} + i\sin\tfrac{7\pi}{4}\right) = 1-i.$$
これらを複素数平面に図示すると，前ページ右図のような正方形の 4 頂点をなす．

問題 1.20 (1) $\omega^k := \cos\tfrac{2k\pi}{n} + i\sin\tfrac{2k\pi}{n}$ $(k = 0, 1, \ldots, n-1)$ ゆえ，$\ell_k = |1 - \omega^k|$．さて，$z^n - 1$ は次の様に 2 通りに表される．
$$z^n - 1 = (z-1)(z^{n-1} + \cdots + z + 1) = \prod_{k=0}^{n-1}(z - \omega^k).$$
よって，$z^{n-1} + \cdots + z + 1 = \prod_{k=1}^{n-1}(z - \omega^k)$．ここで $z = 1$ とおくと，$n = \prod_{k=1}^{n-1}(1 - \omega^k)$．両辺の絶対値をとって，$\prod_{k=1}^{n-1}\ell_k = n$ を得る．

(2) $1 - \omega^k = 1 - \cos\tfrac{2k\pi}{n} - i\sin\tfrac{2k\pi}{n}$ であるから，
$$\ell_k^2 = \left(1 - \cos\tfrac{2k\pi}{n}\right)^2 + \sin^2\tfrac{2k\pi}{n} = 2\left(1 - \cos\tfrac{2k\pi}{n}\right) = 4\sin^2\tfrac{k\pi}{n}.$$
ゆえに，$\ell_k = 2\sin\tfrac{k\pi}{n}$ となるので，(1) より $\prod_{k=1}^{n-1}\sin\tfrac{k\pi}{n} = \tfrac{n}{2^{n-1}}$ を得る．

問題 1.23 平方完成して，$\left(z - \tfrac{5+i}{2}\right)^2 = \tfrac{-4-3i}{2}$．まず，$\alpha := -4 - 3i$ の平方根を求めよう．$|-4-3i| = 5$ より，$\cos\theta = -\tfrac{4}{5}$，$\sin\theta = -\tfrac{3}{5}$ とおくと，$\alpha = 5(\cos\theta + i\sin\theta)$．ただし，$-\pi < \theta < -\tfrac{\pi}{2}$ である．ゆえに，α の平方根は $\pm\sqrt{5}\left(\cos\tfrac{\theta}{2} + i\sin\tfrac{\theta}{2}\right)$ である．ここで，$-\tfrac{\pi}{2} < \tfrac{\theta}{2} < -\tfrac{\pi}{4}$ より，$\cos\tfrac{\theta}{2} > 0$ かつ $\sin\tfrac{\theta}{2} < 0$．ゆえに，
$$\cos\tfrac{\theta}{2} = \sqrt{\tfrac{1+\cos\theta}{2}} = \tfrac{1}{\sqrt{10}}, \qquad \sin\tfrac{\theta}{2} = -\sqrt{\tfrac{1-\cos\theta}{2}} = -\tfrac{3}{\sqrt{10}}.$$
以上から，解は $z = \tfrac{5+i}{2} \pm \sqrt{5} \cdot \tfrac{1-3i}{\sqrt{20}} = \tfrac{5+i}{2} \pm \tfrac{1-3i}{2}$ となるので，$z = \mathbf{3 - i, 2 + 2i}$．

問題 1.25 (1) $c = 0$ なら，与えられた方程式は $\mathrm{Re}(\overline{\beta}z) = 0$ となり，$\overline{\beta}z$ は純虚数である．$\overline{\beta} = \tfrac{|\beta|^2}{\beta}$ ゆえ，$\overline{\beta}z$ が純虚数であることは，$z = i\beta t$ $(t \in \mathbb{R})$ と表されることと同値である．
(2) 方程式の両辺に $\tfrac{c}{|\beta|^2}$ をかけ，両辺に $|z|^2$ を加えて，$|z|^2 + \tfrac{c}{\beta}z + \tfrac{c}{\beta}\overline{z} + \tfrac{c^2}{|\beta|^2} = |z|^2$．これは $\left|z + \tfrac{c}{\beta}\right| = |z|$ に同値．ゆえに，z は $-\tfrac{c}{\beta}$ と原点に等距離の位置にある．

問題 1.26 両辺を平方して整理すると，
$$(1 - k^2)|z|^2 - 2\mathrm{Re}\{(\overline{\alpha} - k^2\overline{\beta})z\} + |\alpha|^2 - k^2|\beta|^2 = 0.$$
両辺を $1 - k^2$ で割って整理して，$\left|z - \tfrac{\alpha - k^2\beta}{1 - k^2}\right|^2 = \tfrac{k^2|\alpha - \beta|^2}{(1-k^2)^2}$ を得る．
ゆえに，中心は $\tfrac{\alpha - k^2\beta}{1 - k^2}$，半径は $\tfrac{k|\alpha - \beta|}{|1 - k^2|}$．

問題 1.31 (1) $\tfrac{z-1}{z-i} = \tfrac{1-z}{i-z}$ と書き直し，$1, i, z$ が表す点をそれぞれ A, B, Z とする．向き付けられた角 $\angle \mathrm{BZA}$ を θ とすると，条件は $|\theta| < \pi$ と表されるから，点 z が 1 と i を結ぶ閉線分上にないということなる．

(2) $\frac{z+i}{z-i} = \frac{-i-z}{i-z}$ と書き直し，$-i, i, z$ が表す点をそれぞれ A, B, Z とする．向き付けられた角 $\angle$BZA を θ とすると，条件は，$0 < \theta < \frac{\pi}{4}$ と表される．まず，$\theta > 0$ より，z は右半平面 $\operatorname{Re} z > 0$ にあるか，開線分 AB 上にある．次に，点 1 を C で表すと，$\angle$BCA $= \frac{\pi}{2}$ であるから，$\theta = \frac{\pi}{4}$ をみたす点は，点 C を中心とし，2 点 B, A を通る円 Γ（すなわち，半径が $\sqrt{2}$ の円）の右半平面の部分である．以上の考察から，z は右半平面と円 Γ の外側の共通部分からなる集合に属する．

問題 1.32 例題 1.28 より，3 点 z_1, z_2, z_3 は同一直線上にはなく，例題 1.29 より，この 3 点を通る円の方程式は，$\frac{z_1-z_3}{z_2-z_3}\frac{z_2-z}{z_1-z} = \frac{\overline{z}_1-\overline{z}_3}{\overline{z}_2-\overline{z}_3}\frac{\overline{z}_2-\overline{z}}{\overline{z}_1-\overline{z}}$ と書ける．分母を払うと，

$$(z_1-z_3)(z_2-z)(\overline{z}_2-\overline{z}_3)(\overline{z}_1-\overline{z}) - (z_2-z_3)(z_1-z)(\overline{z}_1-\overline{z}_3)(\overline{z}_2-\overline{z}) = 0.$$

$\alpha := (z_1-z_3)(\overline{z}_2-\overline{z}_3)$ とおいて整理すると，

$$2i(\operatorname{Im}\alpha)|z|^2 + (\overline{\alpha}z_2 - \alpha\overline{z}_1)z + (\overline{\alpha}z_1 - \alpha z_2)\overline{z} + \alpha\overline{z}_1 z_2 - \overline{\alpha}z_1\overline{z}_2 = 0. \quad \cdots\cdots \text{①}$$

ここで，$a := \operatorname{Im}\alpha$，$\beta := \frac{1}{2i}(\overline{\alpha}z_1 - \alpha z_2)$，$c := \operatorname{Im}(\alpha\overline{z}_1 z_2)$ とおくと，①は命題 1.24 の式になる．さらに，$a = |z_2 - z_3|^2 \operatorname{Im}\frac{z_1-z_3}{z_2-z_3} \neq 0$ であり，

$$a = \operatorname{Im}(z_1\overline{z}_2 - z_1\overline{z}_3 - \overline{z}_2 z_3 + |z_3|^2) = \operatorname{Im}(z_1\overline{z}_2 + z_2\overline{z}_3 + z_3\overline{z}_1),$$
$$\beta = \tfrac{1}{2i}(|z_1|^2(z_2-z_3) + |z_2|^2(z_3-z_1) + |z_3|^2(z_1-z_2)),$$
$$|\beta|^2 - ac = \tfrac{1}{4}\{|\overline{\alpha}z_1 - \alpha z_2|^2 + (\alpha - \overline{\alpha})(\alpha\overline{z}_1 z_2 - \overline{\alpha}z_1\overline{z}_2)\}$$
$$= \tfrac{1}{4}|\alpha|^2|z_1 - z_2|^2 = \tfrac{1}{4}|z_1-z_2|^2|z_2-z_3|^2|z_3-z_1|^2$$

に注意する．命題 1.24 の証明から，

$$\text{中心} = -\frac{\beta}{a} = \frac{i}{2}\frac{|z_1|^2(z_2-z_3) + |z_2|^2(z_3-z_1) + |z_3|^2(z_1-z_2)}{\operatorname{Im}(z_1\overline{z}_2 + z_2\overline{z}_3 + z_3\overline{z}_1)},$$
$$\text{半径} = \frac{\sqrt{|\beta|^2 - ac}}{|a|} = \frac{|z_1-z_2||z_2-z_3||z_3-z_1|}{2|\operatorname{Im}(z_1\overline{z}_2 + z_2\overline{z}_3 + z_3\overline{z}_1)|}.$$

問題 1.33 例題 1.29 より，$\frac{z-z^3}{z^2-z^3}\frac{z^2-z^4}{z-z^4} \in \mathbb{R}$ となっていることが必要である．左辺を整理すると $1 + \frac{z}{z^2+z+1}$ となるから，第 2 項の逆数を考えて，$z + \frac{1}{z} \in \mathbb{R}$ であることが必要．問題 1.3 より，$|z| = 1$ となるので，$z = e^{i\theta}$ ($-\pi < \theta \leq \pi$) とおく．仮定より，z^j ($j = 1, 2, 3, 4$) はすべて実数ではなく，しかも異なるので，$\theta \neq 0, \pm\frac{2}{3}\pi, \pi$ である．
(1) $0 < \theta \leq \frac{1}{2}\pi$ のとき，$0 < \theta < 2\theta < 3\theta < 4\theta \leq 2\pi$ より，z, z^2, z^3, z^4 は反時計回りでこの順に単位円周上で並んでいるので，求める場合である．
(2) $\frac{1}{2}\pi < \theta < \frac{2}{3}\pi$ のとき．$0 < 4\theta - 2\pi < \theta < 2\theta < 3\theta < 2\pi$ より，z^4, z, z^2, z^3 が反時計回りでこの順に単位円周上で並んでいて，これも求める場合である
(3) $\frac{2}{3}\pi < \theta < \pi$ のとき．$0 < 3\theta - 2\pi < 4\theta - 2\pi < 2\theta < 2\pi$ より，z^3, z, z^4, z^2 が反時計回りでこの順に単位円周上で並んでいるので不可．
(4) $-\pi < \theta < 0$ のときは，上記 (1)〜(3) の議論を，偏角の範囲を $[-2\pi, 0)$ として議論することになり，結果においては，反時計回りのところを時計回りに置き換えることになる．

以上より，$z = e^{i\theta}$ ($0 < |\theta| < \frac{2}{3}\pi$) が求めるものすべてである．

第 2 章

問題 2.7 定義より, $n\binom{i}{n} = i \cdot \frac{i-1}{1} \cdot \frac{i-2}{2} \cdots \frac{i-n+1}{n-1}$. ゆえに,
$$\left|n\binom{i}{n}\right| = \prod_{k=1}^{n-1}\left|\frac{i-k}{k}\right| = \prod_{k=1}^{n-1}\sqrt{\frac{k^2+1}{k^2}}.$$

$k \geq 2$ のとき, $\frac{k^2+1}{k^2} < \frac{k^2}{k^2-1}$ に注意すると, $n \geq 3$ のとき,
$$\prod_{k=2}^{n-1}\frac{k^2+1}{k^2} < \prod_{k=2}^{n-1}\frac{k^2}{(k-1)(k+1)} = \frac{2\cdot(n-1)}{1\cdot n} < 2.$$

よって, $\left|n\binom{i}{n}\right| \leq \sqrt{2}\cdot\sqrt{2} = 2$ $(n \geq 3)$ となり, 数列 $\{n\binom{i}{n}\}$ は有界である. なお, 問題 14.14 を参照のこと.

問題 2.11 (1) 部分列 $\{z_{n_k}\}$ に対して $\lim_{k\to\infty} z_{n_k} = l$ とすると,
$$z_{f(n_k)} = \alpha z_{n_k} - \alpha(z_{n_k} - \tfrac{1}{\alpha}z_{f(n_k)}) \to \alpha l \quad (k \to \infty).$$

ゆえに, αl も $\{z_n\}$ のある部分列の極限になっている. これを繰り返して, 任意の $m \in \mathbb{N}$ に対して, $\alpha^m l$ も $\{z_n\}$ のある部分列の極限になっている.

(2) $\lim_{n\to\infty} z_n = 0$ でないとすると, $\varepsilon_0 > 0$ と部分列 $\{z_{p_j}\}$ が存在して, $|z_{p_j}| \geq \varepsilon_0$ $(\forall j)$. $\{z_{p_j}\}$ は有界なので, 必要ならばさらに部分列をとって, $\{z_{p_j}\}$ は収束するとしてよい. その極限値を ℓ とすると, $\ell \neq 0$ である. (1) より, 任意の $m \in \mathbb{N}$ に対して, $\alpha^m \ell$ も $\{z_n\}$ のある部分列の極限になっている. しかし, $|\alpha| > 1$ より数列 $\{\alpha^m \ell\}$ は有界ではない. これは $\{z_n\}$ が有界であることに反している.

【別解】 (2) 本問の直後に述べる上極限に慣れている人は, 次のような背理法によらない解も可能であろう. すなわち, $|z_n| \leq |z_n - \tfrac{1}{\alpha}z_{f(n)}| + \tfrac{1}{|\alpha|}|z_{f(n)}|$ において, 両辺の上極限を考えると, 右辺の第1項は, 仮定より, $n \to \infty$ のときの極限が存在して 0 であるから,
$$\limsup_{n\to\infty}|z_n| \leq \tfrac{1}{|\alpha|}\limsup_{n\to\infty}|z_{f(n)}| \leq \tfrac{1}{|\alpha|}\limsup_{n\to\infty}|z_n|.$$

$|\alpha| > 1$ ゆえ, $\limsup_{n\to\infty}|z_n| = 0$. よって, $\lim_{n\to\infty}|z_n|$ が存在して 0 に等しくなるから, $\lim_{n\to\infty} z_n = 0$ である.

問題 2.13 (1) $\alpha = -\infty$ のときの性質 1: $\forall L > 0$, $\exists N$ s.t. $a_n < -L$ $(\forall n > N)$. したがって, $\lim_{n\to\infty} a_n = -\infty$ と同値になる. (2) $\alpha = +\infty$ のときの性質 2: $\forall L > 0$ に対して, 無数の n が存在して, $a_n > L$. あるいは, 定義より, $\{a_n\}$ が上に有界ではないことと同値であるからということで結論を得てもよい.

問題 2.15 各 $n = 1, 2, \ldots$ に対して, $a_{2n-1} = -1 + \frac{1}{2n-1}$, $a_{2n} = 1 + \frac{1}{2n}$ であるから, $-1 < a_{2n+1} < a_{2n-1} \leq 0 < 1 < a_{2(n+1)} < a_{2n}$ となる. これと, $\lim_{n\to\infty} a_{2n-1} = -1$, $\lim_{n\to\infty} a_{2n} = 1$ より, $\limsup_{n\to\infty} a_n = \mathbf{1}$, $\liminf_{n\to\infty} a_n = \mathbf{-1}$ である.

問題 2.17 以下 $\alpha := \limsup_{n\to\infty} a_n$, $\beta := \limsup_{n\to\infty} b_n$ とする. $\forall \varepsilon > 0$ が与えられたとする. 番号 N を選んで, $n > N \implies a_n < \alpha + \varepsilon$, かつ $b_n < \beta + \varepsilon$ が成り立つとしておく.

(1) $n > N$ のとき $a_n + b_n < \alpha + \beta + 2\varepsilon$ が成り立つ. $\therefore \limsup_{n\to\infty}(a_n+b_n) \leqq \alpha+\beta+2\varepsilon$. $\varepsilon > 0$ は任意ゆえ, 証明終わり.
(3) 同様に $n > N$ のとき, $a_n b_n \leqq \alpha\beta + \varepsilon(\alpha+\beta+\varepsilon)$ が成り立つことより.
(2) は (1) と, (4) は (3) と同様.
等号にならない例は, たとえば (1) と (2) では, $a_n = (-1)^n$, $b_n = (-1)^{n+1}$ をとり, (3) と (4) では, $a_{2n} = b_{2n-1} = 1$, $a_{2n-1} = b_{2n} = 2$ を考えればよい.

問題 2.25 等比級数ゆえ, 収束する z の集合は, $\left|\frac{z-i}{z+1}\right| < 1$ をみたす $z \in \mathbb{C}$ である. 集合 $\{z \in \mathbb{C} \,;\, |z-i| = |z+1|\}$ は i と -1 を結ぶ線分の垂直 2 等分線 ℓ を表すから, 求める範囲は, ℓ が定める二つの領域の内で $z = i$ を含む側である. ゆえに, 右図の様になる. ただし, 垂直 2 等分線 ℓ 上の点は含まない.

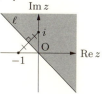

問題 2.32 (1) $\lim_{n\to\infty}\frac{n^3-n+2}{n^3} = 1$ ゆえ, $\exists N$ s.t. $n \geqq N \implies n^3 - n + 2 > \frac{1}{2}n^3$. よって, $n \geqq N$ のとき, $\frac{n+1}{n^3-n+2} < \frac{2(n+1)}{n^3} = \frac{2}{n^2} + \frac{2}{n^3}$. ここで, $\sum_{n=N}^{\infty}\frac{1}{n^p}$ ($p = 2, 3$) は収束するので, $\sum_{n=1}^{\infty}\frac{n+1}{n^3-n+2}$ も収束する.

(2) グラフより, $\log(1+t) < t$ $(t > 0)$ であるから, $\frac{1}{\log(1+n)} > \frac{1}{n}$ が成り立つ. $\sum_{n=1}^{\infty}\frac{1}{n}$ は発散するので, $\sum_{n=1}^{\infty}\frac{1}{\log(1+n)}$ も発散する.

問題 2.38 級数 $\sum_{n=1}^{\infty}z_n$ が収束すると仮定する. このとき, 式 (2.4) より, $\sum_{n=1}^{\infty}\mathrm{Re}\,z_n$ は収束する. さらに, 仮定と問題 1.9 より, $|z_n| \leqq \frac{\mathrm{Re}\,z_n}{\cos\alpha}$ $(n = 1, 2, \ldots)$ が成り立つので, $(\cos\alpha)^{-1}\sum_{n=1}^{\infty}\mathrm{Re}\,z_n$ は $\sum_{n=1}^{\infty}z_n$ の収束する優級数である. よって, 定理 2.36 より, $\sum_{n=1}^{\infty}z_n$ は絶対収束する.

問題 2.40 (1) $|z| < 1$ のとき, $\left|\frac{z^n}{1+z^{2n}}\right| \leqq \frac{|z|^n}{1-|z|^{2n}} \leqq \frac{|z|^n}{1-|z|}$. ここで $\sum_{n=1}^{\infty}|z|^n$ は収束するので, $\sum_{n=1}^{\infty}\left|\frac{z^n}{1+z^{2n}}\right|$ も収束する.
(2) $|z| > 1$ のとき. 一般項 $f_n(z) := \frac{z^n}{1+z^{2n}}$ は $f_n(z) = f_n\bigl(\frac{1}{z}\bigr)$ をみたすので, (1) より, $|z| > 1$ でも与えられた級数は絶対収束する.

問題 2.41 (1) $z_k = S_k - S_{k-1}$ であるから,
$$\sum_{k=m}^{n}z_k w_k = \sum_{k=m}^{n}(S_k - S_{k-1})w_k = \sum_{k=m}^{n}S_k w_k - \sum_{k=m-1}^{n-1}S_k w_{k+1}$$
$$= -S_{m-1}w_m + \sum_{k=m}^{n-1}S_k(w_k - w_{k+1}) + S_n w_n.$$

(2) (1) より, $m < n$ のとき,
$$\left|\sum_{k=m}^{n}z_k w_k\right| \leqq |S_{m-1}|w_m + \sum_{k=m}^{n-1}|S_k|(w_k - w_{k+1}) + |S_n|w_n$$
$$\leqq M\left(w_m + \sum_{k=m}^{n-1}(w_k - w_{k+1}) + w_n\right) \leqq 2Mw_m \to 0 \quad (m \to \infty).$$

ゆえに, $\sum_{n=1}^{\infty}z_n w_n$ は収束する. そして (1) で $m = 1$ とすると,

$$\Big|\sum_{k=1}^{n} z_k w_k\Big| \leqq \sum_{k=1}^{n-1} |S_k|(w_k - w_{k+1}) + |S_n|w_n \leqq Mw_1.$$

$n \to \infty$ とすることで，$|T| \leqq Mw_1$ を得る．

問題 2.47 **定理 2.45 の証明** (1) S が有限のとき．F を $\mathbb{N}^2$ の任意の有限部分集合とする．$F \subset E_n$ となる番号 n をとると，$\sum_{(p,q)\in F} a_{pq} \leqq \sum_{(p,q)\in E_n} a_{pq} \leqq S$. ゆえに，級数 (2.9) は収束して，その和は $\leqq S$ である．一方，各 E_n も式 (2.10) の集合 A の上限の形成に参加しているから，$\sum_{(p,q)\in \mathbb{N}^2} a_{pq} = \sup A \geqq \sum_{(p,q)\in E_n} a_{pq}$ $(n=1,2,\dots)$. よって，$\sum_{(p,q)\in\mathbb{N}^2} a_{pq} \geqq S$ もわかる．以上より，$\sum_{(p,q)\in\mathbb{N}^2} a_{pq} = S$ である．

(2) $S = +\infty$ のとき．式 (2.10) で定義される集合 A は有界でないので，級数は発散する．

定理 2.46 の証明 $S := \sum_{(p,q)\in\mathbb{N}^2} a_{pq}$ とおき，$S_n := \sum_{(p,q)\in E_n} a_{pq}$ $(n=1,2,\dots)$ とおく．$\forall \varepsilon > 0$ が与えられたとき，$\mathbb{N}^2$ の有限部分集合 F_ε があって，$T_\varepsilon := \sum_{(p,q)\in F_\varepsilon} a_{pq} > S - \varepsilon$ となる．この F_ε に対して，$\exists N \in \mathbb{N}$ s.t. $F_\varepsilon \subset E_N$. そうすると，$\forall n > N$ に対して，

$$S - \varepsilon < T_\varepsilon \leqq S_N \leqq S_n \leqq S$$

となる．ゆえに，$S - \varepsilon < S_n \leqq S$ を得て，$\lim_{n\to\infty} S_n = S$ である．$\square$

問題 2.53 (1) $\frac{1}{p+q} = \int_0^1 x^{p+q-1}\,dx$ より，

$$S_{mn} = \int_0^1 x\Big(\sum_{p=1}^m (-x)^{p-1}\Big)\Big(\sum_{q=1}^n (-x)^{q-1}\Big)dx = \int_0^1 \frac{x(1-(-x)^m)(1-(-x)^n)}{(1+x)^2}dx.$$

(2) $\Big|S_{mn} - \int_0^1 \frac{x(1-(-x)^n)}{(1+x)^2}dx\Big| \leqq \int_0^1 \frac{x|1-(-x)^n|x^m}{(1+x)^2}dx \leqq 2\int_0^1 x^m\,dx = \frac{2}{m+1}$ より，$\lim_{m\to\infty} S_{mn} = \int_0^1 \frac{x(1-(-x)^n)}{(1+x)^2}dx$. したがって，同様の議論により，$\lim_{n\to\infty}\big(\lim_{m\to\infty} S_{mn}\big) = \int_0^1 \frac{x}{(1+x)^2}dx = \log 2 - \frac{1}{2}$. なぜなら，

$$\int_0^1 \frac{x}{(1+x)^2}dx = \int_0^1 \Big(\frac{1}{1+x} - \frac{1}{(1+x)^2}\Big)dx = \Big[\log(1+x) + \frac{1}{1+x}\Big]_0^1 = \log 2 - \frac{1}{2}.$$

$\lim_{m\to\infty}\big(\lim_{n\to\infty} S_{mn}\big)$ も同様．

(3) $T_n = \sum_{k=1}^n k \cdot \frac{(-1)^k}{k} = \sum_{k=1}^n (-1)^k$ は明らかに収束しない．

問題 2.56 正項2重級数 $S^2 = \sum_{(l,m)\in\mathbb{N}^2} \frac{1}{(lm)^2}$ は収束する．$\mathbb{N}^2$ の近似増加列として，$E_n := \{(l,m)\in\mathbb{N}^2 \,;\, lm \leqq n\}$ をとると，$S^2 = \lim_{n\to\infty} \sum_{(l,m)\in E_n} \frac{1}{(lm)^2} = \sum_{n=1}^\infty \frac{d(n)}{n^2}$ を得る．

第 3 章

問題 3.4 (1) $z \in P := \bigcup_{\lambda \in \Lambda} A_\lambda$ とすると，$\exists \lambda \in \Lambda$ s.t. $z \in A_\lambda$. 仮定より，A_λ は開集合ゆえ，$\exists \delta > 0$ s.t. $D(z,\delta) \subset A_\lambda$. ここで $A_\lambda \subset P$ であるから，$D(z,\delta) \subset P$ となる．ゆえに，P は開集合である．

(2) $\Lambda = \{\lambda_1, \ldots, \lambda_n\}$ のとき, $z \in Q := A_{\lambda_1} \cap \cdots \cap A_{\lambda_n}$ とすると, $\forall j = 1, \ldots, n$ について, $z \in A_{\lambda_j}$ である. 各 A_{λ_j} は開集合ゆえ, $\exists \delta_j > 0$ s.t. $D(z, \delta_j) \subset A_{\lambda_j}$. ここで, $\delta := \min(\delta_1, \ldots, \delta_n) > 0$ とおくと, $D(z, \delta) \subset Q$ となるから, Q は開集合である.
$\Lambda = \mathbb{N}$ のときの反例. 各 $n = 1, 2, \ldots$ に対して, $A_n := D(0, \frac{1}{n})$ とおくと, A_n は開集合である. しかし, $\bigcap_{n=1}^{\infty} A_n = \{0\}$ は開集合ではない.

問題 3.5 De Morgan の法則と問題 3.4 より. 反例も問題 3.4 の補集合を考えればよい.

問題 3.11 (1) $A \subset \text{Cl}(A)$ は明らか. $z \in \partial A$ とすると, $\forall \varepsilon > 0$ に対して $D(z, \varepsilon) \cap A \neq \emptyset$ となって, 命題 3.6 より $z \in \text{Cl}(A)$. 以上より $A \cup \partial A \subset \text{Cl}(A)$. 逆に $z \in \text{Cl}(A)$ とする. 命題 3.6 より, $\forall \varepsilon > 0$ に対して $D(z, \varepsilon) \cap A \neq \emptyset$. さらに $z \notin A$ とすると, $D(z, \varepsilon) \cap A^c \neq \emptyset$ ともなるから, $z \in \partial A$. 以上より $\text{Cl}(A) \subset A \cup \partial A$ も得, 証明終わり.
(2) $\text{Int}(A) \subset A \setminus \partial A$ は明らか. 逆に $z \notin \partial A$ なら, $\varepsilon > 0$ が存在して,
$$D(z, \varepsilon) \cap A = \emptyset, \text{ または } D(z, \varepsilon) \cap A^c = \emptyset.$$
しかし, $z \in A$ のときは前者はあり得ない. ゆえに, $A \setminus \partial A \subset \text{Int}(A)$ も示された.

問題 3.12 $z \in \text{Cl}(D(c, r))$ なら, $a_n \in D(c, r)$ $(n = 1, 2, \ldots)$, かつ $\lim_{n \to \infty} a_n = z$ となる点列 $\{a_n\}$ をとることで, $z \in \overline{D}(c, r)$. 逆に $z \in \overline{D}(c, r)$ なら, $a_n := \frac{1}{n} c + (1 - \frac{1}{n}) z$ $(n = 1, 2, \ldots)$ とおくと, $|a_n - c| \leq (1 - \frac{1}{n}) r < r$ ゆえ $a_n \in D(c, r)$ であって, $\lim_{n \to \infty} a_n = z$.

【コメント】 少なくとも 2 個の元を持つ集合 X に, $d(x, y) = 1$ $(x \neq y)$, $d(x, x) = 0$ によって距離 d を定義し, 開球 $D(x, r)$ と閉球 $\overline{D}(x, r)$ を同様に定義するとき, $\text{Cl}(D(x, 1)) = D(x, 1) = \{x\}$ ゆえ, $\overline{D}(x, 1) = X \supsetneq \{x\} = \text{Cl}(D(x, 1))$ となる.

問題 3.22 **反例 1** 各 $n = 1, 2, \ldots$ について, $F_n := \{z \in \mathbb{C} ; 0 < |z| \leq n^{-1}\}$ は有界集合で, $F_1 \supset F_2 \supset \cdots \supset F_n \supset \cdots$ であるが, $\bigcap_{n=1}^{\infty} F_n = \emptyset$.
反例 2 各 $n = 1, 2, \ldots$ について, $F_n := \{z \in \mathbb{C} ; |z| \geq n\}$ は閉集合であって, $F_1 \supset F_2 \supset \cdots \supset F_n \supset \cdots$ であるが, $\bigcap_{n=1}^{\infty} F_n = \emptyset$.

問題 3.26 (3) のみ証明すればよい. $Q(t\omega) = 1 - t^k + o(t^k)$ $(t \to 0)$ となるので,
$$\lim_{t \to +0} \frac{1 - |Q(t\omega)|}{t^k} = \lim_{t \to +0} \frac{1 - Q(t\omega)\overline{Q(t\omega)}}{t^k(1 + |Q(t\omega)|)} = \lim_{t \to +0} \frac{2 + o(1)}{1 + |Q(t\omega)|} = 1.$$
ゆえに, $t > 0$ が十分小なら $1 - |Q(t\omega)| > 0$. すなわち $|Q(t\omega)| < 1$ となって矛盾.

問題 3.29 $\{D(a, \frac{1}{2}\delta_a)\}_{a \in K}$ はコンパクト集合 K の開被覆ゆえ,
$\exists a_1, \ldots, a_n \in K$ s.t. $K \subset D(a_1, \frac{1}{2}\delta_{a_1}) \cup \cdots \cup D(a_n, \frac{1}{2}\delta_{a_n})$. ...... ①
ここで $\delta := \frac{1}{2} \min\{\delta_{a_1}, \ldots, \delta_{a_n}\} > 0$ とおく. さて, $z, w \in K$ が $|z - w| < \delta$ をみたすとする. ①より番号 j をとって, $z \in D(a_j, \frac{1}{2}\delta_{a_j})$ とすると,
$$|w - a_j| \leq |w - z| + |z - a_j| < \delta + \frac{1}{2}\delta_{a_j} \leq \delta_{a_j}.$$
ゆえに, $z, w \in D(a_j, \delta_{a_j})$. よって, $D(a, \delta_{a_j})$ の定義 (定理 3.28 の証明参照) より,
$$|f(z) - f(w)| \leq |f(z) - f(a_j)| + |f(a_j) - f(w)| < \frac{1}{2}\varepsilon + \frac{1}{2}\varepsilon = \varepsilon.$$
したがって, f は K で一様連続である.

問題 3.33 例 2.24 での記号を使う．一様収束だったなら，$\exists N$ s.t. $\left|S_N(z) - \frac{1}{1-z}\right| < 1$ ($\forall z \in D(0,1)$)．このとき，
$$\left|\frac{1}{1-z}\right| \leqq |S_N(z)| + \left|S_N(z) - \frac{1}{1-z}\right| < 1 + |z| + \cdots + |z|^N + 1 < N + 2 \quad (|z| < 1).$$
N は $z \in D(0,1)$ には無関係ゆえ，これは関数 $\frac{1}{1-z}$ が $|z| < 1$ で有界であることを示していて，矛盾である．

【注意】 一様収束ではないのに和の関数が $D(0,1)$ で連続なのは，等比級数が，任意の r ($0 < r < 1$) に対して，$D(0,r)$ で一様収束していることによる．このような収束は，日本語の伝統的な複素関数論の本では『広義の一様収束』と呼ばれてきたが，本書ではこの用語は使わないことにした．洋書では『任意のコンパクト集合上での一様収束』という言い方が主である．ここでは，一様性の度合いが，コンパクト集合ごとに違うことに注意すべきである．すぐ後の第 4 章で学ぶが，一般のベキ級数においても，収束円の内部の任意のコンパクト集合上で一様収束する（問題 4.13 参照）．

問題 3.43 $P := \{z = x + iy \in \mathbb{C} \,;\, x > 0,\, y = \frac{1}{x}\}$ とし，Q を実軸とすると，容易にわかるように，P, Q はともに閉集合であって，$P \cap Q = \varnothing$ かつ $\mathrm{dist}(P,Q) = 0$ である．

第 4 章

問題 4.10 いずれも，ベキ級数の一般項を $a_n z^n$ とする．

(1) 収束半径は **4**．なぜなら，$a_n := \frac{i^n (n!)^2}{(2n)!}$ であり，
$$\left|\frac{a_n}{a_{n+1}}\right| = \frac{(n!)^2}{(2n)!} \frac{(2n+2)!}{((n+1)!)^2} = \frac{(2n+1)(2n+2)}{(n+1)^2} \to 4 \quad (n \to \infty).$$

(2) 収束半径は **1**．なぜなら，$a_n := (-1)^n \frac{\log n}{n}$ であり，$n \to \infty$ のとき，
$$\left|\frac{a_n}{a_{n+1}}\right| = \frac{\log n}{n} \frac{n+1}{\log(n+1)} = \frac{n+1}{n} \frac{\log n}{\log n + \log\left(1 + \frac{1}{n}\right)} \to 1.$$

(3) 収束半径は e^{-3}．なぜなら，$a_n = \left(1 + \frac{3}{n}\right)^{n^2}$ (n は偶数)，$a_n = \left(1 - \frac{1}{n}\right)^{n^2}$ (n は奇数) であり，$\sqrt[n]{|a_n|} = \left\{\left(1 + \frac{1}{(n/3)}\right)^{n/3}\right\}^3$ (n は偶数)，$\sqrt[n]{|a_n|} = \left(1 - \frac{1}{n}\right)^n$ (n は奇数)．よって，$\lim_{m \to \infty} \sqrt[2m]{|a_{2m}|} = e^3$，$\lim_{m \to \infty} \sqrt[2m+1]{|a_{2m+1}|} = \frac{1}{e}$ ゆえ，$\limsup_{n \to \infty} \sqrt[n]{|a_n|} = e^3$．

(4) $a_n := \left(\cos \frac{1}{n}\right)^{n^\alpha}$ であるから，$\sqrt[n]{|a_n|} = \left(\cos \frac{1}{n}\right)^{n^{\alpha-1}}$．ゆえに，
$$\log \sqrt[n]{|a_n|} = n^{\alpha-1} \log \cos \frac{1}{n}.$$
$\cos \frac{1}{n} = 1 - \frac{1}{2} \frac{1}{n^2} + o\left(\frac{1}{n^3}\right)$ ($n \to \infty$) と，$\log(1+t) = t + o(t)$ ($t \to 0$) より，
$$\frac{\log \sqrt[n]{|a_n|}}{n^{\alpha-3}} = n^2 \log\left(1 - \frac{1}{2}\frac{1}{n^2} + o\left(\frac{1}{n^3}\right)\right) \to -\frac{1}{2} \quad (n \to \infty).$$
よって，α と 3 の大小により場合が分かれる．

(i) $\alpha > 3$ のとき．$n^{\alpha-3} \to +\infty$ であるから，$\log \sqrt[n]{|a_n|} \to -\infty$．ゆえに，$\sqrt[n]{|a_n|} = e^{\log \sqrt[n]{|a_n|}} \to 0$ となるから，収束半径は $+\infty$．

(ii) $\alpha = 3$ のとき．$\log \sqrt[n]{|a_n|} \to -\frac{1}{2}$ ゆえ，$\sqrt[n]{|a_n|} = e^{\log \sqrt[n]{|a_n|}} \to e^{-1/2}$ となるから，収束半径は $\sqrt{e}$．

(iii) $\alpha < 3$ のとき．$n^{\alpha-3} \to 0$ より，$\log \sqrt[n]{|a_n|} \to 0$．ゆえに，$\sqrt[n]{|a_n|} = e^{\log \sqrt[n]{|a_n|}} \to 1$．したがって，収束半径は **1** である．

問題 4.12 (1) (i) 左端の不等式について：$\limsup\limits_{n\to\infty}\frac{u_{n+1}}{u_n}=+\infty$ ならば自明．
以下，$\alpha:=\limsup\limits_{n\to\infty}\frac{u_{n+1}}{u_n}<+\infty$ とする．$\forall \varepsilon>0$ が与えられたとする．このとき，$\exists N$ s.t. $\frac{u_{n+1}}{u_n}<\alpha+\varepsilon\ (\forall n\geqq N)$．すなわち，$u_{n+1}<(\alpha+\varepsilon)u_n$．したがって，$n>N$ に対して，$u_n<(\alpha+\varepsilon)^{n-N}u_N=(\alpha+\varepsilon)^n(\alpha+\varepsilon)^{-N}u_N$．よって，$\sqrt[n]{u_n}<(\alpha+\varepsilon)\big((\alpha+\varepsilon)^{-N}u_N\big)^{1/n}$．この不等式で $n\to\infty$ とする上極限をとると，$\limsup\limits_{n\to\infty}\sqrt[n]{u_n}\leqq\alpha+\varepsilon$．ここで $\varepsilon>0$ は任意ゆえ，$\limsup\limits_{n\to\infty}\sqrt[n]{u_n}\leqq\alpha$ が成り立つ．
(ii) 中央の不等式は自明．
(iii) 右端の不等式について：(1) の不等号を逆にした議論をすればよい．まず右端の下極限が 0 のときは自明．右端の下極限 $=\beta>0$ のときは，十分小さい $\forall\varepsilon>0$ に対して，$\exists N$ s.t. $u_n>(\beta-\varepsilon)^{n-N}u_N\ (n>N)$ となることより．
(2) 定理 4.4 の仮定より，$+\infty$ の場合も込めて，$\limsup\limits_{n\to\infty}\left|\frac{a_{n+1}}{a_n}\right|=\liminf\limits_{n\to\infty}\left|\frac{a_{n+1}}{a_n}\right|$ となる．(1) より $\limsup\limits_{n\to+\infty}\sqrt[n]{|a_n|}$ もその値に等しい．

問題 4.13 ヒントにある記号を使う．$\delta>0$ をとって，$r<r+\delta<\rho$ とする．定理 4.6 と同様に，上極限の性質 1 より，$\exists N$ s.t. $n>N\implies \sqrt[n]{|a_n|}<\frac{1}{r+\delta}$．このとき，$|z|\leqq r$ ならば，$|a_nz^n|\leqq\left(\frac{|z|}{r+\delta}\right)^n\leqq\left(\frac{r}{r+\delta}\right)^n\ (n>N)$．この評価式は，$0<\frac{r}{r+\delta}<1$ より，ベキ級数が $|z|\leqq r$ で一様収束していることを示している．

問題 4.14 $p<q$ のとき，z のベキで整理することにより，
$$(1-z)\sum_{n=p}^{q}c_nz^n=c_pz^p+\sum_{n=p+1}^{q}(c_n-c_{n-1})z^n-c_qz^{q+1}.$$
ゆえに，$|z|=1$ ならば，$|1-z|\cdot\left|\sum_{n=p}^{q}c_nz^n\right|\leqq c_p+\sum_{n=p+1}^{q}(c_{n-1}-c_n)+c_q=2c_p$．さらに $z\ne 1$ と仮定すると，$\left|\sum_{n=p}^{q}c_nz^n\right|\leqq\frac{2c_p}{|1-z|}\to 0\ (p\to\infty)$．ゆえに Cauchy の判定条件より，ベキ級数 $\sum_{n=0}^{\infty}c_nz^n$ は $|z|=1$ かつ $z\ne 1$ のときに収束する．したがって，収束半径は 1 以上である．一方，$z=1$ では発散するので，収束半径は **1** である．

問題 4.16 $|z|<R^{1/k}$ のとき絶対収束し，$|z|>R^{1/k}$ のとき発散することを示そう．
(1) $|z|<R^{1/k}$ のとき．$|z|<r<R^{1/k}$ をみたす $r>0$ をとる．$r^k<R$ であるから，$\exists N$ s.t. $n\geqq N\implies\frac{|a_n|}{|a_{n+k}|}>r^k$．ゆえに，$j=0,1,\ldots,k-1$ に対して，$|a_{N+k+j}|<\frac{1}{r^k}|a_{N+j}|$．よって，$p=1,2,\ldots$ に対して，$|a_{N+pk+j}|<\frac{1}{r^{pk}}|a_{N+j}|$ となり，$0\leqq\frac{|z|^k}{r^k}<1$ ゆえ，
$$\sum_{j=0}^{k-1}\sum_{p=1}^{\infty}|a_{N+pk+j}z^{N+pk+j}|\leqq\sum_{j=0}^{k-1}|a_{N+j}z^{N+j}|\sum_{p=1}^{\infty}\left(\frac{|z|^k}{r^k}\right)^p<+\infty.$$
ゆえに，正項級数 $\sum|a_nz^n|$ は部分和が有界数列になるから，定理 2.30 により収束する．
(2) $|z|>R^{1/k}$ のとき．$|z|>r>R^{1/k}$ をみたす $r>0$ をとる．$r^k>R$ ゆえ，$\exists N$ s,t, $n\geqq N\implies\frac{|a_n|}{|a_{n+1}|}<r^k$．ゆえに $|a_{N+k}|>\frac{1}{r^k}|a_N|$ であり，$|a_{N+kp}|>\frac{1}{r^{pk}}|a_N|$ $(p=1,2,\ldots)$．このとき，$|a_{N+pk}z^{N+pk}|>|a_Nz^N|\left(\frac{|z|^k}{r^k}\right)^p\ (p=1,2,\ldots)$ となるから，

一般項 $a_n z^n \to 0$ とならない．ゆえに，$\sum a_n z^n$ は収束しない．
(1), (2) より，収束半径は $R^{1/k}$ である．

【別解】 問題 4.12 (1) を用いると，以下のような解も可能である．$j = 0, 1, \ldots, k-1$ を固定して，簡単のため，$b_n := |a_{nk+j}|$ とおく．仮定より $\lim_{n\to\infty} \frac{b_n}{b_{n+1}} = R$ であるから，問題 4.12 (1) より，$\sqrt[n]{b_n} \to \frac{1}{R}$ である．よって，
$$\sqrt[nk+j]{|a_{nk+j}|} = \sqrt[nk+j]{b_n} = \left(\sqrt[n]{b_n}\right)^{n/(nk+j)} \to R^{-1/k} \quad (n \to \infty).$$
これがどの $j = 0, 1, \ldots, k-1$ に対しても成り立つので，$\sqrt[n]{|a_n|} \to R^{-1/k}$ となって，Cauchy–Hadamard の定理より，収束半径は $R^{1/k}$ である．

問題 4.23 $\{|a_n|^{1/n}\}$ が有界でないときは明らか．$\{|a_n|^{1/n}\}$ が有界であるとき，問題 2.17 (3) と $n^{1/n} = e^{(\log n)/n} \to 1 \ (n \to \infty)$ より，
$$\limsup_{n\to\infty} \sqrt[n]{|a_n|} \leqq \limsup_{n\to\infty} \sqrt[n]{n|a_n|} \leqq \limsup_{n\to\infty} n^{1/n} \cdot \limsup_{n\to\infty} \sqrt[n]{|a_n|} = \limsup_{n\to\infty} \sqrt[n]{|a_n|}.$$
ゆえに，すべて等号で成り立つ．

問題 4.26 (1) 式 (4.4) で $z = \frac{1}{3}$ とおいて，$\sum_{n=1}^{\infty} \frac{n}{3^n} = \frac{1}{3} \cdot \frac{9}{4} = \frac{3}{4}$ を得る．
ゆえに，$\sum_{n=2}^{\infty} \frac{n}{3^n} = \sum_{n=1}^{\infty} \frac{n}{3^n} - \frac{1}{3} = \frac{3}{4} - \frac{1}{3} = \boldsymbol{\frac{5}{12}}$．

(2) 式 (4.4) の両辺を z で微分すると，$\sum_{n=1}^{\infty} n^2 z^{n-1} = \frac{1}{(1-z)^2} + \frac{2z}{(1-z)^3}$．両辺に z をかけて，$\sum_{n=1}^{\infty} n^2 z^n = \frac{z}{(1-z)^2} + \frac{2z^2}{(1-z)^3}$．ここで $z = \frac{1}{3}$ とおくと，$\sum_{n=1}^{\infty} \frac{n^2}{3^n} = \frac{3}{4} + 2 \cdot \frac{1}{9} \cdot \frac{27}{8} = \boldsymbol{\frac{3}{2}}$．

【(2) の別解】 等比級数を項別微分した式 $\sum_{n=1}^{\infty} n z^{n-1} = \frac{1}{(1-z)^2}$ の両辺を再び微分して，$\sum_{n=1}^{\infty} n(n-1) z^{n-2} = \frac{2}{(1-z)^3}$．両辺に z^2 をかけて，$\sum_{n=1}^{\infty} n(n-1) z^n = \frac{2z^2}{(1-z)^3}$ を得る．これと式 (4.4) を加えて，$\sum_{n=1}^{\infty} n^2 z^n = \frac{z}{(1-z)^2} + \frac{2z^2}{(1-z)^3}$ （以下同じ）．

問題 4.27 $(1+x)^n = \sum_{k=0}^{n} \binom{n}{k} x^k$ の両辺を x で微分して，$n(1+x)^{n-1} = \sum_{k=1}^{n} \binom{n}{k} k x^{k-1}$．この式で $x = 1$ とおくことにより，$s_n = n 2^{n-1}$ を得る．
$$\left|\frac{s_n}{s_{n+1}}\right| = \frac{n 2^{n-1}}{(n+1) 2^n} = \frac{1}{2} \frac{n}{n+1} \to \frac{1}{2} \quad (n \to \infty)$$
であるから，収束半径は $\frac{1}{2}$ である．そして $|z| < \frac{1}{2}$ のとき，式 (4.4) より，
$$\sum_{k=1}^{\infty} s_n z^n = \frac{1}{2} \sum_{n=1}^{\infty} n(2z)^n = \frac{z}{(1-2z)^2}.$$

【別解】 $s_n = n 2^{n-1}$ については，二項係数の関係式 $k\binom{n}{k} = n\binom{n-1}{k-1}$ $\cdots$ ① を用いると，$s_n = n \sum_{k=1}^{n} \binom{n-1}{k-1} = n 2^{n-1}$ というように，ただちにわかる．なお，①は n 人の選手から k 人のチームを作り，そのチームの主将となる人を選ぶ方法を考えることで，組み合わせ論的に理解できる．右辺は，先に主将となる人を指名してしまう方法で場合を数え上げることに対応する．もちろん計算でも容易に示せるが，①を $\binom{n}{k} = \frac{n}{k}\binom{n-1}{k-1}$ と書くと印象的であろう．

問題 4.36 $|z-c|<|c|$ のとき, $\left|\frac{z-c}{c}\right|<1$ より,
$$\frac{1}{z}=\frac{1}{c-(c-z)}=\frac{1}{c}\cdot\frac{1}{1-\frac{c-z}{c}}=\frac{1}{c}\cdot\sum_{n=0}^{\infty}\left(\frac{c-z}{c}\right)^n=\sum_{n=0}^{\infty}(-1)^n\frac{(z-c)^n}{c^{n+1}}.$$

問題 4.38 $f(0)=g(0)=0$ であり, $z\to 0$ のとき, $f(z)=z(1+o(1))$, $g(z)=z(1+o(1))$ に注意すると,
$$\begin{aligned}f(g(z))&=g(z)-\tfrac{1}{3}g(z)^3+\tfrac{1}{5}g(z)^5-\tfrac{1}{7}g(z)^7+o(z^8)\\&=\left(z+\tfrac{1}{3}z^3+\tfrac{1}{5}z^5+\tfrac{1}{7}z^7\right)-\tfrac{1}{3}z^3\left(1+\tfrac{1}{3}z^2+\tfrac{1}{5}z^4\right)^3\\&\quad+\tfrac{1}{5}z^5\left(1+\tfrac{1}{3}z^2+\tfrac{1}{5}z^4\right)^5-\tfrac{1}{7}z^7\left(1+\tfrac{1}{3}z^2+\tfrac{1}{5}z^4\right)^7+o(z^8)\\&=z+\tfrac{1}{15}z^5+\tfrac{1}{45}z^7+o(z^8).\end{aligned}$$
同様にして,
$$\begin{aligned}g(f(z))&=f(z)+\tfrac{1}{3}f(z)^3+\tfrac{1}{5}f(z)^5+\tfrac{1}{7}f(z)^7+o(z^8)\\&=\left(z-\tfrac{1}{3}z^3+\tfrac{1}{5}z^5-\tfrac{1}{7}z^7\right)+\tfrac{1}{3}z^3\left(1-\tfrac{1}{3}z^2+\tfrac{1}{5}z^4\right)^3\\&\quad+\tfrac{1}{5}z^5\left(1-\tfrac{1}{3}z^2+\tfrac{1}{5}z^4\right)^5+\tfrac{1}{7}z^7\left(1-\tfrac{1}{3}z^2+\tfrac{1}{5}z^4\right)^7+o(z^8)\\&=z+\tfrac{1}{15}z^5-\tfrac{1}{45}z^7+o(z^8).\end{aligned}$$
ゆえに $f(g(z))-g(f(z))=\frac{2}{45}z^7+o(z^8)$ となるから, 最低次の項は $\frac{2}{45}z^7$.

問題 4.40 $z=f^{-1}(f(z))$ に $f(z)=z+z^2+z^3$ を代入して,
$$\begin{aligned}z&=(z+z^2+z^3)+b_2(z+z^2+z^3)^2+b_3(z+z^2+z^3)^3+b_4(z+z^2+z^3)^4+\cdots\\&=z+(1+b_2)z^2+(1+2b_2+b_3)z^3+(3b_2+3b_3+b_4)z^4+\cdots\end{aligned}$$
係数比較により, $b_2=-1$, $b_3=-1-2b_2=1$, $b_4=-3b_2-3b_3=0$.

第 5 章

問題 5.1 定理 2.54 と注意 2.55 より,
$$\begin{aligned}e^z e^w&=\left(\sum_{n=0}^{\infty}\tfrac{z^n}{n!}\right)\left(\sum_{m=0}^{\infty}\tfrac{w^m}{m!}\right)=\sum_{k=0}^{\infty}\sum_{m=0}^{k}\tfrac{z^{k-m}}{(k-m)!}\tfrac{w^m}{m!}\\&=\sum_{k=0}^{\infty}\tfrac{1}{k!}\sum_{m=0}^{k}\binom{k}{m}z^{k-m}w^m=\sum_{k=0}^{\infty}\tfrac{(z+w)^k}{k!}=e^{z+w}.\end{aligned}$$

問題 5.2 $e^z-1=\sum_{n=1}^{\infty}\frac{z^n}{n!}$ より, $|e^z-1|\leq\sum_{n=1}^{\infty}\frac{|z|^n}{n!}=e^{|z|}-1$.

問題 5.8 (1) と (2) は容易. (3) については, (1) より,
$$\begin{aligned}|\cos(x+iy)|^2&=\cos^2 x\cosh^2 y+\sin^2 x\sinh^2 y=\cos^2 x(\sinh^2 y+1)+(1-\cos^2 x)\sinh^2 y\\&=\cos^2 x+\sinh^2 y=|\cos x+i\sinh y|^2=|\cos x+\sin(iy)|^2.\end{aligned}$$
(4) 同様に (2) より,
$$\begin{aligned}|\sin(x+iy)|^2&=\sin^2 x\cosh^2 y+\cos^2 x\sinh^2 y=\sin^2 x(\sinh^2 y+1)+(1-\sin^2 x)\sinh^2 y\\&=\sin^2 x+\sinh^2 y=|\sin x+i\sinh y|^2=|\sin x+\sin(iy)|^2.\end{aligned}$$

問題 5.9 $f(\theta):=\left|\sin(re^{i\theta})\right|^2$ とおくと, 問題 5.8 の脚注より,

$$f(\theta) = \sin^2(r\cos\theta) + \sinh^2(r\sin\theta) = \tfrac{1}{2}\{\cosh(2r\sin\theta) - \cos(2r\cos\theta)\}.$$

明らかに，$f(\theta + \pi) = f(\theta)$, $f(\pi - \theta) = f(\theta)$ より，$0 \leqq \theta \leqq \tfrac{\pi}{2}$ として，$f(\theta)$ の最大値を考えてよい．θ で微分して，$f'(\theta) = r\{\sinh(2r\sin\theta)\cos\theta - \sin(2r\cos\theta)\sin\theta\}$.
ここで，$t \geqq 0$ のとき，$\sinh t \geqq t$ かつ $\sin t \leqq t$ (等号成立はいずれも $t = 0$ のときのみ) が成り立つので，$f'(\theta) \geqq 0$ であり，等号は $\theta = 0$ のときのみ成立する．ゆえに，$f(\theta)$ は $0 \leqq \theta \leqq \tfrac{\pi}{2}$ で狭義単調増加．よって，$f(\theta)$ の最大値は，$f(\tfrac{\pi}{2}) = \tfrac{1}{2}(\cosh(2r) - 1) = \sinh^2 r$.
ゆえに，求める最大値は $\sinh r$ である．

【別解】 (Lagrange の乗数法を使う) $f(x, y) := |\sin(x + iy)|^2$ とおくと，$f(x, y) = \sin^2 x + \sinh^2 y$ となる．$F(x, y, \lambda) := f(x, y) - \lambda(x^2 + y^2 - r^2)$ とおくと，
$$F_x = 2\sin x \cos x - 2\lambda x = \sin 2x - 2\lambda x, \quad F_y = 2\sinh y \cosh y - 2\lambda y = \sinh 2y - 2\lambda y,$$
$F_\lambda = -(x^2 + y^2 - r^2)$ である．円 $C : x^2 + y^2 = r^2$ は特異点を持たないから，C における $f(x, y)$ の最大値は，次の連立方程式の解である (x, y) で起こる．
$$\sin 2x = 2\lambda x, \ \cdots\ ① \quad \sinh 2y = 2\lambda y, \ \cdots\ ② \quad x^2 + y^2 = r^2. \ \cdots\ ③$$
①と②より，$x \sinh 2y = y \sin 2x$ を得る．これより，後述の例題 5.14 の解とまったく同様にして，$x = 0$ または $y = 0$. したがって，③より，$(x, y) = (0, \pm r), (\pm r, 0)$ を得る．$f(0, \pm r) = \sinh^2 r, f(\pm r, 0) = \sin^2 r \leqq \sinh^2 r$ より，$f(x, y)$ の $x^2 + y^2 = r^2$ における最大値は $\sinh^2 r$. よって，C における $|\sin z|$ の最大値は $\sinh r$ である．

問題 5.12 $\forall x \in \mathbb{R}$ に対して，$\cosh x = \sum_{m=0}^{\infty} \frac{x^{2m}}{(2m)!}$, $e^{x^2/2} = \sum_{m=0}^{\infty} \frac{x^{2m}}{2^m m!}$ が成り立つ．ここで，$m \geqq 1$ のとき，$(2m)! = \{1 \cdot 3 \cdots (2m-1)\} \cdot \{2 \cdot 4 \cdots (2m)\} \geqq 1 \cdot 2^m m!$ であり，$m \geqq 2$ なら等号が成り立たないので，$x \in \mathbb{R} \setminus \{0\}$ のとき，$\cosh x < e^{x^2/2}$ である．

問題 5.13 $\tan(x + iy) = \frac{\sin(x+iy)}{\cos(x+iy)} = \frac{2\sin(x+iy)\cos(x-iy)}{2\cos(x+iy)\cos(x-iy)}$. ここで，
分子 $= \sin 2x + \sin(2iy) = \sin 2x + i\sinh 2y$, 分母 $= \cos 2x + \cos(2iy) = \cos 2x + \cosh 2y$
より，結論が従う．

問題 5.15 次式の係数比較を行う．
$$(z + a_3 z^3 + a_5 z^5 + o(z^6))(1 - \tfrac{1}{2}z^2 + \tfrac{1}{24}z^4 + o(z^5)) = z - \tfrac{1}{6}z^3 + \tfrac{1}{120}z^5 + o(z^6).$$
この左辺は $z + (a_3 - \tfrac{1}{2})z^3 + (a_5 - \tfrac{1}{2}a_3 + \tfrac{1}{24})z^5 + o(z^6)$ であるから，$a_3 - \tfrac{1}{2} = -\tfrac{1}{6}$, $a_5 - \tfrac{1}{2}a_3 + \tfrac{1}{24} = \tfrac{1}{120}$. これを解いて，$a_3 = \tfrac{1}{3}$, $a_5 = \tfrac{2}{15}$.

問題 5.16 $e^{z^4} = 1 + z^4 + o(z^7)$ であり，
$$\tan^3 z = z^3(1 + \tfrac{1}{3}z^2 + o(z^3))^3 = z^3(1 + z^2 + o(z^3)) = z^3 + z^5 + o(z^6)$$
より，$(e^{z^4} - 1)\tan^3 z = z^7(1 + o(z^3))(1 + z^2 + o(z^3)) = z^7 + z^9 + o(z^{10})$. ゆえに，$f^{(7)}(0) = 7!, \ f^{(9)}(0) = 9!$.

問題 5.17 $\frac{\operatorname{Log}(1+z)}{z} = \sum_{n=1}^{\infty} \frac{(-1)^{n-1}}{n} z^{n-1}$ より，$1 - \frac{\operatorname{Log}(1+z)}{z} = \sum_{n=2}^{\infty} \frac{(-1)^n}{n} z^{n-1}$.
よって，$|z| < \tfrac{1}{2}$ のとき，$\left|1 - \frac{\operatorname{Log}(1+z)}{z}\right| \leqq \sum_{n=2}^{\infty} \frac{1}{n}|z|^{n-1} < \tfrac{1}{4} + \tfrac{1}{3}\sum_{n=3}^{\infty} \frac{1}{2^{n-1}} = \tfrac{1}{4} + \tfrac{1}{6} = \tfrac{5}{12}$.

問題 5.18 $\sin z = 5 \iff e^{2iz} - 1 = 10ie^{iz}$. これより $e^{iz} = (5 \pm 2\sqrt{6})i$. ゆえに,
$$iz = \mathrm{Log}(5 \pm 2\sqrt{6}) + (\tfrac{1}{2} + 2n)\pi i = \pm \mathrm{Log}(5 + 2\sqrt{6}) + (\tfrac{1}{2} + 2n)\pi i \quad (n \in \mathbb{Z})$$
となって, $\boldsymbol{z = (\tfrac{1}{2} + 2n)\pi \mp i\,\mathrm{Log}(5 + 2\sqrt{6})}$.

問題 5.19 (1) $z_1 = z_2 = e^{\frac{3}{4}\pi i}$ のとき, $z_1 z_2 = e^{\frac{3}{2}\pi i} = e^{-\frac{1}{2}\pi i}$ であるから, $\mathrm{Log}(z_1 z_2) = -\frac{\pi}{2}i$. 一方, $\mathrm{Log}\,z_1 + \mathrm{Log}\,z_2 = i(\mathrm{Arg}\,z_1 + \mathrm{Arg}\,z_2) = \frac{3}{2}\pi i$ であるから, これは $\mathrm{Log}(z_1 z_2)$ とは等しくない. 次に, $|\mathrm{Arg}\,z_1 + \mathrm{Arg}\,z_2| < \pi$ のときを考える. このときは $z_k = r_k e^{i\theta_k}$ ($k = 1,2$) において, $\theta_k = \mathrm{Arg}\,z_k$ ととると, 仮定は $|\theta_1 + \theta_2| < \pi$ である. $z_1 z_2 = r_1 r_2 e^{i(\theta_1 + \theta_2)}$ ゆえ, $\mathrm{Arg}(z_1 z_2) = \theta_1 + \theta_2 = \mathrm{Arg}\,z_1 + \mathrm{Arg}\,z_2$. よって,
$$\begin{aligned}\mathrm{Log}(z_1 z_2) &= \mathrm{Log}|z_1 z_2| + i\,\mathrm{Arg}(z_1 z_2) = \mathrm{Log}|z_1| + \mathrm{Log}|z_2| + i(\mathrm{Arg}\,z_1 + \mathrm{Arg}\,z_2) \\ &= \mathrm{Log}\,z_1 + \mathrm{Log}\,z_2.\end{aligned}$$

(2) $z = e^{\frac{\pi}{4}i}$ のとき, $\log(z^2) = i\arg(e^{\frac{\pi}{2}i})$ より, $A = \{(\tfrac{1}{2} + 2n)\pi i\,;\,n \in \mathbb{Z}\}$. 一方, $2\log z = 2i\arg(e^{\frac{\pi}{4}i})$ より, $B = \{(\tfrac{1}{2} + 4n)\pi i\,;\,n \in \mathbb{Z}\}$. よって, B には A の元である $\frac{5}{2}\pi i$ が含まれないので, $A \underset{\neq}{\supset} B$ である.

問題 5.21 定義より, $i^i = e^{i\log i} = e^{i(\mathrm{Log}|i| + i\arg i)} = \boldsymbol{e^{-(\frac{1}{2} + 2n)\pi}}$ ($n \in \mathbb{Z}$).
次に, $(1 + \sqrt{3}i)^{1/i} = e^{(1/i)\log(1 + \sqrt{3}i)}$ において,
$$\log(1 + \sqrt{3}i) = \mathrm{Log}\,2 + i\arg(1 + \sqrt{3}i) = \mathrm{Log}\,2 + (\tfrac{\pi}{3} + 2n\pi)i \quad (n \in \mathbb{Z}).$$
ゆえに, $(1 + \sqrt{3}i)^{1/i} = \boldsymbol{e^{(\frac{1}{3} + 2n)\pi} e^{-i\,\mathrm{Log}\,2}}$ ($n \in \mathbb{Z}$).
最後に, $(-2)^{\sqrt{2}} = e^{\sqrt{2}\log(-2)} = e^{\sqrt{2}(\mathrm{Log}\,2 + i\arg(-2))} = \boldsymbol{2^{\sqrt{2}} e^{\sqrt{2}(2n+1)\pi i}}$ ($n \in \mathbb{Z}$).

問題 5.28 求めるベキ級数解を, $y = \sum_{n=0}^{\infty} a_n z^n$ …… ① とする. 微分方程式より, $(2\lambda + 1)\frac{1}{z}\frac{dy}{dz} = -\frac{d^2 y}{dz^2} - y$ となるから, ①が解なら, $\frac{1}{z}\frac{dy}{dz}$ は $z = 0$ で値を持つ. ゆえに, $a_1 = 0$ でなければならない. これに注意して, ①を項別微分して微分方程式に代入し, z^n の係数を比較すると, 次の漸化式を得る.
$$(n+2)(n+2\lambda+2)a_{n+2} = -a_n.$$
$a_1 = 0$ ゆえ, $a_{2m+1} = 0$ ($m = 0, 1, 2, \ldots$) である. $n = 2m$ のとき (例題 5.27 の解で導入した記号 $(\alpha)_m$ を用いて),
$$a_{2m} = -\frac{1}{4m(m+\lambda)}a_{2(m-1)} = \cdots = (-1)^m \frac{1}{4^m\,m!\,(\lambda+1)_m}a_0 = (-1)^m \frac{1}{4^m\,m!\,(\lambda+1)_m}.$$
ゆえに, 求めるベキ級数は, $\boldsymbol{y = \sum_{m=0}^{\infty}(-1)^m \frac{1}{m!(\lambda+1)_m}\left(\frac{z}{2}\right)^{2m}}$ …… ② である. ②で, $w = (z/2)^2$ とおいた w のベキ級数の収束半径は, 係数比判定法から $+\infty$ であることが容易にわかる. よって, ②の収束半径も $+\infty$ である.

【コメント】 $\lambda = \frac{n-2}{2}$ のとき, 整関数②は, $\mathbb{R}^n$ の単位球面上の標準測度の Fourier 変換と定数倍しか違わない. また, Bessel 関数とも関係する.

第 6 章

問題 6.8 $f = u+iv$ とする。$x \in \mathbb{R} \setminus \{0\}$ のとき、$u(x,0) = f(x) = e^{-1/x^4}$, $v(x,0) = 0$. ここで、$\lim_{x \to 0} \left| \frac{e^{-1/x^4}}{x} \right| = \lim_{t \to +\infty} t e^{-t^4} = 0$ ゆえ、$\lim_{x \to 0} \frac{u(x,0)-u(0,0)}{x} = \lim_{x \to 0} \frac{e^{-1/x^4}}{x} = 0$. $\therefore \exists u_x(0,0) = 0$. 一方、明らかに $v_x(0,0) = 0$, また、$y \in \mathbb{R}$ のとき $f(iy) = e^{-1/y^4}$ より、$u(0,y) = e^{-1/y^4} = u(y,0)$, $v(0,y) = 0$. $\therefore \exists u_y(0,0) = 0$. また、明らかに $v_y(0,0) = 0$. 以上から、u, v は原点において Cauchy–Riemann の関係式をみたす。一方、$\mathbb{C} \setminus \{0\}$ では f は正則ゆえ、結局、u, v は $\mathbb{C}$ 全体で Cauchy–Riemann の関係式をみたしている。しかし、$f(re^{\pi i/4}) = e^{r^{-4}} \to +\infty$ $(r \to +0)$ ゆえ、f は原点で連続ではない.

問題 6.9 $|f(z)| = |z|$ より、原点で $f(z)$ が連続であることは明らかであろう。原点で $f(z)$ が複素微分可能でないことは、$r > 0$ のとき、$\frac{f(r)}{r} = 1$ と $\frac{f(re^{\pi i/4})}{re^{\pi i/4}} = -1$ よりわかる。$f = u + iv$ とするとき、$x \in \mathbb{R} \setminus \{0\}$ に対して $f(x) = x$ より、$u(x,0) = x$, $v(x,0) = 0$. また $y \in \mathbb{R} \setminus \{0\}$ に対して $f(iy) = iy$ より、$u(0,y) = 0$, $v(0,y) = y$. ゆえに、$u_x(0,0) = v_y(0,0) = 1$, $u_y(0,0) = -v_x(0,0) = 0$ となり、原点において、u, v は Cauchy–Riemann の関係式をみたす.

問題 6.10 $z_0 \in \overline{U}$ とすると、$\overline{z_0} \in U$ ゆえ、
$$\lim_{z \to z_0} \frac{g(z)-g(z_0)}{z-z_0} = \lim_{z \to z_0} \overline{\left(\frac{f(\overline{z})-f(\overline{z_0})}{\overline{z}-\overline{z_0}} \right)} = \overline{f'(\overline{z_0})}.$$
ゆえに、g は z_0 で複素微分可能である。$z_0 \in \overline{U}$ は任意ゆえ、g は $\overline{U}$ で正則である.

問題 6.13 $z_0 \in \mathscr{D}$ と $\theta \in \mathbb{R}$ をとって $F(z) = e^{-i\theta}(f(z)-f(z_0))$ を考えることにより、ℓ は実軸としてよい。このとき、$f = u+iv$ において、v は恒等的に 0 である。Cauchy–Riemann の関係式より、$u_x = u_y = 0$ を得るので、u も定数である。よって、f も定数である.

問題 6.15 $\frac{\partial(u,v)}{\partial(x,y)} = \left| \begin{smallmatrix} u_x & u_y \\ v_x & v_y \end{smallmatrix} \right| = u_x v_y - u_y v_x$. Cauchy–Riemann の関係式である $v_y = u_x$, $u_y = -v_x$ を代入して、$\frac{\partial(u,v)}{\partial(x,y)} = u_x^2 + v_x^2 = |f'(z)|^2$ を得る。ただし、最後の等号で、定理 6.4 の最後の主張を用いた.

問題 6.16 $a := u_x(x_0,y_0)$, $b := u_y(x_0,y_0)$, $c := v_x(x_0,y_0)$, $d := v_y(x_0,y_0)$ とおき、
$$u(x_0+\xi, y_0+\eta) - u(x_0,y_0) = a\xi + b\eta + \varphi(\xi,\eta),$$
$$v(x_0+\xi, y_0+\eta) - v(x_0,y_0) = c\xi + d\eta + \psi(\xi,\eta)$$
と表す。仮定より、u, v は点 (x_0,y_0) において全微分可能ゆえ、$(\xi,\eta) \to (0,0)$ のとき、$\varphi(\xi,\eta) = o(\sqrt{\xi^2+\eta^2})$, $\psi(\xi,\eta) = o(\sqrt{\xi^2+\eta^2})$ である。このとき、$h = \xi + i\eta$ として、
$$|f(z_0+h)-f(z_0)|^2 = (a^2+c^2)\xi^2 + 2(ab+cd)\xi\eta + (b^2+d^2)\eta^2$$
$$+ 2(a\xi+b\eta)\varphi(\xi,\eta) + 2(c\xi+d\eta)\psi(\xi,\eta) + o(|h|^2). \quad \cdots\cdots \text{①}$$
仮定より、$L := \lim_{h \to 0} \frac{|f(z_0+h)-f(z_0)|^2}{|h|^2}$ とおく.
(1) $\eta = 0$ として ①$/|h|^2$ で $h = \xi \to 0$ とすると、$L = a^2 + c^2$.
(2) $\xi = 0$ として ①$/|h|^2$ で $h = i\eta \to 0$ とすると、$L = b^2 + d^2$.
(3) $\eta = \xi$ として ①$/|h|^2$ で $h = \xi + i\xi \to 0$ とすると、$L = \frac{1}{2}(a^2+c^2+b^2+d^2) + ab + cd$.

以上より, $a^2 + c^2 = b^2 + d^2$ かつ $ab + cd = 0$ を得る. よって, $(a + ib)^2 = (d - ic)^2$.
これより, $a + ib = \pm(d - ic)$, すなわち, 点 (x_0, y_0) において,
$$u_x + iu_y = v_y - iv_x, \quad \cdots\cdots \text{②} \quad \text{または} \quad u_x + iu_y = -v_y + iv_x. \quad \cdots\cdots \text{③}$$
②は u と v が (x_0, y_0) において Cauchy–Riemann の関係式をみたすことを示し, ③は u と $-v$ が Cauchy-Riemann の関係式をみたすことを示す. ゆえに, $f = u + iv$ または $\overline{f} = u - iv$ が z_0 において複素微分可能である.

問題 6.20 $x^2 - y^2$ が調和関数であることは容易にわかる. さらに,
$$(e^{-y}\sin x)_{xx} = -e^{-y}\sin x = -(e^{-y}\sin x)_{yy},$$
$$(e^y \cos x)_{xx} = -e^y \cos x = -(e^y \cos x)_{yy}$$
もわかるから, $u_{xx} + u_{yy} = 0$ となって, u は調和関数である. 明らかに,
$$x^2 - y^2 = \text{Re}(z^2), \quad e^{-y}\sin x = \text{Im}\,e^{iz} = -\text{Re}\,ie^{iz}, \quad e^y \cos x = \text{Re}\,e^{-iz}.$$
ゆえに, $\boldsymbol{f(z) = z^2 - ie^{iz} - e^{-iz} + iC}$ (C は実数の定数).

もちろん, 例題 6.19 のようにして解いてもよい. $f = u + iv$ とおいて, $f'(z) = u_x(x, y) - iu_y(x, y)$ に, $u_x = 2x + e^{-y}\cos x + e^y \sin x$, $u_y = -2y - e^{-y}\sin x - e^y \cos x$ を代入して,
$$f'(z) = 2(x + iy) + e^{-y}(\cos x + i \sin x) + e^y(\sin x + i \cos x)$$
$$= 2(x + iy) + e^{-y+ix} + ie^{y-ix} = 2z + e^{iz} + ie^{-iz}.$$
これより, 上と同じ $f(z)$ を得る.

第 7 章

問題 7.2 (1) $C_1 + C_2$ は点 1 を出発して, 反時計回りに単位円を 1 周して 1 に戻る閉曲線. $C_2 + C_1$ は点 -1 を出発して, 反時計回りに単位円を 1 周して -1 に戻る閉曲線.
(2) $C_1 + C_2$ は原点を出発して, 下図の右側の円を反時計回りに 1 周して原点に戻り, 次に左側の円を反時計回りに 1 周して原点に戻る閉曲線. $C_2 + C_1$ は原点を出発して, 下図の左側の円を反時計回りに 1 周して原点に戻り, 次に右側の円を反時計回りに 1 周して原点に戻る閉曲線.

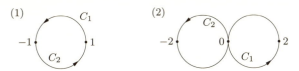

問題 7.10 二項展開をすると, $(z + \frac{1}{z})^{2n} \cdot \frac{1}{z} = \sum_{k=0}^{2n} \binom{2n}{k} z^{2(n-k)-1}$. ゆえに,
$$\int_{|z|=1}(z + \tfrac{1}{z})^{2n}\,\tfrac{dz}{z} = \sum_{k=0}^{2n}\binom{2n}{k}\int_{|z|=1} z^{2(n-k)-1}\,dz$$
$$= i\sum_{k=0}^{2n}\binom{2n}{k}\int_0^{2\pi} e^{2i(n-k)\theta}\,d\theta = 2\pi i\binom{2n}{n}.$$
一方, 元の積分において, 最初から $z = e^{i\theta}$ と変換すると,
$$\int_{|z|=1}(z + \tfrac{1}{z})^{2n}\,\tfrac{dz}{z} = 2^{2n}i\int_0^{2\pi}\cos^{2n}\theta\,d\theta.$$
ゆえに, $\int_0^{2\pi}\cos^{2n}\theta\,d\theta = 2\pi \cdot 2^{-2n}\binom{2n}{n} = \boldsymbol{2\pi\dfrac{1\cdot 3\cdot 5\cdots(2n-1)}{2\cdot 4\cdot 6\cdots 2n}}$.

問題 7.13 (1) $z = (1-i)t$ $(0 \leq t \leq 1)$ であるから，$dz = (1-i)\,dt$. よって，
$$\int_C |z|^2\,dz = \int_0^1 2t^2(1-i)\,dt = \tfrac{2}{3}(\boldsymbol{1-i}).$$

(2) まず $z = x$ $(0 \leq x \leq 1)$，次に $z = 1 - it$ $(0 \leq t \leq 1)$ であるから，
$$\int_C |z|^2\,dz = \int_0^1 x^2\,dx + \int_0^1 (1+t^2)(-i)\,dt = \tfrac{1}{3} - \tfrac{4}{3}\boldsymbol{i}.$$

(3) $z = t - it^2$ $(0 \leq t \leq 1)$ であるから，$dz = (1-2it)\,dt$. ゆえに，
$$\int_C |z|^2\,dz = \int_0^1 (t^2+t^4)(1-2it)\,dt = \int_0^1 (t^2+t^4 - 2i(t^3+t^5))\,dt = \tfrac{8}{15} - \tfrac{5}{6}\boldsymbol{i}.$$

問題 7.14 $z'(t) = 1 + ia\cos t$ であるから，$\int_{C_a} \mathrm{Re}\,z\,dz = \int_0^\pi t(1+ia\cos t)\,dt$. ここで，
$$\int_0^\pi t\cos t\,dt = \bigl[\,t\sin t\,\bigr]_0^\pi - \int_0^\pi \sin t\,dt = \bigl[\cos t\bigr]_0^\pi = -2, \quad \int_0^\pi t\,dt = \tfrac{1}{2}\pi^2.$$
ゆえに，$\int_{C_a}\mathrm{Re}\,z\,dz = \tfrac{1}{2}\boldsymbol{\pi^2 - 2a i}.$

問題 7.16 C は $z = e^{i\theta}$ $(0 \leq \theta \leq \tfrac{\pi}{2})$ と記述される．C 上では $\mathrm{Log}\,z = i\theta$ であり，$dz = ie^{i\theta}\,d\theta$ ゆえ，$\int_C \tfrac{1}{z}(\mathrm{Log}\,z)^3\,dz = \int_0^{\pi/2} e^{-i\theta}(-i\theta^3)\,ie^{i\theta}\,d\theta = \int_0^{\pi/2}\theta^3\,d\theta = \tfrac{1}{64}\boldsymbol{\pi^4}.$

問題 7.17 C は $z = e^{i\theta}$ $(-\tfrac{\pi}{2} \leq \theta \leq \tfrac{\pi}{2})$ と記述されるから，$dz = ie^{i\theta}\,d\theta$ であり，C 上では $z^i = e^{i\,\mathrm{Log}\,z} = e^{i(i\theta)} = e^{-\theta}$ である．ゆえに，
$$\int_C z^i\,dz = i\int_{-\pi/2}^{\pi/2} e^{(i-1)\theta}\,d\theta = \tfrac{i}{i-1}\bigl[e^{(i-1)\theta}\bigr]_{-\pi/2}^{\pi/2} = \tfrac{i}{i-1}(e^{(i-1)\pi/2} - e^{-(i-1)\pi/2})$$
$$= \tfrac{2}{1-i}\cosh\tfrac{\pi}{2} = (\boldsymbol{1+i})\cosh\tfrac{\boldsymbol{\pi}}{\boldsymbol{2}}.$$

問題 7.18 C は $z = e^{i\theta}$ $(0 \leq \theta \leq 2\pi)$ と記述され，$dz = ie^{i\theta}\,d\theta$ より $\left|\tfrac{dz}{d\theta}\right| = 1$ ゆえ，
$$\int_C |z-1|\,|dz| = \int_0^{2\pi}|e^{i\theta}-1|\,d\theta = \int_0^{2\pi}\sqrt{2-2\cos\theta}\,d\theta$$
$$= 2\int_0^{2\pi}\bigl|\sin\tfrac{\theta}{2}\bigr|\,d\theta = 4\int_0^\pi \sin\theta\,d\theta = \boldsymbol{8}.$$

問題 7.24 (1) 例題 7.15 (1) の積分．$\theta_0 = -\tfrac{\pi}{2}$ として，式 (5.10) で定義される領域 $\mathscr{D}_{\theta_0}$ を考え，$F(z) := \tfrac{2}{3}e^{\tfrac{3}{2}\log_{\theta_0}(z)}$ とおく．このとき，式 (5.17) より，$F(z)$ は領域 $\mathscr{D}_{\theta_0}$ における $z^{1/2}$ の 1 価原始関数で，$F(e^{i\pi}) = -\tfrac{2}{3}i$ である．ゆえに，
$$\int_C z^{1/2}\,dz = F(e^{i\pi}) - F(1) = \tfrac{2}{3}(-i-1) = -\tfrac{2}{3}(\boldsymbol{1+i}).$$

(2) 例題 7.15 (2) の積分．$\theta_0 = -\tfrac{3}{2}\pi$ として，式 (5.10) で定義される領域 $\mathscr{D}_{\theta_0}$ を考え，$F(z) := \tfrac{2}{3}e^{\tfrac{3}{2}\log_{\theta_0}(z)}$ とおく．このとき，$F(z)$ は領域 $\mathscr{D}_{\theta_0}$ における $z^{1/2}$ の 1 価原始関数で，$F(e^{-i\pi}) = \tfrac{2}{3}i$ である．ゆえに，
$$\int_C z^{1/2}\,dz = F(e^{-i\pi}) - F(1) = \tfrac{2}{3}(i-1) = -\tfrac{2}{3}(\boldsymbol{1-i}).$$

【注意】 (1) と (2) では，$z^{1/2}$ の原始関数を考える領域が異なることに注意．(1) と (2) の計算結果が異なることが，$\mathscr{D} \setminus \{0\}$ では，$z^{1/2}$ の 1 価正則な原始関数が存在しないことを意味する（命題 7.22）．

(3) 問題 7.16 の積分．$F(z) := \tfrac{1}{4}(\mathrm{Log}\,z)^4$ は，領域 $\mathscr{D} := \mathbb{C} \setminus (-\infty, 0] \supset C$ における関数 $\tfrac{1}{z}(\mathrm{Log}\,z)^3$ の原始関数であり，$F(i) = \tfrac{1}{4}\bigl(\tfrac{\pi}{2}i\bigr)^4 = \tfrac{1}{64}\pi^4$ より，
$$\int_C \tfrac{1}{z}(\mathrm{Log}\,z)^3\,dz = F(i) - F(1) = \tfrac{1}{64}\boldsymbol{\pi^4}.$$

問題の解答・解説　　　　　　　　　　　　　　　　　　　　243

(4) 問題 7.17 の積分．領域 $\mathscr{D} := \mathbb{C} \setminus (-\infty, 0]$ において主枝をとると，式 (5.17) より，$(z^{i+1})' = (i+1)z^i$．ゆえに，$F(z) := \frac{1}{i+1}z^{i+1} = \frac{1}{i+1}e^{(i+1)\operatorname{Log} z}$ は $\mathscr{D}$ における関数 z^i の原始関数である．$F(\pm i) = \frac{1}{i+1}e^{\pm(i+1)i\pi/2} = \frac{1-i}{2} \cdot (\pm i) \cdot e^{\mp \pi/2}$（複号同順）より，
$$\int_C z^i\, dz = F(i) - F(-i) = \frac{1+i}{2}(e^{-\pi/2} + e^{\pi/2}) = (1+i)\cosh\frac{\pi}{2}.$$

問題 7.26　以下，$C_r : |z - a| = r\ (r > 0)$ とする．$f(z) = f(a) + \varphi(z)$ とおくと，$\lim_{z \to a} \varphi(z) = 0$ である．ゆえに，$\forall \varepsilon > 0,\ \exists \delta > 0$ s.t. $|z - a| < \delta \implies |\varphi(z)| < \varepsilon$.
例 7.9 を用いると，
$$\int_{C_r} \frac{f(z)}{z-a}\, dz = f(a)\int_{C_r} \frac{1}{z-a}\, dz + \int_{C_r} \frac{\varphi(z)}{z-a}\, dz = 2\pi i f(a) + \int_{C_r} \frac{\varphi(z)}{z-a}\, dz.$$
ゆえに，$0 < r < \delta$ のとき，$\left|\int_{C_r} \frac{f(z)}{z-a}\, dz - 2\pi i f(a)\right| \leqq \int_{C_r} \frac{|\varphi(z)|}{|z-a|}|dz| \leqq 2\pi\varepsilon$ となる．

問題 7.27　$\int_{|z|=r} f(z)\, dz = ir\int_0^{2\pi} f(re^{i\theta})e^{i\theta}\, d\theta$ であることに注意すると，
$$\left|\int_{|z|=r} f(z)\, dz - \int_{|z|=1} f(z)\, dz\right| \leqq \int_0^{2\pi} |rf(re^{i\theta}) - f(e^{i\theta})|\, d\theta.$$
ここで，右辺の被積分関数 $F(r, \theta) := |rf(re^{i\theta}) - f(e^{i\theta})|$ は，$\mathbb{R}^2$ におけるコンパクト集合 $[\frac{1}{2}, 1] \times [0, 2\pi]$ で連続であるから，定理 3.28 により一様連続である．$F(1, \theta) = 0$ より，$\forall \varepsilon > 0,\ \exists r_0\ (\frac{1}{2} < r_0 < 1)$ s.t. $\forall r\ (r_0 < r \leqq 1)$ と $\forall \theta \in [0, 2\pi]$ に対して，$F(r, \theta) < \varepsilon$.
ゆえに，$\left|\int_{|z|=r} f(z)\, dz - \int_{|z|=1} f(z)\, dz\right| \leqq 2\pi\varepsilon$.

問題 7.33　(1) $z^2 + 2z + 2 = 0$ を解くと，$z = -1 \pm i$．ここで，$|-1 \pm i| = \sqrt{2} > 1$ であるから，2 点 $-1 \pm i$ は積分路である単位円の外側にある．すなわち，十分小さい $\varepsilon > 0$ に対して，被積分関数 $\frac{1}{z^2+2z+2}$ は $|z| < 1 + \varepsilon$ で正則である．ゆえに，Cauchy の積分定理から，積分値は 0 に等しい．
(2) $z^5 + z^4 - 3 = 0$ のとき，$|z| \leqq 1$ ならば $3 = |z^5 + z^4| \leqq |z|^5 + |z|^4 \leqq 2$ となり矛盾するから，$z^5 + z^4 - 3 = 0$ の根はすべて単位円の外部にある．したがって，被積分関数は十分小さい $\varepsilon > 0$ に対して，$|z| < 1 + \varepsilon$ で正則である．ゆえに，Cauchy の積分定理から，積分値は 0 に等しい．

【注意】　(1) では，$-1 \pm i$ を含まない凸領域（いくらでもあるが，もちろん解答例のように少しだけ大きな円の内部を考えるのが普通であろう）に閉単位円板 $|z| \leqq 1$ を含ませて，Cauchy の積分定理を適用している．このような解答にしたのは，『閉単位円板で正則』という用語（本書では使わない）を深く考えないで Cauchy の積分定理を適用する学生諸君が後を絶たないことによる．問題 7.27 があるので，$|z| < 1$ で正則，$|z| \leqq 1$ で連続ということを理由にしても $\int_C \frac{dz}{z^2+2z+2} = 0$ が導かれるが，それが Cauchy の積分定理と一様連続性を反映した事実であることを認識しないままで使うのはよくないと思う．

問題 7.34　命題 5.6 (3) より，$\cos z = 0 \iff z = \frac{\pi}{2} + \pi\mathbb{Z}$．ゆえに，$\tan z$ は凸領域 $\mathscr{D} : \frac{x^2}{1.1^2} + \frac{y^2}{2.1^2} < 1$ で正則．$C \subset \mathscr{D}$ ゆえ，Cauchy の積分定理より，$\int_C \tan z\, dz = \mathbf{0}$.

問題 7.42　(1) 変数変換 $x \mapsto -x$ をすることによる．

(2) (1) より，$a > 0$ としてよい．問題文にいう長方形の積分路を C とすると，Cauchy の積分定理から，$\int_C e^{-z^2} dz = 0$ である．長方形の各辺に沿う積分路を

$$C_1 : z = t - ia \ (-R \leqq t \leqq R), \qquad C_2 : z = R + it \ (-a \leqq t \leqq 0),$$
$$C_3 : z = x \ (x = R \to x = -R), \qquad C_4 : z = -R + it \ (t = 0 \to t = -a)$$

とする．さて，$I_R := \int_{-R}^{R} e^{2iax - x^2} dx$ とおくと，

$$\int_{C_1} e^{-z^2} dz = \int_{-R}^{R} e^{-(t-ia)^2} dt = e^{a^2} I_R.$$

そして，$R \to +\infty$ のとき，

$$\int_{C_3} e^{-z^2} dz = -\int_{-R}^{R} e^{-x^2} dx \to -\sqrt{\pi}.$$

一方，$\int_{C_2} e^{-z^2} dz = \int_{-a}^{0} e^{-(R+it)^2} i\, dt$ であるから，$A := \int_0^a e^{t^2} dt$ とおくと，

$$\left| \int_{C_2} e^{-z^2} dz \right| \leqq \int_0^a e^{-R^2 + t^2} dt = A e^{-R^2} \to 0 \qquad (R \to +\infty).$$

同様にして，$\left| \int_{C_4} e^{-z^2} dz \right| \leqq A e^{-R^2}$ が示される．ゆえに，

$$I(a) = \lim_{R \to +\infty} I_R = e^{-a^2} \lim_{R \to +\infty} \int_{C_1} e^{-z^2} dz$$
$$= -e^{-a^2} \lim_{R \to +\infty} (\int_{C_2} + \int_{C_3} + \int_{C_4}) e^{-z^2} dz = \boldsymbol{\sqrt{\pi}\, e^{-a^2}}.$$

問題 7.43 $f(z) := z^{4n-1} e^{(i-1)z}$ とおく．$f(z)$ は整関数ゆえ，Cauchy の積分定理より，

$$\left(\int_0^R + \int_{[R, iR]} + \int_{[iR, O]} \right) f(z)\, dz = 0. \quad \cdots\cdots ①$$

虚軸に沿う積分は，

$$\int_{[iR, O]} z^{4n-1} e^{(i-1)z} dz = -\int_0^R x^{4n-1} e^{-x} e^{-ix} dx.$$

斜辺上の積分については，

$$\left| z^{4n-1} e^{(i-1)z} \right| = |z|^{4n-1} e^{-(\operatorname{Re} z + \operatorname{Im} z)} \leqq R^{4n-1} e^{-R}$$

ゆえ，$R \to +\infty$ のとき，$\left| \int_{[R, iR]} z^{4n-1} e^{(i-1)z} dz \right| \leqq \sqrt{2}\, R^{4n} e^{-R} \to 0$．以上より，①で $R \to +\infty$ とすることで，$\int_0^{+\infty} x^{4n-1} e^{-x} (e^{ix} - e^{-ix})\, dx = 0$ を得る．所要の等式は $e^{ix} - e^{-ix} = 2i \sin x$ より従う．

【コメント】 結論の式において $x = \sqrt[4]{t}$ と変数変換して，$\int_0^{+\infty} t^m e^{-t^{1/4}} \sin(t^{1/4})\, dt = 0$ $(m = 0, 1, \dots)$ を得るから，関数 $e^{-t^{1/4}} \sin(t^{1/4})$ は，すべての多項式と区間 $[0, +\infty)$ において『直交』する．

問題 7.44 $n \geqq 1$ とし，n 次の多項式 $P(z)$ は $\mathbb{C}$ に根を持たないと仮定する．このとき，$2n$ 次の多項式 $Q(z) := P(z)\overline{P(\overline{z})}$ は，問題 6.10 より整関数である．また，$z \in \mathbb{R}$ のとき $Q(z) > 0$ であるから，$\int_0^{2\pi} \frac{dt}{Q(2\cos t)} \neq 0$．さて，$z = e^{i\theta}$ のとき，$2\cos\theta = e^{i\theta} + e^{-i\theta} = z + \frac{1}{z}$．そして $dz = ie^{i\theta} d\theta$ より，$d\theta = -ie^{-i\theta} dz = -i \frac{dz}{z}$．よって，

$$0 \neq \int_0^{2\pi} \frac{d\theta}{Q(2\cos\theta)} = -i \int_{|z|=1} \frac{dz}{zQ\left(z + \frac{1}{z}\right)} = -i \int_{|z|=1} \frac{z^{2n-1}}{z^{2n} Q\left(z + \frac{1}{z}\right)}\, dz. \quad \cdots\cdots ②$$

ここで，$R(z) := z^{2n}Q(z + \frac{1}{z})$ は多項式であり，$z \neq 0$ なら明らかに $R(z) \neq 0$．また，$P(z)$ の n 次の係数を $a_n \neq 0$ とするとき，$R(0) = |a_n|^2 \neq 0$．ゆえに $\frac{z^{2n-1}}{R(z)}$ は整関数ゆえ，Cauchy の積分定理より，②の右端の積分は 0 であり，矛盾が生じる．

問題 7.47 もし $\lim_{|z| \to +\infty} zf(z) = c \neq 0$ であるならば，$\exists R > 0$ s.t. $|z| > R \Rightarrow |zf(z) - c| < \frac{1}{2}|c|$．このとき，$r > R$ ならば，
$$2\pi|c| = \left|\int_{|z|=r} f(z)\,dz - c\int_{|z|=r} \frac{dz}{z}\right| \leq \int_{|z|=r} \frac{|zf(z)-c|}{|z|}\,|dz| \leq \pi|c|$$
となって，$c \neq 0$ より，矛盾が生じている．

問題 7.48 $n \geq 1$ とし，n 次の多項式 $P(z)$ は $\mathbb{C}$ に根を持たないとする．$P(z)$ の n 次の係数を $a_n \neq 0$ とする．このとき，$f(z) := \frac{z^{n-1}}{P(z)}$ は整関数であって，$\lim_{|z| \to +\infty} zf(z) = \lim_{|z| \to +\infty} \frac{z^n}{P(z)} = \frac{1}{a_n} \neq 0$．これは問題 7.47 の結論に反する．

第 8 章

問題 8.4 いずれも，積分路を C で表す．
(1) e^z は整関数であるから，
$$\frac{1}{2\pi i}\int_C \frac{e^z}{\pi z - i}\,dz = \frac{1}{2\pi^2 i}\int_C \frac{e^z}{z - \frac{i}{\pi}}\,dz$$
$$= \frac{1}{\pi}\left[e^z\right]_{z=i/\pi} = \frac{1}{\pi}\mathbf{e^{i/\pi}}.$$

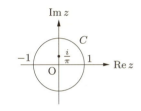

(2) $f(z) := \frac{\cos z}{z+3}$ とおくと，$f(z)$ は $|z| < 2.5$ で正則である．ゆえに，$\frac{1}{2\pi i}\int_C \frac{f(z)}{z+1}\,dz = f(-1) = \frac{1}{2}\cos 1$．

問題 8.6 被積分関数の分母は $z(z-6)$ であり，$\frac{1}{z(z-6)} = \frac{1}{6}\left(\frac{1}{z-6} - \frac{1}{z}\right)$ に注意する．
(1) 被積分関数は $|z-2| < 1.1$ で正則ゆえ，$I = \mathbf{0}$．
(2) $f(z) := \frac{e^{z^2}}{z-6}$ は $|z-2| < 3.1$ で正則ゆえ，
$$I = -\frac{1}{12\pi i}\int_{|z-2|=3} \frac{e^{z^2}}{z}\,dz = -\frac{1}{6}\left[e^{z^2}\right]_{z=0} = -\frac{\mathbf{1}}{\mathbf{6}}.$$

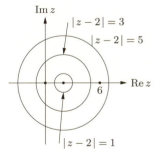

(3) $I = \frac{1}{12\pi i}\int_{|z-2|=5} \frac{e^{z^2}}{z-6}\,dz - \frac{1}{12\pi i}\int_{|z-2|=5} \frac{e^{z^2}}{z}\,dz$
$$= \frac{1}{6}\left(\left[e^{z^2}\right]_{z=6} - \left[e^{z^2}\right]_{z=0}\right) = \frac{1}{6}(\mathbf{e^{36} - 1}).$$

問題 8.7 (1) にいう n 次の多項式 $P(z)$ について，$\frac{1}{P(z)}$ は整関数であるから，Cauchy の積分公式より，$\frac{1}{2\pi i}\int_{|z|=r} \frac{dz}{zP(z)} = \frac{1}{P(0)} \neq 0\ (\forall r > 0)$．…… ①
一方，$\left|\int_{|z|=r} \frac{dz}{zP(z)}\right| \leq \frac{2\pi}{\min_{|z|=r}|P(z)|}$ であり，$P(z) = a_n z^n + \cdots + a_1 z + a_0\ (a_n \neq 0)$ とすると，$|z|$ が十分大きければ，
$$|P(z)| = |a_n||z|^n\left(1 - \frac{|a_{n-1}|}{|a_n||z|} - \cdots - \frac{|a_0|}{|a_n||z|^n}\right) \geq \frac{1}{2}|a_n||z|^n.$$
ゆえに，$\left|\int_{|z|=r} \frac{dz}{zP(z)}\right| \leq \frac{4\pi}{|a_n|r^n} \to 0\ (r \to +\infty)$．これは①と矛盾する．

問題 8.9 任意に $c = a + ib \in \mathbb{C}$ をとると，正則関数の平均値の性質から，
$$f(c) = \frac{1}{2\pi} \int_0^{2\pi} f(c + re^{i\theta})\, d\theta.$$
ここで $f(z)$ は整関数であるから，$r > 0$ は任意にとれることに注意（もちろん $r = 0$ でも成り立っている）．この両辺に r をかけて，0 から R まで積分すると，
$$\int_0^R r f(c)\, dr = \frac{1}{2\pi} \int_0^R \left(\int_0^{2\pi} f(c + re^{i\theta})\, d\theta \right) r\, dr.$$
左辺は $\frac{R^2}{2} f(c)$ であることに注意すると，$f(c) = \frac{1}{\pi R^2} \int_0^R \int_0^{2\pi} f(c + re^{i\theta}) r\, d\theta dr$ と書き直せる．この右辺において，変数変換 $x = a + r\cos\theta,\ y = b + r\sin\theta$ を行うと，
$$f(c) = \frac{1}{\pi R^2} \iint_{\overline{D(c,R)}} f(x + iy)\, dxdy.$$
これより，次のように評価できる．
$$|f(c)| \leqq \frac{1}{\pi R^2} \iint_{\overline{D(c,R)}} |f(x+iy)|\, dxdy \leqq \frac{1}{\pi R^2} \iint_{\mathbb{R}^2} |f(x+iy)|\, dxdy.$$
$R \to +\infty$ とすることで，$f(c) = 0$ を得る．$c \in \mathbb{C}$ は任意ゆえ，$f(z)$ は恒等的に 0 である．

問題 8.11 (1) $\operatorname{Im}\left(\frac{1}{z}\frac{dz}{d\theta}\right) = \operatorname{Im}\frac{-a\sin\theta + ib\cos\theta}{a\cos\theta + ib\sin\theta} = \frac{ab}{a^2\cos^2\theta + b^2\sin^2\theta}.$

(2) (1) より，$\frac{1}{2}\int_0^{2\pi} \frac{d\theta}{a^2\cos^2\theta + b^2\sin^2\theta} = \frac{1}{2ab}\int_0^{2\pi} \operatorname{Im}\left(\frac{1}{z}\frac{dz}{d\theta}\right) d\theta$ $(z = a\cos\theta + ib\sin\theta)$
$= \frac{1}{2ab} \operatorname{Im} \int_0^{2\pi} \frac{1}{z} \frac{dz}{d\theta}\, d\theta = \frac{1}{2ab} \operatorname{Im} \int_C \frac{dz}{z}$ $\left(C : \frac{x^2}{a^2} + \frac{y^2}{b^2} = 1 \right)$
$= \frac{1}{2ab} \operatorname{Im} 2\pi i = \frac{\pi}{ab}.$

問題 8.13 $z_0 \notin C$ とし，z は z_0 に近いとすると，
$$\frac{F_n(z) - F_n(z_0)}{z - z_0} - nF_{n+1}(z_0) = \int_C \varphi(\zeta) Q(\zeta)\, d\zeta. \quad \cdots\cdots \text{①}$$
ただし，$Q(\zeta) := \left[\frac{1}{z - z_0}\left(\frac{1}{(\zeta - z)^n} - \frac{1}{(\zeta - z_0)^n} \right) \right] - \frac{n}{(\zeta - z_0)^{n+1}}. \quad \cdots\cdots \text{②}$
ここで 58 ページの式 (4.3) を用いると，② の [ ] 内は $\sum_{k=0}^{n-1} \frac{1}{(\zeta - z)^{n-k}(\zeta - z_0)^{k+1}}$ となることがわかるので，
$$Q(\zeta) = \sum_{k=0}^{n-1} \left\{ \frac{1}{(\zeta - z)^{n-k}(\zeta - z_0)^{k+1}} - \frac{1}{(\zeta - z_0)^{n+1}} \right\} = \sum_{k=0}^{n-1} \frac{(\zeta - z_0)^{n-k} - (\zeta - z)^{n-k}}{(\zeta - z)^{n-k}(\zeta - z_0)^{n+1}}$$
$$= (z - z_0) \sum_{k=0}^{n-1} \left\{ \sum_{j=0}^{n-k-1} \frac{1}{(\zeta - z)^{j+1}(\zeta - z_0)^{n+1-j}} \right\}. \quad \cdots\cdots \text{③}$$
ただし，最後の等号で再び式 (4.3) を用いた．さて $2\delta_0 := \operatorname{dist}(z_0, C) > 0$ とし，$|z - z_0| < \delta_0$ とすると，$\forall \zeta \in C$ に対して，$|\zeta - z| \geqq |\zeta - z_0| - |z - z_0| > \delta_0$ となる．
さらに，$M := \sup_{\zeta \in C} |\varphi(\zeta)| < +\infty$ とおき，L を曲線 C の長さとすると，① と ③ より，
$$\left| \frac{F_n(z) - F_n(z_0)}{z - z_0} - nF_{n+1}(z_0) \right| \leqq \frac{ML|z - z_0|}{2^{n+1}\delta_0^{n+2}} \sum_{k=0}^{n-1} \left\{ \sum_{j=0}^{n-k-1} 2^j \right\}$$
$$\leqq \frac{ML|z - z_0|}{2^{n+1}\delta_0^{n+2}} \sum_{k=0}^{n-1} 2^{n-k} \leqq \frac{ML}{\delta_0^{n+2}} |z - z_0| \to 0 \quad (z \to z_0).$$
ゆえに，$F_n(z)$ は $z = z_0 \notin C$ で複素微分可能であって，$F_n'(z_0) = nF_{n+1}(z_0)$ である．

問題 8.17 いずれも求める積分を I とおく.

(1) $f(z) = \frac{\sin \pi z}{(z+1)^3}$ とおくと, $f(z)$ は $|z-1| < 1.1$ で正則であって, $I = \frac{1}{2}f''(1)$ となる. ここで (直接計算, あるいは Leibniz の公式を用いて),

$$f''(z) = -\pi^2(z+1)^{-3}\sin\pi z - 6\pi(z+1)^{-4}\cos\pi z + 12(z+1)^{-5}\sin\pi z.$$

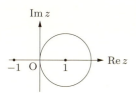

ゆえに, $f''(1) = 6\pi \cdot 2^{-4} = \frac{3}{8}\pi$. したがって, 求める積分の値は $\frac{3}{16}\pi$.

(2) まず, $e^z = 2i \iff z = \log(2i) = \text{Log}\, 2 + \left(\frac{\pi}{2} + 2n\pi\right)i\ (n \in \mathbb{Z})$ であり, すべての $n \in \mathbb{Z}$ に対して, $\left|\text{Log}\, 2 + \left(\frac{\pi}{2} + 2n\pi\right)i\right| > \left|\frac{\pi}{2} + 2n\pi\right| \geqq \frac{\pi}{2}$ が成り立つことに注意. ゆえに, $e^z = 2i$ の解はすべて円 $|z| = \frac{\pi}{2}$ の外部にある. したがって, $f(z) := \frac{1}{e^z - 2i}$ は領域 $|z| < \frac{\pi}{2}$ で正則である. よって, $I = f'(0)$ となる. ところで, $f'(z) = -\frac{e^z}{(e^z - 2i)^2}$ ゆえ,

$$I = -\frac{1}{(1-2i)^2} = \frac{1}{3+4i} = \frac{3}{25} - \frac{4}{25}i.$$

問題 8.19 $I := \int_{|z|=1} e^z z^{-(n+1)}\, dz$ とおく. $f(z) := e^z$ は整関数であって, $I = \frac{2\pi i}{n!} f^{(n)}(0) = \frac{2\pi i}{n!}$ である. 一方, $z = e^{i\theta}$ とおくと, $dz = ie^{i\theta}\, d\theta$ ゆえ,

$$I = i\int_0^{2\pi} e^{e^{i\theta}} e^{-in\theta}\, d\theta = i\int_0^{2\pi} e^{\cos\theta} e^{i(\sin\theta - n\theta)}\, d\theta.$$

ゆえに, $\int_0^{2\pi} e^{\cos\theta} e^{i(\sin\theta - n\theta)}\, d\theta = \frac{2\pi}{n!}$ となる. ここで両辺の実部と虚部を比較することにより, 所要の等式を得る.

【注意】 問題文中の二つの定積分は, 積分範囲を $[-\pi, \pi]$ としてもよい. このとき, 二つ目の定積分は, 被積分関数が奇関数であることより 0 であることがわかる.

問題 8.20 $x \in \mathbb{R}$ のとき $\left|\frac{e^{itx}}{(x-i)^2}\right| = \frac{1}{x^2+1}$ より, I は絶対収束していることに注意.

(1) $t \geqq 0$ のとき. 原点を中心とし半径 R の円の上半分を R から $-R$ に至る路を C^+ とする. 右図の閉路に沿って積分して,

$$\int_{-R}^{R} \frac{e^{itx}}{(x-i)^2}\, dx + \int_{C^+} \frac{e^{itz}}{(z-i)^2}\, dz$$
$$= 2\pi i \cdot \left.\frac{d}{dz}e^{itz}\right|_{z=i} = -2\pi t e^{-t}. \quad \cdots\cdots \text{①}$$

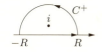

①の左端の第 2 項は, $\left|\int_{C^+} \frac{e^{itz}}{(z-i)^2}\, dz\right| \leqq \int_{C^+} \frac{e^{-t\,\text{Im}\,z}}{(|z|-1)^2}\, |dz| \leqq \frac{\pi R}{(R-1)^2} \to 0\ (R \to +\infty)$.

ゆえに, ①で $R \to +\infty$ とすることで, $I = -2\pi t e^{-t}$ を得る.

(2) $t < 0$ のとき. 原点を中心とし半径 R の円の下半分を $-R$ から R に至る路を C^- とする. Cauchy の積分定理より,

$$\int_{C^-} \frac{e^{itz}}{(z-i)^2}\, dz - \int_{-R}^{R} \frac{e^{itx}}{(x-i)^2}\, dx = 0. \quad \cdots\cdots \text{②}$$

$\text{Im}\, z \leqq 0$ のとき, $|e^{itz}| = e^{-t\,\text{Im}\,z} = e^{-|t|\cdot|\text{Im}\,z|}$ であるから, (1) と同様にして, ②の左辺の第 1 項は, $R \to +\infty$ のとき 0 に収束することがわかる. よって, $I = 0$ を得る.

【コメント】 $f(x) := \frac{1}{(x-i)^2}$ と $g(x) := f(-x)$ はともに $\mathbb{R}$ 上絶対積分可能であって, 本問の結論により, f と g のたたみ込み (Fourier 変換の本を参照) は 0 になる.

問題 8.25 $\mathscr{D}$ の 1 点 c において，無数の n に対して $|f^{(n)}(c)| > n!n^n$ であると仮定する．番号 N をとって，$n \geq N \implies \overline{D}(c, \frac{2}{n}) \subset \mathscr{D}$ とする．このとき，無数の n に対して，
$$n!n^n < |f^{(n)}(c)| \leq \frac{n!}{2\pi}\int_{|z-c|=2/n}\frac{|f(z)|}{|z-c|^{n+1}}|dz| \leq Mn!\left(\frac{n}{2}\right)^n.$$
ただし，$M := \sup_{|z-a|\leq 2/N}|f(z)|$ である．ゆえに，無数の n に対して $2^n < M$ となるが，これは明らかに矛盾である．

【別解】 $a_n := \frac{f^{(n)}(c)}{n!}$ とおくとき，$z=c$ を中心とする $f(z)$ のベキ級数展開 $\sum_{n=0}^{\infty}a_n(z-c)^n$ の収束半径 R は正または $+\infty$ である．もし無数の n に対して $|f^{(n)}(c)| > n!n^n$ がみたされるなら，Cauchy–Hadamard の定理から，
$$\frac{1}{R} = \limsup_{n\to\infty}\sqrt[n]{|a_n|} = \limsup_{n\to\infty}\left(\frac{|f^{(n)}(c)|}{n!}\right)^{1/n} \geq \limsup_{n\to\infty}n = +\infty$$
となって，矛盾である．

問題 8.26 十分大きなすべての自然数 n に対して，$f\left(\frac{1}{n}\right) = \frac{1}{2^n}$ となると仮定する．このとき，$f(z)$ は $f(0)=0$ をみたし，零関数ではないので，自然数 N と $z=0$ の近傍で正則な関数 $g(z)$ で $g(0)\neq 0$ であるものが存在して，$f(z) = z^N g(z)$ と書ける．十分小さい $r > 0$ に対して，$\overline{D}(0,r)$ 上で $g(z) \neq 0$ であるから，そこでの $|g(z)|$ の最小値を $m > 0$ とすると，$|f(z)| \geq m|z|^N$ となる．そうすると，十分大きなすべての自然数 n に対して，$\frac{1}{2^n} = f\left(\frac{1}{n}\right) \geq \frac{m}{n^N}$．これは数列 $\left\{\frac{2^n}{n^N}\right\}$ が有界であることを意味するから，矛盾である．

問題 8.31 級数 $\sum_{n=0}^{\infty}|f^{(n)}(0)|$ は収束するので，その一般項は有界である．すなわち，$\exists M > 0$ s.t. $|f^{(n)}(0)| \leq M\ (\forall n)$．このとき，$\forall z \in \mathbb{C}$ に対して，
$$\sum_{n=0}^{\infty}\frac{|f^{(n)}(0)|}{n!}|z|^n \leq M\sum_{n=0}^{\infty}\frac{|z|^n}{n!} = Me^{|z|} < +\infty$$
であるから，原点を中心とする $f(z)$ のベキ級数展開 $\sum_{n=0}^{\infty}\frac{f^{(n)}(0)}{n!}z^n$ の収束半径は $+\infty$ である．よって，$f(z)$ は $\mathbb{C}$ 全体で正則な関数，すなわち整関数に拡張できる．

【別解】 e^z は整関数であり，その原点を中心とする収束ベキ級数展開の一般項として，$\frac{z^n}{n!} \to 0\ (n \to \infty)$ である．したがって，$z \in \mathbb{C}$ が与えられたとき，$\exists N$ s.t. $n \geq N \implies \frac{|z|^n}{n!} \leq 1$．このとき，$\sum_{n=N}^{\infty}\frac{|f^{(n)}(0)|}{n!}|z|^n \leq \sum_{n=N}^{\infty}|f^{(n)}(0)| < +\infty$．ゆえに，原点を中心とする $f(z)$ のベキ級数展開 $\sum_{n=0}^{\infty}\frac{f^{(n)}(0)}{n!}z^n$ の収束半径は $+\infty$ である．以下解答例に同じ．この別解で，$\exists M > 0$ s.t. $\frac{|z|^n}{n!} \leq M\ (\forall n)$ として評価して証明しても，もちろんよい．

問題 8.36 問題 6.10 より，$F(z) := f(z) - \overline{f(\overline{z})}$ は $D(0,r)$ で正則である．そして，n が十分大きいとき，$F(a_n) = f(a_n) - \overline{f(a_n)} = 0$．ここで $a_n \neq 0$ であり，$a_n \to 0 \in D(0,\delta)$ $(n \to \infty)$ ゆえ，一致の定理により，$F(z)$ は $D(0,r)$ で恒等的に 0 である．よって，$\overline{f(z)} = f(\overline{z})\ (\forall z \in D(0,r))$ となる．

(2) (1) より，$-r < x < r$ のとき，$f(x) \in \mathbb{R}$ であることに注意して，Rolle の定理より，$\exists b_n\ (a_{2n+1} < b_n < a_{2n})$ s.t. $f'(b_n) = 0$．ここで，$f'(z)$ も $D(0,r)$ で正則であり，$b_n \neq 0$

($\forall n$) かつ $b_n \to 0 \in D(0, r)$ ゆえ, 一致の定理から, $f'(z)$ は恒等的に 0 である. ゆえに, $f(z)$ は定数関数である.

問題 8.40 (1) 例 8.37 と同様に, $\left|\text{Arg}\frac{z}{z-1}\right| < \pi \iff z \in \mathbb{C} \setminus [0, 1]$ である. ここで, $\mathscr{D} \subset \mathbb{C} \setminus [0, 1]$ であるから, $\mathscr{D}$ は $\text{Log}\frac{z}{z-1}$ の定義域に含まれている. さらに, $\mathscr{D}$ は $\text{Log}\, z$ の定義域 $\mathbb{C} \setminus (-\infty, 0]$ に含まれ, $\text{Log}(z-1)$ の定義域と一致している. さて, $z \in \mathbb{R}$ かつ $z > 1$ のとき, 問題の等式は確かに成り立っている. ゆえに, 一致の定理から, $z \in \mathscr{D}$ で成り立っている.

(2) $f(z)$ は (1) の $\mathscr{D}$ で定義された正則関数であるが, $\mathscr{D}_0 := \mathbb{C} \setminus [0, 1]$ に解析接続されて, $\mathscr{D}_0$ では $f(z) = \text{Log}\frac{z}{z-1}$ が成り立つ. したがって,

(i) $x > 1$ または $x < 0$ のときは, $\lim_{\varepsilon \to 0} f(x \pm \varepsilon) = f(x)$ であるから, $\boldsymbol{\varphi(x) = 0}$.

(ii) $0 < x < 1$ かつ $\varepsilon > 0$ が十分小さいとき,
$$f(x + i\varepsilon) = \text{Log}\frac{x + i\varepsilon}{(x-1) + i\varepsilon} = \text{Log}\frac{x(x-1) + \varepsilon^2 - i\varepsilon}{(x-1)^2 + \varepsilon^2}$$
$$= \text{Log}\left|\frac{x(x-1) + \varepsilon^2 - i\varepsilon}{(x-1)^2 + \varepsilon^2}\right| + i\,\text{Arg}(x(x-1) + \varepsilon^2 - i\varepsilon).$$

同様に, $f(x - i\varepsilon) = \text{Log}\left|\frac{x(x-1) + \varepsilon^2 + i\varepsilon}{(x-1)^2 + \varepsilon^2}\right| + i\,\text{Arg}(x(x-1) + \varepsilon^2 + i\varepsilon)$. ゆえに,
$\frac{1}{2\pi i}(f(x+i\varepsilon) - f(x-i\varepsilon)) = \frac{1}{2\pi}\{\text{Arg}(x(x-1)+\varepsilon^2 - i\varepsilon) - \text{Arg}(x(x-1)+\varepsilon^2 + i\varepsilon)\}$.
ここで, $\varepsilon \to +0$ のとき $x(x-1) + \varepsilon^2 < 0$ に注意すると, $\varphi(x) = \frac{1}{2\pi}(-\pi - \pi) = \boldsymbol{-1}$.

問題 8.43 $f(z_0) \neq 0$ となる $z_0 \in \mathscr{D}$ があるとする. このとき, $f(z)$ は $z = z_0$ の近傍で 0 にならないので, $g(z)$ はその近傍で恒等的に 0 である. 一致の定理から, $g(z)$ は $\mathscr{D}$ で恒等的に 0 でないといけない.

問題 8.47 $f(z) = \sum_{n=0}^{\infty} a_n z^n$ を原点を中心とする $f(z)$ のベキ級数展開とする. Cauchy の評価式 (命題 8.15) より, 十分大きい $r > 0$ に対して,
$$|a_n| = \frac{1}{n!}|f^{(n)}(0)| \leq \frac{1}{r^n}\sup_{|z|=r}|f(z)| \leq A r^{m-n}.$$
ゆえに, $n \geq m+1$ ならば, $r \to +\infty$ とすることで, $a_n = 0$ を得る. よって, $f(z)$ は高々 m 次の多項式である.

【コメント】 (1) 上記の解で $m = 0$ のときは, Liouville の定理の別証明になっている.
(2) 条件の『$|z|$ が十分大きい $z \in \mathbb{C}$』を『すべての $z \in \mathbb{C}$』に置き換えると, 後述の問題 10.25 より, $f(z) = Bz^m$ ($B \in \mathbb{C}$ は定数) となる.

問題 8.48 関数 $T(w) := e^{-\pi i/4} w$ を考えると, T は領域 S を右半平面 $\mathscr{H}$ に写す. したがって, $(T \circ f)(\mathbb{C}) \subset \mathscr{H}$ である. 関数 $F(z) := e^{-(T \circ f)(z)}$ を考えると, $|F(z)| = e^{-\text{Re}\, T \circ f(z)} < 1$ ($\forall z \in \mathbb{C}$) ゆえ, F は有界な整関数である. Liouville の定理から, $F(z) = e^{-T \circ f(z)}$ は定数関数. 微分をして, $(T \circ f)'$ は零関数であることがわかる. ゆえに, $T \circ f$ は定数関数となり, f も定数関数である.

問題 8.52 (1) 原点の近傍で正則な関数 $g(z) := f(z) - f\left(\frac{z}{z+1}\right)$ を考える. $g\left(\frac{1}{2n}\right) = f\left(\frac{1}{2n}\right) - f\left(\frac{1}{2n+1}\right) = 0$ が無数の n に対して成り立つから, 一致の定理より, $g(z)$ は零関数である. すなわち, $\exists \delta > 0$ s.t. $|z| < \delta \implies f(z) = f\left(\frac{z}{z+1}\right)$.

(2) $h(z) := f\bigl(\frac{1}{z}\bigr)$ は $|z| > \frac{1}{\delta}$ で正則であり，しかも有界である．とくに，$\mathrm{Re}\, z > \frac{1}{\delta}$ で有界正則である．さらに，$h(z) = f\bigl(\frac{1/z}{(1/z)+1}\bigr) = f\bigl(\frac{1}{z+1}\bigr) = h(z+1)$ により，$\mathrm{Re}\, z > \frac{1}{\delta} - 1$，次いで $\mathrm{Re}\, z > \frac{1}{\delta} - 2$，......と $h(z)$ は順に解析接続されていき，結局 $\mathbb{C}$ 全体に $h(z)$ が解析接続される．しかも有界であるから，$h(z)$ は有界な整関数である．Liouville の定理から $h(z)$ は定数となり，したがって，$f(z)$ も定数である．

問題 8.57 (1) $f(a) \neq 0$ とすると，$\exists \delta > 0$ s.t. $D(a, \delta)$ において $f(z) \neq 0$．このとき，$D(a, \delta)$ において $F(z) := \frac{1}{f(z)}$ は正則であって，$|F(a)| \geqq |F(z)|$ $(\forall z \in D(a, \delta))$ が成り立つ．最大絶対値の原理により，$F(z)$ は定数関数．したがって，$f(z)$ は $D(a, \delta)$ で定数関数である．一致の定理から，$f(z)$ は定数関数である．
(2) $P(z)$ を定数でない多項式とする．補題 3.25 より，$|P(z)|$ は $z = a$ で $\mathbb{C}$ での最小値をとる．この a は (1) の条件をみたすことと定数関数でないことから，$P(a) = 0$ である．

問題 8.58 原点は $f(z)$ の 2 位以上の零点であるから，$\mathscr{D}$ で正則な関数 $g(z)$ を用いて，$f(z) = z^2 g(z)$ と表される．最大絶対値の原理から，$|z| \leqq 1$ のとき，
$$|g(z)| \leqq \max_{|\zeta|=1} |g(\zeta)| = \max_{|\zeta|=1} |f(\zeta)| = M.$$
よって，$|f(z)| = |z|^2 |g(z)| \leqq M|z|^2$ $(|z| \leqq 1)$ が成り立つ．

問題 8.59 仮定より，$F(z) := \frac{f(z)}{g(z)}$ は $\mathscr{D}$ で正則で $\mathrm{Cl}(\mathscr{D})$ で連続であるから，系 8.55 より，$\frac{|f(z)|}{|g(z)|} = |F(z)| \leqq 1$ $(\forall z \in \mathrm{Cl}(\mathscr{D}))$ が成り立つ．同様に，$\frac{|g(z)|}{|f(z)|} \leqq 1$ $(\forall z \in \mathrm{Cl}(\mathscr{D}))$ も成り立つから，結局 $\frac{|f(z)|}{|g(z)|} = 1$ $(\forall z \in \mathrm{Cl}(\mathscr{D}))$ である．したがって，系 8.55 より，$F(z)$ は定数 C，すなわち $f = Cg$ となる．条件より，$|C| = 1$ である．

問題 8.62 (1) $a \in \mathscr{D}$ とし，$r > 0$ をとって，$\overline{D}(a, r) \subset \mathscr{D}$ とする．$z \in D(a, r)$ のとき，
$$f_n^{(k)}(z) = \frac{k!}{2\pi i} \int_{|\zeta-a|=r} \frac{f_n(\zeta)}{(\zeta-z)^{k+1}} \, d\zeta, \quad f^{(k)}(z) = \frac{k!}{2\pi i} \int_{|\zeta-a|=r} \frac{f(\zeta)}{(\zeta-z)^{k+1}} \, d\zeta$$
であるから，$\bigl|f_n^{(k)}(z) - f^{(k)}(z)\bigr| \leqq \frac{k!}{2\pi} \int_{|\zeta-a|=r} \frac{|f_n(\zeta) - f(\zeta)|}{|\zeta-z|^{k+1}} \, |d\zeta|$．......①
ここでさらに $|z - a| < \frac{1}{2}r$ とすると，$|\zeta - z| \geqq |\zeta - a| - |a - z| > \frac{1}{2}r$ より，
$$①の右辺 \leqq 2^{k+1} r^{-k} k! \sup_{|\zeta-a|=r} |f_n(\zeta) - f(\zeta)| \to 0 \quad (n \to \infty).$$
ゆえに，$f_n^{(k)}(z)$ は $V_a = D(a, \frac{1}{2}r)$ 上で $f^{(k)}(z)$ に一様収束している．
(2) $\mathscr{D}$ のコンパクト集合 K が与えられたとする．各 $a \in K$ に対して，(1) の解の最終行における V_a をとると，K の開被覆 $K \subset \bigcup_{a \in K} V_a$ を得る．有限被覆 $K \subset V_{a_1} \cup \cdots \cup V_{a_m}$ $(a_1, \ldots, a_m \in K)$ を取り出して，$f_n^{(k)}(z)$ が K 上で $f^{(k)}(z)$ に一様収束することがわかる．

問題 8.65 $I(r, z) := \int_{-\pi}^{\pi} \frac{d\theta}{re^{i\theta} + z}$ とおく．$z = 0$ のときは，$I(r, 0) = \frac{1}{r} \int_{-\pi}^{\pi} e^{-i\theta} \, d\theta = 0$．よって，以下 $z \neq 0$ とする．$\zeta = re^{i\theta}$ とおくと，$d\zeta = ire^{i\theta} d\theta = i\zeta d\theta$ より，
$$I(r, z) = \frac{1}{i} \int_{|\zeta|=r} \frac{d\zeta}{\zeta(\zeta+z)} = \frac{1}{iz} \int_{|\zeta|=r} \Bigl(\frac{1}{\zeta} - \frac{1}{\zeta+z}\Bigr) d\zeta = \frac{2\pi}{z} - \frac{1}{iz} \int_{|\zeta|=r} \frac{d\zeta}{\zeta+z}.$$
この右端の第 2 項について：
(1) $r < |z|$ のとき．$\int_{|\zeta|=r} \frac{d\zeta}{\zeta+z} = 0$ である．

(2) $r > |z|$ のとき. $0 < |z| < 1$ であるから, $\int_{|\zeta|=r} \frac{d\zeta}{\zeta+z} = 2\pi i$.
ゆえに, $I(r,z) = \frac{2\pi}{z}$ $(r < |z|)$, $I(r,z) = 0$ $(r > |z|)$ となるから,
$$f(z) = \frac{1}{\pi}\int_0^1 rI(r,z)\,dr = \frac{2}{z}\int_0^{|z|} r\,dr = \frac{|z|^2}{z} = \overline{z}.$$
以上と $f(0) = 0$ より, $f(z) = \overline{z}$ $(\forall z \in D(0,1))$ を得る.

【コメント】 この例は, Rudin の著書 [23, Capter 10, Exercise 29] から採った.

第 9 章

問題 9.4 $z(t)$ は 0 にならないので, $Z(t) := \frac{z(t)}{|z(t)|}$ を考えることにより, $|z(t)| = 1$ $(\forall t \in [a,b])$ として証明してよい.
(i) まず, C が単位円上の 1 点 α_0 を通らないと仮定する. このときは, θ_0 として α_0 の偏角を一つとり, 式 (5.11) の $\arg_{\theta_0}$ を用いて, $\theta(t) := \arg_{\theta_0}(z(t))$ とするとよい.
(ii) 一般の場合. 閉区間 $[a,b]$ を十分細かく分割して, $a = a_0 < a_1 < \cdots < a_n = b$ とし, 各小区間 $I_j := [a_{j-1}, a_j]$ $(j = 1, \ldots, n)$ に対応する C の部分弧 C_j には, 通過しない単位円上の点 α_j があるとする. このとき, (i) により, $\theta(t)$ $(t \in I_j)$ が定義できる. その際に, まず $\theta(a)$ を一つ与え, $j = 1, \ldots, n-1$ に対して, $\lim_{t \to a_j-0}\theta(t)$ と $\lim_{t \to a_j+0}\theta(t)$ が一致するように, 各 α_j の偏角の取り方に注意して, 関数 $\theta(t)$ を定めていくことにすればよい.
(iii) 条件をみたすもう一つの $\theta_1(t)$ があったとすると, $k \in \mathbb{Z}$ が存在して, $\theta(t) - \theta_1(t) = 2k\pi$ $(\forall t \in [a,b])$ となる. θ と θ_1 はともに連続であるから, k は t に依存しない. とくに, $\theta(a) = \theta_1(a)$ ならば, $\theta = \theta_1$ である.

問題 9.7 いずれも z が閉路上を動くときの点 $z-p$ の偏角の変化を追跡すればよい.
(1) 明らかに, $\boldsymbol{n(C_1, 3) = 0}$, $\boldsymbol{n(C_1, i) = 1}$. 点 -1 に関しては, C_1 は 8 字閉路で負の向きに 1 周しているが, 外周の路で正の向きに 1 周している. よって, $\boldsymbol{n(C_1, -1) = 0}$. 点 1 に関しては, C_1 は 8 字閉路でも外周の路でも正の向きに 1 周しているので, $\boldsymbol{n(C_1, 1) = 2}$.
(2) まず, $\boldsymbol{n(C_2, i) = 1}$ は明らか. 次に, $z+1$ の偏角の変化を追跡する. 出発点 A において, $z+1$ の偏角の主値をとるとすると, それは 0 であり, 最初に点 A に戻る迄に -1 を負の方向に 1 周回っている. それに引き続いて点 A を出発して点 A に戻るときは, -1 を正の方向に 1 周回っているので, $\boldsymbol{n(C_2, -1) = 0}$. 同様に $\boldsymbol{n(C_2, 1) = 0}$.

問題 9.11 $\frac{1}{1+z^2} = \frac{1}{2i}\left(\frac{1}{z-i} - \frac{1}{z+i}\right)$ であるから,
$$\int_C \frac{dz}{1+z^2} = \frac{1}{2i}\int_C \left(\frac{1}{z-i} - \frac{1}{z+i}\right)dz = \pi(n(C,i) - n(C,-i)).$$
ここで $n(C,\pm i)$ は任意の整数をとり得るので, $\int_C \frac{dz}{1+z^2}$ の可能な値の範囲は $\pi\mathbb{Z}$ である.

問題 9.22 $C: z = z(t)$ $(t \in [0,1])$ を $\mathscr{D}$ 内の連続閉曲線とする $(z(0) = z(1))$. $\mathscr{D}$ は点 a に関して星形であるから, 点 a と C の各点 $z(t)$ とを結ぶ線分は $\mathscr{D}$ 内にある.
$$\Phi(s,t) := sa + (1-s)z(t) \qquad ((s,t) \in I := [0,1] \times [0,1])$$
とおくと, 明らかに Φ は I で連続であり, かつ $\Phi(s,t) \in \mathscr{D}$ $(\forall(s,t) \in I)$. しかも各 $t \in [0,1]$ に対して, $\Phi(0,t) = z(t)$, $\Phi(1,t) = a$. よって $C \sim 0$ $(\mathscr{D})$ となるから, $\mathscr{D}$ は単連結.

第 10 章

問題 10.10　$f(z) = \frac{z}{(z-1)(z-3)} = \frac{1}{2}\left(\frac{3}{z-3} - \frac{1}{z-1}\right)$ であることに注意.
$|z| < 3$ のとき, $\frac{1}{z-3} = -\frac{1}{3}\frac{1}{1-\frac{z}{3}} = -\frac{1}{3}\sum_{n=0}^{\infty}\frac{z^n}{3^n}$. ...... ①

$|z| > 3$ のとき, $\frac{1}{z-3} = \frac{1}{z}\frac{1}{1-\frac{3}{z}} = \frac{1}{z}\sum_{n=0}^{\infty}\frac{3^n}{z^n} = \sum_{n=1}^{\infty}\frac{3^{n-1}}{z^n}$. ...... ②

同様に, $|z| < 1$ のとき, $\frac{1}{z-1} = -\sum_{n=0}^{\infty}z^n$. ...... ③

$|z| > 1$ のとき, $\frac{1}{z-1} = \sum_{n=1}^{\infty}\frac{1}{z^n}$. ...... ④

(1) $z \in \mathscr{A}(0; 0, 1)$ のとき, ①と③より, $f(z) = \frac{1}{2}\sum_{n=0}^{\infty}\left(1 - \frac{1}{3^n}\right)z^n$.

(2) $z \in \mathscr{A}(0; 1, 3)$ のとき, ①と④より, $f(z) = -\frac{1}{2}\sum_{n=0}^{\infty}\frac{z^n}{3^n} - \frac{1}{2}\sum_{n=1}^{\infty}\frac{1}{z^n}$.

(3) $z \in \mathscr{A}(0; 3, +\infty)$ のとき, ②と④より, $f(z) = \frac{1}{2}\sum_{n=1}^{\infty}\frac{3^n - 1}{z^n}$.

問題 10.11　級数 $\sum_{n=-\infty}^{\infty}a_n z^n$ ... ① において, ベキ級数 $\sum_{n=0}^{\infty}a_n z^n$ ... ② の収束半径 R は, $R = \left(\limsup_{n\to\infty}\sqrt[n]{|a_n|}\right)^{-1}$ で与えられる. $|z| < R$ で②は収束し, $|z| > R$ で発散する. 次に級数 $\sum_{n=-1}^{-\infty}a_n z^n$ ... ③ において, $w := \frac{1}{z}$ とおくと, $\sum_{n=1}^{\infty}a_{-n}w^n$ ... ④ となる. ベキ級数④の収束半径 r は $r = \left(\limsup_{n\to\infty}\sqrt[n]{|a_{-n}|}\right)^{-1}$. ゆえに, 級数③は $|z| > r^{-1}$ で収束し, $|z| < r^{-1}$ で発散する. 以上から, 級数①が収束 $\iff r^{-1} < R$.

問題 10.12　$z = 0$ における $f(z)$ の Laurent 級数展開を $f(z) = \sum_{n=-\infty}^{\infty}a_n z^n$ とする. $f(z) = zf(\alpha z)$ より, $\sum_{n=-\infty}^{\infty}a_n z^n = \sum_{n=-\infty}^{\infty}a_n \alpha^n z^{n+1} = \sum_{n=-\infty}^{\infty}a_{n-1}\alpha^{n-1}z^n$.
z^n の係数を比較して, $a_n = \alpha^{n-1}a_{n-1}$ ($\forall n \in \mathbb{Z}$) を得る. $a_0 = 1$ より, $n \geq 1$ のとき,
$$a_n = \alpha^{n-1}a_{n-1} = \alpha^{(n-1)+(n-2)}a_{n-2} = \cdots = \alpha^{(n-1)+\cdots+1+0}a_0 = \alpha^{n(n-1)/2}.$$
同様に, $n \geq 1$ のとき $a_{-n+1} = \alpha^{-n}a_{-n}$ より,
$$a_{-n} = \alpha^n a_{-n+1} = \alpha^{n+(n-1)}a_{-n+2} = \cdots = \alpha^{n+(n-1)+\cdots+1}a_0 = \alpha^{n(n+1)/2}.$$
したがって, $m \leq -1$ のとき, $a_m = \alpha^{-m(-m+1)/2} = \alpha^{m(m-1)/2}$ である. よって,
$$f(z) = \sum_{n=-\infty}^{\infty}\alpha^{n(n-1)/2}z^n. \quad \cdots\cdots\ ①$$
$\lim_{n\to\infty}|a_n|^{1/n} = \lim_{n\to\infty}|a_{-n}|^{1/n} = 0$ ゆえ, ①は $0 < |z| < +\infty$ で収束する. さらに,
$f(-\alpha) = \sum_{n=-\infty}^{\infty}(-1)^n\alpha^{n(n+1)/2}$ であり,
$$\sum_{n=-\infty}^{-1}(-1)^n\alpha^{n(n+1)/2} = \sum_{n=1}^{\infty}(-1)^n\alpha^{n(n-1)/2} = -\sum_{n=0}^{\infty}(-1)^n\alpha^{n(n+1)/2}$$
となるから, $f(-\alpha) = 0$ である.

問題 10.13 孤立特異点は $z=1,2$ である.

(1) $\boldsymbol{z=1}$: まず $\frac{1}{(z-2)^2} = \frac{d}{dz}\left(\frac{1}{2-z}\right)$ に注意. ここで $|z-1|<1$ のとき,
$$\frac{1}{2-z} = \frac{1}{1-(z-1)} = \sum_{n=0}^{\infty}(z-1)^n$$
であるから, 項別微分をして, $\frac{1}{(z-2)^2} = \sum_{n=1}^{\infty} n(z-1)^{n-1} = \sum_{n=0}^{\infty}(n+1)(z-1)^n$ を得る.
ゆえに, $0<|z-1|<1$ において,
$$f(z) = \sum_{n=0}^{\infty}(n+1)(z-1)^{n-3} = \frac{1}{(z-1)^3} + \frac{2}{(z-1)^2} + \frac{3}{z-1} + \sum_{n=0}^{\infty}(n+4)(z-1)^n$$
となるから, 求める特異部は $\frac{1}{(z-1)^3} + \frac{2}{(z-1)^2} + \frac{3}{z-1}$ である.

【別解】 特異部を求めるだけであるから, 次のような解答も可能である.
$\frac{1}{(z-2)^2}$ は $z=1$ の近傍で正則であるから, $g(z) := A+B(z-1)+C(z-1)^2+(z-1)^3 h(z)$ とおいて, $1=(z-2)^2 g(z)$ … ① と表せる. ただし, A,B,C は複素数, $h(z)$ は $z=1$ の近傍で正則である. ①の両辺で $z=1$ とおくことで, $\boldsymbol{1=A}$ を得る. さらに, ①の両辺を 1 回, 2 回微分することで,
$$0 = 2(z-2)g(z) + (z-2)^2 g'(z), \quad 0 = 2g(z) + 4(z-2)g'(z) + (z-2)^2 g''(z). \cdots ②$$
②で $z=1$ とおくことで, $0 = -2g(1) + g'(1)$, $0 = 2g(1) - 4g'(1) + g''(1)$ を得る.
$g(1)=A=1, g'(1)=B, g''(1)=2C$ を代入することで, $\boldsymbol{B=2, C=3}$ を得る. よって,
$$\frac{1}{(z-1)^3(z-2)^2} = \frac{g(z)}{(z-1)^3} = \frac{1}{(z-1)^3} + \frac{2}{(z-1)^2} + \frac{3}{z-1} + h(z).$$
これより, 上記の特異部を得る.

(2) $\boldsymbol{z=2}$: まず $\frac{1}{(z-1)^3} = \frac{1}{2}\frac{d^2}{dz^2}\left(\frac{1}{z-1}\right)$ に注意. ここで $|z-2|<1$ のとき,
$$\frac{1}{z-1} = \frac{1}{1+(z-2)} = \sum_{n=0}^{\infty}(-1)^n(z-2)^n$$
であるから, $\frac{d}{dz}\left(\frac{1}{z-1}\right) = \sum_{n=1}^{\infty}(-1)^n n(z-2)^{n-1} = \sum_{n=0}^{\infty}(-1)^{n+1}(n+1)(z-2)^n$.
もう一度微分して,
$$\frac{d^2}{dz^2}\left(\frac{1}{z-1}\right) = \sum_{n=1}^{\infty}(-1)^{n+1}n(n+1)(z-2)^{n-1} = \sum_{n=0}^{\infty}(-1)^n(n+1)(n+2)(z-2)^n.$$
ゆえに, $f(z) = \frac{1}{2}\sum_{n=0}^{\infty}(-1)^n(n+1)(n+2)(z-2)^{n-2}$
$$= \frac{1}{(z-2)^2} - \frac{3}{z-2} + \frac{1}{2}\sum_{n=0}^{\infty}(-1)^n(n+3)(n+4)(z-2)^n$$
となるから, 求める特異部は $\frac{1}{(z-2)^2} - \frac{3}{z-2}$ である.

【別解】 (1) と同様に, $k(z) := D+E(z-2)+(z-2)^2 l(z)$ とおいて得られる $1=(z-1)^3 k(z)$ において $z=2$ とおくことで, $\boldsymbol{1=D}$. さらに, 微分することで得る $0 = 3(z-1)^2 k(z) + (z-1)^3 k'(z)$ において $z=2$ とおくことで, $\boldsymbol{E=-3}$ を得る. ゆえに,
$$\frac{1}{(z-1)^3(z-2)^2} = \frac{k(z)}{(z-2)^2} = \frac{1}{(z-2)^2} - \frac{3}{z-2} + l(z).$$
これより, 上記の特異部を得る.

問題 10.16　$z=0$ における $f(z)$ の Laurent 級数展開を $f(z) = \sum_{n=-\infty}^{\infty} a_n z^n$ とする. この級数は $\varepsilon \leqq |z| \leqq r$ $(0 < \varepsilon < r < 1)$ で一様収束している. そして $f'(z) = \sum_{n=-\infty}^{\infty} n a_n z^{n-1}$ も $\varepsilon \leqq |z| \leqq r$ で一様収束しているから,

$$+\infty > \iint_{\mathscr{D}} |f'(x+iy)|^2 \, dxdy \geqq \iint_{\varepsilon \leqq |z| \leqq r} |f'(x+iy)|^2 \, dxdy$$
$$= \sum_{n,m} nm a_n \bar{a}_m \int_\varepsilon^r \rho^{n+m-1} \, d\rho \int_0^{2\pi} e^{i(n-m)\theta} \, d\theta$$
$$= 2\pi \sum_{n=-\infty}^{\infty} n^2 |a_n|^2 \int_\varepsilon^r \rho^{2n-1} \, d\rho = \pi \sum_{n=-\infty}^{\infty} n |a_n|^2 (r^{2n} - \varepsilon^{2n}).$$

ここで $m \leqq -1$ に対して, 最後の項 $\geqq \pi |m| |a_m|^2 (\varepsilon^{-2|m|} - r^{-2|m|})$. よって, 任意の $m \leqq -1$ に対して, $|a_m|^2 \varepsilon^{-2|m|}$ は $\varepsilon \to +0$ のとき有界にとどまらなければならない. ゆえに $a_m = 0$ $(\forall m \leqq -1)$ となるから, $z=0$ は $f(z)$ の除去可能特異点である.

問題 10.24　$g(z) := f(z+1)$ とおいて, $g(z)$ の $z=0$ の近傍における挙動を調べる. $g(z) = -\frac{\sin \pi z}{2e^z - z^2 - 2z - 2}$ であり, $z=0$ の近傍で正則で $h(0) = 1$ である関数 $h(z)$ を用いて, $e^z = 1 + z + \frac{1}{2}z^2 + \frac{1}{6}z^3 h(z)$ と書けるから, $g(z) = -\frac{\sin \pi z}{z} \cdot \frac{3}{z^2} \cdot \frac{1}{h(z)}$ である. ゆえに $z=0$ は $g(z)$ の 2 位の極ゆえ, $z=1$ は $f(z)$ の **2 位の極**である.

問題 10.25　$g(z)$ が零関数のときは $f(z)$ も零関数となって結論が成立するので, 以下では $g(z)$ は零関数ではないとする. このとき, $g(z)$ の零点は孤立していることに注意する (命題 8.42). まず, 次の命題を証明する.

命題：$|f(z)| \leqq |g(z)|$ $(\forall z \in \mathbb{C})$ をみたす整関数 $f(z), g(z)$ に対して, $h(z) := \frac{f(z)}{g(z)}$ は整関数である.

証明：$g(z)$ が零点を持たないときは明らかであるから, $z=c$ が $g(z)$ の k 位の零点であるとする. このとき, 条件の不等式より, $f(c) = 0$ である. $z=c$ が $h(z)$ の除去可能特異点である $\cdots$ ① ことを, k に関する帰納法で示そう.

(1) $k=1$ のとき, 明らかに①が成り立つ.
(2) $k \geqq 2$ とし, $k-1$ のときに①が成り立つとする. このとき, $z=c$ は $\frac{g(z)}{z-c}$ の $(k-1)$ 位の零点であり, 二つの整関数 $\frac{f(z)}{z-c}$ と $\frac{g(z)}{z-c}$ について, 不等式 $\left|\frac{f(z)}{z-c}\right| \leqq \left|\frac{g(z)}{z-c}\right|$ が成り立つ. 帰納法の仮定から, $z=c$ は $h(z) = \left(\frac{f(z)}{z-c}\right) \big/ \left(\frac{g(z)}{z-c}\right)$ の除去可能特異点である.

以上より, $g(z)$ の任意の零点は $h(z)$ の除去可能特異点ゆえ, $h(z)$ は整関数である. □

さらに, 条件の不等式から, $h(z)$ は有界になるので, Liouville の定理より, $h(z)$ は定数 C に等しい. すなわち, $f = Cg$ である. 与えられた不等式から, $|C| \leqq 1$ である.

問題 10.27　ある $r > 0$ に対して, $\mathrm{Cl}(f(D(c,r) \setminus \{c\})) \neq \mathbb{C}$ とすると,
$$\exists \alpha \in \mathbb{C}, \exists \varepsilon > 0 \text{ s.t. } D(\alpha, \varepsilon) \cap f(D(c,r) \setminus \{c\}) = \varnothing.$$

すなわち, $0 < |z - c| < r$ ならば, $|f(z) - \alpha| \geqq \varepsilon$ となる. 関数 $g(z) := \frac{1}{f(z) - \alpha}$ を考えると, $0 < |z-c| < r$ において有界になるから, 例題 10.15 より $z=c$ は $g(z)$ の除去可能特異点である.

(1) $g(c) \neq 0$ のとき. $z=c$ は $f(z) = \alpha + \frac{1}{g(z)}$ の除去可能特異点になって矛盾.
(2) $g(c) = 0$ のとき. 自然数 k をとって $g(z) = (z-c)^k G(z)$ $(G(c) \neq 0)$ とおくと, $z=c$ は $f(z) = \alpha + \frac{1}{(z-c)^k} \frac{1}{G(z)}$ の k 位の極になって, 仮定に反する.

問題 10.36 (1) $\sin z = z - \frac{z^3}{6} + z^5 g_1(z)$ とおくと, $g_1(z)$ は整関数で, $g_1(0) = \frac{1}{120} \neq 0$. このとき, $\sin 3z - 3\sin z = -4z^3 + 3z^5 g_2(z)$ $(g_2(z) := 81 g_1(3z) - g_1(z))$ であるから,

$$\frac{\sin 3z - 3\sin z}{(\sin z - z)\sin z} = \frac{z^3}{\sin z - z} \cdot \frac{z}{\sin z} \cdot \frac{\sin 3z - 3\sin z}{z^4} = \frac{z^3}{-\frac{1}{6}z^3 + z^5 g_1(z)} \cdot \frac{z}{\sin z} \cdot \frac{-4z^3 + 3z^5 g_2(z)}{z^4}$$
$$= \frac{1}{-\frac{1}{6} + z^2 g_1(z)} \cdot \frac{z}{\sin z} \left(-\frac{4}{z} + 3z g_2(z) \right).$$

ゆえに, $z = 0$ は単純極であって, 留数は,

$$\lim_{z \to 0} z \cdot \frac{\sin 3z - 3\sin z}{(\sin z - z)\sin z} = \lim_{z \to 0} \frac{1}{-\frac{1}{6} + z^2 g_1(z)} \cdot \frac{z}{\sin z}(-4 + 3z^2 g_2(z)) = \mathbf{24}.$$

(2) $f(z) := \frac{e^z - 1 - z}{(1 - \cos z)\sin^2 z} = \frac{z^2}{1 - \cos z} \cdot \left(\frac{z}{\sin z} \right)^2 \cdot \frac{e^z - 1 - z}{z^4}$. と式変形する. それぞれ原点を中心とするベキ級数展開をすることにより, $g_j(0) = 1$ である整関数 $g_j(z)$ $(j = 1, 2, 3)$ を用いて, $e^z - 1 - z = \frac{1}{2}z^2 g_1(z)$, $1 - \cos z = \frac{1}{2}z^2 g_2(z)$, $\sin z = z g_3(z)$ と表される. このとき, $f(z) = \frac{g_1(z)}{g_2(z) g_3(z)^2} \cdot \frac{1}{z^2}$ であるから, $z = 0$ は $f(z)$ の **2位の極**である. そして, $g_1(z) = 1 + \frac{1}{3}z g_4(z)$ $(g_4(0) = 1)$, かつ $\frac{1}{g_2(z) g_3(z)^2}$ は偶関数であるから, $\frac{1}{g_2(z) g_3(z)^2} = 1 + z^2 g_5(z)$ の形である (ただし, $g_5(z)$ は $z = 0$ の近傍で正則). よって,

$$f(z) = \frac{1}{z^2}\left(1 + \frac{1}{3}z g_4(z) \right)\left(1 + z^2 g_5(z) \right) = \frac{1}{z^2} + \frac{1}{3}\frac{g_4(z)}{z} + g_5(z) + \frac{1}{3}z g_4(z) g_5(x).$$

ゆえに, $\operatorname*{Res}_{z=0} f(z) = \frac{1}{3} g_4(0) = \frac{1}{3}$.

問題 10.37 仮定より, $g(z) = (z - \alpha)^2 h(z)$ とおける. ただし, $h(z)$ は $z = \alpha$ の近傍で正則で $h(\alpha) \neq 0$ である. $f(\alpha) \neq 0$ ゆえ, $z = \alpha$ は $\frac{f(z)}{g(z)}$ の 2位の極である. よって, 命題 10.30 より,

$$\operatorname*{Res}_{z=\alpha} \frac{f(z)}{g(z)} = \frac{d}{dz}\left((z - \alpha)^2 \frac{f(z)}{g(z)} \right)\bigg|_{z=\alpha} = \frac{d}{dz} \frac{f(z)}{h(z)} \bigg|_{z=\alpha} = \frac{f'(\alpha) h(\alpha) - f(\alpha) h'(\alpha)}{h(\alpha)^2}. \quad \cdots\cdots \text{①}$$

ここで, $h(z) = \frac{g(z)}{(z-\alpha)^2} = \sum_{n=2}^{\infty} \frac{g^{(n)}(\alpha)}{n!}(z - \alpha)^{n-2} = \sum_{n=0}^{\infty} \frac{g^{(n+2)}(\alpha)}{(n+2)!}(z - \alpha)^n$ であるから, $h(\alpha) = \frac{1}{2}g''(\alpha)$, $h'(\alpha) = \frac{1}{6}g'''(\alpha)$ である. ゆえに, ①より,

$$\operatorname*{Res}_{z=\alpha} \frac{f(z)}{g(z)} = \frac{\frac{1}{2}f'(\alpha) g''(\alpha) - \frac{1}{6} f(\alpha) g'''(\alpha)}{\frac{1}{4} g''(\alpha)^2} = \frac{6 f'(\alpha) g''(\alpha) - 2 f(\alpha) g'''(\alpha)}{3 g''(\alpha)^2}.$$

【別解】 $z = \alpha$ を中心とするベキ級数展開より, $z = \alpha$ の近傍で正則な関数 $h_1(z)$, $h_2(z)$ を用いて ($g''(\alpha) \neq 0$ に注意して),

$$g(z) = \frac{1}{2}g''(\alpha)(z - \alpha)^2 + \frac{1}{6}g'''(\alpha)(z - \alpha)^3 + (z - \alpha)^4 h_1(z)$$
$$= \frac{1}{2}g''(\alpha)(z - \alpha)^2 \left\{ 1 + \frac{1}{3}\frac{g'''(\alpha)}{g''(\alpha)}(z - \alpha)\bigl(1 + (z - \alpha)h_2(z)\bigr) \right\}$$

と表される. ゆえに, $z = \alpha$ の近傍で正則な関数 $h_3(z)$, $h_4(z)$, $h_5(z)$ を用いて,

$$\frac{f(z)}{g(z)} = \frac{2}{g''(\alpha)(z - \alpha)^2}\bigl(f(\alpha) + (z - \alpha)f'(z) + (z - \alpha)^2 h_3(z) \bigr)$$
$$\qquad \times \left\{ 1 + \frac{g'''(\alpha)}{3g''(\alpha)}(z - \alpha)\bigl(1 + (z - \alpha)h_2(z)\bigr) \right\}^{-1}$$
$$= \frac{2}{g''(\alpha)(z - \alpha)^2}\bigl(f(\alpha) + (z - \alpha)f'(\alpha) + (z - \alpha)^2 h_3(z) \bigr)$$
$$\qquad \times \left\{ 1 - \frac{g'''(\alpha)}{3g''(\alpha)}(z - \alpha)\bigl(1 + (z - \alpha)h_2(z)\bigr) + (z - \alpha)^2 h_4(z) \right\}$$
$$= \frac{2f(\alpha)}{g''(\alpha)} \cdot \frac{1}{(z - \alpha)^2} + \frac{2}{g''(\alpha)}\left\{ f'(\alpha) - \frac{f(\alpha) g'''(\alpha)}{3 g''(\alpha)} \right\} \frac{1}{z - \alpha} + h_5(z).$$

これより, 所要の等式を得る.

問題 10.39　まず，$z^2 = (z+1)^2 - 2(z+1) + 1$. よって，
$$z^2 \sin \tfrac{1}{z+1} = ((z+1)^2 - 2(z+1) + 1) \sum_{m=0}^{\infty} \frac{(-1)^m}{(2m+1)!} \frac{1}{(z+1)^{2m+1}}.$$
したがって，$(z+1)^{-1}$ が現れるところを拾い上げていって，求める留数 $= -\tfrac{1}{6} + 1 = \tfrac{5}{6}$.

問題 10.41　被積分関数の $f(z) := \frac{4z-3}{2z^2-3z-2} = \frac{4z-3}{(z-2)(2z+1)}$ は，$z=2$ と $z=-\tfrac{1}{2}$ が極であり，どちらも単純極である．

(1) $0 < r < \tfrac{1}{2}$ のとき，$I = \mathbf{0}$.
(2) $\tfrac{1}{2} < r < 2$ のとき，$I = \operatorname*{Res}_{z=-1/2} f(z) = \frac{4z-3}{(2z^2-3z-2)'}\Big|_{z=-1/2} = \frac{4z-3}{4z-3}\Big|_{z=-1/2} = \mathbf{1}$.
(3) $r > 2$ のとき，$I = \operatorname*{Res}_{z=-1/2} f(z) + \operatorname*{Res}_{z=2} f(z) = 1 + 1 = \mathbf{2}$.

問題 10.42　いずれも，求める積分を I とする．
(1) $\frac{e^z - 1}{z^2 + z}$ の孤立特異点は $z=0$ と $z=-1$ であり，ともに $|z| < 2$ をみたす．そして $z=0$ は除去可能特異点であり，$z=-1$ は単純極である．留数定理より，
$$I = \operatorname*{Res}_{z=-1} \frac{e^z - 1}{z^2 + z} = \frac{e^z - 1}{2z+1}\Big|_{z=-1} = -(e^{-1} - 1) = \mathbf{1 - \tfrac{1}{e}}.$$
(2) $\frac{1}{z-1} \sin \tfrac{1}{z}$ の孤立特異点は $z=0$ と $z=1$ で，ともに $|z| < 2$ をみたす．$z=1$ は明らかに単純極で，$\operatorname*{Res}_{z=1} \frac{1}{z-1} \sin \tfrac{1}{z} = \sin 1$ である．また，
$$\frac{1}{z-1} = -\sum_{m=0}^{\infty} z^m \quad (|z| < 1), \qquad \sin \tfrac{1}{z} = \sum_{n=0}^{\infty} \frac{(-1)^n}{(2n+1)!} \frac{1}{z^{2n+1}} \quad (z \neq 0)$$
であるから，$0 < |z| < 1$ のとき，$\frac{1}{z-1} \sin \tfrac{1}{z} = -\Big(\sum_{m=0}^{\infty} z^m\Big)\Big(\sum_{n=0}^{\infty} \frac{(-1)^n}{(2n+1)!} \frac{1}{z^{2n+1}}\Big)$ となる．
ゆえに，z^{-1} の係数を見て，$\operatorname*{Res}_{z=0} \frac{1}{z-1} \sin \tfrac{1}{z} = \sum_{n=0}^{\infty} \frac{(-1)^{n-1}}{(2n+1)!} = -\sin 1$. 留数定理より，
$$I = \operatorname*{Res}_{z=1} \frac{1}{z-1} \sin \tfrac{1}{z} + \operatorname*{Res}_{z=0} \frac{1}{z-1} \sin \tfrac{1}{z} = \sin 1 - \sin 1 = \mathbf{0}.$$

【コメント】　問題 10.42 (2) と例題 10.40 (2) については，後述の問題 11.19 も参照．

問題 10.44　$I = \operatorname{Im} \int_0^{2\pi} \frac{e^{2i\theta}}{(a+\cos\theta)(a-\sin\theta)} d\theta$ であるから，$z = e^{i\theta}$ とおいて整理すると，
$$I = -4 \operatorname{Im} \int_{|z|=1} \frac{z^3}{(z^2+2az+1)(z^2-2iaz-1)} dz.$$
以下，$f(z) := z^2 + 2az + 1$, $g(z) := z^2 - 2iaz - 1$ とおいて，積分 $J := \frac{1}{2\pi i} \int_{|z|=1} \frac{z^3}{f(z)g(z)} dz$ を考察する．$\omega := \sqrt{a^2 - 1}$ とおくと，$f(z)$ の根は $\alpha := -a + \omega$, $\alpha' := -a - \omega$ であり，$g(-iz) = -f(z)$ より，$g(z)$ の根は $-i\alpha$, $-i\alpha'$ である．これらのうち，$|z| < 1$ をみたすのは，α, $-i\alpha$ の 2 個である．留数定理を適用する際に，$z=\alpha$, $-i\alpha$ が関数 $\frac{z^3}{f(z)g(z)}$ の単純極であることより式 (10.4) を使い，さらに $f(\alpha) = g(-i\alpha) = 0$ より，
$$J = \operatorname*{Res}_{z=\alpha} \frac{z^3}{f(z)g(z)} + \operatorname*{Res}_{z=-i\alpha} \frac{z^3}{f(z)g(z)} = \frac{\alpha^3}{f'(\alpha)g(\alpha)} + \frac{i\alpha^3}{f(-i\alpha)g'(-i\alpha)}. \quad \cdots\cdots \text{①}$$
ここで，$f(z) + g(z) = 2z(z + (1-i)a)$ より，
$$f(-i\alpha) = f(-i\alpha) + g(-i\alpha) = -2\alpha(\omega + ia), \quad g(\alpha) = g(\alpha) + f(\alpha) = 2\alpha(\omega - ia).$$
これと $f'(\alpha) = 2\omega$, $g'(-i\alpha) = -2i\omega$ を①に代入して整理すると，
$$J = \tfrac{1}{4} \frac{\alpha^2}{\omega} \Big(\frac{1}{\omega - ia} + \frac{1}{\omega + ia}\Big) = \tfrac{1}{2} \frac{a^2 + \omega^2 - 2a\omega}{\omega^2 + a^2} = \tfrac{1}{2}\Big(1 - \frac{2a\sqrt{a^2-1}}{2a^2 - 1}\Big) \in \mathbb{R}.$$
$I = -4 \operatorname{Im}(2\pi i J) = -8\pi J$ より，所要の等式を得る．

問題 10.46　まず, $n \geqq 0$ より広義積分 I は収束することに注意. 以下, $f(z) = \frac{1}{(1+z^2)^{n+1}}$ とおく. $R > 1$ とし, 右図のように, R から $-R$ まで上半円 C^+ に沿って行き, 次いで実軸上を, 閉区間 $[-R, R]$ に沿って R に戻る閉路で $f(z)$ を積分する. 留数定理より,

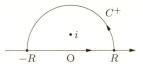

$$\int_{C^+} \frac{dz}{(1+z^2)^{n+1}} + \int_{-R}^{R} \frac{dx}{(1+x^2)^{n+1}} = 2\pi i \cdot \operatorname*{Res}_{z=i} f(z). \quad \cdots\cdots \text{①}$$

まず, 右辺の留数を求めよう. $f(z) = \frac{1}{(z+i)^{n+1}(z-i)^{n+1}}$ であり, $z+i = 2i(1 + \frac{z-i}{2i})$ と書き換えると, 例題 5.22 より, $|z-i| < 2$ のとき,

$$(z+i)^{-n-1} = (2i)^{-n-1} \sum_{k=0}^{\infty} \binom{-n-1}{k} \frac{(z-i)^k}{(2i)^k}.$$

ゆえに, $f(z) = \sum_{k=0}^{\infty} \binom{-n-1}{k} \frac{(z-i)^{k-n-1}}{(2i)^{k+n+1}}$. したがって, $k = n$ のときの係数を見て,

$$\operatorname*{Res}_{z=i} f(z) = \binom{-n-1}{n} \frac{1}{(2i)^{2n+1}} = \frac{(-1)^n}{2^{2n+1}i} \frac{(-n-1)(-n-2)\cdots(-n-n)}{n!}$$
$$= \frac{1}{2i} \frac{(2n)!}{\{(2n)!!\}^2} = \frac{1}{2i} \frac{(2n-1)!!}{(2n)!!}.$$

一方, ①の左辺の第 1 項においては, $|1+z^2| \geqq |z|^2 - 1 = R^2 - 1$ より,

$$\left| \int_{C^+} \frac{dz}{(1+z^2)^{n+1}} \right| \leqq \int_{C^+} \frac{|dz|}{|1+z^2|^{n+1}} \leqq \frac{\pi R}{(R^2-1)^{n+1}} \to 0 \quad (R \to +\infty).$$

以上から, ①で $R \to +\infty$ とすることで, $I = \frac{1}{2} \int_{-\infty}^{+\infty} \frac{dx}{(1+x^2)^{n+1}} = \frac{\pi}{2} \frac{(2n-1)!!}{(2n)!!}$ を得る.

【コメント】 命題 10.30 を用いて, 次のように留数を求めてもよい（同じ計算になる）.

$$\operatorname*{Res}_{z=i} f(z) = \frac{1}{n!} \frac{d^n}{dz^n} \frac{1}{(z+i)^{n+1}} \Big|_{z=i} = \frac{(-n-1)(-n-2)\cdots(-n-n)}{n!} \frac{1}{(2i)^{2n+1}}.$$

問題 10.50　$x \in \mathbb{R}$ のとき, $\left| \frac{e^{itx}}{x^2+a^2} \right| = \frac{1}{x^2+a^2}$ であるから, 問題の広義積分は絶対収束する. さらに, ヒントにあるように $I(-t) = I(t)$ ゆえ, 以下の計算では $t \geqq 0$ とする. $f(z) := \frac{e^{itz}}{z^2+a^2}$ とおき, $R > a$ として, R から $-R$ まで, 原点を中心とする半径 R の上半円 C^+ に沿って行き, 次いで実軸上を, 閉区間 $[-R, R]$ に沿って R に戻る閉路で $f(z)$ を積分する. 留数定理より, $\int_{C^+} \frac{e^{itz}}{z^2+a^2} dz + \int_{-R}^{R} \frac{e^{itx}}{x^2+a^2} dx = 2\pi i \operatorname*{Res}_{z=ia} f(z). \quad \cdots\cdots \text{①}$

①の左辺第 1 項では, $\left| \int_{C^+} \frac{e^{itz}}{z^2+a^2} dz \right| \leqq \int_{C^+} \frac{e^{-t \cdot \operatorname{Im} z}}{|z^2+a^2|} |dz| \leqq \frac{\pi R}{R^2-a^2} \to 0 \quad (R \to +\infty).$

①の右辺は $2\pi i \cdot \frac{e^{-at}}{2ia} = \frac{\pi}{a} e^{-at}$ に等しいので, ①で $R \to +\infty$ とすることで, $I(t) = \frac{\pi}{a} e^{-at}$ を得る. $I(t)$ が偶関数であることより, $I(t) = \frac{\pi}{a} e^{-a|t|} \; (\forall t \in \mathbb{R})$ である.

問題 10.53　まず, 与えられた広義積分は絶対収束することに注意する. そして, $I(-t) = I(t)$ ゆえ, 以下の計算では $t \geqq 0$ とし, $f(z) := \frac{e^{itz}}{\cosh z}$ とおく. この $f(z)$ を右図の長方形に沿って積分すると, 留数定理から,

$$\left(\int_{-R}^{R} + \int_{[R, R+\pi i]} + \int_{[R+\pi i, -R+\pi i]} + \int_{[-R+\pi i, -R]} \right) f(z) \, dz = 2\pi i \operatorname*{Res}_{z=\pi i/2} f(z). \cdots \text{①}$$

まず，$\cosh(z+\pi i) = -\cosh z$ と，$\cosh$ が偶関数であることより，
$$\int_{[R+\pi i,\,-R+\pi i]} \frac{e^{itz}}{\cosh z}\,dz = e^{-\pi t}\int_{-R}^{R} \frac{e^{itx}}{\cosh x}\,dx = 2e^{-\pi t}\int_0^R \frac{\cos tx}{\cosh x}\,dx.$$
次に，$|\cosh(R+iy)| = \frac{1}{2}|e^{R+iy} + e^{-R-iy}| \geqq \frac{1}{2}(e^R - e^{-R}) = \sinh R$ より，
$$\left|\int_{[R,\,R+\pi i]} \frac{e^{itz}}{\cosh z}\,dz\right| \leqq \frac{1}{\sinh R}\int_{[R,\,R+\pi i]} e^{-t\cdot\text{Im}\,z}|dz| \leqq \frac{\pi}{\sinh R}.$$
同様に，$\left|\int_{[-R+\pi i,\,-R]} f(z)\,dz\right| \leqq \frac{\pi}{\sinh R}$．そして，$z = \frac{\pi}{2}i$ は $f(z)$ の単純極であるから，
$$\operatorname*{Res}_{z=\pi i/2} f(z) = \frac{e^{itz}}{\sinh z}\Big|_{z=\pi i/2} = \frac{1}{i}e^{-\pi t/2}.$$
以上より，①で $R \to +\infty$ とすることで，$2(1+e^{-\pi t})I(t) = 2\pi e^{-\pi t/2}$ を得る．よって，$I(t) = \pi \frac{e^{-\pi t/2}}{1+e^{-\pi t}} = \frac{\pi}{2}\left(\cosh\frac{\pi t}{2}\right)^{-1}$．両辺とも偶関数であるから，得られた等式は $t < 0$ でも成立する．

問題 10.57 例題 10.54 で $F(z) := \frac{1}{1+x^n}$ とおくと，
$$\frac{e^{\pi i\alpha}}{\pi}(\sin\pi\alpha)\int_0^{+\infty} \frac{x^{\alpha-1}}{1+x^n}\,dx = -\sum_{\beta^n=-1}\operatorname*{Res}_{z=\beta}\frac{z^{\alpha-1}}{1+z^n} = -\sum_{\beta^n=-1}\frac{\beta^{\alpha-1}}{n\beta^{n-1}} = \frac{1}{n}\sum_{\beta^n=-1}\beta^\alpha.$$
ところで，$z^n = -1 \iff z = \beta_k := e^{(1+2k)\pi i/n}$ $(k = 0, 1, \ldots, n-1)$ であるから，$\beta_k^\alpha = e^{(1+2k)\pi i\alpha/n}$．よって，
$$\sum_{\beta^n=-1}\beta^\alpha = e^{\pi i\alpha/n}\sum_{k=0}^{n-1}e^{2k\pi i\alpha/n} = e^{\pi i\alpha/n}\cdot\frac{e^{2\pi i\alpha}-1}{e^{2\pi i\alpha/n}-1} = \frac{e^{\pi i\alpha}\sin\pi\alpha}{\sin(\pi\alpha/n)}.$$
ゆえに，$\int_0^{+\infty}\frac{x^{\alpha-1}}{1+x^n}\,dx = \frac{\pi}{n}\left(\sin\frac{\alpha}{n}\pi\right)^{-1}$．

問題 10.58 問題 10.53 とほぼ同様に計算できるので，略解答にしておこう．読者は容易に詳細を補えるであろう．$z = (2k+1)\pi i$ $(k \in \mathbb{Z})$ は $f(z) := \frac{e^{\alpha z}}{1+e^z}$ の単純極である．この $f(z)$ を右図の長方形に沿って積分するとよい．

$R \to +\infty$ のとき，右側の縦の辺 $(\text{Re}\,z = R)$ での積分が 0 に収束することは，$\left|\frac{e^{\alpha z}}{e^z-1}\right| \leqq \frac{e^{\alpha R}}{e^R-1}$ より，左側の縦の辺 $(\text{Re}\,z = -R)$ では，$\left|\frac{e^{\alpha z}}{e^z-1}\right| \leqq \frac{e^{-\alpha R}}{1-e^{-R}} = \frac{e^{(1-\alpha)R}}{e^R-1}$ よりわかる．

問題 10.60 まず，(1), (2) とも積分は絶対収束していることに注意しておく．とくに (2) では，$x = 1$ でも積分の収束の問題は生じていないことに注意する．
(1) Cauchy の積分定理より，$\int_{\Gamma_{\varepsilon,R}} f(z)\,dz = 0$ $\cdots$ ① である．閉路 $\Gamma_{\varepsilon,R}$ における外側の円弧上を反時計回りに移動する路を C_R，内側の円弧上を時計回りに移動する路を C_ε とする．C_R 上では，$\left|\int_{C_R} f(z)\,dz\right| \leqq \int_{C_R}|f(z)||dz| \leqq \frac{\pi}{4}\cdot\frac{R(\text{Log}\,R+\frac{\pi}{4})}{R^2-1} \to 0$ $(R \to +\infty)$．
同様に，$\left|\int_{C_\varepsilon} f(z)\,dz\right| \leqq \frac{\pi}{4}\cdot\frac{\varepsilon(|\text{Log}\,\varepsilon|+\frac{\pi}{4})}{1-\varepsilon^2} \to 0$ $(\varepsilon \to +0)$．また，実軸上の積分に関しては，$x = \frac{1}{t}$ と変数変換すると，$\int_1^{+\infty}\frac{\text{Log}\,x}{x^2+1}\,dx = -\int_0^1\frac{\text{Log}\,t}{1+t^2}\,dt$ となるから，$\int_0^{+\infty}\frac{\text{Log}\,x}{x^2+1}\,dx = 0$ である．ゆえに，①で $R \to +\infty$, $\varepsilon \to +0$ とすることで，$\lim_{R\to+\infty}\int_{[Re^{\pi i/4},\,0]}f(z)\,dz = 0$．これを書き直すと，$\int_0^{+\infty}\frac{\text{Log}(te^{\pi i/4})}{1+it^2}\,dt = 0$．すなわち，$\int_0^{+\infty}\frac{(\text{Log}\,t+\frac{\pi}{4}i)(1-it^2)}{1+t^4}\,dt = 0$．

この両辺の実部を見ることで，$\int_0^{+\infty} \frac{\text{Log}\, t}{1+t^4}\, dt = -\frac{\pi}{4}\int_0^{+\infty}\frac{t^2}{1+t^4}\, dt = -\frac{\pi^2}{8\sqrt{2}}$（例題 10.45 で $n=4, m=3$）．また，虚部を見ることで，$\int_0^{+\infty}\frac{t^2\,\text{Log}\, t}{1+t^4}\, dt = \frac{\pi}{4}\int_0^{+\infty}\frac{1}{1+t^4}\, dt = \frac{\pi^2}{8\sqrt{2}}$ を得る（例題 10.45 で $n=4, m=1$）．

(2) Cauchy の積分定理より，$\int_{\Gamma_{\varepsilon,R,r}} f(z)\, dz = 0 \cdots$ ② である．まず，補題 10.51 と $\ell(-1) = \pi i$ より，次がわかる．

$$\lim_{r \to +0}\int_{C_r(-1)} f(z)\, dz = -\pi i \operatorname*{Res}_{z=-1} f(z) = \frac{\pi i}{2}(-1)^{\alpha}\ell(-1) = -\frac{\pi^2}{2}e^{\pi i \alpha}.$$

したがって，②で $r \to +0$ として，$\lim_{r \to +0}(\int_{[-R,-1-r]} + \int_{[-1+r,-\varepsilon]})f(z)\, dz \cdots$ ③ が存在することがわかる．ここで，$x>0$ のとき $\ell(-x) = \text{Log}\, x + \pi i$ であることに注意して，$L_{\varepsilon,R} := \lim_{r \to +0}(\int_\varepsilon^{1-r} + \int_{1+r}^R)\frac{x^{\alpha}}{x^2-1}\, dx \in \mathbb{R}$ とおくと，

$$③ = e^{\pi i \alpha}\left(\int_\varepsilon^R \frac{x^{\alpha}\,\text{Log}\, x}{x^2-1}\, dx + \pi i L_{\varepsilon,R}\right)$$

となる．さらに，$0 \leqq \alpha < 1$ より，$\varepsilon \to +0, R \to +\infty$ とするときの $L_{\varepsilon,R}$ の極限 $L \in \mathbb{R}$ が存在することがわかる．

一方，(1) と同様の評価をして，$0 \leqq \alpha < 1$ より，

$$\left|\int_{C_R} f(z)\, dz\right| \leqq \pi\frac{R^{\alpha+1}(\text{Log}\, R + \pi)}{R^2-1} \to 0 \quad (R \to +\infty),$$
$$\left|\int_{C_\varepsilon} f(z)\, dz\right| \leqq \pi\frac{\varepsilon^{\alpha+1}(|\text{Log}\,\varepsilon| + \pi)}{1-\varepsilon^2} \to 0 \quad (\varepsilon \to +0).$$

よって，$r \to +0$ としたあとの②で $\varepsilon \to +0, R \to +\infty$ とすることにより，求める積分を $I := \int_0^{+\infty} x^{\alpha}\frac{\text{Log}\, x}{x^2-1}\, dx \in \mathbb{R}$ とするとき，次式に到達する．

$$(1+e^{\pi i \alpha})I + \pi i e^{\pi i \alpha}L - \frac{\pi^2}{2}e^{\pi i \alpha} = 0.$$

両辺を $e^{\pi i \alpha}$ で割ると $(e^{-\pi i \alpha}+1)I + 2\pi i L = \frac{\pi^2}{2}$ となり，この式で実部のみを取り出すと，$(1+\cos\pi\alpha)I = \frac{\pi^2}{2}$．これより所要の等式を得る．

問題 10.62 積分路 C_N は定理 10.61 の証明におけるものとする．N を十分大きくして $f(z)$ の極がすべて C_N の内部にあるとすると，留数定理と $\operatorname*{Res}_{z=n}\frac{1}{\sin\pi z} = (-1)^n \pi^{-1}$ より，

$$\frac{1}{2\pi i}\int_{C_N}\frac{f(z)}{\sin\pi z}\, dz = \sum_{j=1}^k \operatorname*{Res}_{z=\alpha_j}\frac{f(z)}{\sin\pi z} + \frac{1}{\pi}\sum_{n=-N}^N (-1)^n f(n). \cdots ①$$

$\frac{1}{\sin\pi z}$ が C_N 上で N に無関係な定数で押さえることができれば，定理 10.61 の証明と同様に，$N \to \infty$ として①の左辺の積分が 0 に収束することがわかるから，所要の等式を得る．$z = x \pm (N+\frac{1}{2})i \; (-(N+\frac{1}{2}) \leqq x \leqq N+\frac{1}{2})$ のとき，

$$\left|\frac{1}{\sin\pi z}\right| \leqq \frac{2}{e^{\pi|\text{Im}\, z|} - e^{-\pi|\text{Im}\, z|}} = \frac{1}{\sinh\pi|\text{Im}\, z|} = \frac{1}{\sinh(N+\frac{1}{2})\pi} \leqq \frac{1}{\sinh\frac{3}{2}\pi}.$$

次に，$z = \pm(N+\frac{1}{2}) + iy \; (-(N+\frac{1}{2}) \leqq y \leqq N+\frac{1}{2})$ のとき，$\frac{1}{|\sin\pi z|} = \frac{1}{|\cos(\pi i y)|} = \frac{1}{\cosh\pi y} \leqq 1$．以上より，$\frac{1}{\sin\pi z}$ は C_N 上で有界である．

問題 10.64 $f(\zeta) := \frac{\pi\cos\pi\zeta}{\zeta - z}$ とおく．閉路 C_N の内部にある $f(z)$ の極は，$\zeta = z$ と $\zeta = n \; (n = 0, \pm 1, \pm 2, \ldots, \pm N)$ で，いずれも単純である．留数定理により，

$$I := \frac{1}{2\pi i} \int_{C_N} \frac{\pi \cot \pi \zeta}{\zeta - z} d\zeta = \operatorname*{Res}_{\zeta = z} \frac{\pi \cot \pi \zeta}{\zeta - z} + \sum_{n=-N}^{N} \operatorname*{Res}_{\zeta = n} \frac{\pi \cot \pi \zeta}{\zeta - z}.$$

ここで, $\operatorname*{Res}_{\zeta = n} \frac{\pi \cot \pi \zeta}{\zeta - z} = \frac{\pi}{n - z} \cdot \frac{\cos \pi \zeta}{(\sin \pi \zeta)'}\Big|_{\zeta = n} = \frac{1}{n - z}$ であるから,

$$I = \pi \cot \pi z - \sum_{n=-N}^{N} \frac{1}{z - n} = \pi \cot \pi z - \left(\frac{1}{z} + \sum_{n=1}^{N} \frac{2z}{z^2 - n^2}\right).$$

第11章

問題 11.1 ここでは計算だけで押してみよう. $\overrightarrow{NP} = t\overrightarrow{Nz}\ (0 \neq t \in \mathbb{R})$ ゆえ,
$$X = tx, \quad Y = ty, \quad Z - 1 = -t. \quad \cdots \cdots \text{①}$$

①を $X^2 + Y^2 + Z^2 = 1$ に代入して, $t^2(x^2 + y^2) + (1 - t)^2 = 1$. これより, $|z|^2 = x^2 + y^2 = \frac{2}{t} - 1$. すなわち, $t = \frac{2}{|z|^2 + 1}$ を得る. これと①より (1) が従う. (2) は①の第3式から導かれる $t = 1 - Z$ を①の第1式と第2式に代入するだけ.

問題 11.3 例題 11.2 において, $d(z, z') = 2$ となるときを考察すればよい.
$$d(z, z') = 2 \iff |z - z'|^2 = (1 + |z|^2)(1 + |z'|^2)$$
$$\iff |z|^2|z'|^2 + 2\operatorname{Re} z\bar{z}' + 1 = 0 \iff |z\bar{z}' + 1|^2 = 0.$$

【別解】 P と P' が原点に関して対称であればよい. $(X', Y', Z') = (-X, -Y, -Z)$ とすると, 問題 11.1 より, $\frac{z'}{|z'|^2 + 1} = -\frac{z}{|z|^2 + 1}$, $\frac{|z'|^2 - 1}{|z'|^2 + 1} = -\frac{|z|^2 - 1}{|z|^2 + 1}$. $\cdots \cdots$ ①

①の第2式より $|z||z'| = 1 \cdots$ ② を得る. ①の第1式より $\bar{z}' = -\bar{z} \cdot \frac{|z'|^2 + 1}{|z|^2 + 1}$ ゆえ,
$$z\bar{z}' = -|z|^2 \cdot \frac{|z'|^2 + 1}{|z|^2 + 1} \stackrel{\text{②}}{=} -\frac{|z|^2 + 1}{|z|^2 + 1} = -1.$$

逆に $z\bar{z}' = -1$ ならば, ①がみたされることは直接計算してわかる.

問題 11.4 $z' = \frac{1}{\bar{z}}$ より, $\frac{2z'}{|z'|^2 + 1} = \frac{2z}{|z|^2 + 1}$, $\frac{|z'|^2 - 1}{|z'|^2 + 1} = -\frac{|z|^2 - 1}{|z|^2 + 1}$. これと問題 11.1 (1) より $(X', Y', Z') = (X, Y, -Z)$ となり, P と P' は複素数平面に関して対称の位置にある.

問題 11.6 式 (11.3) を原点 $X = Y = Z = 0$ がみたすことより, 条件は $a + c = 0$ である. 円 $|z - \alpha| = r$ については, 平方して展開すればよい. 求める条件は, $\boldsymbol{r^2 = |\alpha|^2 + 1}$.

問題 11.17 (1) $0 < |z| < +\infty$ のとき, $\frac{\sin z}{z^4} = \sum_{n=0}^{\infty} (-1)^n \frac{z^{2n-3}}{(2n+1)!} \cdots$ ① であるから, $z = \infty$ は $\frac{\sin z}{z^4}$ の**真性特異点**. 特異部は $\sum_{n=2}^{\infty} (-1)^n \frac{z^{2n-3}}{(2n+1)!} = \sum_{n=1}^{\infty} (-1)^{n-1} \frac{z^{2n-1}}{(2n+3)!}$ であり, 留数は①における z^{-1} の係数の符号を変えた $\frac{1}{6}$.

(2) $0 < |z| < +\infty$ において $z \sin \frac{1}{z^2} = \sum_{n=0}^{\infty} (-1)^n \frac{1}{(2n+1)! z^{4n+1}}$ であるから, $z = \infty$ は**除去可能特異点**. したがって特異部は $\boldsymbol{0}$ で, 留数は $\boldsymbol{-1}$.

(3) $\sin w = w(1 + w^2 g(w))$ とおくと, $g(w)$ は整関数であって, $g(0) = -\frac{1}{6}$. ここで, $n \geq 1$ のとき, $(1 + w^2 g(w))^n = 1 + w^2 h_n(w)$ とおくと, $h_n(w)$ は整関数であって, $h_n(0) \neq 0$ である. そうすると,

$$z\,e^{\sin(1/z)} = z\sum_{n=0}^{\infty}\frac{\sin^n(1/z)}{n!} = z\sum_{n=0}^{\infty}\frac{1}{n!}\frac{1}{z^n}\Big(1+\frac{1}{z^2}g\big(\frac{1}{z}\big)\Big)^n$$
$$= z + \Big(1+\frac{1}{z^2}g\big(\frac{1}{z}\big)\Big) + \frac{1}{2}\frac{1}{z}\Big(1+\frac{1}{z^2}h_2\big(\frac{1}{z}\big)\Big) + o\big(\frac{1}{z}\big)\quad (|z|\to+\infty)$$
$$= z + 1 + \frac{1}{2}\frac{1}{z} + \sum_{n=2}^{\infty}\frac{a_n}{z^n}\quad (a_n\in\mathbb{C};\,n=2,3,\dots).$$

ゆえに，$z=\infty$ は **1 位の極**であって，特異部は z，留数は $-\frac{1}{2}$．

問題 11.19 例題 10.40 (2) について．積分の値は $-\underset{z=\infty}{\mathrm{Res}}\,\frac{e^{1/z}}{z-1}\,dz = \underset{w=0}{\mathrm{Res}}\,\frac{e^w}{w(1-w)} = \mathbf{1}$．
問題 10.42 (2) について．積分の値は $-\underset{z=\infty}{\mathrm{Res}}\,\frac{\sin(1/z)}{z-1}\,dz = \underset{w=0}{\mathrm{Res}}\,\frac{\sin w}{w(1-w)} = \mathbf{0}$．

問題 11.20 $f(z) := \frac{z^{17}}{(z^2+3)^3(z^3+3)^4}$ とおく．$f(z)$ は積分路 $|z|=3$ を含む領域 $3-\varepsilon < |z| < +\infty$ ($\varepsilon > 0$ は十分小) で正則であるから，$\frac{1}{2\pi i}\int_{|z|=3}f(z)\,dz = -\underset{z=\infty}{\mathrm{Res}}\,f(z)\,dz$．さて，$f(z) = \frac{1}{z}\big(1+\frac{3}{z^2}\big)^{-3}\big(1+\frac{3}{z^3}\big)^{-4}$ であるから，$z=\infty$ における $f(z)$ の Laurent 級数展開は $\frac{1}{z}$ から始まる負ベキの項のみ (正ベキの項と定数項はなし)．ゆえに $\underset{z=\infty}{\mathrm{Res}}\,f(z)\,dz = -1$ となるので，求める積分の値は **1**．

問題 11.21 (1) $f(z) := \frac{1}{\sin z}$ は $0 < |z| < 2$ で正則であって，原点は 1 位の極であるから，$\underset{z=0}{\mathrm{Res}}\,f(z) = \lim_{z\to 0}\frac{z}{\sin z} = 1$．留数定理より，これが求める積分の値．
(2) $\sin\frac{1}{z} = \sum_{n=0}^{\infty}\frac{(-1)^n}{(2n+1)!}\frac{1}{z^{2n+1}}$ は円 $|z|=1$ 上で一様収束するから，項別積分可能であって，
$$\frac{1}{2\pi i}\int_{|z|=1}\sin\frac{1}{z}\,dz = \frac{1}{2\pi i}\sum_{n=0}^{\infty}\frac{(-1)^n}{(2n+1)!}\int_{|z|=1}\frac{dz}{z^{2n+1}} = \mathbf{1}.$$
あるいは，$\sin\frac{1}{z}$ が $\frac{1}{2} < |z| < +\infty$ で正則であることより，次のようにしてもよい．
$$\frac{1}{2\pi i}\int_{|z|=1}\sin\frac{1}{z}\,dz = -\underset{z=\infty}{\mathrm{Res}}\,\sin\frac{1}{z}\,dz = -\underset{w=0}{\mathrm{Res}}\,\sin w\,d\big(\frac{1}{w}\big) = \underset{w=0}{\mathrm{Res}}\,\frac{\sin w}{w^2} = 1.$$
(3) $f(z) := \frac{1}{\sin(1/z)}$ は $\frac{1}{2} < |z| < +\infty$ で正則であって，
$$\frac{1}{2\pi i}\int_{|z|=1}\frac{dz}{\sin(1/z)} = -\underset{z=\infty}{\mathrm{Res}}\,\frac{1}{\sin(1/z)}\,dz = \underset{w=0}{\mathrm{Res}}\,\frac{1}{w^2\sin w}.$$
ここで $\sin w = w(1 - w^2 g(w))$ とおくと，$g(w)$ は整関数であって，$g(0) = \frac{1}{6} \neq 0$ である．
ゆえに，$\frac{1}{w^2\sin w} = \frac{1}{w^3(1-w^2 g(w))} = \frac{1}{w^3}(1 + w^2 g(w) + w^4 g(w)^2 + \cdots)$
$$= \frac{1}{w^3} + \frac{g(w)}{w} + w h(w)\quad (h(w) \text{ は整関数}).$$
よって，$\underset{w=0}{\mathrm{Res}}\,\frac{1}{w^2\sin w} = g(0) = \frac{1}{6}$ であるから，求める積分の値は $\frac{1}{6}$ である．

問題 11.27 $F(z) := (z-c)^k f(z)$ とおくと，$F(\bar z) = \overline{F(z)}$ である．とくに，$z\in\mathbb{R}$ のとき，$F(z)\in\mathbb{R}$ である．したがって，$j = 1,\dots,k$ について，$a_{-j} = \frac{1}{(k-j)!}F^{(k-j)}(c) \in \mathbb{R}$ である (変数を実数に制限して微分係数の計算をすることによる)．

問題 11.28 (1) $F_+(z) := (z-\alpha)^k f(z)$, $F_-(z) := (z-\bar\alpha)^k f(z)$ とおくと，$\overline{F_+(\bar z)} = F_-(z)$ であって，$F_\pm$ の導関数も同様の等式が成立する．そして，$a_{-j} = \frac{1}{(k-j)!}F_+^{(k-j)}(\alpha)$，$b_{-j} = \frac{1}{(k-j)!}F_-^{(k-j)}(\bar\alpha)$ より，所要の等式を得る．

(2) $\frac{a_{-k}}{(z-\alpha)^k} + \frac{\overline{a}_{-k}}{(z-\overline{\alpha})^k} = \frac{q_k(z)}{p(z)^k}$ とおくと，$q_k(z) := a_{-k}(z-\overline{\alpha})^k + \overline{a}_{-k}(z-\alpha)^k$ は実数係数の多項式である．この $q_k(z)$ を $p(z)$ で割って，$q_k(z) = r_k(z)p(z) + c_k z + d_k$ とすると，$r_k(z)$ も実数係数の多項式であり，c_k と d_k は実数である．そして，たった今実行した議論を，$S_+(z) + S_-(z) - \frac{c_k z + d_k}{p(z)}$ の分母が最高次の項に対して行う．分母の $p(z)$ に付くベキは k より小さくなっていることに注意．これを繰り返して，所要の結論に達する．

問題 11.29 $f(z)$ の $z=i$ における特異部は $-\frac{1}{z-i}$ である．関数
$$g(z) := f(z) + \frac{1}{z-i} - (z^2+z) - \left(-\frac{2}{(z+1)^2} + \frac{1}{z+1}\right)$$
は $\mathbb{C}_\infty$ 全体で正則であるから定数である．さらに $g(0) = 2i+1$ より，$g(z)$ は恒等的に $2i+1$ に等しい．ゆえに，$f(z) = -\frac{1}{z-i} + z^2 + z - \frac{2}{(z+1)^2} + \frac{1}{z+1} + 2i+1$.

問題 11.31 (1) $z = a_j$ は $\frac{1}{P(z)}$ の 1 位の極であるから，式 (10.4) より，$\underset{z=a_j}{\mathrm{Res}}\, \frac{1}{P(z)} = \frac{1}{P'(a_j)}$. 仮定より $n \geq 2$ であるから，$\underset{z=\infty}{\mathrm{Res}}\, \frac{1}{P(z)} dz = -\underset{w=0}{\mathrm{Res}}\, \frac{w^{n-2}}{(1-a_1 w)\cdots(1-a_n w)} = 0$ である．命題 11.30 より，有理関数の C_∞ における留数の和は 0 ゆえ，所要の等式を得る．
(2) 関数 $f_k(z) := \frac{z^k}{P(z)}$ ($k = 0, 1, \ldots, n-1$) を考える．$z = a_j$ は $f_k(z)$ の高々 1 位の極であって ($a_j = 0$ のときは除去可能特異点)，$a_j \neq 0$ のとき，$\underset{z=a_j}{\mathrm{Res}}\, f_k(z) = \frac{a_j^k}{P'(a_j)}$ である．この式は $a_j = 0$ のときも通用する．一方，$f_k(z)$ の分子の次数は k，分母の次数は n であるから，$0 \leq k \leq n-2$ のとき，$\underset{z=\infty}{\mathrm{Res}}\, f_k(z) dz = -\underset{w=0}{\mathrm{Res}}\, \frac{w^{n-2-k}}{(1-a_1 w)\cdots(1-a_n w)} = 0$. また，$k = n-1$ のとき，$\underset{z=\infty}{\mathrm{Res}}\, f_{n-1}(z) dz = -\underset{w=0}{\mathrm{Res}}\, \frac{w^{-1}}{(1-a_1 w)\cdots(1-a_n w)} = -1$. 以上と命題 11.30 より，$\sum_{j=1}^n \frac{a_j^k}{P'(a_j)} = -\underset{z=\infty}{\mathrm{Res}}\, f_k(z) dz = \begin{cases} 0 & (k = 0, 1, \ldots, n-2) \\ 1 & (k = n-1) \end{cases}$

問題 11.32 (1) 行列の積と 1 次分数変換の合成を正直に計算するだけ．
(2) φ_A が恒等写像 $\iff az + b = z(cz+d)$ ($\forall z \in \mathbb{C}$) $\iff a = d$ かつ $b = c = 0$.
(3) $\varphi_A \circ \varphi_B$ が恒等写像 $\iff \varphi_{AB}$ が恒等写像 $\iff AB$ はスカラー行列．
(4) $\varphi_A = \varphi_B \iff \varphi_A \circ \varphi_{B^{-1}} = \varphi_{AB^{-1}}$ が恒等写像．

問題 11.34 $\varphi(z)$ が式 (11.5) で与えられるとすると，$\varphi(z) = z \iff cz^2 + (d-a)z - b = 0$. これが異なる 3 個の複素数 z でみたされるなら，$c = b = 0$, $d = a$ となるから，φ は恒等写像である．もし，$\varphi(\infty) = \infty$ なら $c = 0$ であるから，$(d-a)z - b = 0$ が異なる 2 個の複素数 z でみたされる．このときも $d = a$, $b = 0$ を得るから，やはり φ は恒等写像．

問題 11.38 (1) 1 次分数変換 $w = \varphi(z) := \frac{z-1}{z-i}$ を考える．$\varphi(\infty) = 1, \varphi(1) = 0, \varphi(i) = \infty$ である．2 点 $1, i$ を結ぶ直線を ℓ とし，$\ell_\infty := \ell \cup \{\infty\} \subset \mathbb{C}_\infty$ とおくと，定理 11.36 より，$\varphi(\ell_\infty) = \mathbb{R}_\infty$ である．点 z が ℓ_∞ 上を $\infty \to 1 \to i \to \infty$ と動くとき，点 w は $\mathbb{R}_\infty$ 上を $1 \to 0 \to \infty \to 1$ と動くから，$|\mathrm{Arg}\, w| < \pi \iff w \in \mathbb{C} \setminus (-\infty, 0] \iff z \in \mathbb{C} \setminus [1, i]$.

問題 11.39 $w = \varphi(z) := \frac{1}{z}$ とおく．(1) 円 $|z-\alpha| = |\alpha|$ 上の 3 点 $0, 2\alpha, \alpha - i\alpha$ の φ による像は $\infty, \frac{1}{2\alpha}, \frac{1+i}{2\alpha}$ となるから，求める像は原点と $\frac{1}{\alpha}$ を結ぶ線分の垂直 2 等分線（と

原点の像である無限遠点). あるいは直接 $z = \frac{1}{w}$ を代入して整理すると, $\left|w - \frac{1}{\alpha}\right| = |w|$ となるから同じ結論を得る.

(2) $a = 0$ のときの像は明らかに虚軸. $a \neq 0$ のとき, 直線 $\mathrm{Re}\, z = a$ は原点と点 $2a$ を結ぶ線分の垂直 2 等分線である. これと $\varphi = \varphi^{-1}$ であることから, 求める像は (1) の $\alpha = \frac{1}{2a}$ に対応する円, すなわち, 中心 $\frac{1}{2a}$, 半径 $\frac{1}{2|a|}$ の円である ($\mathbb{C}$ で考えるなら, ∞ の像である原点を除く). あるいは, 直接 $z = \frac{1}{w}$ を代入して整理することより, $\left|w - \frac{1}{2a}\right|^2 = \frac{1}{4a^2}$ を得て, 同じ結論に達する.

問題 11.50　$f(z) := z^5 + 5z^4 - 5$ とおく. Γ_R ($R > 0$) を例題 11.49 における閉路とし, R を十分大きくとって, $\mathrm{Re}\, z > 0$ における $f(z)$ の零点はすべて Γ_R の内部にあるとする. $y \in \mathbb{R}$ のとき, $f(iy) = 5y^4 - 5 + iy^5$ ゆえ, $f(z)$ は虚軸上に零点を持たないことに注意する. ゆえに, 求める個数を N とすると, 偏角の原理から (C_R も例題 11.49 と同じ),

$$N = \frac{1}{2\pi}\int_{\Gamma_R} d\arg f(z) = \frac{1}{2\pi}\int_{C_R} d\arg f(z) + \frac{1}{2\pi}\int_{[iR,-iR]} d\arg f(z).$$

さて, $\forall \varepsilon > 0$ に対して, 必要なら $R > 0$ をさらに大きくとって, $\left|\mathrm{Arg}\left(1 + \frac{5}{z} - \frac{5}{z^5}\right)\right| < \varepsilon$ ($\forall z\,(|z| \geqq R)$) となるから, $f(z) = z^5\left(1 + \frac{5}{z} - \frac{5}{z^5}\right)$ と注意 11.47 より,

$$\lim_{R \to +\infty}\frac{1}{2\pi}\int_{C_R} d\arg f(z) = \lim_{R \to +\infty}\frac{1}{2\pi}\int_{C_R} d\arg(z^5) = \frac{5\pi}{2\pi} = \frac{5}{2}.$$

そして z が虚軸上を iR から $-iR$ まで動くとき, 点 $w = f(z) = u + iv$ は曲線 $u = 5v^{4/5} - 5$ 上を, $5R^4 - 5 + iR^5$ から -5 を経由して $5R^4 - 5 - iR^5$ まで動き (下図参照), 移動中に w が原点を巻くことはない. 移動中の w の偏角を追跡すると, $\frac{R^5}{5R^4 - 5} \to +\infty$ ($R \to +\infty$) に注意して, $\lim_{R \to +\infty}\frac{1}{2\pi}\int_{[iR,-iR]} d\arg f(z) = \frac{\frac{3\pi}{2} - \frac{\pi}{2}}{2\pi} = \frac{1}{2}$. よって, $N = \frac{5}{2} + \frac{1}{2} = \mathbf{3}$.

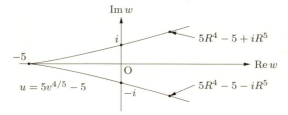

問題 11.51　$f(z) := z^8 + 3z^3 - iz + 5$ とおく. $x \geqq 0$ のとき, $\mathrm{Re}\, f(x) = x^8 + 3x^3 + 5 \geqq 5$ である. また, $y \geqq 0$ のとき $f(iy) = y^8 + y + 5 - 3iy^3$ ゆえ, $\mathrm{Re}\, f(iy) \geqq 5$ である. よって, $f(z)$ は第 1 象限の境界である実軸・虚軸の非負の部分に零点を持たない.

さて, 原点を中心とし, 半径 $R > 0$ の円の第 1 象限の四分円を C_R とする. 実軸を原点から R まで進み, そこから C_R に沿って iR まで進み, そして虚軸上を通って原点に戻る閉路を Γ_R とする. $R > 0$ を十分大きくとって, 第 1 象限にある $f(z)$ の N 個の零点はすべて Γ_R の内部にあるとすると, 偏角の原理から,

$$N = \frac{1}{2\pi}\int_{\Gamma_R} d\arg f(z) = \frac{1}{2\pi}\left\{\int_{[O,R]} + \int_{C_R} + \int_{[iR,O]}\right\}d\arg f(z). \quad \cdots\cdots \text{①}$$

ここで, $\mathrm{Re}\, f(x) \geqq 5$ ($\forall x \geqq 0$), $f(0) = 5$, $\mathrm{Arg}\, f(R) = \mathrm{Arctan}\frac{-R}{R^8 + 3R^3 + 5} \to 0$ ($R \to +\infty$) より, ①の右端第 1 項の $\int_{[O,R]} d\arg f(x) \to 0$ ($R \to +\infty$). 次に, $\forall \varepsilon > 0$ に対して,

必要なら $R>0$ をさらに大きくとって，$\left|\operatorname{Arg}(1+\frac{3}{z^5}-\frac{i}{z^7}+\frac{5}{z^8})\right|<\varepsilon\ (\forall z\,(|z|\geqq R))$ とできるから，$\frac{1}{2\pi}\lim_{R\to+\infty}\int_{C_R}d\arg f(z)=\frac{1}{2\pi}\lim_{R\to+\infty}\int_{C_R}d\arg(z^8)=\frac{4\pi}{2\pi}=2$．そして，$z$ が虚軸上を iR から原点まで動くとき，$w=f(z)$ は，$R^8+R+5-3iR^3$ から 5 まで動く．つねに $\operatorname{Re}w\geqq 5$ であり，$\operatorname{Arg}(R^8+R+5-3iR^3)=\operatorname{Arctan}\frac{-3R^3}{R^8+R+5}\to 0\ (R\to+\infty)$．以上より，①で $R\to+\infty$ として，$N=0+2+0=\mathbf{2}$．

問題 11.52　まず，定理 8.61 より，$f(z)$ は $\mathscr{D}$ で正則であることに注意．さて，$f(z)$ は零関数ではないとする．仮に $z=a\in\mathscr{D}$ が $f(z)$ の零点ならばそれは孤立しているので，$r>0$ をとると，$|z-a|\leqq r$ における $f(z)$ の零点は $z=a$ のみである．この零点 $z=a$ の位数を $k>0$ とする．問題 8.62 より $f'_n(z)$ も $f'(z)$ に $\mathscr{D}$ の任意のコンパクト集合上で一様収束をしている．ゆえに，偏角の原理より，
$$0<k=\frac{1}{2\pi i}\int_{|z-a|=r}\frac{f'(z)}{f(z)}dz=\lim_{n\to\infty}\int_{|z-a|=r}\frac{f'_n(z)}{f_n(z)}dz.$$
よって，十分大きな n に対して $\int_{|z-a|=r}\frac{f'_n(z)}{f_n(z)}dz>0$ となるが，仮定よりこれは 0 であるから，矛盾が生じている．

問題 11.56　$f(z):=-18z^3$，$g(z):=7z^{11}+10$ とおくことにより，与えられた方程式は $f(z)+g(z)=0$ と書ける．$|z|=1$ のとき，
$$|f(z)|=18>17=7|z|^{11}+10\geqq|7z^{11}+10|=|g(z)|.$$
Rouché の定理から，$f(z)$ と $f(z)+g(z)$ の $|z|<1$ における位数込みの零点の個数は等しい．$f(z)$ の $|z|<1$ における零点は 3 個ゆえ，$f(z)+g(z)$ の零点も **3** 個である．

問題 11.57　次のように $f(z),g(z)$ を選ぶと，$|z|=2$ と $|z|=1$ とで共通に議論できる（$|z|=2$ では $f(z)=z^7$ と $g(z)=-5z^4+z^2-2$，そして $|z|=1$ では $f(z)=-5z^4$ と $g(z)=z^7+z^2-2$ として議論してもよい）．$f(z):=z^7-5z^4=z^4(z^3-5)$，$g(z):=z^2-2$ とおくと，与えられた方程式は $f(z)+g(z)=0$ と書ける．$|z|=2$ のとき，
$$|f(z)|=|z|^4|z^3-5|\geqq 16(|z|^3-5)=48>6=|z|^2+2\geqq|g(z)|.$$
よって，Rouché の定理より，$f(z)$ と $f(z)+g(z)$ の $|z|<2$ における位数込みの零点の個数は等しく，7 個である．同様に $|z|=1$ のとき，
$$|f(z)|=|z^3-5|\geqq 5-1=4>3=|z|^2+2\geqq|g(z)|.$$
Rouché の定理より，$f(z)$ と $f(z)+g(z)$ の $|z|<1$ における位数込みの零点の個数は等しく，4 個である．$|z|=1$ 上では $z^7-5z^4+z^2-2\neq 0$ ゆえ，求める根の個数は $7-4=\mathbf{3}$．

問題 11.59　$f(z)=z^2$，$g(z)=-ae^z$ とおくと，与えられた方程式は，$f(z)+g(z)=0$ と書ける．$|z|=1$ のとき，$|f(z)|=1>ae=ae^{|z|}\geqq ae^{\operatorname{Re}z}=|g(z)|$．よって，Rouché の定理から，$|z|<1$ における $f(z)$ と $f(z)+g(z)$ の零点の個数は同じで，ともに 2 個．さて，$\varphi(x):=x^2-ae^x\ (x\in\mathbb{R})$ を考えると，$a<e^{-1}<e$ より，$\varphi(-1)=1-ae^{-1}>0$．さらに $\varphi(0)=-a<0$，$\varphi(1)=1-ae>0$ より，開区間 $(-1,0)$ と $(0,1)$ の両方に実数解を持ち，この 2 個の実数解が与えられた方程式の $|z|<1$ における 2 個の解である．

問題 11.60　コンパクト集合 R_1 上で $\sin z$ は零にならないので，$\delta:=\min_{z\in R_1}|\sin z|>0$ とおく．このとき，$\min_{z\in R_m}|\sin z|=\delta$ でもある．さて，m を十分大きくとって，$m\pi>\frac{\pi}{2}+|\alpha|+\frac{1}{\delta}$ とすると，そのような m に対しては，$z\in R_m$ のとき，

$$\left|\tfrac{1}{z-\alpha}\right| \leq \tfrac{1}{|z|-|\alpha|} \leq \tfrac{1}{m\pi-\tfrac{\pi}{2}-|\alpha|} < \delta \leq |\sin z|.$$

ゆえに，Rouché の定理から，R_m の内部における $\sin z$ と $f(z) = \sin z + \frac{1}{z-\alpha}$ の零点の個数は等しい．明らかに，R_m の内部における $\sin z$ の零点はただ 1 個（すなわち $z = m\pi$）ゆえ，$f(z)$ の R_m の内部における零点も 1 個．ここで m は十分大きければ任意ゆえ，帯領域 $|\operatorname{Im} z| < \varepsilon$ には $f(z)$ の零点が無数に存在する．

問題 11.68 $f'(z) = e^{-z} - ze^{-z}$ より，$f'(0) = 1 \neq 0$．よって，$f(0) = 0$ の近傍で正則な逆関数 $f^{-1}(w) = \sum\limits_{n=1}^{\infty} b_n w^n$ が存在する．Lagrange の反転公式より，

$$b_n = \tfrac{1}{n!} \tfrac{d^{n-1}}{dz^{n-1}} \tfrac{1}{e^{-nz}}\Big|_{z=0} = \tfrac{n^{n-1}}{n!}.$$

収束半径は，係数比判定法より，

$$\left|\tfrac{b_n}{b_{n+1}}\right| = \tfrac{n^{n-1}}{n!} \tfrac{(n+1)!}{(n+1)^n} = \left(\tfrac{n}{n+1}\right)^{n-1} = \left(1 - \tfrac{1}{n+1}\right)^{n-1}$$
$$= \exp\left\{(n-1)\operatorname{Log}\left(1-\tfrac{1}{n+1}\right)\right\} = \exp\left\{-\tfrac{n-1}{n+1} + o(1)\right\} \to \tfrac{1}{e} \quad (n \to \infty).$$

問題 11.71 任意にコンパクト集合 $K \subset \mathbb{C}$ をとり，$R > 0$ をとって，$K \subset \overline{D}(0,R)$ とする．$z \in K \setminus \mathbb{N}$ とし，番号 N を $N \geq 2R$ をみたすようにとって，問題の級数を

$$\sum_{n=1}^{N-1}\left(\tfrac{1}{z-n} + \tfrac{1}{n}\right) + \sum_{n=N}^{\infty}\left(\tfrac{1}{z-n} + \tfrac{1}{n}\right) \quad \cdots\cdots \quad \text{①}$$

として考える．$|z| \leq R$ かつ $n \geq N$ のとき，$|n-z| \geq n - |z| \geq \tfrac{1}{2}n$ より，$\left|\tfrac{1}{z-n} + \tfrac{1}{n}\right| = \tfrac{|z|}{|n-z|n} \leq \tfrac{2R}{n^2}$．ゆえに，級数 $\sum\limits_{n=N}^{\infty}\left|\tfrac{1}{z-n} + \tfrac{1}{n}\right|$ は $|z| \leq R$ で一様収束して，$D(0,R)$ で正則な関数を表す．①において，残りの有限和の部分は有理関数であるから，与えられた級数は $D(0,R)$ で有理型関数を表す．とくに，$K \setminus \mathbb{N}$ において一様収束しており，K は任意であるから，問題の級数は $\mathbb{C}$ において有理型関数を表している．

問題 11.75 $\psi(z) := \tfrac{1}{z} + \sum\limits_{n \neq 0}(-1)^n\left(\tfrac{1}{z-n} + \tfrac{1}{n}\right)$ とおく．式 (11.9) の $\varphi(z)$ と同様に，$\psi(z)$ は $\mathbb{C}$ の任意のコンパクト集合から $\mathbb{Z}$ を除いた集合上で一様に絶対収束して，$\mathbb{C}$ 上の有理型関数を表す．式 $\psi(z) - \psi(1-z) = \tfrac{1}{z} + \tfrac{1}{z-1} + \sum\limits_{n \neq 0}(-1)^n\left(\tfrac{1}{z-n} + \tfrac{1}{z+n-1}\right)$ において，右辺の級数における $\sum\limits_{n=1}^{\infty}$ の部分を次のように書き直す．

$$-\left(\tfrac{1}{z-1} + \tfrac{1}{z}\right) + \sum_{n=2}^{\infty}(-1)^n\left(\tfrac{1}{z-n} + \tfrac{1}{z+n-1}\right) = -\left(\tfrac{1}{z-1} + \tfrac{1}{z}\right) + \sum_{n=1}^{\infty}(-1)^{n+1}\left(\tfrac{1}{z-n-1} + \tfrac{1}{z+n}\right).$$

これより，$\psi(z) - \psi(1-z) = 0$ がわかる．ゆえに，$\psi(z) = \psi(1-z) = -\psi(z-1)$ である．以下，補題 11.72 (2) と同様にして，$\psi(z)$ が式 (11.11) で定義した集合 $\mathscr{E}$ で有界であることがわかる．また，問題 10.62 の解答のようにして，$z \in \mathscr{E}$ のとき $\left|\tfrac{1}{\sin \pi z}\right| \leq \tfrac{1}{\sinh 2\pi}$ がわかる．以上より，$h(z) := \tfrac{\pi}{\sin \pi z} - \psi(z)$ は有界な整関数である．Liouville の定理から $h(z)$ は定数で，しかも奇関数ゆえ，その定数は 0．よって，所要の公式を得る．

問題 11.76 $k \geq 1$ と，不等式 $\tfrac{|z|^{2k}}{n^{2k}} \leq \tfrac{|z|^{2k}}{n^2}$ より，正項 2 重級数 $\sum\limits_{(k,n) \in \mathbb{N}^2} \tfrac{|z|^{2k}}{n^{2k}}$ は $|z| < 1$ のときに収束する．ゆえに，和の順序が交換できて，

$$\sum_{n=1}^{\infty} \tfrac{z^2}{n^2 - z^2} = \sum_{n=1}^{\infty}\left(\sum_{k=1}^{\infty} \tfrac{z^{2k}}{n^{2k}}\right) = \sum_{k=1}^{\infty}\left(\sum_{n=1}^{\infty} \tfrac{1}{n^{2k}}\right) z^{2k} \quad (|z| < 1).$$

したがって，定理 11.73 より，$\pi z \cot \pi z = 1 - 2 \sum_{k=1}^{\infty} \left(\sum_{n=1}^{\infty} \frac{1}{n^{2k}} \right) z^{2k}$ $(|z| < 1)$. この式と式 (10.6) とで係数を比較して，式 (10.7) を得る.

第 12 章

問題 12.9 二つの直角三角形の相似 $\triangle \tau \alpha u \backsim \triangle v \alpha \tau$ より，$|u - \alpha||v - \alpha| = R^2$. これに $u - \alpha = t(v - \alpha)$ $(t > 0)$ を代入して $t = \frac{R^2}{|v-\alpha|^2}$ を得るから，$(u - \alpha)\overline{(v - \alpha)} = R^2$.

問題 12.10 $C : |z - \alpha| = R$ とする．$u = \alpha + re^{i\theta}$ $(\theta \in \mathbb{R})$ とおくと，$v = \alpha + \frac{R^2}{r}e^{i\theta}$ となる．$\forall z \in C$ を $z = \alpha + Re^{i\varphi}$ $(\varphi \in \mathbb{R})$ と表すと，
$$z - u = Re^{i\varphi} - re^{i\theta}, \qquad z - v = \frac{R}{r}(re^{i\varphi} - Re^{i\theta}).$$
絶対値を考えて平方すると，
$$|z - u|^2 = R^2 + r^2 - 2rR\cos(\varphi - \theta), \quad |z - v|^2 = \frac{R^2}{r^2}(r^2 + R^2 - 2rR\cos(\varphi - \theta)).$$
よって，円 C は Apollonius の円 $|z - u| = \frac{r}{R}|z - v|$ として記述される．

逆に，Apollonius の円 $C : |z - u| = k|z - v|$ が与えられたとき，問題 1.26 により，C の中心 α は $\alpha = \frac{u - k^2 v}{1 - k^2}$，半径 R は $R = \frac{k|u-v|}{|1-k^2|}$ で表される．このとき，
$$u - \alpha = -\frac{k^2}{1-k^2}(u - v), \quad v - \alpha = -\frac{1}{1-k^2}(u - v)$$
であるから，$(u - \alpha)\overline{(v - \alpha)} = \frac{k^4}{(1-k^2)^2}|u-v|^2 = R^2$ となって，u, v は円 C に関して鏡像の位置にある．

問題 12.14 2 点 u, v が円 C に関して鏡像の位置にあるとする．問題 12.10 より，C は Apollonius の円 $|z - u| = k|z - v|$ としてよい（この式で $k = 1$ も許す）．容易に，
$$\varphi(z) - \varphi(u) = \frac{(ad-bc)(z-u)}{(cz+d)(cu+d)}, \quad \varphi(z) - \varphi(v) = \frac{(ad-bc)(z-v)}{(cz+d)(cv+d)}$$
が導けるから，$\frac{\varphi(z) - \varphi(u)}{\varphi(z) - \varphi(v)} = \frac{z-u}{z-v} \cdot \frac{cv+d}{cu+d}$ を得る．絶対値を考えて，
$$\frac{|\varphi(z) - \varphi(u)|}{|\varphi(z) - \varphi(v)|} = k \left| \frac{cv+d}{cu+d} \right|$$
となるから，$\varphi(u)$ と $\varphi(v)$ は円 $\varphi(C)$ に関して鏡像の位置にある．

問題 12.16 原点を中心とする回転（式 (12.2) で $\gamma = 0$ に対応する）を施して，円 C の中心 c は $0 < c < 1$ をみたすとしてよい．円 C の実軸上の直径の両端を p, q $(-1 < p < q < 1)$ とする．式 (12.2) で $-1 < \gamma < 1, \theta = 0$ とした 1 次分数変換 $w = \varphi(z) := \frac{z-\gamma}{1-\gamma z}$ を考える．
$$\varphi(1) = 1, \quad \varphi(-1) = -1, \quad \varphi([-1, 1]) = [-1, 1], \quad \varphi(p) = \frac{p-\gamma}{1-p\gamma}, \quad \varphi(q) = \frac{q-\gamma}{1-q\gamma}$$
であるから，$\varphi(p) = -\varphi(q)$ となる γ $(p < \gamma < q)$ を選ぶことができると，$\varphi(C)$ は円 $|w| = \frac{q-\gamma}{1-q\gamma}$ となることがわかる．しかし，これは閉区間 $[p, q]$ 上の連続関数 $f(t) := \frac{p-t}{1-pt} + \frac{q-t}{1-qt}$ を考えると，$f(p) > 0, f(q) < 0$ と中間値の定理から明らかである．

問題 12.20 以下，$w_0 = f(z_0)$ とおく．1 次分数変換 $T(z) := \frac{R(z-z_0)}{R^2 - \overline{z_0}z}$，および $S(w) := \frac{M(w-w_0)}{M^2 - \overline{w_0}w}$ を考えると，$T(z) = \frac{(z/R) - (z_0/R)}{1 - (\overline{z_0}/R)(z/R)}$, $S(w) = \frac{(w/M) - (w_0/M)}{1 - (\overline{w_0}/M)(w/M)}$ となるから，T は $|z| < R$ から単位円の内部 D への，S は $|w| < M$ から D への全単射を与える．

しかも，$T(z_0) = 0$, $S(w_0) = 0$ である．ゆえに，$g := S \circ f \circ T^{-1}$ は D で正則であって，$g(D) \subset D$ であり，$g(0) = 0$ をみたす．よって，Schwarz の補題より，$|g(\zeta)| \leqq |\zeta|$ ($\zeta \in D$) が成り立つ．$\zeta = T(z)$ とおくことで，所要の不等式を得る．

問題 12.24 $w_0 = f(z_0) \in H$ とおく．1次分数変換 $T(z) := \frac{z-z_0}{z-\overline{z_0}}$, $S(w) := \frac{w-w_0}{w-\overline{w_0}}$ を考える．2点 $z_0, \overline{z_0}$ は実軸に関して鏡像の位置にあり，$T(z_0) = 0$, $T(\overline{z_0}) = \infty$ である．そして，$T(\mathbb{R} \cup \{\infty\})$ は単位円 $|w| = 1$ であるから，T は H から単位円の内部 D への全単射を与える．同様に，S も H から D への全単射を与える．ゆえに，$g := S \circ f \circ T^{-1}$ は D で正則であって，$g(0) = 0$ をみたす．よって，Schwarz の補題から，$|g(\zeta)| \leqq |\zeta|$ ($\zeta \in D$) が成り立つ．$\zeta = T(z)$ とおくと，所要の不等式を得る．

問題 12.29 1次分数変換 $w = \varphi(z) := \frac{z+i}{z-i}$ を考える．$\varphi(\infty) = 1$, $\varphi(-i) = 0$, $\varphi(i) = \infty$ であるから，$\varphi(i\mathbb{R} \cup \{\infty\}) = \mathbb{R} \cup \{\infty\}$ である．また，w 平面において原点と点 $1+i$ を結ぶ直線を ℓ とすると，$\varphi(2+i) = 1+i$ と上述の $\varphi(\pm i)$ により，φ によって $\ell \cup \{\infty\}$ に写像される円は，3点 $\pm i, 2+i$ を通る円 C である．各弦の垂直2等分線の交点を考えることで，円 C の中心は 1，半径は $\sqrt{2}$ であることがわかる．さて，領域 $0 < \operatorname{Arg} w < \frac{\pi}{4}$ は

(実軸の $(1, 0, \infty)$ に関する右側) ∩ (直線 ℓ の $(1+i, 0, \infty)$ に関する左側)

と記述されるから，φ^{-1} に定理 12.26 を適用して，$\mathscr{D}$ は次のように記述される．

(虚軸の $(\infty, -i, i)$ に関する右側) ∩ (円 C の $(2+i, -i, i)$ に関する左側)．

すなわち，$\mathscr{D}$ は右半平面と円 C の外部との共通部分に等しい．注意 12.28 と同様に，虚軸と円 C が定める四つの領域の内で，たとえば $\varphi^{-1}(1 + \frac{i}{2}) = 4+i$ が属する領域が求めるものであると結論してもよい．

問題 12.30 1次分数変換 $w = \frac{z-1}{z+1}$ により C は w 平面の原点を通る直線（と無限遠点）に写像されるから，$\theta \in \mathbb{R}$ を選んで，1次分数変換 $w = \varphi(z) = e^{i\theta} \frac{z-1}{z+1}$ による C の像が $i\mathbb{R}_\infty := i\mathbb{R} \cup \{\infty\}$ になるようにできる．$\varphi^{-1}(w) = \frac{w+e^{i\theta}}{-w+e^{i\theta}}$ であるから，$w_j := \varphi(z_j)$ ($j = 1, 2$) とおくとき，$z_1 z_2 = 1 \iff (w_1 + e^{i\theta})(w_2 + e^{i\theta}) = (w_1 - e^{i\theta})(w_2 - e^{i\theta})$．右側の条件を整理すると $w_1 + w_2 = 0$ となるから，$\operatorname{Re} w_1$ と $\operatorname{Re} w_2$ は同符号ではあり得ない．よって，w_1, w_2 は虚軸に関して同じ側にはなく，したがって，z_1, z_2 も C に関して同じ側にはない．

問題 12.33 $\zeta := \frac{z-b}{z-a}$ とおくと，例 11.37 より，$z \in \mathscr{D} \iff \zeta \in \mathbb{C} \setminus [0, +\infty)$．ゆえに，$f(z) = \zeta^{1/2} = \left(\frac{z-b}{z-a}\right)^{1/2}$ が求めるものの一つである．

問題 12.35 (1) $0 < \operatorname{Arg} w < \pi$．すなわち上半平面 $\operatorname{Im} w > 0$．
(2) (1) に条件 $|w| = e^{\operatorname{Re} z} < 1$ を追加した領域 $\{w\,;\, \operatorname{Im} w > 0, |w| < 1\}$．

問題 12.36 $\zeta = 2\pi i z$ により，

$$\mathscr{D} \leftrightarrow \mathscr{D}' := \{\zeta\,;\, 0 < \operatorname{Im} \zeta < 2\pi\} \setminus (-\infty + \pi i, -2\pi a + \pi i].$$

したがって，$\zeta_1 = e^\zeta$ とおくと，$\zeta \in \mathscr{D}' \iff \zeta_1 \in \mathbb{C} \setminus [-e^{-2\pi a}, +\infty)$ である．よって，ζ_1 を平行移動してから平方根をとると，求める写像を得る．すなわち，

$$f(z) = (\zeta_1 + e^{-2\pi a})^{1/2} = (e^{2\pi i z} + e^{-2\pi a})^{1/2}.$$

問題 12.37　まず，$\zeta = \frac{1+iz}{1-iz}$ とおくと，式 (12.5) より，$\zeta = -i\Phi^{-1}(iz)$ となるから，$|z| < 1 \iff \text{Re}\,\zeta > 0 \iff |\text{Arg}\,\zeta| < \frac{\pi}{2}$．したがって，$\zeta_1 = \text{Log}\,\zeta$ とおくと，$|\text{Arg}\,\zeta| < \frac{\pi}{2} \iff |\text{Im}\,\zeta_1| < \frac{\pi}{2}$ である．$w = -\frac{i}{2}\zeta_1$ ゆえ，$|z| < 1 \iff |\mathbf{Re}\,\mathbf{w}| < \frac{\pi}{4}$．問題 12.44 (2) も参照．

問題 12.38　1 次分数変換 $\zeta = \frac{z-a}{z-b}$ を考えると，$z = a, \frac{1}{2}(a+b), b$ はそれぞれ $\zeta = 0, -1, \infty$ に写像され，二つの円は原点を通る二つの直線 ℓ_1, ℓ_2 に写像される．$\mathscr{D}$ は 2 直線が作る 4 個の角領域の内の -1 を含む領域 $\mathscr{D}'$ に写像される．実数 $\theta \in \mathbb{R}$ を選んで $\mathscr{D}'' := e^{i\theta}\mathscr{D}'$ とすることで，$\mathscr{D}''$ を角領域 $0 < \text{Arg}\,\zeta_1 < \pi\alpha$ とできる．さらに，$w = \zeta_1^{1/\alpha}$ とおくことにより，求める写像を得る．すなわち，$f(z) = \left(e^{i\theta}\frac{z-a}{z-b}\right)^{1/\alpha}$ が求めるものの一つである．

問題 12.40　z 平面上の線分 L_θ：$\text{Arg}\,z = \theta, |z| < 1$ を $0 < \theta < \frac{\pi}{4}$ の間で動かして，その像を追跡すればよい．像は，実軸の $u \geqq \frac{1}{\sqrt{2}}$ の部分と，双曲線 $u^2 - v^2 = \frac{1}{2}$ の右側の枝の下半分が囲む領域である（右図の網かけ部分で，境界は含まない）．

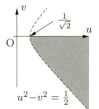

問題 12.41　円 C_h の方程式は，$|z - ih| = \sqrt{1+h^2}$ である．円 C_h 上の点を $re^{i\theta}$ とする．図形の対称性から，$|\theta| \leqq \frac{\pi}{2}$ としてよい．余弦定理を用いることにより，関係式 $1 + h^2 = r^2 + h^2 - 2rh\cos(\frac{\pi}{2} - \theta)$ が成り立つことがわかる（下左図参照）．これより，r の 2 次方程式 $r^2 - 2hr\sin\theta - 1 = 0$ を得る．正の根をとって，$r = h\sin\theta + \sqrt{h^2\sin^2\theta + 1}$ である．したがって，$w = f(z)$ において $w = u + iv$ とおくと，

$$u = \tfrac{1}{2}\left(r + \tfrac{1}{r}\right)\cos\theta = \sqrt{h^2\sin^2\theta + 1}\cdot\cos\theta, \quad v = \tfrac{1}{2}\left(r - \tfrac{1}{r}\right)\sin\theta = h\cdot\sin^2\theta \geqq 0.$$

$u = \sqrt{hv + 1}\cdot\cos\theta$ となるから，容易に θ を消去できて，

$$u^2 + (v - \alpha)^2 = \beta^2, \quad \alpha := \tfrac{1}{2}\left(h - \tfrac{1}{h}\right), \quad \beta := \tfrac{1}{2}\left(h + \tfrac{1}{h}\right). \quad \cdots\cdots \text{①}$$

以上より，$f(C_h)$ は方程式①が表す円の $v \geqq 0$ の部分を往復したものである．下中央図の太線が $0 < h < 1$ のときの $f(C_h)$ であり，下右図の太線は $h > 1$ のときの $f(C_h)$ である．$h = 1$ のときの $f(C_1)$ は単位円の上半分である．

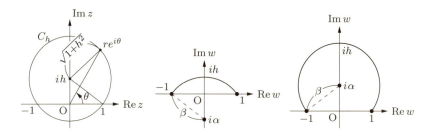

問題 12.44 (1) $\zeta = 2iz$ とおくと, $|\operatorname{Re} z| < \frac{\pi}{2} \iff |\operatorname{Im} \zeta| < \pi$ である. $\zeta_1 = e^\zeta$ とおくと, $|\operatorname{Im} \zeta| < \pi \iff \zeta_1 \in \mathbb{C} \setminus (-\infty, 0]$. したがって, $\zeta_2 = i\zeta_1$ とおくと, $\zeta_1 \in \mathbb{C} \setminus (-\infty, 0] \iff \zeta_2 \in \mathbb{C} \setminus (-i\infty, 0]$. さて, $w_2 := \Phi(\zeta_2) = \frac{\zeta_2 - i}{\zeta_2 + i}$ において, ζ_2 が $i\mathbb{R} \cup \{\infty\} \subset \mathbb{C}_\infty$ 上を $i \to 0 \to -i \to \infty \to i$ の順に動くとき, w_2 は $\mathbb{C}_\infty$ において, $\mathbb{R} \cup \{\infty\}$ 上を $0 \to -1 \to \infty \to 1 \to 0$ と動く. したがって, $\zeta_2 \in \mathbb{C} \setminus (-i\infty, 0] \iff w_2 \in \mathbb{C} \setminus \{u_2 \in \mathbb{R}; |u_2| \geqq 1\}$ となる. $w = -iw_2$ より, 所要の結果を得る.

(2) (1) と同じ記号を用いると,
$$|\operatorname{Re} z| < \frac{\pi}{4} \iff |\operatorname{Im} \zeta| < \frac{\pi}{2} \iff \operatorname{Re} \zeta_1 > 0 \iff \operatorname{Im} \zeta_2 > 0$$
$$\iff |w_2| < 1 \iff |w| < 1.$$

問題 12.46 $w = 1 + \frac{2z}{z^2 - z + 1} = 1 + \frac{2}{z + \frac{1}{z} - 1}$ と変形する. $\zeta = z + \frac{1}{z} - 1$ とおくと, $0 < |z| < 1 \iff \zeta \in \mathbb{C} \setminus [-3, 1]$. このとき, $w = 1 + \frac{2}{\zeta}$ ゆえ,
$$0 < |z| < 1 \iff w \in \mathbb{C} \setminus ((-\infty, \tfrac{1}{3}] \cup [3, +\infty) \cup \{1\}).$$
$z = 0$ のとき $w = 1$ ゆえ, 求める領域は $\mathbb{C} \setminus ((-\infty, \frac{1}{3}] \cup [3, +\infty))$ である.

問題 12.48 問題 11.39 により, 反転 $\zeta = \varphi(z) := \frac{1}{z}$ は, 円 $C_1: |z - 1| = 1$ を直線 $\operatorname{Re} \zeta = \frac{1}{2}$ (∞ を含む) に写像し, 円 $C_2: |z - \frac{1}{2}| = \frac{1}{2}$ を直線 $\operatorname{Re} \zeta = 1$ (∞ を含む) に写像する. 点 $\frac{3}{2} \in \mathscr{D}$ の像を考えることにより, $\varphi(\mathscr{D}) = \{\zeta; \frac{1}{2} < \operatorname{Re} \zeta < 1\}$ である. したがって, $-2\pi i \varphi(\mathscr{D}) = \{\zeta_1; -2\pi < \operatorname{Im} \zeta_1 < -\pi\}$ であるから, 指数関数による写像を施せば, 上半平面に写される. ゆえに, $f(z) = \Phi(e^{-2\pi i/z}) = \frac{e^{-2\pi i/z} - i}{e^{-2\pi i/z} + i}$ が求めるものの一つである.

【注意】 実は $f(z) = \frac{1}{i}\tan(\frac{1}{z} + \frac{1}{4})\pi$ であるから, $\zeta_2 := \pi(\zeta + \frac{1}{4})$ によって帯領域を変換して $\{\zeta_2; \frac{3}{4}\pi < \operatorname{Re} \zeta_2 < \frac{5}{4}\pi\}$ としてから, $\tan \zeta_2$ を考えてもよい (問題 12.44 参照).

問題 12.49 $\zeta = z - i$ とおき, $\zeta_1 = i\zeta$ とおくと, 問題 12.48 に帰着する. よって, $f(z) = \tan(\frac{1}{\zeta_1} + \frac{1}{4})\pi = \boldsymbol{\tan(\frac{1}{iz+1} + \frac{1}{4})\pi}$ が求めるものの一つである.

第 13 章

問題 13.3 (1) 分岐点は $z = 0, 1, \infty$ で, $z = 0$ は1位, $z = 1$ は2位, そして $z = \infty$ 上には1位と2位の分岐点が1個ずつある. Riemann面を作る際の出発点の1価領域を定義するときに, 一つの分岐点のみを1周することを禁止することは例題 13.1 と同じであるが, 本問では二つの分岐点を同時に1周することも禁止する. したがって, $\mathscr{D}_0 := \mathbb{C} \setminus ((-\infty, 0] \cup [1, +\infty))$ を考え, そのコピーを 6 個用意して $\mathscr{D}_0^{\pm, k}$ ($k = 0, 1, 2$) とする. $\omega = e^{2\pi i/3}$ とおいて, $\mathscr{D}_0$ 上の1価正則関数 $\varphi_{\pm, k}(z) = \pm e^{\frac{1}{2}\operatorname{Log} z} + \omega^k e^{\frac{1}{3}\log_0(z-1)}$ を $\mathscr{D}_0^{\pm, k}$ 上の関数と考え, 下左図のように接続するとよい ($\log_0$ は例題 13.1 の解の脚注 2 に現れたもの).

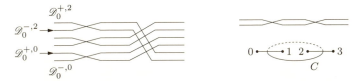

(2) 分岐点は $z = 0, 1, 2, 3$ の 4 点でいずれも 1 位である. 異なる分岐点を奇数個 1 周するのを禁止し, 偶数個 1 周することを許す領域を出発点とする. とくに, $z = \infty$ は分岐点ではないことに注意する. 領域 $\mathscr{D}_0 := \mathbb{C} \setminus ([0, 1] \cup [2, 3])$ の 2 個のコピーを用意して $\mathscr{D}_0^\pm$ とする. $\mathscr{D}_0$ 上の 1 価正則関数 $\varphi_0^\pm(z) := \pm\{z(z-1)(z-2)(z-3)\}^{1/2}$ を $\mathscr{D}_0^\pm$ 上の関数と考えて, 前ページの右上図のように接続すればよい. たとえば, 前ページの右下図の曲線 C は 2 個の分岐点 $1, 2$ を 1 周する曲線であるが, 実線部分は $\mathscr{D}_0^+$ 上を通り, 点線部分は $\mathscr{D}_0^-$ 上を通る (あるいは $\mathscr{D}_0^+$ と $\mathscr{D}_0^-$ の役割を入れ替える) と考えれば, 1 周すると関数値は元に戻る.

(3) 分岐点は $z = 0, 1, 2, \infty$ の 4 点でいずれも 1 位である. 実際に $z = \frac{1}{\zeta}$ とおくと, $\{z(z-1)(z-2)\}^{1/2} = \sqrt{2}\,\{\zeta^{-3}(\zeta-1)(\zeta-\frac{1}{2})\}^{1/2}$ となる. Riemann 球面 $\mathbb{C}_\infty$ で考えて, 異なる分岐点を奇数個 1 周するのを禁止し, 偶数個 1 周することを許可することを踏まえて, 領域 $\mathscr{D}_0 := \mathbb{C} \setminus ([0, 1] \cup [2, +\infty))$ の 2 個のコピーを用意して $\mathscr{D}_0^\pm$ とする. 問題 (2) の解で点 3 を無限遠に追い立てる, あるいは $\mathbb{C}_\infty$ 上で考えれば, 接続の状態は (2) の解と変わらない.

【コメント】 (2) と (3) を Riemann 球面を貼り合わせることで考えてみる. 面の接続状態だけを問題とするので, 形や大きさなどを任意に変えても差し支えない. まず, スリットを押し広げて穴にしておき (下左図), 2 個の穴を持った 2 個の球面を変形して 2 個のチューブにする (下右上図). 左側のチューブの中央を手前側に引っ張り, 右側のチューブの中央を奥に押しやる形で変形して, α と α, α' と α' 等, 同じ記号の箇所を接合すると, ドーナツ型の面 (トーラス) $\mathbb{T}$ ができ上がる. 結局, 問題 (2) と (3) で考察した関数は, この面 $\mathbb{T}$ 上の関数と考えることができる.

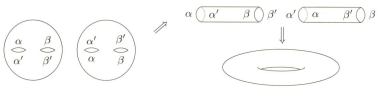

問題 13.6 $\zeta = \psi(z) := \frac{1+iz}{1-iz}$ とおく. 問題文中の領域 $\mathscr{D}^0$ を考え, $\mathscr{E}^0 := \psi(\mathscr{D}^0 \cup \{\infty\})$ とする. $\psi(0) = 1$, $\psi(i) = 0$, $\psi(-i) = \infty$ より, $\mathscr{E}^0 = \mathbb{C} \setminus [0, +\infty)$ がわかる. ζ 平面の領域 $\mathscr{E}^0$ 上では, 式 (5.11) において $\theta_0 = 0$ として定義する 1 価正則関数 $\log_0(\zeta)$ がある. そして, $\mathscr{D}^0$ のコピーを可算無限個用意して $\mathscr{D}^k$ ($k \in \mathbb{Z}$) とし, $\mathscr{D}^0$ 上の 1 価正則関数 $\Psi_k(z) := \frac{1}{2i}\log_0 \frac{1+iz}{1-iz} + k\pi$ ($k \in \mathbb{Z}$) を $\mathscr{D}^k$ 上の関数と考える. $-1 < y < 1$ のとき,

$$\lim_{\varepsilon \to +0} \Psi_k(-\varepsilon + iy) = \frac{1}{2i}\operatorname{Log} \frac{1-y}{1+y} + (k+1)\pi = \lim_{\varepsilon \to +0} \Psi_{k+1}(\varepsilon + iy)$$

であるから, 接続状態は下図のようになる.

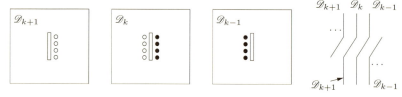

第 14 章

問題 14.7 (1) $z \notin \pi\mathbb{Z}$ のとき，$\cos \frac{z}{2^n} \neq 0$ ($\forall n \in \mathbb{N}$) であることに注意する．そして，
$$\sin z = 2 \sin \tfrac{z}{2} \cos \tfrac{z}{2} = 2^2 \sin \tfrac{z}{2^2} \cos \tfrac{z}{2^2} \cos \tfrac{z}{2} = \cdots\cdots = 2^m \sin \tfrac{z}{2^m} \cos \tfrac{z}{2^m} \cdots \cos \tfrac{z}{2}.$$
ゆえに，$\prod_{n=1}^{m} \cos \frac{z}{2^n} = 2^{-m} \frac{\sin z}{\sin(2^{-m}z)} = \frac{2^{-m}z}{\sin(2^{-m}z)} \frac{\sin z}{z} \to \frac{\sin z}{z}$ ($m \to \infty$).

(2) $z = k\pi$ ($k \in \mathbb{Z}$) のとき．(i) $k = 0$ のときは，証明すべき等式において，左辺の無限積の値は 1 であり，右辺も 1 である．(ii) $k \neq 0$ のとき，$\cos \frac{k\pi}{2^n} = 0$ となる最大の番号 n を N とすると，$\forall n > N$ に対して，$\cos \frac{k\pi}{2^n} \neq 0$ である．(1) と同様の議論で，
$$\prod_{n=N+1}^{N+m} \cos \frac{k\pi}{2^n} = \frac{1}{2^m} \frac{\sin(2^{-N}k\pi)}{\sin(2^{-(N+m)}k\pi)}$$
$$= \frac{2^{-(N+m)}k\pi}{\sin(2^{-(N+m)}k\pi)} \frac{\sin(2^{-N}k\pi)}{2^{-N}k\pi} \to \frac{\sin(2^{-N}k\pi)}{2^{-N}k\pi} \neq 0 \quad (m \to \infty).$$
ゆえに，無限積 $\prod_{n=1}^{\infty} \cos \frac{k\pi}{2^n}$ は 0 に収束する．一方，$z = k\pi$ ($k \neq 0$) のとき，証明すべき等式の右辺は明らかに 0 である．

問題 14.10 $\Longleftarrow$ は命題 14.8 に含まれているから，$\Longrightarrow$ を証明すればよい．$\lim_{t \to +0} \frac{\text{Log}(1+t)}{t} = 1$ ゆえ，$t > 0$ が十分小さければ，$\text{Log}(1+t) > \frac{1}{2}t$ が成り立つ．仮定から $|u_n| \to 0$ であるから，番号 N が存在して，$\frac{1}{2}|u_n| \leqq \text{Log}(1+|u_n|)$ ($\forall n \geqq N$) となる．ゆえに，$\sum_{n=N}^{m} |u_n| \leqq 2 \text{Log}\Big(\prod_{n=N}^{m} (1+|u_n|) \Big)$ となって，$\sum_{n=1}^{\infty} u_n$ は絶対収束する．

問題 14.11 $|1+u_n|^2 = 1 + \frac{1}{n^2} < \frac{n^2}{n^2-1}$ ($n \geqq 2$) ゆえ（問題 2.7 の解答参照），
$$\prod_{n=2}^{m} |1+u_n| < \prod_{n=2}^{m} \{\tfrac{n^2}{(n-1)(n+1)}\}^{1/2} = \{\tfrac{2 \cdot m}{1 \cdot (m+1)}\}^{1/2} < \sqrt{2}.$$
これより $\prod_{n=1}^{\infty} |1+u_n|$ が収束することがわかる．次に，$\lim_{t \to +0} \frac{\text{Arctan } t}{t} = 1$ より，$t > 0$ が十分小さければ，$\text{Arctan } t > \frac{1}{2}t$ が成り立つ．ゆえに，番号 N が存在して，$n \geqq N$ ならば $\text{Arctan } \frac{1}{n} > \frac{1}{2n}$．したがって，$\text{Arg}(1+\frac{i}{n}) = \text{Arctan } \frac{1}{n} > \frac{1}{2n}$ ($n \geqq N$) となるから，$\sum_{n=1}^{\infty} \text{Arg}(1+\frac{i}{n})$ は発散し，$\sum_{n=1}^{\infty} \text{Log}(1+\frac{i}{n})$ も発散する．もし $P_m := \prod_{n=1}^{m} (1+\frac{i}{n})$ が $m \to \infty$ のとき極限値 α に収束するならば，$|P_m| > 1$ より，$\alpha \neq 0$ である．したがって $\frac{P_m}{\alpha} \to 1$ である．ゆえに，番号 M が存在して，$m \geqq M$ のとき $\text{Re } \frac{P_m}{\alpha} > 0$ ゆえ，$Q_m := \text{Log } \frac{P_m}{\alpha}$ とおくと，$|\text{Im } Q_m| < \frac{\pi}{2}$．したがって，$|\text{Im}(Q_m - Q_{m-1})| < \pi$．一方，$\exp(Q_m - Q_{m-1}) = \frac{P_m/\alpha}{P_{m-1}/\alpha} = 1 + \frac{i}{m}$ より，$Q_m - Q_{m-1} = \text{Log}(1+\frac{i}{m})$．よって，
$$\sum_{n=M+1}^{M'} \text{Log}(1+\tfrac{i}{n}) = \sum_{n=M+1}^{M'} (Q_n - Q_{n-1}) = Q_{M'} - Q_M \to -Q_M \quad (M' \to \infty)$$
より，$\sum_{n=1}^{\infty} \text{Log}(1+\frac{i}{n})$ が収束することになり，矛盾である．

問題 14.14 問題 2.7 の解答より，$n|a_n| = \prod_{k=1}^{n-1} \sqrt{\frac{k^2+1}{k^2}}$．一方，定理 14.13 で $z = i$ とおくと，$\frac{\sinh \pi}{\pi} = \prod_{k=1}^{\infty} (1+\frac{1}{k^2})$ を得る．

参考文献

　本書を著すにあたって，下記の本や論文を参考にした．本文や問題の解答で引用した文献もあるし，明示的には引用をしていない文献もある．後者の場合，長年にわたる講義や演習の準備などで筆者が参考にしてきた文献であり，その意味で本書の基盤をなすものである．また，本書の演習問題には，筆者が京都大学助手時代に担当した演習において，担当者間で代々受け継がれてきた問題や，その時代の諸大学の大学院の入試問題等も含まれている．それらの原典を突き止めることは，今となっては筆者の能力の及ばないことである．本書でこのような形で使わせていただいたことに対して，作題された先生方にお礼を申し上げる次第である．以下では，和書，洋書，演習書，論文・論説の順に並べてある．

[1] 一松信，解析学序説，裳華房，上巻，1962；下巻，1963．

[2] 一松信，複素数と複素数平面，森北出版，1993．

[3] 犬井鉄郎，特殊函数，岩波書店，1962．

[4] 犬井鉄郎・柳原二郎，一般関数論，朝倉書店，1966．

[5] 神保道夫，複素関数入門，岩波書店，2003．

[6] 小平邦彦，複素解析，岩波書店，1991．

[7] 野村隆昭，微分積分学講義，共立出版，2013．

[8] 能代清，初等函数論，培風館，1970（初版 21 刷）；同演習，1971（初版 9 刷）．

[9] 杉浦光夫，解析入門，東京大学出版会，I, 1980；II, 1985．

[10] 高木貞治，代数学講義，改訂新版，共立出版，1965．

[11] 高木貞治，解析概論，改訂第三版，岩波書店，1983．

[12] 高橋礼司，［新版］複素解析，東京大学出版会，1990．

[13] 梅田亨，代数の考え方，放送大学教育振興会，2010．

[14] 吉田洋一，函数論，第 2 版，岩波書店，1965．

[15] L. A. Ahlfors, Complex Analysis (3rd ed.), McGraw-Hill, New York, 1979. 邦訳：複素解析，笠原乾吉（訳），現代数学社，1982．

[16] R. B. Burckel, An Introduction to Classical Complex Analysis, Vol. 1, Academic Press, New York, 1979.

[17] J. B. Conway, Functions of One Complex Variable (2nd ed.), Springer, Berlin, 1978.

[18] H.-D. Ebbinghaus et al., Zahlen, Springer, Berlin, 1988.
邦訳：数, 成木勇夫（訳）, 丸善出版, 上, 下, 2012.

[19] M. Jarnicki and P. Pflug, Continuous Nowhere Differentiable Functions, Springer, Berlin, 2015.

[20] Z. Nehari, Conformal Mapping, Dover, New York, 1975.

[21] V. V. Prasolov, Problems and Theorems in Linear Algebra, American Mathematical Society, Translations of Mathematical Monographs, **134**, 1994.

[22] R. Remmert, Theory of Complex Functions, Springer, Berlin, 1991.

[23] W. Rudin, Real and Complex Analysis (3rd ed.), McGraw-Hill, New York, 1987.

[24] R. P. Stanley, Enumerative Combinatorics, Vol. 2, Cambridge Univ. Press, Cambridge, 1999.

[25] E. M. Stein and R. Shakarchi, Complex Analysis, Princeton Univ. Press, 2003.
邦訳：複素解析, 新井仁之・杉本充・高木啓行・千原浩之（訳）, 日本評論社, 2009.

[26] E. C. Titchmarsh, The Theory of Functions (2nd ed.), Oxford Univ. Press, London, 1939.

[27] 辻正次・小松勇作（編）, 大学演習函数論, 裳華房, 1959.

[28] M. Krasnov et al., Fonctions d'une Variable Complexe et leurs Applications, Editions Mir, Moscou, 1985.

[29] J. G. Krzyż, Problems in Complex Variable Theory, American Elsevier Publishing Company, New York, 1971.

[30] N. C. Ankeny, *One more proof of the fundamental theorem of algebra*, Amer. Math. Monthly, **54** (1947), 464.

[31] R. P. Boas, Jr., *Yet another proof of the fundamental theorem of algebra*, Amer. Math. Monthly, **71** (1964), 180.

[32] J. Dixon, *A brief proof of Cauchy's integral theorem*, Proc. Amer. Math. Soc., **29** (1971), 625–626.

[33] J. Gray, *Goursat, Pringsheim, Walsh, and the Cauchy integral theorem*, Math. Intelligencer, **22** (2000), 60–66, 77.

[34] J. D. Gray and S. A. Morris, *When is a function that satisfies the Cauchy–Riemann equations analytic?*, Amer. Math. Monthly, **85** (1978), 246–256.

[35] B. Q. Li, *Two elementary properties of entire functions and their applications*, Amer. Math. Monthly, **122** (2015), 169–172.

[36] J. E. Littlewood, *Every polynomial has a root*, J. London Math. Soc., **16** (1941), 95–98.

[37] P. A. Loeb, *A further simplification of Dixon's proof of Cauchy's integral theorem*, Amer. Math. Monthly, **100** (1993), 680–681.

[38] A. R. Schep, *A simple complex analysis and an advanced calculus proof of the fundamental theorem of algebra*, Amer. Math. Monthly, **116** (2009), 67–68.

[39] L. Zalcman, *Picard's theorem without tears*, Amer. Math. Monthly, **85** (1978), 265–268.

索　引

【記号】

∞（無限遠点）・・・・・・・・・・・ 168
$[\alpha, \beta]$（α, β は複素数）・・・・・ 95
$A \sqcup B$（非交和）・・・・・・・・・・ 46
$\text{Arcsin } z$ ・・・・・・・・・・・・・・・ 217
$\arcsin z$ ・・・・・・・・・・・・・・・ 216
$\text{Arctan } t$（実変数）・・・・・・・・ 6
$\text{Arctan } z$（複素変数）・・・・・・ 218
$\arctan z$ ・・・・・・・・・・・・・・・ 218
$\text{Arg } z$ ・・・・・・・・・・・・・・・・・・ 6
$\arg z$ ・・・・・・・・・・・・・・・・・・・ 6
$\arg_{\theta_0}(z)$ ・・・・・・・・・・・・・・ 74
$\mathbb{C}_\infty$ ・・・・・・・・・・・・・・・・・・ 168
$\text{Cl}(A)$ ・・・・・・・・・・・・・・・・・ 36
$\cos z$ ・・・・・・・・・・・・・・ 67, 208
$\cosh z$ ・・・・・・・・・・・・・・・・・ 70
$\cot z$ ・・・・・・・・・・・・・・・ 72, 79
$\coth z$ ・・・・・・・・・・・・・・・・・ 72
$C \sim 0$ ・・・・・・・・・・・・・・・・ 135
$C_0 \sim C_1$ ・・・・・・・・・・・・・・ 134
∂A ・・・・・・・・・・・・・・・・・・ 34
$d \arg z$ ・・・・・・・・・・・・・・・ 130
$D(c, r), \overline{D}(c, r)$ ・・・・・・・・・ 34
$\text{diam } S$ ・・・・・・・・・・・・・・・ 40
$\text{dist}(P, Q), \text{dist}(z, Q)$ ・・・・・・ 49
$|dz|$ ・・・・・・・・・・・・・・・・・・ 92
$e^z, \exp z$ ・・・・・・・・・・・・・・ 66
$\text{Im } z$ ・・・・・・・・・・・・・・・・・・ 1
$\text{Int}(A)$ ・・・・・・・・・・・・・・・・ 34
$\liminf, \limsup$ ・・・・・・・・・・ 19
$\text{Log } z$ ・・・・・・・・・・・・・・・・ 74
$\log z$ ・・・・・・・・・・・・・・・・・・ 73
$\log_{\theta_0}(z)$ ・・・・・・・・・・・・・・ 74
$n!!$ ・・・・・・・・・・・・・・・・・・ 154
$n(C, p)$ ・・・・・・・・・・・・・・・ 128
$\Phi(z)$（Cayley 変換）・・・・・・・ 202
π（円周率）・・・・・・・・・・ 69, 70
$\text{Re } z$ ・・・・・・・・・・・・・・・・・・ 1
$\underset{z=c}{\text{Res}} f(z)$ ・・・・・・・・・・・・・・ 142
$\underset{z=c}{\text{Res}} f(z)\, dz$ ・・・・・・・・・・・・ 142
$\underset{z=\infty}{\text{Res}} f(z)\, dz$ ・・・・・・・・・・・ 171
$\sin z$ ・・・・・・・・・・・・・・ 67, 208
$\sinh z$ ・・・・・・・・・・・・・・・・・ 70
$\tan z$ ・・・・・・・・・・・・ 72, 79, 208
$\tanh z$ ・・・・・・・・・・・・・・・・・ 72
$\overline{z}$ ・・・・・・・・・・・・・・・・・・・・ 2
$|z|$ ・・・・・・・・・・・・・・・・・・・・ 2
z^α ・・・・・・・・・・・・・・・・・・ 76
(z_1, z_2, z_3, z_4) ・・・・・・・・・・ 179

【欧字】

Abel の変形法 ・・・・・・・・・・・・ 28
Apollonius の円 ・・・・・・ 12, 197, 200

Bernoulli 数・・・・・・・・・・・・・・ 78
Bolzano–Weierstrass の定理 ・・・・・ 18

索引

Cauchy–Hadamard の定理 ‥‥‥ 53
Cauchy–Riemann 作用素 ‥‥‥‥ 87
Cauchy–Riemann の関係式 ‥‥ 82, 84
Cauchy の積分公式 ‥‥‥‥‥‥ 107
  一般形 ‥‥‥‥‥‥‥‥‥‥ 133
Cauchy の積分定理
  一般形 ‥‥‥‥‥‥‥‥‥‥ 133
  三角形閉路 ‥‥‥‥‥‥‥‥ 98
  単連結領域 ‥‥‥‥‥‥‥ 137
  長方形閉路 ‥‥‥‥‥‥‥ 100
  凸領域 ‥‥‥‥‥‥‥‥‥ 100
  星形領域 ‥‥‥‥‥‥‥‥ 102
  ホモトピー版 ‥‥‥‥‥‥ 135
Cauchy の判定条件 (級数) ‥‥‥ 22
Cauchy 列 ‥‥‥‥‥‥‥‥‥‥‥ 17
Cayley 変換 ‥‥‥‥‥‥‥‥‥ 202

de Moivre の公式 ‥‥‥‥‥‥‥‥ 7

Euler
  —— の公式 ‥‥‥‥‥‥‥‥ 68
  —— の定数 ‥‥‥‥‥‥‥ 224

Fresnel 積分 ‥‥‥‥‥‥‥‥‥ 103

Joukowski 変換 ‥‥‥‥‥‥‥‥ 206

Lagrange の反転公式 ‥‥‥ 65, 188
Laplacian ‥‥‥‥‥‥‥‥‥‥‥ 86
Laurent 級数展開
  円環領域における —— ‥‥‥ 140
  孤立特異点における —— ‥‥ 140
  無限遠点における —— ‥‥‥ 171
Lebesgue 数 ‥‥‥‥‥‥‥‥‥‥ 40
Liouville の定理 ‥‥‥ 75, 121, 122

Morera の定理 ‥‥‥‥‥‥‥‥ 125
M 判定法 ‥‥‥‥‥‥‥‥‥‥‥ 45

n 乗根 ‥‥‥‥‥‥‥‥‥‥‥‥‥ 9

Picard
  —— の小定理 ‥‥‥‥‥‥ 123
  —— の定理 ‥‥‥‥‥‥‥ 147
Pochhammer の閉路 ‥‥‥‥‥ 137

Riemann
  —— 球面 ‥‥‥‥‥‥‥‥ 168
  —— の写像定理 ‥‥‥‥‥ 210
  —— 面 ‥‥‥‥‥‥‥ 75, 212
Rouché の定理 ‥‥‥‥‥‥‥‥ 184

Schwarz の補題 ‥‥‥‥‥ 200, 201

Taylor 級数展開 ‥‥‥‥‥‥‥ 114

【数字】

1 次分数変換 ‥‥‥‥‥‥‥ 177, 196
2 重級数 ‥‥‥‥‥‥‥‥‥‥‥‥ 28
  正項 —— ‥‥‥‥‥‥‥‥‥ 28

【ア行】

位数
  極の —— ‥‥‥‥‥‥‥‥ 144
  零点の —— ‥‥‥‥‥‥‥ 145
一様
  —— 収束 ‥‥‥‥‥‥‥ 44, 106
  —— 連続 ‥‥‥‥‥‥‥‥‥ 43
一致の定理 ‥‥‥‥‥‥‥‥‥ 117

円円対応 ‥‥‥‥‥‥‥‥‥‥ 179
円弧二角形 ‥‥‥‥‥‥‥‥‥ 206

【カ行】

開
  —— 円板 ‥‥‥‥‥‥‥‥‥ 34
  —— 写像定理 ‥‥‥‥‥‥ 187
  —— 集合 ‥‥‥‥‥‥‥‥‥ 35

解析
　　— 被覆 ･････････････････ 37
　　— 接続 ･････････････････ 120
　　— 的 ･･････････････････ 63
外点 ････････････････････････ 34
回転数 ･･･････････････････ 128
関数
　　ガンマ — ････････････ 223
　　原始 — ･････････････ 60, 94
　　指数 — ･･･････････ 66, 205
　　整 — ･･･････････････ 66, 121
　　正則 — ･･･････････ 63, 83
　　対数 — ･･･････････ 73, 205
　　多価 — ･････････････ 73
　　超幾何 — ･･････････ 80
　　調和 — ･･････････････ 86
　　ベータ — ･･･････････ 224
　　累乗 — ･･････････････ 76
完備
　　$\mathbb{C}$ が — ････････････ 18

逆正弦関数 ･･････････････ 216
逆正接関数 ･･････････････ 218
級数 ･･･････････････････････ 21
　　— の項の順序変更 ･･･ 26
　　— の和 ･･･････････････ 22
　　2 重 — ･････････････････ 28
　　正項 — ･････････････････ 23
　　調和 — ･････････････････ 22
　　等比 — ･････････････････ 23
　　優 — ･･････････････････ 27
境界 ･･･････････････････････ 34
　　— 点 ･････････････････ 34
共形性 ････････････････････ 194
鏡像 ･･････････････････ 196, 197
　　— の原理 ････････････ 198
共役複素数 ･･････････････ 2
極 ･･･････････････････････ 144
　　k 位の — ･･････････ 144
　　高々 — ･･････････････ 174

無限遠点が k 位の — ････ 170
極形式 ･･････････････････ 6, 68
極限
　　— 関数 ･･･････････････ 44
　　— 値 ･･･････････････ 15
　　下 — ･･･････････････ 19
　　上 — ･･･････････････ 19
虚軸 ･･･････････････････ 4
虚数単位 ･･････････････ 1
虚部 ･･････････････････ 1
距離
　　集合間の — ････････ 49
近似増加列 ･･････････ 29
近傍 ･････････････････ 63
　　開 — ･･････････････ 63
係数比判定法 ･･･････ 52
原始関数 ･････････ 60, 94

孤立点 ･･･････････････ 37
孤立特異点 ･･･････ 139
　　無限遠点が — ･･･ 170
コンパクト ･･････････ 38

【サ行】

最大絶対値の原理 ･･ 124
三角不等式 ･････････ 5

軸平行な折れ線 ････ 47
指数
　　— 関数 ･･･････ 66, 205
　　— 法則 ･････････ 67
実軸 ･････････････････ 4
実部 ･････････････････ 1
集積点 ･･････････････ 37
収束
　　— 円 ･･･････････ 51
　　— 半径 ････ 51, 116
　　級数の — ･････ 22

索　引

数列の ― ……………… 15
正項2重級数の ― ………… 29
無限積の ― …………… 219
主枝
　arcsin z の ― ………… 217
　arctan z の ― ………… 218
　log z の ― ……………… 74
　z^α の ― ……………… 76
主値
　偏角の ― ……………… 6
主要部 …………… $\Longrightarrow$ 特異部
純虚数 ……………………… 1
除去可能特異点 …………… 139
　無限遠点が ― ………… 170
真性特異点 ………………… 144
　無限遠点が ― ………… 170

整関数 ………………… 66, 121
正則 …………………… 63, 83
正の向き …………………… 89
積分路 ……………………… 90
　― 変形の原理 ………… 135
絶対収束
　2重級数の ― …………… 31
　級数の ― ……………… 24
　無限積の ― …………… 221
絶対値 ……………………… 2
零点 ……………………… 120
　k 位の ― ……………… 145
　単純 ― ………………… 145
線積分 ……………………… 90

双曲線
　― 正弦 ………………… 70
　― 余弦 ………………… 70

【タ行】

代数学の基本定理 …… 43, 105, 106,
　　110, 124, 125, 173, 186

対数関数 ……………… 73, 205
多価関数 …………………… 73
単純
　― 極 …………………… 144
　― 曲線 ………………… 89
　― 零点 ………………… 145
　― 閉曲線 ……………… 89
単葉 ……………………… 196
単連結 …………………… 137

超幾何
　― 関数 ………………… 80
　― 微分方程式 ………… 80
調和
　― 関数 ………………… 86
　― 級数 ………………… 22
直径 ……………………… 40

定値閉曲線 ……………… 135

等角
　― 写像 ………………… 194
　― 性 …………………… 194
導関数 ……………………… 56
等比級数 …………………… 23
特異
　― 点 …………………… 147
　― 部 …………………… 143
　無限遠点における ― 部 … 171
凸集合 …………………… 100

【ナ行】

内点 ……………………… 34
内部 ……………………… 34
なめらか
　区分的に ― …………… 89
　連続曲線が ― ………… 89
二項係数 ……………… 17, 77

【ハ行】

発散
  0 に — ……………… 220
  級数の — ……………… 22
  正項2重級数の — ……… 29
  無限積の — ……………… 220
反転 ……………………… 178, 179

非交和 …………………… 46

複素数平面 ……………………… 4
複素微分可能 ……………… 56, 81
複比 ……………………………… 179
部分分数分解
  有理関数の — ……… 174, 176
分岐点 …………………………… 212
  $m-1$ 位の — ……………… 215
  代数的 — …………………… 215
  対数的 — …………………… 215

閉
  — 円板 ………………………… 34
  — 曲線 ………………………… 88
  — 集合 ………………………… 35
  — 包 …………………………… 36
  — 路 …………………………… 91
閉域 ……………………………… 48
  三角形 — ……………………… 98
  長方形 — ……………………… 100
平均値の性質 …………………… 111
平行移動 ………………………… 178
ベキ級数 ………………………… 50
  — 展開 ………………………… 114
  — の解析性 …………………… 61
  — の逆関数 …………………… 64
  — の逆数 ……………………… 64
  — の合成 ……………………… 63
  — の積 ………………………… 60
  収束 — ………………………… 56
偏角 ……………………………… 6

— の原理 ……………… 181
星形 ……………………………… 101
ホモトピー同値 …… $\Longrightarrow$ 連続可変

【マ行】

無限遠点 ………………………… 168
無限積 …………………………… 219
無限分数展開（有理型関数）…… 189

【ヤ行】

有界
  集合が — ……………………… 38
  数列が — ……………………… 16
優級数 …………………………… 27
有限
  — 交叉性 ……………………… 38
  — 被覆 ………………………… 38
有理型 …………………………… 174

【ラ行】

立体射影 ………………………… 168
留数 ……………………………… 142
  — 定理 ………………………… 148
  無限遠点における — ……… 171
領域 ……………………………… 48
  — 保存の定理 ……………… 187
  円環 — ………………………… 140
  凸 — …………………………… 100
  星形 — ………………………… 101

零点 ……… $\Longrightarrow$ 零点（ぜろてん）
連結 ……………………………… 47
  弧状 — ………………………… 47
連続 ……………………………… 41
  — 可変 ……………………… 134
  — 曲線 …………………… 47, 88

著者紹介

野村 隆昭（のむら たかあき）

1953年 大阪市生まれ
1976年 京都大学理学部卒業
1980年 京都大学大学院理学研究科博士課程中退
　　　　京都大学理学部助手，講師，助教授を経て
　元　　九州大学大学院数理学研究院教授
　　　　理学博士（京都大学 1982 年）
　　　　専門は幾何学的調和解析学
主 著　微分積分学講義（共立出版）

複素関数論講義

Lectures on Complex Function Theory

2016 年 8 月 25 日　初版 1 刷発行
2025 年 3 月 1 日　初版 4 刷発行

著　者　野村隆昭　© 2016
発行者　南條光章
発行所　共立出版株式会社
　　　　〒 112-0006
　　　　東京都文京区小日向 4-6-19
　　　　電話　03-3947-2511（代表）
　　　　振替口座　00110-2-57035
　　　　URL www.kyoritsu-pub.co.jp

印　刷　啓文堂
製　本　協栄製本

検印廃止
NDC 413.52
ISBN 978-4-320-11141-7

一般社団法人
自然科学書協会
会員

Printed in Japan

JCOPY ＜出版者著作権管理機構委託出版物＞
本書の無断複製は著作権法上での例外を除き禁じられています．複製される場合は，そのつど事前に，出版者著作権管理機構（TEL：03-5244-5088，FAX：03-5244-5089，e-mail：info@jcopy.or.jp）の許諾を得てください．

「数学探検」「数学の魅力」「数学の輝き」の三部からなる数学講座

共立講座 数学探検 全18巻

新井仁之・小林俊行・斎藤 毅・吉田朋広 編

数学に興味はあっても基礎知識を積み上げていくのは重荷に感じられるでしょうか？「数学探検」では、そんな方にも数学の世界を発見できるよう、大学での数学の従来のカリキュラムにはとらわれず、予備知識が少なくても到達できる数学のおもしろいテーマを沢山とりあげました。時間に制約されず、興味をもったトピックを、ときには寄り道もしながら、数学を自由に探検してください。

① 微分積分
吉田伸生著 準備／連続公理・上限・下限／極限と連続I／他‥‥‥定価2640円

③ 論理・集合・数学語
石川剛郎著 数学語／論理／集合／関数と写像／他‥‥‥‥‥‥定価2530円

④ 複素数入門
野口潤次郎著 複素数／代数学の基本定理／一次変換と等角性／他 定価2530円

⑥ 初等整数論 数論幾何への誘い
山崎隆雄著 整数／多項式／合同式／代数系の基礎／他‥‥‥‥‥定価2750円

⑦ 結晶群
河野俊丈著 図形の対称性／平面結晶群／結晶群と幾何構造／他‥‥定価2750円

⑧ 曲線・曲面の微分幾何
田崎博之著 準備／曲線／曲面／地図投映法／他‥‥‥‥‥‥定価2750円

⑨ 連続群と対称空間
河添健著 群と作用／リー群と対称空間／他‥‥‥‥‥‥‥定価3190円

⑩ 結び目の理論
河内明夫著 結び目の表示／結び目の標準的な例／他‥‥‥‥‥定価2750円

⑫ ベクトル解析
加須栄篤著 曲線と曲面／ベクトル場の微分と積分／他‥‥‥‥定価2750円

⑬ 複素関数入門
相川弘明著 複素関数とその微分／ベキ級数／他‥‥‥‥‥‥定価2750円

⑮ 常微分方程式の解法
荒井迅著 常微分方程式とは／常微分方程式を解くための準備／他 定価2750円

⑰ 数値解析
齊藤宣一著 非線形方程式／数値積分と補間多項式／他‥‥‥‥定価2750円

【各巻：A5判・並製本・税込価格】

━━━■続刊テーマ■━━━

② 線形代数‥‥‥‥‥‥戸瀬信之著
⑤ 代数入門‥‥‥‥‥‥梶原 健著
⑪ 曲面のトポロジー‥‥‥橋本義武著
⑭ 位相空間‥‥‥‥‥‥松尾 厚著
⑯ 偏微分方程式の解法‥‥石村直之著
⑱ データの科学 山口和範・渡辺美智子著

※続刊テーマ、執筆者、価格は予告なく変更される場合がございます。